JN424410

디지털 트윈 기술

Digital Twin & Digital Transformation

남상엽 · 강민구 · 김낙일 · 임익수 · 서정욱 공저

도서출판 상학당

欲爲大者 當爲人役

크고자 하거든 남을 섬기라

학습 모듈코드	2001080105_18v1

대분류	중분류	소분류	세분류	능력단위
정보통신/20	정보기술/01	정보기술개발/02	IoT시스템연동/12	디지털 트윈/00

디지털 트윈 기술

4차 산업혁명은 5G, 빅데이터, 인공지능, 사물인터넷, 클라우드 컴퓨팅 등의 기술을 활용하여 자율주행차, 스마트 시티, 로봇 등의 관련 산업을 발전시키고 있다.

최신 지능정보기술과 활용분야를 연결시켜 주는 핵심 인프라가 공간정보기술이다. 예를 들면, 자율주행을 위해서는 정밀 도로지도와 공간분석 및 인지기술이 필요하며 사물인터넷, 가상/증강현실 기술을 구현하기 위해서는 3차원 공간데이터와 분석기술의 역할이 추가되어야 한다.

디지털 트윈 공간에는 2, 3차원 공간데이터뿐만 아니라 실시간 센싱데이터, 속성데이터, 통계데이터, 행정데이터, 빅데이터 등 다양한 데이터가 존재한다. 미래에는 센서와 IoT 기술, 모바일 기술, 인공지능기술 등의 발달로 인해서 지금과는 다른 종류와 수준의 데이터가 생겨날 가능성이 높다. 디지털 트윈 공간은 객체기반의 3차원 공간이면서 시공간이 자유롭기 때문에 다차원의 입체적 분석에 대한 수요가 증가할 것이다.

디지털 트윈(Digital Twin) 기술은 실제 생산공장, 플랜트, 선박, 항공기, 오일과 가스 설비, 에너지 등 자산 중심의 산업분야에서 물리적인 물체 및 시스템을 운용상의 위험과 안정을 효과적으로 관리하면서도 고효율과 저비용의 혁신을 기대할 수 있는 가상의 디지털 세계에 고스란히 재현하는 방식의 복제하는 기술의 의미한다.

디지털 트윈 기술의 개념은 미 항공우주국 NASA가 지상에서 우주에서의 문제를 반영하고 진단하기 위해 초기 우주 캡슐의 실물모형을 완전한 디지털 시뮬레이션으로 대체하면서 시작하였다.

이후에 현실에서 존재하는 다양한 물리적인 사물 또는 프로세스를 가상에 구현함으로써 최적화를 위한 시뮬레이션을 해볼 수 있다는 개념으로 진화하고 있다.

디지털 트윈을 지원하는 기술은 계속 확대되어 지금은 빌딩이나 공장, 도시 등 거대한 실체까지도 재현의 대상이 되고 있을 뿐 아니라, 사람이나 프로세스도 디지털 트윈으로 재현할 수 있다는 의견도 대두하는 등 그 개념 자체도 계속 확장되고 있다. 디지털 트윈 기술은 IoT, Cloud, AI, BigData 기술의 종합체이다.

디지털 트윈 관련 기술은 가상공간을 구축하고 갱신하는 기술, 데이터로부터 정보를 얻는 데 필요한 분석기술, 분석한 결과를 이해하기 쉽고 명료하게 표현하는 가시화 기술, 센서 들과 가상공간의 안정적 연결을 보장하는 초연결기술, 각종 데이터와 정보를 외부 침입으로부터 막을 수 있는 보안기술 등으로 구성된다.

디지털 트윈을 최신 상태로 사용할 준비가 되면, 다양한 방법을 통해 미래 동작을 예측하거나 제어를 계량하거나 자산운용을 최적화할 수 있다.

그 예로 실제 자산에 존재하지 않는 센서 시뮬레이션하기, 현재와 미래의 운용을 위해 각종 미래 시나리오 시뮬레이션하기, 현재 운용상태를 현재 실제 입력값으로 전송함으로써 디지털 트윈을 사용하여 현재 운용상태 추출하기 등을 들 수 있다.

디지털 트윈 적용과정은 데이터 수집 및 분석, 시스템 모니터링 그리고 모델링(공간정보, 동작특성), 마지막으로 테스트 및 검증과정이다. 시스템의 구성요소들 간의 유기적인 인과관계까지 파악이 가능하다.

디지털 트윈 플랫폼의 구조는 인프라, 데이터, 핵심기능, 공유 플랫폼, 서비스 계층으로 구성한다. 디지털 트윈의 구축이 여러 요소가 얽힌 복잡한 과정이다 보니 아직은 표준화된 플랫폼이 없으며, 다른 신기술들과는 대조적으로 스타트업이 아닌 대기업이 솔루션을 제공하는 것이 특징이다.

스마트시티 플랫폼은 디지털 트윈, 지능형사물, 에지클라우드 등과 같은 최신 기술 및 IoT 플랫폼 시스템과의 유연한 통합기술이다.

디지털 트윈의 미래는 생산성 개선을 위해 물론 다양한 사회문제까지 해결할 것으로 기대되면서 제조 이외에 소매 · 교통 · 도시분야까지 적용분야 확대될 것으로 전망하고 있다.

향후 10여년 동안은 스마트 팩토리 분야에서 가장 큰 수혜가 예상되며, 2025년 이후에는 자율주행 및 헬스케어 등 보수적인 산업까지 도입이 확산될 것으로 전망한다. 특히 제조분야는 기술도입에 대한 수용성이 높고 관련 규제가 약하기 때문에 상대적으로 빠른 도입이 가능한 것이다. 디지털 트윈에 대한 시장의 기대는 현장 정점에 도달, 향후 5~10년 동안 기술보다는 시장구조 및 비즈니스 모델을 이해하는 것이 중요하다.

이 교재는 컴퓨터, 정보통신, 디지털 트윈, IoT, AR/VR/MR, 인공지능, 콘텐츠, 핀테크 엔지니어링, 보안 등 4차산업 관련 공학, 금융 및 경영분야의 입문자를 대상으로 디지털 트윈 기술에 대한 기본적인 지식이 없어도, 단계별 필요지식 및 수행과정을 꾸준히 따라오면 디지털 트윈 기술에 관련 지식을 얻어 이해하는 단계로 발전하여 능력향상이라는 숲을 볼 수 있도록 눈높이를 맞추는 데 1차적인 목표를 두었다.

이 교재의 주요구성은 다음과 같다.

학습 1. 디지털 트윈의 개념, 학습 2. 디지털 트윈의 핵심기술, 학습 3, 디지털 트윈의 모델링 시뮬레이션, 학습 4. 디지털 트윈 플랫폼, 학습 5. 디지털 트윈과 스마트시티, 학습

6. 디지털 트윈과 스마트건설, 학습 7. 디지털 트윈과 제조업, 학습 8. 디지털 트윈과 물류, 학습 9. 디지털 트윈과 헬스케어, 학습 10. 디지털 트윈의 전략 및 정책, 학습 11. 디지털 트윈의 응용, 학습 12. 디지털 트윈의 시장동향, 학습 13. 디지털 트윈의 미래로 구성되어 있다.

특히 각 장에서는 수행순서에 따른 수행질문에 따라 임의적으로 해법을 제시하여 창의적인 사고를 학생들이 추가로 작성하고 제시된 수행과제를 보다 많은 지식을 상호간 문제점에 대하여 토론하고 확인할 수 있다.

이 교재가 출간되기까지 가장 많은 지원과 아낌없는 격려를 보내주신 도서출판 상학당 남승우 사장님 및 디지털 트윈 기술활용 관련 자문 및 논문, 보고서 사이트 등 자료제공을 해주신 관련 교수님, 기업 및 단체에 대하여 지면을 빌려 깊은 감사의 말씀을 드리고, 특히 디지털 트윈 기술 관련 자료를 인터넷 블로그 및 관련 연구소 자료집에 올려주신 저자들 등 관련 관계자 여러분에게 감사의 마음을 전합니다. 이 교재에서 부족했던 점이나 기타 문의사항과 관련한 자료제공 및 지원은 도서출판 상학당을 통해 지속적으로 지원할 계획이며, 수행에 필요한 자료 등, 기타 보충자료 또한 지속적으로 업데이트할 예정이므로 독자 여러분의 따뜻한 질책과 조언을 부탁드립니다.

저자 씀

차 례

디지털 트윈 기술 학습모듈 위치

대분류	20. 정보통신
중분류	01. 정보기술
소분류	02. 정보기술개발

세분류	능력단위
09. 빅데이터플랫폼구축	03. 빅데이터 수집시스템 개발
	05. 빅데이터 처리시스템 개발
	06. 빅데이터 분석시스템 개발
12. IoT시스템연동	00. 디지털 트윈 기술
13. 인프라스트럭쳐 아키텍쳐 구축	00. 디지털 트윈의 모델링 시뮬레이션
	00. 디지털 트윈 플랫폼
	00. 디지털 트윈과 스마트시티
	00. 디지털 트윈과 제조
	00. 디지털 트윈과 헬스케어

디지털 트윈 기술 학습모듈 개요

1. 학습 모듈의 목표

디지털 트윈은 데이터를 저장하는 클라우드 기술, 전송하는 인터넷 기술, 분석하는 인공지능(AI) 기술, 융합하는 응용 프로그래밍 인터페이스(API) 기술 등과 같은 정보통신 기술을 최대한 활용·융합할 것이므로 디지털 트윈은 정보통신 기술과 융합을 통해서 다양한 데이터를 수집·통합·활용 및 서비스를 제공하는 플랫폼 등을 학습하는 데 목표로 한다.

2. 선행 학습

블록체인, 인공지능, 클라우스기술, 인터넷기술, 가상현실, 증강현실, 실감형/체감형 공간정보, ICT, 플랫폼, 스마트시티, 스마트 건설, 바이오헬스, 스마트팩토리 등

3. 핵심 용어

사이버 물리 시스템, 현실세계, 디지털 트윈, 디지털 트윈 플랫폼. 빅데이터, IoT, 인공지능, AR/VE/MR, 3D 모델링 구축 갱신기술, 시뮬레이션, 클라우드, 5G. 분석기술, 가시화/시각화 운영기술, 현실과 가상을 연계하는 연결기술, 보안기술, 등

4. 교육과정 학점 및 이수시간

학 습	교육과정 학점 및 이수시간	
	학점	이수시간
1. 디지털 트윈의 개념	3	3
2. 디지털 트윈의 핵심기술	3	3
3. 디지털 트윈의 모델링 시뮬레이션	3	3
4. 디지털 트윈 플랫폼	3	3
5. 디지털 트윈과 스마트시티	3	3
6. 디지털 트윈과 스마트건설	3	3
7. 디지털 트윈과 제조업	3	3
8. 디지털 트윈과 물류	3	3
9. 디지털 트윈과 헬스케어	3	3
10. 디지털 트윈의 전략 및 정책	3	3
11. 디지털 트윈의 응용	3	3
12. 디지털 트윈의 시장동향	3	3
13. 디지털 트윈의 미래	3	3

디지털 트윈 기술 학습모듈 명세서

학습명	학습내용명
1. 디지털 트윈의 개념	1-1 미래 공간정보 발전 전망 1-2 현실세계와 가상세계의 융합 메커니즘 1-3 디지털 트윈 공간의 개념모델과 기대효과
2. 디지털 트윈의 핵심기술	2-1 디지털 트윈 기술의 개요 2-2 디지털 트윈의 구성기술 2-3 디지털 트윈의 구현 2-4 디지털 트윈 기술의 구성 2-5 디지털 트윈의 주요기술
3. 디지털 트윈의 모델링 시뮬레이션	3-1 디지털 트윈의 모델링 방법 3-2 디지털 트윈의 모델링 & 시뮬레이션 3-3 디지털 트윈 구현을 위한 모델링 기술 3-4 시뮬레이션 기술의 발전
4. 디지털 트윈 플랫폼	4-1 디지털 트윈 플랫폼의 개요 4-2 디지털 트윈 플랫폼의 기능 4-3 디지털 트윈 플랫폼 및 도구 4-4 디지털 트윈 플랫폼 시장동향
5. 디지털 트윈과 스마트시티	5-1 스마트시티의 개요 5-2 스마트시티의 표준 5-3 스마트시티에서 디지털 트윈의 역할 5-4 스마트시티에 디지털 트윈 적용시 고려사항 5-5 디지털 트윈 적용을 위한 정책방안
6. 디지털 트윈과 스마트건설	6-1 스마트건설의 개요 6-2 스마트건설의 핵심기술 6-3 디지털 트윈을 적용한 스마트건설 기술
7. 디지털 트윈과 제조업	7-1 제조업과 디지털 전환 7-2 제조업 분야의 디지털 트윈 기술 현황 7-3 제조업의 디지털 트윈 국내외 동향 7-4 제조업에서 디지털 트윈 전략
8. 디지털 트윈과 물류	8-1 물류 4.0시대의 특징 8-2 디지털 트윈과 물류 관계 8-3 디지털 트윈과 물류 구축 사례

학습명	학습내용명
9. 디지털 트윈과 헬스케어	9-1 디지털 트윈과 헬스케어 서비스 9-2 디지털 트윈의 헬스케어 핵심기술 9-3 디지털 트윈의 가상인체 기술 9-4 디지털 트윈의 헬스케어 구현사례
10. 디지털 트윈의 전략 및 정책	10-1 디지털 트윈 추진 전략의 개요 10-2 디지털 트윈 추진 전략 10-3 디지털 트윈 기술의 추진전략 10-4 디지털 트윈 서비스/활용의 추진전략 10-5 디지털 트윈 도입의 장·단점
11. 디지털 트윈의 응용	11-1 디지털 트윈 응용의 개요 11-2 디지털 트윈 응용 형태 11-3 디지털 트윈 응용의 기술 11-4 디지털 트윈 응용 사례
12. 디지털 트윈의 시장동향	12-1 국내 추진 및 시장동향 12-2 해외 추진 및 시장동향 12-3 국내외 시장분석 및 전망
13. 디지털 트윈의 미래	13-1 디지털 트윈의 미래전망 13-2 모듈러 무빙 팩토리 확산 13-3 서비스로 부가가치 데이터 거래 시장의 형성 13-4 디지털 트윈의 응용분야별 미래

학습 목표

1. 디지털 트윈의 개념을 이해할 수 있다.

1-1 미래 공간정보 발전 전망

물리적 세계와 사이버 세계를 융합하는 사이버물리시스템이 4차 산업혁명의 핵심요소로 부상하면서 공간정보의 기능과 역할이 재조명되고 있다. 공간정보는 [그림 1-1]처럼 현실세계를 디지털 가상공간으로 구현하는 수단, 현실세계와 가상세계를 연결하는 인터페이스(Interface), 각종 데이터를 통합 · 분석하는 플랫폼(Platform)의 역할을 담당할 것으로 전망한다.

1. 인문학적 관점

과거 사람들이 공간을 단순히 들여다보았다면 현대인들은 공간을 느끼고자 하며, 이러한 경향이 사이버공간의 수요를 창출한다. 사람들은 가능한 직관적으로 공간을 이해하고 실시간 공간상황을 알고자 하는 경향이 강하다.

2. 공간 데이터 관점

공간데이터는 기본적으로 측지(Geodesy), 측량(Survey), 측위(Positioning)에 기반하고 있으며 데이터 수집, 저장, 가공, 전송 등 첨단기술에 힘입어 점차 3차원, 고정밀, 실시간, 시공간, 센싱 등으로 발전하고 있다. 센서 및 계측 기술의 발달로 단일자원에서 다양한 자원을 활용할 수 있는 환경으로 발전하고 있으며, 이에 따라 공간 데이터와 ICT 기술의 융합 가속화되고 있다.

지형지물의 정태적 상황을 표현하던 데이터 기술에서 점차 시간 요소를 포함한 동적인 공간의 상황 정보를 얻을 수 있는 방향으로 발전하고 있다.

자율주행차, 드론, 로봇 등 자율운행 기기의 활용이 본격화되면서 점차 상세하고 정확한 공간정보 수요가 크게 증가하고 있다.

3. ICT와 공간정보 융합 관점

공간정보는 데이터를 저장하는 클라우드 기술, 전송하는 인터넷 기술, 분석하는 인공지능(AI) 기술, 융합하는 응용 프로그래밍 인터페이스(API) 기술 등과 같은 정보통신 기술을 최대한 활용·융합할 것이다.

공간정보는 정보통신 기술과 융합을 통해서 다양한 데이터를 수집·통합·활용하는 플랫폼이 될 것으로 전망한다.

4. 공간정보 발전방향과 디지털 트윈 공간 개념 구상

인문학적 관점과 공간데이터 및 관련기술의 관점에서 공간정보의 미래를 전망한 결과 실제공간과 가상공간의 융합, 공간정보와 초연결 및 지능기술의 융합, 사람·시간·공간 각 요소의 간극 축소 경향이 뚜렷하게 나타난다.

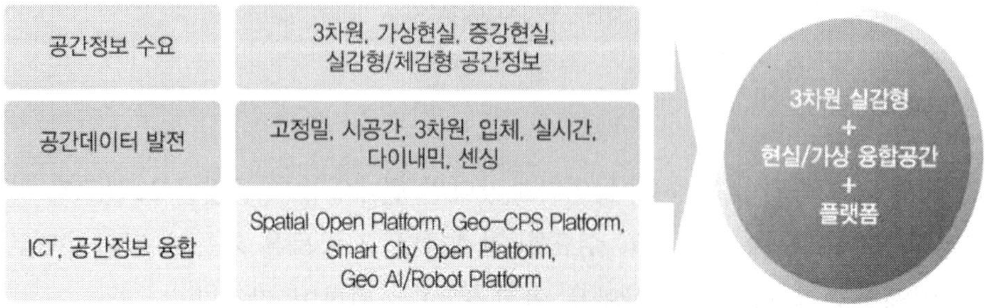

[그림 1-1] 미래 공간정보의 발전방향

공간정보는 [그림 1-1]처럼 현실세계를 디지털 가상공간으로 구현하는 수단과 현실세계와 가상세계를 연결하고 데이터를 통합·분석하는 플랫폼 그리고 현실세계와 가상세계를 연결하는 인터페이스의 기능을 담당하게 될 것으로 전망된다.

1-2 현실세계와 가상세계의 융합 메커니즘

현실세계의 물리적 자산에 부착된 센서 등을 통해서 수집되는 데이터를 가상환경에서 분석, 시뮬레이션, 예측 등을 통해 유용한 정보를 얻고, 이를 현실세계에 반영하여 운영을 최적화하거나 문제를 해결한다.

1. 사이버 물리 시스템

실제 공간에 존재하는 물리적 환경과 컴퓨터상에 존재하는 사이버 환경이 사물인터넷, 클라우드, 빅데이터 등의 기술발달에 힘입어 서로 연계되고 상호 작용하는 다이내믹한 시스템이다.

사이버 물리 시스템(Cyber-Physical System)은 정보를 활용하여 물리적 환경에 대한 이해를 높여주고, 스스로 인지하고 반응하는 자율성을 기반으로 모니터링, 분석, 시뮬레이션을 통해 문제해결 및 최적화가 가능하다.

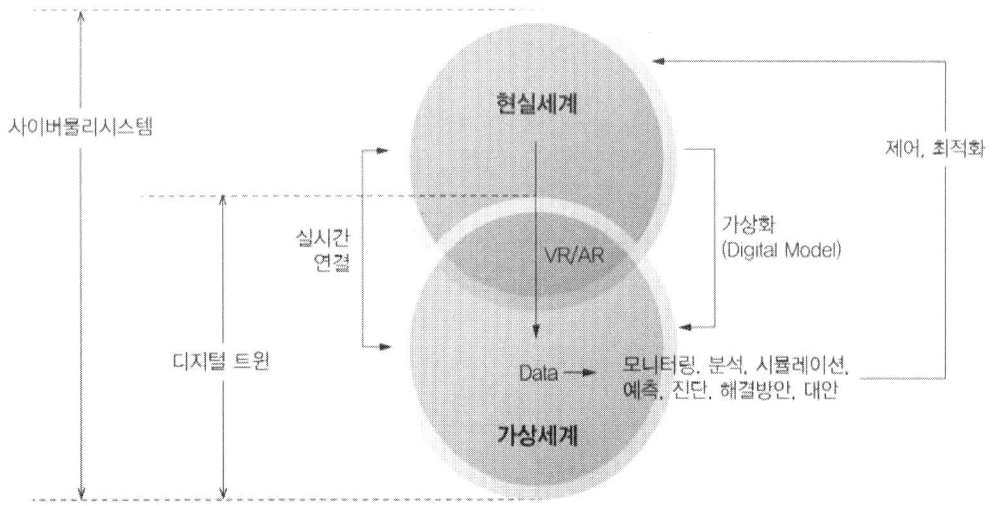

[그림 1-2] 현실세계와 가상세계의 융합 개념도

물리적 세계와 사이버 세계의 융합을 추구하는 새로운 패러다임으로 생산성 향상은 물론 교통, 안전, 환경, 재난재해 등 사회의 각 부문에 적용하여 인간의 삶의 변화를 일으킬 수 있는 혁신적 기술이다.

현실세계와 가상세계를 연계하는 개념은 [그림 1-2]처럼 현실세계의 물리적 자산에 부착된 센서 등을 통해서 수집되는 데이터를 가상환경에서 분석, 시뮬레이션, 예측 등의 과정을 거쳐 정보를 얻은 다음, 이를 현실세계에 반영하여 상태를 최적화하거나 문제를 해결한다.

2. 디지털 트윈

디지털 트윈(Digital Twin)은 물리적 자산이나 프로세스를 디지털로 복제(Modeling)한 것으로, 물리적 자산으로부터 생산되는 데이터와 상시 연계되어 있는 살아 있는 시스템이다. 디지털 트윈의 구성요소는 물리적 대상, 가상모델 및 데이터 연결이다.

물리적 대상	가상모델	데이터 연결

현실세계에서 존재하는 물리적 제품/시스템	사이버 상에 물리적 대상을 쌍둥이처럼 똑같이 구현한 가상 모델	물리적 대상과 가상의 대상간에 데이터를 실시간 연결해주는 기술

[그림 1-3] 디지털 트윈의 구성요소

항공기 엔진이나 발전소, 플랜트, 빌딩 등 복잡한 시설이나 장치를 효과적으로 모니터링하거나 생산성을 향상하는 데 활용되고 있으나, 최근 스마트시티의 플랫폼으로 각광 받고 있다.

1-3 디지털 트윈 공간의 개념모델과 기대효과

1. 디지털 트윈 공간의 개념모델

디지털 트윈은 3차원 모델링을 통해 현실공간의 물리적 자산이나 객체, 프로세스 등을 디지털로 복제하는 것을 말하며 위치, 모양, 움직임, 상태 등을 포함한다.

실제공간과 똑같은 디지털 공간을 '디지털 트윈 공간(DTS, Digital Twin Space)'이라고 칭하고, 차세대 국가공간정보가 추구해야 할 목표로 제시한다. 디지털 트윈 공간은 현실세계의 물리적 환경과 똑같은 가상환경을 말하며, 물리적 환경과 연계된 각종 데이터를 이용하여 현실세계를 모니터링하거나 문제를 분석하고 동시에 해결방안을 모색하여 현실세계에 반영한다.

스마트 시티나 스마트 사회는 하드웨어와 소프트웨어의 통합시스템이 필요하며, DTS는 물리적 환경을 가상환경으로 구현하는 가장 효과적인 수단이자 현실세계와 가상세계를 연결하는 플랫폼이다.

실세계의 데이터를 활용하여 디지털 트윈 공간에서 모니터링, 분석, 예측, 시뮬레이션 등을 통해 얻은 정보를 현실세계에 반영하여 운영 최적화, 문제해결, 사전 예방 가능하다.

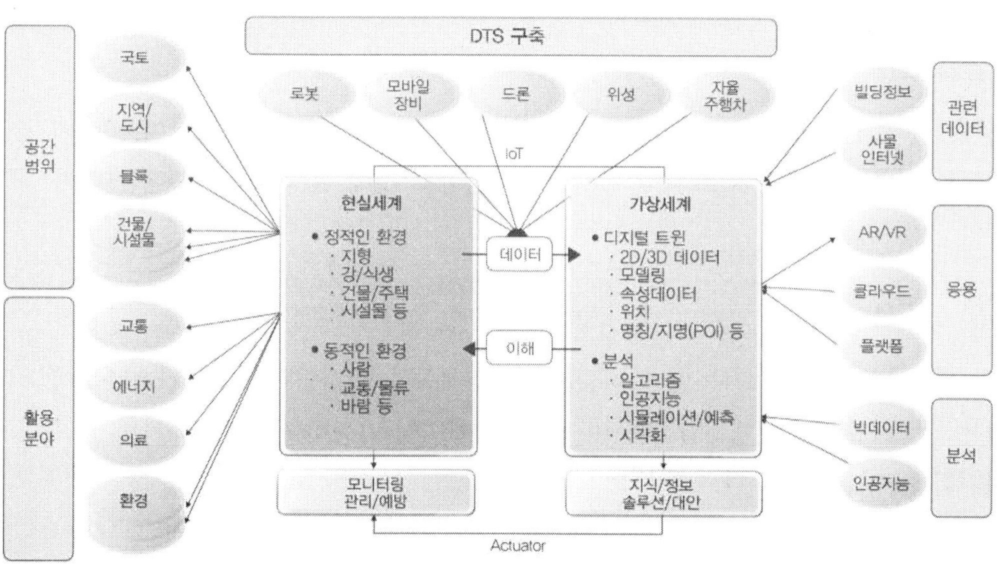

[그림 1-4] 디지털 트윈 공간의 개념적 모델

디지털 트윈 공간의 공간적 범위는 국토, 지역, 도시, 블록, 건물, 시설물 등으로 활용목적에 따라 다르지만 대체로 활용목적과 운영주체에 따라 구분한다.

디지털 트윈 공간의 활용분야는 교통, 에너지, 의료, 환경 등 사회의 모든 분야에 해당하며, 공공부문에서는 행정목적이나 대상에 의해 구분하고, 민간부문은 활용목적에 따라 구분할 수 있다.

디지털 트윈 공간을 구축하고 지속적으로 유지 · 관리 · 갱신하는 것이 매우 중요하며, 이를 위해서 기존의 데이터를 최대한 활용하되, 첨단장비와 신기술을 도입하여 정확성과 정밀성, 경제성을 제고해야 한다.

2. 디지털 트윈의 미래사회 기여효과

디지털 트윈 공간의 구축과 활용의 이유는 인프라 구축에 중점을 두었던 공간정보 정책을 '목적 지향적'으로 전환하고, 지능정보사회에 부합하는 공간정보의 가치와 활용개념을 제공하여 공간정보의 사회적 기능과 역할을 제시하는 것이다. 이를 통해 미래의 기술혁신을 반영한 공간정보의 발전모습을 제시할 수 있기 때문이다.

1) 스마트 사회

사회 각 분야별 상관관계와 전후방 효과를 고려한 사회적 문제 진단 및 해결방안 모색할 것이다.

2) 안전한 사회

디지털 트윈은 현실공간과 네트워크로 연결되어 있고 실시간으로 들어오는 데이터를 이용하여 상황을 효과적으로 모니터링하고 문제 발생 시 즉각 대응이 가능할 것이다.

3) 민주적 사회

보편적으로 활용이 가능한 디지털 트윈이 제공하면 다양한 이해 관계자들이 활용하는 커뮤니티가 생겨날 것이며 서로 간 협업이 가능하여, 시민의 사회적 참여기회를 확대될 것이다.

4) 합리적 사회

디지털 트윈은 각종 사회문제를 공간적 사고와 접근방식으로 해결하는 데 기여할 것이다.

5) 혁신성장

디지털 트윈은 IoT, AI, VR 등과 같은 다양한 기술이 융합·활용되는 플랫폼이기 때문에 새로운 융합산업 생태계가 생겨날 것이다.

수행 내용

재료 · 자료

- 디지털 트윈의 개념 관련 자료

기기(장비 · 공구)

- 컴퓨터, 프린터, 주변기기

안전 · 유의사항

- 컴퓨터 및 주변기기의 전원을 관리한다.

수행 순서

01 미래공간정보발전 전망에서 인문학적, 공간 데이터 및 ICT와 공간정보 융합 관점에 대하여 분석하라.

1. 인문학적 관점

공간정보의 본질적 가치를 조망하기 위해서는 공간정보를 사용하는 사람과 그들이 살아가는 사회의 관점에서 바라보는 인문학적 접근이 필요하다. '인문학(Humanities)'은 '자연 과학(Natural Sciences)'과 대립되는 개념으로, 자연과학이 객관적으로 존재하는 자연현상을 다루는 학문이고 인문학은 인간의 가치탐구와 표현활동을 그 대상으로 삼고 있다.

① 인간의 본능적 욕구에 기반하여 공간정보의 미래 수요를 전망하였으며, 이러한 시도는 기술 중심적 사고의 한계를 보완한다.

② 심리학자 에이브러햄 매슬로우(Abraham Maslow)의 인간욕구 이론에 기반하여 공간정보의 미래를 전망한다.

③ 과거 사람들은 공간을 단순히 들여다보았다면 현대인들은 공간을 느끼고자 하며, 이러한 경향이 사이버공간의 수요를 창출하고 있다.

④ 사람들은 가급적 직관적으로 공간을 이해하고 실시간 공간상황을 알고자 하는 경향이 강하다.

[그림 1-5] 인문학적 관점에서 본 공간정보의 미래

2. 공간 데이터의 관점

공간정보를 기반으로 하는 사물인터넷(Geo-IoT), 공간정보를 활용한 가상현실(VR)과 증강현실(AR)의 구현과 활용에 관심이 집중되면서, 이들 기술과 공간정보 간의 관계와 융합 메커니즘에 대한 궁금증이 증가하고 있다. 이와 같은 새로운 기술과 공간정보의 융복합의 메커니즘을 이해하기 위해서는 공간정보의 가장 기본적이고 핵심적인 요소를 이해해야 한다. 아울러 공간정보의 생산과 활용에 영향을 미치는 정보통신기술, 소프트웨어기술 등과의 관계를 종합적으로 이해할 필요가 있다. 공간정보의 핵심요소를 전통적인 관점에서 출발하여 유관기술과 융합하면서 발전해 온 과정을 분석하고, 이를 기반으로 향후 발전해 나아갈 모습을 전망하였다.

① 공간데이터는 기본적으로 측지(Geodesy), 측량(Survey), 측위(Positioning)에 기반하고 있으며 데이터 수집, 저장, 가공, 전송 등 첨단기술에 힘입어 점차 3차원, 고정밀, 실시간, 시공간, 센싱 등으로 발전하고 있다.

② 센서 및 계측 기술의 발달로 단일자원에서 다양한 자원을 활용 수 있는 환경으로 발전하고 있으며, 이에 따라 공간데이터와 ICT기술의 융합이 가속화되고 있다.

③ 지형지물의 정태적 상황을 표현하던 데이터 기술에서 점차 시간요소를 포함한 동적인 공간의 상황정보를 얻을 수 있는 방향으로 발전한다.

④ 자율주행차, 드론, 로봇 등 자율운행 기기의 활용이 본격화되면서 점차 상세하고 정확한 공간정보 수요가 크게 증가한다.

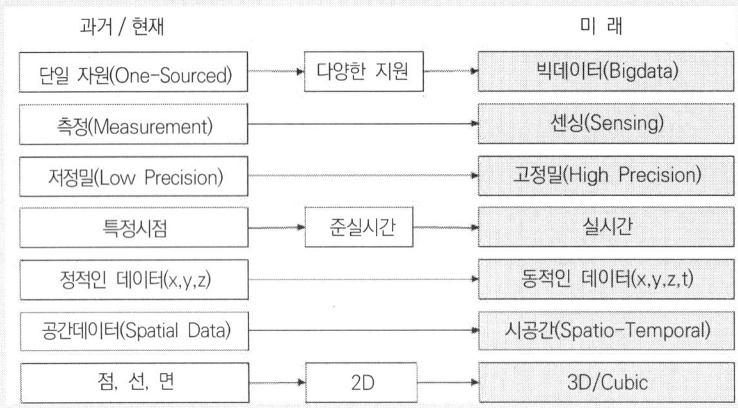

[그림 1-6] 공간데이터의 미래발전전망

3. ICT와 공간정보 융합 관점

① 공간정보는 데이터를 저장하는 하드웨어 기술, 전송하는 인터넷 기술, 대용량데이터는 컴퓨팅 기술, 융합하는 API 기술 등과 같은 정보통신 기술에 매우 큰 영향을 받고 있음

② 공간정보는 정보통신 기술과 융합을 통해서 다양한 데이터를 수집 · 통합 · 활용하는 플랫폼이 될 것으로 전망됨

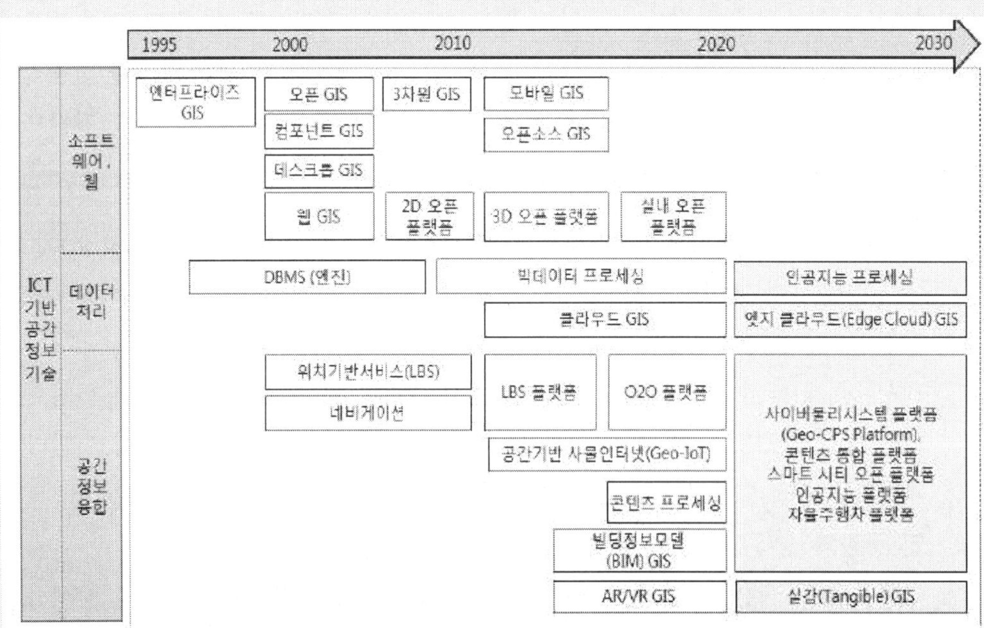

[그림 1-7] ICT기반 공간정보기술 미래전방

02 매슬로우의 욕구계층에 대하여 분석하라.

19세기 이후 정밀한 측량기술의 발달과 20세기 후반 디지털 혁명에 의해서 지도의 생산 및 공유 환경이 크게 개선되었다. 이로써 지도에 대한 수요가 팽창하면서, 집단동기를 반영한 지도에서 나아가 개별 인간의 욕구에 맞춘 지도 제작이 가능한 환경으로 변화되었다. 개별 인간의 욕구에 대한 프레임은 '생리적 욕구, 안전에 대한 욕구, 애정과 소속에 대한 욕구, 자존감에 대한 욕구, 자아실현의 욕구'로 나누어 제시한 매슬로우(Abraham H. Maslow)의 '욕구계층이론(Maslow's Hierarchy of Needs)'이 주로 쓰이며, 본 연구에서도 이에 기반하여 미래 인간의 욕구를 도출하였다. 매슬로우는 인간의 욕구를 [그림 1-8]에서 보는 바와 같이 5단계로 분류하였으며, 상위 단계적으로 이동하는 특성이 있다고 한다.

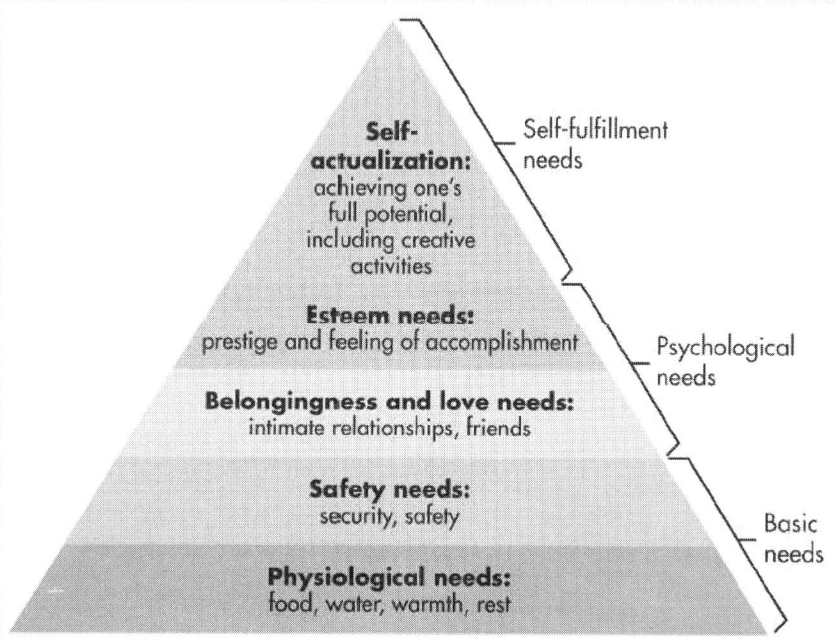

[그림 1-8] 매슬로우의 욕구계층

출처 : https://www.simplypsychology.org/maslow.html

1단계는 생리적 욕구로, 의식주 및 각종 기본생활(먹는 것, 자는 것, 종족보존 등)과 관련된 본능적인 욕구이다. 생리적 욕구는 이동 욕구, 체감 욕구, 무위 욕구로 구분할 수 있다.

2단계는 안전에 대한 욕구로, 추위◦질병◦위험 등으로부터 자신을 보호하려는 욕구로, 신체적 정서적 안전을 추구하는 욕구이다. 안전에 대한 욕구는 자기보전과 자기보호 욕구로 세분할 수 있다

3단계는 애정과 소속에 대한 욕구로, 가정을 이루거나 친구를 사귀는 등 어떤 집단에 소속되어 소속감을 느끼고 주변의 애정을 느끼려는 욕구이다. 애정에 대한 욕구는 소통의 욕구에 해당한다.

4단계는 자존감에 대한 욕구로, 소속 단체의 구성원으로서 명예나 권력을 누리고 타인에게 인정받고자 하는 욕구이다. 자존감에 대한 욕구는 표현과 참여의 욕구로 해석이 가능하다.

마지막 5단계는 자아실현의 욕구로, 자신의 재능과 잠재력을 충분히 발휘해서 자기가 이룰 수 있는 모든 것을 성취하여 자기만족을 느끼려는 욕구이다.

매슬로우의 욕구 분류에 맞추어, 개인의 지도에 대한 욕구를 〈표 1-1〉에서 보는 바와 같이 9가지 경우로 세분하였다.

〈표 1-1〉 미래 인간의 지도에 대한 욕구 파악

매슬로우의 욕구계층	지도에 대한 욕구	주요내용
1단계 : 생리적 욕구	이동 욕구	물리적 제한이 있는 이동의 한계성을 지도를 통해 초월하고자 하는 욕구
	체감 욕구	지도를 단순히 시각적으로 보는데 만족하지 않고 직접 만지고 느끼는 형체로 인식하고자 하는 욕구
	무위 욕구	노동을 기피하고 반복적 행위를 줄려서 효율성을 찾고자 하는 욕구
2단계 : 안전에 대한 욕구	자기보전 욕구	개인적 사회적인 현황에 대하여 기록을 남겨 ㅂ존하려는 욕구
	자기보호 욕구	표현 및 참여 욕구의 팽창과 반대로 개인적 사생활 등 사유 정보에 대한 보호욕구 증가
3단계 : 애정과 소속 욕구	소통 욕구	다른 사람과 정보를 나누며 공유하고 공감하고자 하는 욕구
4단계 : 자존감 욕구	표현 및 참여 욕구	적극적인 개인 의사 표현 및 다양한 형태의 정치 경게 사회 문화 분야에 대한 참여 욕구
5단계 : 자아실현 욕구	호기심 충족 욕구	미지의 대상에 대한 궁금증 해소 욕구
	창작 욕구	새로운 공간에 대한 상상을 직접 눈에 보이는 공간으로 만들어내고자 하는 욕구

생리적 욕구는 이동 욕구, 체감 욕구, 무위 욕구로 구분할 수 있으며, 안전에 대한 욕구는 자기보전과 자기보호 욕구로 세분할 수 있다. 애정에 대한 욕구는 소통의 욕구에 해당하며, 자존감에 대한 욕구는 표현과 참여의 욕구로 해석이 가능하다 자아실현의 욕구는 호기심 충족과 창작의 욕구로 구분된다.

03 공간 데이터와 측위기술의 발전과 전망에 대하여 분석하라.

1. 공간 데이터의 발전과 전망

공간정보산업은 데이터를 생산·구축하는 부문과 데이터를 활용하는 부문으로 크게 구분할 수 있으며, 이 중에서도 데이터의 구축이 가장 기본적이면서도 중요한 부문에 해당한다. 공간데이터는 크게 도형데이터, 속성데이터 그리고 지형지물이나 시설물의 위치와 명칭을 나타내는 관심지점(POI : Point of Interest)이 있다. 도형데이터는 데이터의 형식에 따라 벡터 데이터(Vector Data)와 그리드 데이터(Grid Data)로 구분되며 모든 데이터는 2차원 또는 3차원으로 표현된다. 그리드 형식의 이미지 데이터는 항공기와 위성, 드론, 지상 모바일 심지어 스마트폰 등으로 수집한 영상정보를 포함하며 소형위성과 드론을 이용한 영상정보 수집 경향이 크게 증가하고 있는 추세다.

최근 들어 대형건물의 재난대비, 방문객 길안내, 사물인터넷을 이용한 상업서비스 등을 위하여 실내공간정보 활용이 늘어나면서 다양한 기술이 개발되고 있다. 5G와 저비용 센서를 기반으로 사물인터넷의 활용이 본격적으로 진행될 경우 사무실, 주택, 상점 등 소형공간에 대한 실내공간정보 수요가 크게 늘어날 것으로 예상되며, 이를 위해 사용자가 직접 공간정보를 제작하는 기술과 플랫폼이 출현할 것으로 예상된다. 잦은 도로함몰 싱크홀(Sink Hole) 발생 등으로 인하여 지하시설물 지도에 대한 수요도 증가하고 있다.

센서와 네트워크 그리고 인공지능 기술의 발달로 인하여 스스로 주변상황을 인지·판단하여 이동하는 자율이동체가 속속 개발되고 있으며, 이로 인하여 공간정보의 새로운 수요가 발생하고 있다. 자율주행자동차, 자율주행트랙터, 배달로봇 등이 안전하게 목적지까지 운행하기 위해서는 정밀한 지도가 필요하다. 자율주행자동차 비율이 높아질수록 이들이 필요로 하는 공간정보는 실시간으로 제공되어야 하며, 사람이 공간정보를 수집하던 종전의 방식에서 자율주행자동차가 스스로 정보를 수집해서 실시간으로 업데이트하는 라이브 맵(Live Map)이 발전할 것으로 예상된다. 사람이 보고 판단하도록 만들어진 도로나 시설물의 표식 등은 앞으로 센서가 쉽게 인지할 수 있도록 특수한 도료나 표식 등으로 바뀌게 될 것으로 전망이다.

드론과 자동차가 결합된 형태의 '날아다니는 자동차'가 등장한다면 3차원 공간 전체를 정밀하게 표현할 수 있는 그리드(Grid) 또는 큐빅(Cubic) 형태의 지도가 필요할 것으로 전망된다. 현행 3차원 공간데이터는 주로 고정된 형태의 지형지물이나 시설물의 높이 값을 단순하게 표현하고 있다. 그러나 비행체와 같이 공간을 자유롭게 움직이는 물체를 가이드하거나 안전하게 보호하기 위해서는 정밀하고 정확한 3차원 공간정보가 요구된다.

2. 측위기술의 발전과 전망

측위기술은 위성항법시스템(GNSS) 이전과 이후로 크게 구분되며 우리나라는 미국의 GPS 위성을 활용하면서 획기적으로 개선되었다. 미국이 군사용으로 개발·사용했던 GPS를 1983년 민간에 개방하면서 우리나라도 GPS를 활용하게 되어 오늘에 이르고 있으며, 현재는 모든 위성항법시스템이 무료로 개방되어 있다. 2016년 6월 기준으로 우주에는 105개의 항법위성이 운항되고 있으며, 대표적인 위성항법시스템은 미국의 GPS, 러시아 GLONASS, 유럽의 GALLIEO, 중국의 BEIDOU가 있다. 선진국들은 국방이나 상업적 목적으로 독자적인 위성항법시스템 확보를 위해 애쓰고 있으며 우리나라는 유럽의 갈릴레오 프로젝트에 참여하고 있다.

측위기술은 실외와 실내로 구분되며 실외는 위성항법시스템을 이용하지만 실내는 무선네트워크, 지자기 등을 이용한 다양한 측위기술을 개발하는 동시에 실내외 위치정보를 끊김 없이 연결하는 기술도 개발하고 있다. 최근 들어 사물인터넷 기술의 활용이 본격화되면서 실내측위에 대한 관심이 높아지고 있으며, 모바일 서비스를 위해 정확성제고를 위한 기술개발이 진행 중이다. 자율주행자동차 등 자율이동체를 지원하기 위해서는 센티미터급 정확도를 가진 위치정보를 도심과 산간지역을 포함하는 모든 지역에 안정적으로 제공해야 한다. 위치정보를 기반으로 하는 사물인터넷 서비스 즉, Geo-IoT 비즈니스에 대한 관심이 증가하고 있으며, 위치기반 서비스(LBS), 온라인과 오프라인을 연계한 서비스(O2O : Online To Offline)의 핵심으로 위치정보는 경제적 가치가 점점 커지고 있다.

04 ICT 발전에 따른 공간정보기술의 변화에 대하여 분석하라.

90년대 중반 이후 정보통신 기술을 활용한 공간정보 기술개발과 표준화 연구가 활성화됨에 따라, 정보통신 기술과 공간정보 기술의 관계가 매우 높아졌다. 특히, 클라이언트-서버 기술, 컴포넌트 프로그래밍, 데이터베이스 등과 같은 기술은 초기 공간정보 기술과 표준화 방향에 큰 영향을 끼쳤다. 예를 들어, 공간정보 처리기능을 모듈별 컴포넌트로 구현하고 이들을 결합하여 사용자가 원하는 엔터프라이즈 GIS를 저렴하고 손쉽게 구축할 수 있는 Open GIS, Component GIS에 대한 연구개발 및 표준화가 추진되었다.

2000년대 초반에는 웹 서비스 기술이 비약적으로 발전함에 따라 공간정보 기술개발도 웹 기술 중심으로 발전하기 시작하였다. 표준화된 공간 데이터의 개방과 공유를 통해 상호운용성을 보장하기 위하여 OGC(Open Geospatial Consortium)의 국제 표준화기구가 설립되었다. OGC는 웹 기반으로 공간정보 서비스를 표준화된 방식으로 제공하기 위하여 인터넷/웹 GIS 기술 관련 다양한 국제 표준사양을 제시하였으며, 이러한 표준사양을 수용한 기술개발이 활발히 추진되었다. 대표적으로 OGC는 이미지 지도, 벡터 지도, 래스터 지도를 위하여 Web Map Service, Web Feature Service, Web Coverage Service의 표준 사양을 제시하였다.

2000년대 중반에 웹 2.0 기술과 RIA(Rich Internet Application) 아키텍처가 도입됨에 따라, 웹 기반 공간정보 서비스에서도 커다란 변화가 나타났다. 특히 웹 사용자가 정보의 소비자인 동시에 생산자가 되는 Web 2.0과 RIA 아키텍처 기반의 공간정보 오픈플랫폼이 등장했다. 공간정보 오픈플랫폼이 제공하는 풍부한 Open API 서비스를 이용하여 누구나 손쉽게 간단한 공간정보 관련 서비스를 개발할 수 있게 되었다. '5년 구글맵/어스와 빙 맵, 오픈스트리트 맵을 시작으로, '8~'9년 국내의 다음 맵과 네이버 맵, '2년 브이월드와 같은 다양한 공간정보 오픈플랫폼이 Open API를 서비스를 제공하고 있다.

최근에는 사람뿐만 아니라 사물과의 즉각적인 연결, 융합, 자동화를 극대화한 실시간 적시 서비스가 크게 확산되고 있다. 예를 들어, 모바일 및 웨어러블 기기를 이용한 적시 서비스, 수요자와 공급자를 효율적으로 연결하는 플랫폼 서비스, 인공지능, 로봇, 자율주행차 등을 활용한 지능화 서비스가 확산되고 있으며, 이들 서비스와 관련된 핵심기술 확보에 대한 수요가 크게 증가하고 있다.

최신 정보통신 기술에 직접적인 영향을 받고 있는 공간정보 기술은 초고속 유무선 인터넷과 ICBM 기술을 활용하여 실시간, 대용량, 고정밀, 융합과 지능화가 강조된 기술개발 수요가 급증하고 있다. 초연결 기반의 실시간 동적 서비스와 관련하여 Geo-IoT, Geo-CPS, Mobile GIS, Mobile 공간정보 오픈플랫폼 등의 핵심기술에 대한 수요가 늘어나고 있다. 대용량의 고정밀 공간정보 및 타 산업 콘텐츠 융합과 관련하여 AR/VR GIS, BIM-GIS, 3차원/실내공간 플랫폼, 공간-콘텐츠 융합 플랫폼, Tangible GIS 등의 공간정보 융합 기술에 대한 수요도 급증하고 있다.

공간 빅데이터 처리공간상황 인식, 공간분석, 공간지식 추출 등의 서비스와 관련하여 공간 빅데이터, Cloud GIS, Edge Cloud GIS27), Geo-AI28), Geo-Robotics29) 등의 지능화 기술에 대한 수요가 증가하고 있다. 위치/공간정보를 활용하는 오픈플랫폼 서비스와 관련하여 고정 밀실내외 공간정보 오픈플랫폼, LBS 플랫폼, O2O 플랫폼, 자율주행차량 플랫폼, 스마트시티 플랫폼 기술에 대한 수요 역시 급증하고 있다.

Geo-CPS, Geo-Contents, Smart City, Geo AI, Autonomous Vehicle 플랫폼과 Geo-IoT, AR/VR GIS, BIM-GIS, Cloud GIS, Spatial Big Data 기술들 간의 상호 협력 및 연관 관계는 [그림 1-9]와 같이 구성된다.

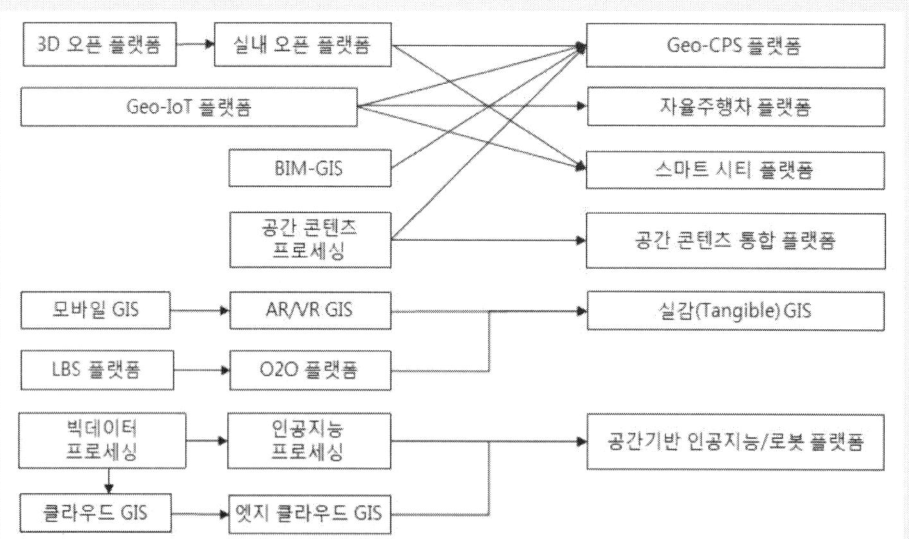

[그림 1-9] 공간정보 기술들 간의 상호 협력 미 융합관계

출처 : Min-Soo Kim, 2017, Research issues and challenges related to Geo-IoT platform, Spatial Information Research, Vol. 25. No. 6. pp.1-14.

05 ICT관점에서 미래공간정보 기술발전 전망에 대하여 상세하게 분석하라.

1. ICBM 기술 기반의 Geo-CPS 세상 구현

ICBM(IoT, Cloud, Big Data, Mobile)과 초고속 무선통신(5G, B5G) 기술을 이용하여 가상세계와 물리세계의 완벽한 융합이 가속화되고 있다. 2020년 인류의 80% 이상이 모바일 단말기를 보유하게 되며, 5G 통신이 보급됨에 따라 상상을 초월하는 모바일 혁명 시대의 개막이 예상된다. 스마트 홈에서 시작하여 스마트 사무실, 스마트 자동차, 스마트 공장, 스마트 시티, 스마트 국가에 이르기까지 공간정보 기반의 사이버물리시스 템(Geo-CPS) 실현이 구체화될 것으로 예상된다. 빅데이터 분석, 인공지능, 클라우드 기술에 위치○공간정보가 융합된 본격적인 공간 지능화 시대의 개막이 예상된다. 5G 기술을 이용한 대용량 정보의 실시간 전달, 클라우드 인프라 및 빅데이터 기술을 이용한 실시간 적시성 서비스 활성화될 것이다.

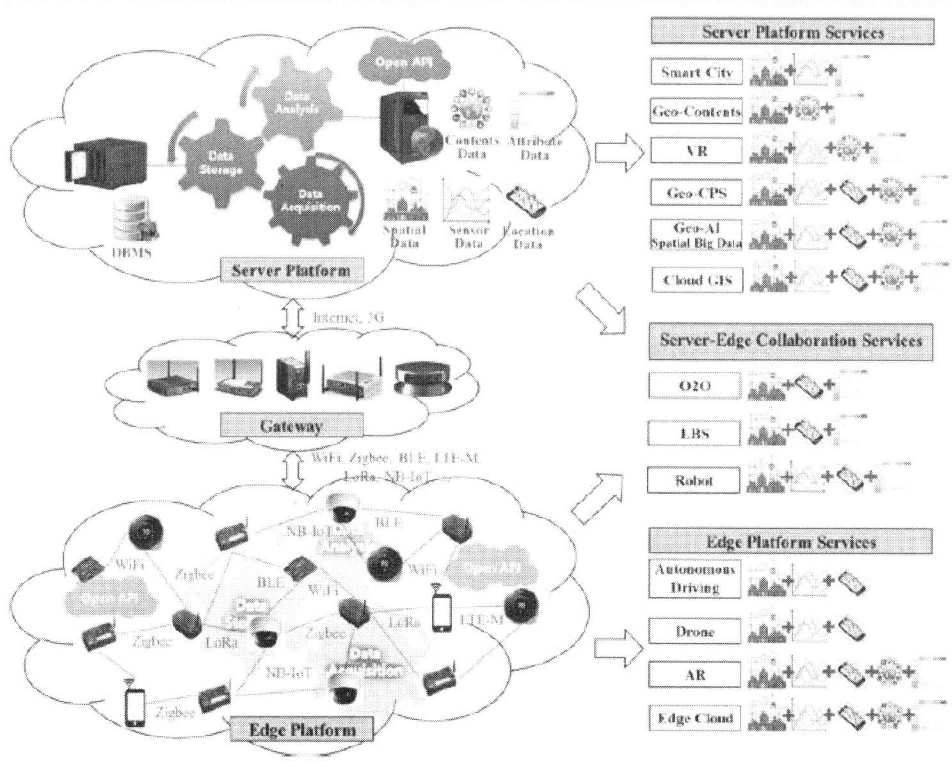

[그림 1-10] ICBM, AI와 공간정보 융합 유형

2. 오감만족 실감 서비스

고정밀 공간정보 기반의 고정밀의 실감형 콘텐츠 활용이 영화, 게임, 가상현실, 관광, 재난관리 분야에서 크게 늘어날 것으로 예상된다. 몰입감, 현실감, 사용자 경험 공유를 위한 현실세계 기반의 도시 및 지형 모델에 대한 수요가 급증하고 있다. 이에 따라 미래에는 Mobile GIS, AR/VR GIS, BIM-GIS 등과 같은 공간정보기술의 지속적인 발전과 융합을 통하여 영화, 게임, 가상현실, 관광, 재난관리, 가상훈련, 도시계획, 스마트시티 등의 다양한 분야에서의 오감(五感) 만족형 공간정보 콘텐츠 서비스가 실현될 것이다. 현실세계 수준의 몰입환경 제공을 위한 혼합현실 기반 대용량 공간 콘텐츠를 처리하는 기술개발이 필요하다. 또한 증강현실 기기, 빔 프로젝터, 홀로그램, Tangible 매체 등을 활용한 공간 콘텐츠의 실감 인터랙션 기술개발도 필요하다.

사용자가 현실공간을 직접 방문하지 않고도 가상공간에서도 동일한 경험을 느낄 수 있는 오감 만족형 실감 공간 콘텐츠 서비스 관련 기술개발 수요가 늘어날 것이다. 5G 이동통신과 IoT 융합을 통한 고품질 콘텐츠 비즈니스 확대로 인하여 3D 공간정보와 실감 콘텐츠 융합 서비스가 점차 확산될 전망이다.

3. 인공지능 기반의 공간지식 플랫폼 서비스

공간정보, 위치정보, 통계정보, 속성정보, 집단지성 등의 다양한 정보를 축적하여 지속적으로 학습이 가능한 대용량 공간지식베이스 구축 수요도 증가할 것으로 전망된다.

공간지식베이스를 이용한 학습을 통하여 국토, 토지, 주택, 교통, 환경, 재난재해 분야 등에 대한 현안 문제의 정밀한 파악과 미래 상황에 대한 효율적 대처가 가능한 정책수립에 대한 수요도 증가하게 될 것이다.

이러한 변화에 대응하기 위하여 공간 콘텐츠 융합 기술을 활용하여 실시간 끊임없이 수집되는 대용량 데이터를 학습 데이터로 활용할 수 있는 공간정보의 인공지능 기술을 확보해야 한다. 실시간 끊임없이 수집되는 위치/공간 관련 콘텐츠들에 Deep Learning을 적용하여 공간지식 생성이 가능한 지식베이스 모델 구축과 공간상황에 대한 인식, 추론, 예측을 위한 GeoAI 기술을 개발해야 한다. GeoAI 기술을 중심으로 이동객체 예측, 교통 예측, 상권 예측, 범죄 예측, 재난재해 예측 등과 같이 사회문제 해결을 지원하기 위한 지능진화형의 공간지식 플랫폼을 구축할 필요가 있다. 이는 스마트 시티 서비스의 플랫폼 역할을 수행할 수 있을 것이다. 또한 미래 인공지능 Robot 플랫폼에서의 위치/공간정보에 대한 지능 강화를 위한 개발된 GeoAI 기술의 적용도 가능하다

4. 자율주행차를 위한 플랫폼

고정밀 공간/위치정보, IoT 센서정보 기반 주변상황 인지, 위험 판단, 경로 제어 알고리즘으로 구성된 자율주행 차량 시장의 급성장이 예상된다. 이를 위해서 공간/위치정보, IoT 센서정보를 융합하여 실시간으로 정확하게 상황 인지, 위험 판단, 경로 제어를 수행할 수 있는 컴퓨팅 플랫폼이 필요하다. 자율주행 차량의 목표인 안락함과 편리한 이동 기능 이외에 새로운 서비스 공간으로서의 역할을 수행할 수 있는 소프트웨어 플랫폼에 대한 글로벌 ICT 및 자동차 기업들의 관심이 커지고 있다. 자율주행 차량들이 생성하는 고정밀 공간/위치정보와 사용자 클릭정보들을 추후 활용하기 위하여 수집, 저장, 관리가 가능한 소프트웨어 플랫폼 기술도 필요하다.

또한 자율주행 기능, 고정밀 3D 공간정보 갱신, 주변 공간상황 인식, 콘텐츠 서비스가 가능한 자율주행 차량 플랫폼 기술을 확보해야 한다. 자율주행에서 고정밀 공간정보는 중요한 가외성(Redundancy) 정보로서 이러한 최신 고정밀 지도 확보와 자율주행 차량 플랫폼 시장을 선점하기 위하여 자동차업체, IT업체, 통신업체 간의 치열한 경쟁이 예상된다. 아울러, 공간정보와 V2V 통신, V2I 통신을 활용하여 차량 스스로 주변 환경을 인식하고, 위험을 판단하고, 주행경로를 제어하는 자율주행 차량 기술이 기본적으로 탑재되는 플랫폼화 기술개발이 필요하다.

5. 공간정보 기반의 플랫폼 비즈니스 활성화

데이터 및 기능의 연결과 융합을 통하여 언제든지 사용자가 원하는 서비스 창출이 가능한 플랫폼 중심의 서비스 시대가 더욱 확대될 것으로 예상된다. 공간정보를 활용하는 사용자, 고객, 파트너(기업)의 복수 그룹이 참여하여 각 그룹이 합리적으로 가치를 교환하고 이익을 창출할 수 있는 상생의 플랫폼 생태계를 마련하기 위한 기술개발이 필요하다. 이에 따라 공간정보를 활용하여 새로운 부가가치 창출이 가능한 다양한 유형의 플랫폼이 활성화 될 것으로 예상된다. 기존 공간정보 오픈플랫폼의 공간 빅데이터 플랫폼 또는 GeoAI 기술을 적용한 공간지식 플랫폼으로의 진화가 필요하다. 공간정보 기반의 자율주행, 고정밀 지도 갱신, 실시간 콘텐츠 융합 등을 수행하기 위한 자율주행차량 플랫폼의 원천기술을 확보해야 한다.

공간정보와 실시간 센서정보의 동적/실시간 매핑 및 분석을 지원하고, Geo-CPS 실현을 위한 Geo-IoT 또는 Geo-CPS 플랫폼의 고도화가 필요하다. 고품질의 실내외 위치정보, 공간정보, 센서정보의 축적과 실시간 분석을 통하여 수요자 맞춤형의 공유경제 서비스가 가능한 O2O 서비스 플랫폼, LBS 플랫폼도 고도화되어야 한다.

06 미래의 공간정보 발전방향에 대하여 분석하라.

1. 공간정보의 발전 전망

인간은 단순히 공간의 지형지물을 관찰하는 수준에서 벗어나 다양한 정보를 얻고 체험할 수 있는 공간을 원하고 있다. 이러한 인간의 욕구는 공간데이터를 3차원으로 발전시켰고, 가상현실 및 증강현실 기술과 융합하여 가상공간을 탄생시켰다. 사람들은 가상의 공간에서 현실 같은 체험을 원하는가 하면, 현실공간과 가상공간을 융합함으로써 게임을 즐기거나 생활정보를 얻고자 한다. 따라서 공간정보는 최대한 현실공간과 같은 형태의 가상공간을 구현하는 방향으로 발전할 것으로 전망된다.

사람들은 정확한 정보, 직관적으로 이해하기 쉬운 정보, 빠르게 전달받고 활용하기 편리한 정보를 원한다. 공간데이터는 이러한 사용자의 수요에 부응하는 방향으로 발전하고 있다. 단일 자원보다는 다양한 자원을 활용하고 보다 정밀하게 데이터를 얻을 수 있는 장비를 개발했다. 어디에서 무슨 일이 일어나는지를 알기 위해서 공간과 시간을 결합하고, 시공간 데이터를 통해서 다이내믹한 공간상황을 이해하고자 하였다. 무한하게 커져가는 인간의 욕구를 만족시키기 위해서 인공지능, 자율측정 기기 등을 활용하여 다양한 공간데이터를 생산하게 될 것이다.

정보통신 기술은 공간정보의 수집 · 저장 · 가공 · 분석 등 거의 모든 과정에 큰 영향을 끼치기 때문에 양자 간 기술융합은 더욱 가속화될 것이다. 예를 들면 IoT 기술을 활용하여 공간 빅데이터를 수집하여 클라우드에 저장하고, 인공지능 기술을 활용하여 데이터를 효과적으로 분류 · 분석하게 될 것이다. 향후 공간정보는 컴퓨터 기술, 통신기술, 인공지능 기술 등과 융합하여 스마트 시티, 사이버물리시스템, 인공지능, 로봇 등 다양한 부문의 서비스와 비즈니스의 플랫폼으로 발전할 것으로 전망된다.

따라서 공간정보는 3차원 공간데이터를 기반으로 현실공간과 가상공간을 융합 · 활용코자 하는 인간의 욕구를 충족하는 플랫폼의 역할을 할 것으로 전망되며, 공간정보는 이러한 변화와 요구에 부응하는 방향으로 발전할 것이다.

2. 공간정보의 발전 특성과 미래모습

사물인터넷 기술과 가상현실 및 증강현실 기술의 발전에 의해서 현실세계와 가상세계의 융합이 가속화될 것이다. 초고층 빌딩을 가상의 공간에서 설계하고 초음속 비행기술을 가상의 공간에서 배울 수 있을 뿐 아니라 가상의 화재 현장에서 사람을 구하는 훈련을 하게 될 것이다. 이와 같이 가상현실은 실제 상황에서 겪게 될 시행착오를 줄이고 위험을 최소화할 수 있기 때문에 수요가 급격히 늘어날 것이다. 가상공간은 종전의 정적인 형태에서 벗어나 다이내믹한 수준으로 발전하고 있으며, 3차원 공간데이터는 가상공간의 콘텐츠로써 수요가 크게 늘어날 것으로 예상된다.

초연결과 지능화 기술의 융합이 혁신을 선도하게 될 것이다. 빅데이터를 수집하는 센서 기술, 저장하는 클라우드 기술, 분석하는 인공지능 기술 등의 발전에 힘입어 점차 사람의 개입이 최소화되거나 자동화되고 있다. 자율주행자동차는 센서를 이용하여 주변상황 정보를 수집하고 인공지능 기술로 상황을 판단해서 스스로 움직이는 차량이다.

아직은 실험주행 단계여서, 가끔 사고가 발생하지만 인공지능 기술이 발전할수록 오류는 점점 줄어들 것이다. 멀지 않아 기계(로봇)가 주변 환경은 물론 사용자의 감성까지 파악하여 모든 일을 알아서 처리해 주는 환경이 될 것으로 예상된다.

시간과 공간 그리고 인간 각 요소의 간극이 점차 줄어들게 될 것이다. 평창 동계올림픽을 시작으로 5G 서비스가 본격화되면 데이터를 전송하고 구현하는 시간차가 획기적으로 줄어들 것으로 예상된다. 또한, 가상공간의 활용이 본격화되면 공간적 거리감과 마찰도 현격히 줄어든다. 스마트폰을 통한 사람과 사람간, 사람과 사물간 거리감도 점차 줄어들 것으로 예상된다. 이와 같이, 미래에는 기술의 융합뿐 아니라 시간과 공간 그리고 인간이 조화롭게 융합함으로써 완결성이 한층 높아지게 될 것이다. 예를 들면, 가상의 공간을 통해서 수많은 사람들이 동시에 원하는 무엇인가를 할 수 있는 환경이 될 것이다.

[그림 1-11] 미래 공간정보의 기능

이러한 변화의 한 가운데 공간정보가 자리 잡고 있다. 지금도 사람들은 '지도'라는 플랫폼 위에서 부동산 정보를 공유하고, 택시를 부르고 호텔을 예약하는가 하면 주변에 있는 친구를 찾고 맛집을 소개받고 멀리 떨어져 있는 나라를 여행하기도 한다. 앞으로 공간을 모델링하는 기술과 시각화를 위한 융합기술 등이 발전할수록 보다 현실 같은 가상공간을 경험하고 체험하게 될 것이다.

따라서 미래의 공간정보는 [그림 1-11]에서 보는 바와 같이, 현실세계와 가상세계를 연결하는 플랫폼이자 가상세계와 사용자를 연결하는 인터페이스가 될 것으로 전망된다.

07 현실세계와 가상세계의 융합에 대하여 분석하라.

현실세계와 가상세계의 통합이 왜 빠르게 진행되는 것일까? 그 이유는 하드웨어와 소프트웨어의 통합이 더 효과적이고 효율적일 뿐만 아니라 생산성이 높기 때문이다.

요즘에는 컴퓨터를 이용하여 도로나 터널을 설계하고 시뮬레이션 등을 통해서 대안을 평가한다. 건물이나 복잡한 구조를 가진 시설물들도 모두 컴퓨터를 이용하여 설계를 한다. 공장도 컴퓨터를 이용하여 생산품을 설계하고, 기기를 가동하거나 제어를 한다.

이와 같이 컴퓨터의 활용이 보편화되면서 컴퓨터를 보다 적극적으로 활용하거나 기기와 컴퓨터를 좀 더 긴밀하게 연결·활용하려는 노력이 지속되어 왔다. 컴퓨터 제어 공정 시스템의 경우, 종전에 기기와 분리되어 있었던 센서와 프로세스를 기계장치에 삽입하는 내재화(Embeded) 과정을 거치면서 더 많은 데이터를 생산하고, 이를 컴퓨터와 연계함으로써 생산성과 품질을 제고하는 시스템으로 발전해 왔다.

1. 사이버 물리시스템

현실세계와 가상세계의 융합은 어떤 메커니즘을 가지고 있을까?

물리시스템과 사이버시스템의 융합에 대한 두 가지 이론적 논의가 진행되고 있다. 하나는 사이버물리시스템(CPS : Cyber Physical System)이고, 다른 하나는 디지털 트윈(Digital Twin)이다.

우선, 사이버물리시스템은 우리가 살아가는 물리 세계와 사이버 세계와의 융합을 추구하는 새로운 패러다임으로, 기존의 단순 제어 시스템들과 비교하여 규모 및 복잡도가 매우 큰 시스템일 뿐 아니라 물리 세계와 밀접하게 상호작용하는 양방향성 시스템으로서 차별화 된다. 인간, 교통 시스템, 빌딩, 집, 전자제품, 전력망 및 인터넷 등과 같이 우리가 살고 있는 공간에 존재하는 개체들을 물리시스템이라고 하고, 이들을 제어하기 위해 데이터를 수집하고 연산이 이루지는 소프트웨어가 존재하는 가상의 컴퓨팅 공간을 총칭하여 사이버 세계라고 할 수 있다. 사이버물리시스템은 사물인터넷으로 구축된 환경에서 가상공간의 컴퓨터가 네트워크를 통해서 실제 물리 시스템을 제어하는 기술로, 새로운 패러다임을 제시하고 다양한 연구 분야들의 융합을 위한 토대를 제공하고 있다. 사이버물리시스템은 정보를 활용하여 물리세계에 대한 이해를 높여주고, 스스로 인지하고 반응하는 자율성을 가지며, 물리세계를 정확하게 분석하여 안전성을 향상시키는 특징이 있기 때문에 인간의 삶에 변화를 불러일으킬 수 있는 혁신적인 기술로 각광받고 있다.

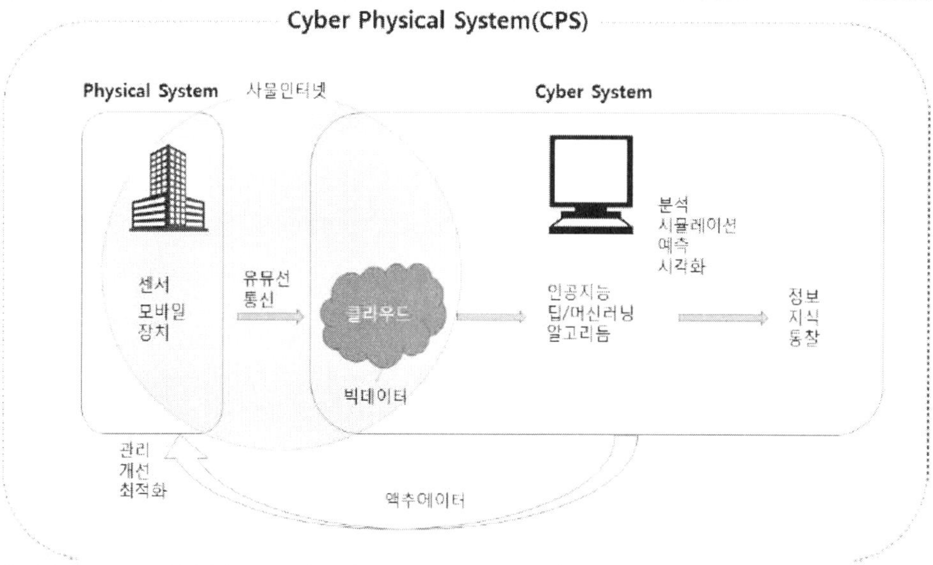

[그림 1-12] 사이버물리 시스템의 개념과 관련 기술

이상의 내용을 종합해 보면, 사이버물리시스템은 [그림 1-12]에서 보는 바와 같이, 실제 공간에 존재하는 물리적 환경과 컴퓨터상에 존재하는 사이버 환경이 사물인터넷, 클라우드, 빅데이터 등의 기술발달에 힘입어 서로 연계되고, 엑추에터를 통해서 양자가 상호 작용하는 다이나믹한 시스템을 말한다. 이러한 특성을 가진 사이버물리시스템은 2016년 다보스 포럼에서 4차 산업의 핵심으로 제기되면서 전 세계의 주목을 받고 있다.

2. 디지털 트윈

'디지털 트윈(Digital Twin)'은 미국의 GE(General Electric)에서 사용한 용어로, 물리적 자산과 프로세스 등을 디지털로 복제하는 것을 말한다. 예를 들면, 비행기 엔진이나 발전소 등과 같이 복잡한 시설이나 장치를 컴퓨터상에 그대로 구현하는 것을 말한다. 이때 디지털 모델은 단순한 형태나 모양만 보여주는 것이 아니라 물리적 자산으로부터 생산된 데이터와 상시 연계됨으로써 살아 있는 시스템이 된다. 디지털 트윈을 보고 있으면 실제로 기계나 장치가 어떤 상태이고 어떻게 운영되고 있는지를 알 수 있다.

또한 문제가 발생하는 즉시 알 수 있을 뿐 아니라 시뮬레이션을 통해서 문제를 해결할 수 있는 방안도 찾을 수 있다.

디지털 트윈은 주로 산업분야에 활용되고 있다. 항공기 엔진이나 원자력 발전소, 플랜트, 빌딩 등 복잡한 구조물을 효과적으로 모니터링하거나 생산성을 향상시키는데 디지털 트윈을 활용하고 있다. 디지털 트윈은 물리적 시스템과 디지털 세계를 연결하는 소프트웨어 구조로써 물리적 객체와 쌍을 이루는 소프트웨어로 생각하면 된다. 디지털 트윈에는 물리적 자산을 디지털 모델로 구현하는 기술과 함께 데이터를 생산하고 전송하는 사물인터넷 기술, 빅데이터를 저장 · 가공 · 분석하는 기술, 상황 분석을 위한 기계학습 및 인공지능 기술 등이 포함된다. 디지털 트윈은 자산의 디자인, 생산, 배포, 제품 개발단계까지 라이프 사이클 전반에 적용됨으로써 비즈니스 혁신을 주도하기도 한다. 그래서 글로벌 IT컨설팅 가트너(Gartner)는 2017년도에 기업들이 주목할 기술로 디지털 트윈을 포함시켰다.

3. 물리적 환경과 디지털 환경의 융합 개념

사이버물리시스템이나 디지털 트윈은 물리적 자산이나 객체와 소프트웨어를 서로 연계 또는 융합하는 면에서 같은 맥락이라고 볼 수 있다. 다만 사이버물리시스템은 스마트센서, 소프트웨어 및 엑추에이터에 의해 모니터링, 제어, 최적화 될 수 있는 물리적 요소로 구성되는데 비해, 디지털 트윈은 디지털 모델링을 통해 자산에 쉽게 접근하여 모니터링하고 문제를 진단할 수 있는 통합 및 협업 플랫폼과도 같다. 이와 같이 사이버물리시스템과 디지털 트윈은 유사한 개념을 가지고 있지만 적용하는 분야나 목적에는 다소 차이가 있다. 현실세계의 물리적 자산에 부착된 센서 등을 통해서 생산된 데이터가 가상환경으로 들어오게 되며, 여기에서 분석, 시뮬레이션, 예측 등의 과정을 거쳐 상태를 진단하거나 문제의 해결방안을 모색한다. 가상환경에서 분석한 결과를 현실세계에 반영하여 상태를 최적화하거나 문제를 해결한다. 이때 현실 세계를 가상화한 가상공간을 디지털 트원이라고 하고 현실세계와 가상세계의 연계한 시스템을 사이버물리시스템이라고 한다.

4. 사회문제 해결을 사이버물리 시스템의 적용

현재 사이버물리시스템은 주로 시설물이나 장치 또는 스마트 공장의 효율적 운영과 생산성 향상을 위해 적용되고 있다. 그러나 최근, 일본을 중심으로 사물인터넷과 사이버물리시스템을 사회의 각 부문에 적용함으로써 스마트한 사회를 만들자는 논의가 시작되었다. 일본의 전기 및 정보기술 산업협회(JEITA : Japan Electronics and Information Technology Industries Association)에서는 "CPS 사회 구현 검토위원회"를 설치하고 2015년부터 혁신이 요구되는 기반 기술의 테스트베드와 플랫폼 만들기, 연구 개발 제안, 정부 규제와 제도적 제언 표준화 촉진 등의 제안을 적극적으로 추진하고 있다. 이와 같이, 사이버물리시스템은 생산 현장뿐만 아니라 사회 제반의 문제 해결을 주도해 나갈 것으로 주목받고 있다.

우리가 살고 있는 사회는 매우 복잡한 메커니즘을 가지고 있다. 도로와 건물을 비롯한 각종 시설물들이 얽혀 있고 교통과 물류, 환경, 에너지, 안전, 건강 등 모든 분야가 서로 연계되어 움직인다. 사이버물리시스템은 각 분야에서 생산된 데이터를 수집 · 저장 · 연계 · 통합 · 활용함으로써 복잡한 상황을 효과적으로 모니터링 할 수 있을 뿐 아니라 문제를 진단하고 해결방안을 마련하여 세계에 적용함으로써 상태를 최적화할 수 있다.

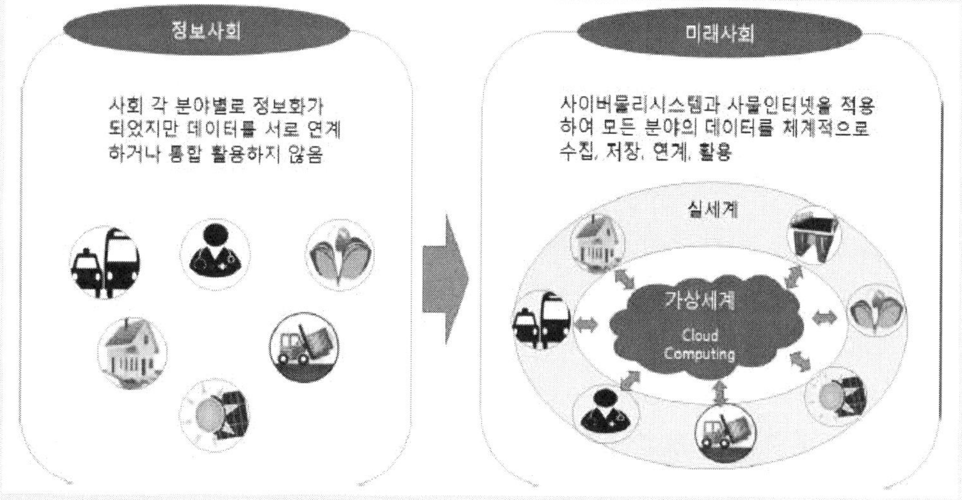

[그림 1-13] 사이버 물리시스템을 적용한 사회의 변화 개념도

출처 : https://www.jeita.or.jp/cps-e/pdf/03.pdf

따라서 우리가 살고 있는 공간에 사이버물리스템을 적용함으로써 스마트한 사회, 스마트 시티를 실현할 수 있을 것이다. 이와 같이 사이버물리시스템이 적용된 공간, 공간에 사이버물리시스템을 적용한 것을 '공간의 사이버물리시스템(Geo-CPS)'라고 한다. 현재 우리 사회는 분야별로 정보를 수집하여 활용하는 정보화 사회다. 여기에 사물인터넷과 인공지능을 포함한 사이버물리시스템이 적용된다면 각 분야의 정보를 클라우드에 저장하고 통합 · 연계 · 활용함으로써 보다 스마트한 세상을 만들어 갈 것으로 예상된다(그림 1-13 참조).

08 지능형사회 국가공간정보 발전모델에 대하여 분석하라.

1. 디지털 트윈 공간의 개념

공간의 사이버물리시스템은 크게 물리적 공간(현실세계)와 사이버 공간(가상공간)으로 구분된다. 양자를 융합하기 위해서는 실제공간을 모델링한 사이버 공간이 필요하다.

공간정보는 실세계의 지형지물과 객체를 디지털로 표현할 수 있는 유일한 수단이자 방법이다. 디지털 공간정보는 x,y 좌표로 표현되는 2차원에서 x,y,z 값으로 표현되는 3차원으로, 그리고 x,y,z에 시간(t)을 포함하는 4차원으로 점차 발전하고 있다. 객체의 형태와 크기 등을 표현하는데 중점을 두었던 2,3차원 데이터를 정적(靜的)인 공간정보라고 하고, 시간에 따른 객체의 이동과 같은 시공간 데이터를 동적(動的)인 공간정보라고 한다. 또한, 공간에 센서를 붙여서 소리와 밝기 등을 느낄 수 있는 실감형 스마트 공간으로 발전하고 있다.

디지털 트윈은 3차원 모델링을 사용하여 물리적 자산이나 프로세스 및 시스템을 디지털 복제하는 것으로써 모양, 위치, 움직임, 상태 및 동작을 포함하며 모니터링, 진단 및 자산 성능과 활용도를 최적화하는데 활용된다. 이 연구에서는 현실세계와 동일한 사이버 공간을 '디지털 트윈 공간(DTS : Digital Twin Space)'이라고 칭하고, 지능정보사회에 대응하기 위한 국가공간정보의 발전모델로 제시하고자 한다.

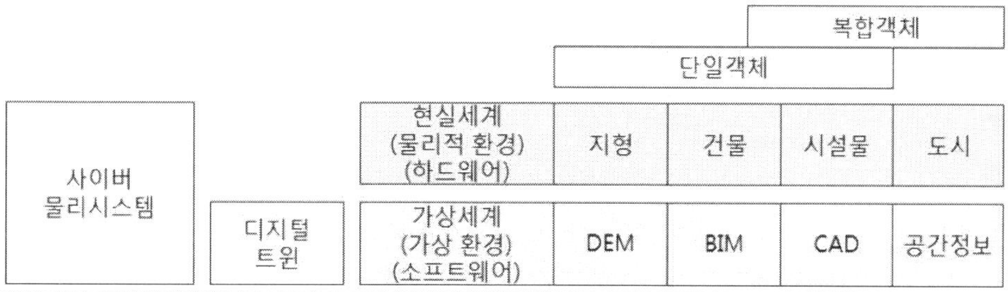

[그림 1-14] 공간의 가상화 방법

공간을 디지털화하는 방법은 매우 다양하다. 예를 들면 [그림 1-14]에서 보는 바와 같이 지형을 가상공간으로 구현하기 위해서는 수치표고모형(DEM : Digital Elevation Model), 건물은 빌딩정보모델(Building Information Model) 및 캐드(CAD : Computer Aided Design), 도시와 같이 복잡한 환경은 GIS를 활용한다. 디지털 형태로 구현되는 부분을 가상공간, 사이버 공간, 디지털 트윈 공간이라고 하고, 현실세계와 가상세계를 연계한 것을 사이버물리시스템이라고 한다.

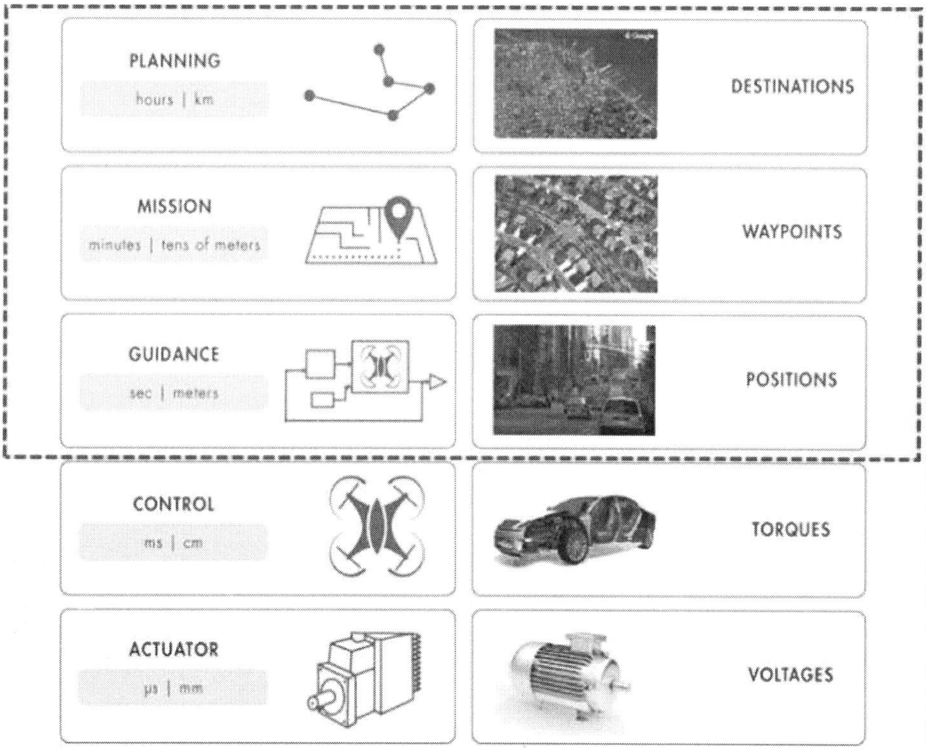

[그림 1-15] 가상공간의 활용사례

출처 : https://kr.mathworks.com/company/newsletters/articles/implementing-a-cyber-physical-systemwith-matlab-and-model-based-design.html

공간은 대부분 복합적인 객체로 이루어져 있기 때문에 여러 수단을 동시에 활용하는 것이 일반적이다.

공간정보와 사물인터넷의 융합은 바로 사이버물리시스템과 동일한 메커니즘을 가지고 있다. 우리가 사용하는 지도는 현실과 동일한 가상의 공간이자 디지털 트윈이다.

글로벌 혁신 기업으로 성장한 에어비앤비(Air B&B)와 우버(Uber)는 지도를 매개로 서비스 제공자와 사용자가 만난다. 일상생활에서 자주 사용하는 택시호출 서비스도 마찬가지다. 지도가 플랫폼이 되면서 온라인-오프라인(O2O)산업과 위치기반서비스가 폭발적으로 늘어나고 있다. 미국의 스마트 재난대응 시스템(Smart Emergence Response System)의 내용을 보면 공간정보 없이는 서비스가 불가능하다는 것을 알 수 있다. [그림 1-15]에서 보는 바와 같이 공간정보 위에서 재난재해에 대응할 계획을 수립하고 임무를 수행하며, 공간정보를 활용하여 현장에 접근한다.

또한 [그림 1-16]에서 보는 바와 같이, 도시의 모든 분야에 대한 서비스를 스마트폰과 연결하는 플랫폼의 역할을 수행하는 것도 공간정보다. 미국에서 이와 유사한 서비스가 활발한 것은 '구글'이라는 안정적이고 믿을만한 공간정보 인프라가 있기 때문이다.

현재 3차원 공간정보와 디지털 트윈 공간은 다음과 같은 점에서 차이가 있다.

첫째, 기존의 3차원 공간정보는 시각적 효과는 있지만 객체가 3차원 데이터로 구축된 것은 아니다. 브이월드의 경우, 정사영상 등 이미지 위에 일부 건물의 객체(Object)가 포함된 형태이다. 이에 비해서 디지털 트윈 공간은 전체가 객체단위로 구성된다.

[그림 1-16] 도시공간의 디지털 트윈과 플랫폼 활용예시

출처 : https://energistarakentamista.com/2017/11/27/the-digital-built-environment/

디지털 트윈 공간은 실제공간의 객체와 1 : 1로 연결되기 때문에 반드시 객체단위로 구현된다. 객체의 기본단위는 건물이나 시설물의 외형이 되겠지만 필요한 경우 층별, 내부 공간별 심지어는 내부에 설치된 시설물까지 객체로 구현할 수 있다.

둘째, 현재는 건물과 건물사이와 같이 비어 있는 공간에 대한 정보는 없는 실정이다. 그러다 보니 도심을 통과하던 헬리콥터가 건물 벽과 부딪치는 사고가 발생한 적도 있다. 앞으로는 드론이 물건을 배달하고 자동차가 날아다닐 수 있기 때문에 빈 공간에 대한 정보가 필요하다. 따라서 디지털 트윈 공간은 일정 높이까지 지상과 지하공간 전체를 하나의 큐빅(Cubic)으로 가정하고 여기에 3차원 공간좌표를 설정하게 될 것이다.

셋째, 기존의 3차원 공간정보는 지형지물의 형태와 크기 등을 정태적으로 나타내고 있는데 비해 디지털 트윈 공간은 실제 공간의 객체와 데이터로 연결됨으로서 살아 움직이는 동적인 공간이라는 점에서 가장 큰 차이가 있다.

2. 미래 국가공간정보 모델로써 디지털 트윈 공간의 필요성

지능정보사회에 대응한 국가공간정보 발전모델로 'DTS'를 제안하는 이유는 다음과 같다.

첫째, 국가 공간정보 정책의 방향성 전환이다. 지금까지 인프라 구축에 중점을 두었던 공간정보 정책을 정보 활용 지향적으로 전환해야 한다. 지금까지 국가공간정보는 수치지도, 3차원 공간정보, 실내공간정보, 실내측위, 지하시설물 정보 등 각 부문별 정보화에 치중하였다. 지상과 지하, 실내 등으로 분리된 상태에서 공간정보의 정확도와 정밀도를 높이거나 2차원과 3차원 데이터를 구축하는데 치중하였다. 공간정보는 수요자 보다는 공급자 중심이었으며, 데이터를 구축하기 위한 명분을 확보하기 위해 활용분야 효과를 찾는데 많은 시간을 보냈다. 이제 우리나라는 하드웨어뿐만 아니라 소프트웨어적 인프라도 어느 정도 갖추어진 상황이다. 이제부터는 기 구축한 인프라를 통해서 가치를 창출하는 방향으로 전환되어야 한다.

둘째, DTS는 지능정보사회의 공간정보 가치에 부합하는 개념을 제공한다. 지금까지 공간정보의 형태와 상세수준을 2D, 3D 등으로 표현해 왔다. 이와 같은 형태는 사물인터넷과 사이버물리시스템, 4차 산업혁명 등 지능정보사회가 요구하는 공간정보의 수요에 미치지 못한다. DTS는 시간과 공간, 연결과 융합, 플랫폼의 기능을 포괄적으로 나타낼 수 있는 적합한 개념으로 판단된다. 아울러 DTS는 지금까지 물리적 형태의 정적인(Static) 공간정보의 개념을 현실세계와 실시간으로 연동된 동적인(Dynamic) 공간정보의 개념으로 전환시키게 될 것이다.

셋째, DTS는 공간정보에 사회적 기능과 역할 수행 의무를 부여한다. 공공행정업무의 80%가 공간정보를 기반으로 하고, 스마트폰 앱의 절반이 지도나 위치를 기반으로 서비스하고 있다. 이처럼 공간정보는 우리 생활 속에 깊이 내재되어 드러나지 않지만 중요한 조용한 기술(Calm Technology)의 하나로 자리 잡고 있다. 그러나 현실공간과 가상공간이 연계되는 지능정보사회에서는 보다 적극적인 기능과 역할이 요구되고 있다. 즉 현실과 가상공간을 연결하는 인터페이스 또는 플랫폼 기능이 커질 것으로 예상되며, 이러한 기능에 부합하는 공간정보의 형태는 DTS가 되어야 한다.

마지막으로 미래의 기술혁신을 반영한 공간정보의 발전모습을 제시한다. 3차원 공간정보는 2차원 공간정보에 비해 구축비용이 많이 들고 갱신도 어렵다. 그래서 3차원 공간정보의 투자대비 효용성에 대한 논란이 항상 제기되고 있다. DTS는 3차원 공간정보보다 더 많은 비용과 시간이 들 것이다. 3차원 공간정보의 실효성에 대한 논란이 있는 가운데, DTS는 장밋빛 허구라는 비판을 받을 수도 있다. 그러나 비용대비 실효성에 대한 논란은 현재의 기술을 기준으로 계산한 것이다. 멀지 않아 자율주행차의 수가 점점 늘어나고, 이들이 실시간으로 공간데이터를 수집할 것이다. 드론과 자율주행차가 수집하는 데이터를 인공지능이 분류하고 분석해서 실시간으로 공간정보를 갱신하는 날이 멀지 않았다. 이때쯤이면 공간정보를 수집하기 위해서 센서를 장착한 자동차를 별도로 운영하고 사람이 데이터를 분석해서 객체를 분류하는 등의 일은 없어지거나 최소화될 것이다. 기술의 혁신으로 인해 우리가 걱정하는 일이 어느 날 해결되거나 비용이 획기적으로 줄어드는 마법 같은 일이 일어나는 것을 그간 경험한 바 있다. 전략은 그 때를 기다리는 것이 아니라 앞서 예견하고 선제적으로 대응해야 한다.

3. 디지털 트윈 공간의 개념모델과 구축방향

1) 개념 모델

우리가 살고 있는 공간은 자연지형과 인공적으로 조성된 건물, 도로, 시설물 그리고 이들 객체 사이에 비어 있는 공간으로 구성된다. 지형지물은 지상, 지하, 공중, 수중 등 모든 공간에 분포해 있다. 또한 거리를 오가는 사람과 자동차, 기상의 변화, 바람 등 동적인 요소까지 매우 복잡한 요소로 구성된다. 이와 같이 삶을 영위하는 공간을 디지털 트윈으로 구현하는 일은 단순하지 않다.

지금까지 디지털 트윈이나 사이버물리시스템은 공장의 생산 공정이나 엔진 또는 발전소 등과 같은 기기나 시설물 관리에 주로 적용됐다. 이들 자산은 매우 복잡한 구조를 가지고 있지만 작동 메커니즘과 운용의 목적은 단순·명료하다. 이에 비해서 사회공간은 매우 복잡할 뿐 아니라 건물과 도로, 시설물, 사람 등이 서로 유기적으로 연계되어 있고 언제 어디서 무슨 일이 일어날지 예측하기 곤란하다. 그래서 삶의 공간을 디지털 트윈으로 구현하기 위해서는 복잡한 환경을 단순화하고, 체계적으로 접근하는 논리적 구조가 필요하다.

현실세계는 크게 정적인 환경과 동적인 환경으로 구분할 수 있다. 정적인 환경에 해당하는 건물이나 시설물은 3차원 모델링을 통해서 디지털 트윈으로 구현할 수 있다.

이 부분이 가시적인 공간정보의 영역에 해당한다. 동적인 환경은 센서를 비롯한 다양한 장비나 기기로부터 수집된 데이터를 객체와 연계함으로써 가상세계에 반영된다. 객체나 공간에 대한 이력데이터와 속성데이터, 통계데이터 등은 데이터베이스와의 연결을 통해서 가상세계의 클라우드에 저장된다. 데이터는 가능한 실시간으로 반영되어야 상태를 모니터링하고 문제가 발생하면 즉각 대응할 수 있다. 정형화된 데이터 이외에도 SNS와 같은 다양한 비정형 데이터들이 수집되고, 이들은 알고리즘과 인공지능을 통해서 실시간으로 분석된다. 사전에 문제발생 알고리즘을 개발하여 적용하면 문제발생 즉시 대응이 가능하다.

공간의 디지털 트윈은 활용목적에 따라서 정확성과 정밀도가 다르고, 이들이 비용과 연계되어 있어서 목표를 설정하는데 어려움이 있다. 예를 들면 교통의 흐름을 모니터링하거나 최적화 하는 데는 2차원 공간정보와 교통 데이터가 있으면 가능하다. 그러나 미세먼지를 모니터링하거나 변화를 예측하기 위해서는 다양한 위치와 장소에 센서를 부착하여 미세먼지, 바람의 세기와 방향, 미세기후 등의 정보를 수집한 후 3차원 공간분석을 해야 한다. 이 경우 3차원 객체로 구현된 공간정보가 필요하다. 공간적 범위에 따라서 객체의 구현 정밀도가 다를 수 있다. 도시 전체가 모니터링 대상인 경우는 건물이 하나의 객체로 표현되어도 괜찮지만 서울역의 내부를 모니터링할 경우는 실내의 구조를 상세하게 구현해야 한다.

DTS를 활용하는 분야는 무한하다. 공공기관이든 민간기업이든 공간정보를 기반으로 데이터를 수집하고 저장하고 분석하고 표현하는 모든 업무는 DTS에서 할 수 있다. 그래서 DTS는 데이터를 공유하고 함께 일할 수 있는 협업공간이다. 공간적 범위는 국토 전체에서 개별 건물까지 다양하며 활용목적과 운영의 주체에 의해 구분된다. DTS에서 분석부분은 중요하다. 정보는 데이터를 분석해서 얻을 수 있기 때문에 분석을 위한 알고리즘과 기술개발이 필요하다.

2) DTS구축의 기본방향

DTS를 구축하는 방법은 다음 장에서 자세하게 제시하겠지만 우선 큰 틀에서 몇 가지

방향을 제시하고자 한다.

첫째, 경제성과 활용효과를 고려해서 DTS의 정밀도를 단계적으로 높여 나가야 한다. 2차원 데이터를 이용하여 2.5차원을 만들고, 이를 기반으로 3차원과 4차원의 단계로 점차 높여가는 것이 바람직하다. 객체의 상세도(LOD)도 낮은 수준에서 높은 수준으로 높여가는 것이 효과적이다. 객체의 묘사 대상도 처음에는 대형건물, 시설물, 소형건물, 주택, 가로등, 가로수, 보도블록, 간판 등으로 점차 디테일을 높여 나가야 한다.

건물에 대한 상세도는 국내외 적으로 규정되어 있으나 복합 공간에 대한 상세도는 아직 정해진 바 없다. 따라서 복합공간에 대한 상세도를 정립한 후 추진하는 것이 바람직하다.

둘째, DTS의 구축 범위와 정밀도는 운영주체가 결정해야 한다. 지금까지 공간정보를 구축해 온 것처럼 중앙정부가 국토 전체를 대상으로 DTS를 구현하는 것이 일관성과 상호운용성에서 가장 바람직하다. 그러나 이 방식은 운용주체가 빠져 있어서 활용효과 가 미진하고 갱신이 제때 이루어지지 않는 문제가 있다. DTS는 활용주체가 있어야 지속적으로 실효성을 거둘 수 있다. 이러한 점을 고려한다면 지자체 중심으로 DTS를 구축 · 운용하는 것이 가장 현실적 대안이다. 중앙정부는 지자체가 해당지역의 DTS를 구축하도록 지원하고 공유 · 활용할 수 있도록 기준과 표준 그리고 예산 등을 지원하는 것이 바람직하다.

마지막으로 DTS는 스마트 시티를 구현하는 플랫폼이 되어야 한다. 스마트 시티는 지자체가 시민의 안전과 편의 등을 위해서 교통, 물류, 환경, 재난재해, 의료, 에너지 등 각 부문에 ICT 및 지능기술을 적용하여 스마트한 환경을 만드는데 목적이 있다. 도시 전체가 스마트하게 되기 위해서는 각 부문에 사이버물리시스템의 개념이 적용되어야 한다. 즉 부문별로 하드웨어와 소프트웨어를 융합하고 각 부분을 연계하여 하나의 큰 시스템을 구성해야 한다. 이때 각 도시의 각 부문을 통합하는 플랫폼이 바로 DTS이다. 빅데이터는 시간과 장소를 매개로 통합이 가능하며 부문별 도시정보는 위치를 기반으로 통합하는 것이 가장 효과적이다. 따라서 DTS은 스마트 시티의 모든 분야를 통합하고 협업할 수 있는 플랫폼으로 가장 적합하다.

4. 디지털 트윈 공간의 사회변혁 기대효과

1) 정보의 통합, 연계를 통한 스마트한 사회구현에 일조

지도가 서비스 플랫폼이 된 이유는 사람들의 생활과 관련이 있는 대부분의 공간을 담고 있기 때문이다. DTS은 모든 분야의 데이터와 정보시스템을 통합하고 연결하는 '통합 플랫폼'의 역할을 한다. 교통정보와 물류정보, 기상정보, 의료정보, 에너지 정보 등 각 분야의 정보를 가상공간에서 통합하고, 이를 융합 · 활용한다면 보다 효과적인 정보를 얻을 수 있다. 그 이유는 각 부문이 매우 유기적으로 연결되어 있기 때문이다. 날씨는 교통에 영향을 미치고 교통은 환경에 미치는 영향이 크다. 환경은 건강과 직결되며, 건강은 의료에 영향을 미친다. 이처럼 우리 사회의 모든 분야는 직간접적으로 연결되어 있기 때문에 상관관계와 전후방 효과를 분석해야 정확한 정보를 얻을 수 있다.

2) 실시간 공간 모니터링을 통한 사회아넌 및 편리성 제고

지도가 서비스 플랫폼이 된 이유는 사람들의 생활과 관련이 있는 대부분의 공간을 담고 있기 때문이다. DTS은 모든 분야의 데이터와 정보시스템을 통합하고 연결하는 '통합 플랫폼'의 역할을 한다. 교통정보와 물류정보, 기상정보, 의료정보, 에너지 정보 등 각 분야의 정보를 가상공간에서 통합하고, 이를 융합 · 활용한다면 보다 효과적인 정보를 얻을 수 있다. 그 이유는 각 부문이 매우 유기적으로 연결되어 있기 때문이다. 날씨는 교통에 영향을 미치고 교통은 환경에 미치는 영향이 크다. 환경은 건강과 직결되며, 건강은 의료에 영향을 미친다. 이처럼 우리 사회의 모든 분야는 직간접적으로 연결되어 있기 때문에 상관관계와 전후방 효과를 분석해야 정확한 정보를 얻을 수 있다.

3) 가상공간 활용의 보편화를 통해 민주적 시민사회 문화 조성

누구나 쉽게 활용할 수 있는 공간데이터가 공급되면 이를 활용하는 다양한 커뮤니티가 생겨날 것으로 예상된다. 예를 들면 '대학로'라는 특정 공간에서 활동하거나 이용하는 사람들의 커뮤니티가 생겨날 수 있다. 이들은 가상공간에서 정보를 공유하거나 광고를 하고, 특정 공간을 개발하거나 개선할 수 있는 대안을 제안하고 토론할 수도 있다.

아파트 단지는 가상공간을 이용하여 단지 내 정보를 공유하기도 하고, 센서와 연결하여 상황을 모니터링 할 수 있다. 현재는 CCTV 모니터만 수십대 연결되어 있는 상황실을 운영하고 있지만 공간정보가 제공된다면 지도위에 모니터를 연결하여 어디에서 어떤 일이 벌어지고 있는지를 공간적으로 쉽게 인지할 수 있게 될 것이다. 이처럼 가상공간을 중심으로 이해 관계자가 모여서 다양한 활동을 하게 되면 사회적 민주화와 시민참여의식이 더 늘어날 것이다.

4) 현실과 가상공간이 융합으로 사회문제 해결능력 향상

공간정보의 장점은 문제의 진단과 해결을 공간적 접근방식으로 가능하게 한다는 것이다. 1954년 런던에서 콜레라가 창궐했을 때 존 스노우라는 의사가 사망자의 위치를 지도에 표기하여 물에 의해서 전염된다는 사실을 밝힌 것은 의학계나 지리학계에서 널리 알려진 사실이다. 공간적 사고와 접근방식으로 사회적 문제를 효과적으로 해결할 수 있다. 예를 들면 어린이 유치원과 유아원의 분포와 8세 미만 어린이가 살고 있는 위치를 지도에 표기하면 시설의 위치가 적정한 지를 판단할 수 있다. 마찬가지로 노인이 거주하는 지역과 병원의 위치를 지도에 표기하면 의료서비스의 불균형 정도를 평가할 수 있다. 마찬가지로 대안도 마련할 수 있다. 공간적 접근은 데이터를 기반으로 하며 현황이나 분석결과를 눈으로 쉽게 인지할 수 있도록 가사화함으로써 명료할 뿐 아니라 설득력이 매우 높다. 현실공간과 가상공간이 긴밀히 연결된다면 사회의 복잡한 문제를 가상공간에서 해결할 수 있는 전략을 모색할 수 있다.

5) 데이터와 기술융합 플랫폼 제공으로 산업이 혁신성장 촉진

3차원 공간정보를 기반으로 새로운 서비스와 비즈니스가 창출될 것이다. 현재 완성도가 낮은 브이월드도 124개의 공공 및 민간기관이 활용하고 있으며 활용기관이 점차 늘어나고 있는 추세다. 완성도가 높은 DTS을 개방하면 공공은 물론 민간부문의 상업적 활용이 크게 늘어날 것으로 예상된다. 예를 들면 상가나 공공시설 등의 실내공간이 개방되면 부동산, 소매점 등 상업적 용도의 온오프라인 서비스와 위치기반 서비스가 더 늘어날 것이다.

또한 가상공간을 통해서 무인 이동체의 경로가 확보되면 배달서비스와 장애인 서비스, 심지어 무인택시 서비스 등이 생겨날 것이다. 가상공간과 실제공간을 연결하는 IoT산업과 원격제어 서비스 관련 기술 등이 발전하는 등 새로운 산업생태계가 생겨날 수도 있다. DTS은 빅데이터, 사물인터넷, 클라우드, 인공지능과 같은 다양한 기술이 융합·활용되기 때문에 융합산업의 생태계가 생겨날 가능성이 매우 크다. 또한 3차원 공간정보는 가상현실과 증강현실 기술을 구현할 수 있는 가장 좋은 재료이기 때문에 스키를 타고 도로를 질주하거나 드론택시를 몰고 건물사이로 경주를 하는 가상체험을 할 수도 있다. 존재하지 않는 가상공간과 실제로 내가 살고 있는 가상의 공간을 체험하는 것은 완전히 다르다.

09 디지털 트윈이 부상하는 이유에 대하여 분석하라.

그러면 디지털 트윈은 왜 부상하고 있는가.

첫째, ICT만으로는 혁신활동과 생산성 개선을 더 이상 기대할 수 없기 때문이다. 미국 노스웨스턴대학 경제학지인 로버트 고든은 "최근의 ICT에 의한 혁신이 전기, 내연기관,

배관기술, 석유화학, 전화 등이 그런 것처럼 세상의 작동방식을 바꿀 정도로 혁신적이지는 않고 있다"고 말했듯이, ICT 단독에 의한 생산성이 최근 들어 기대했던 것보다 둔화되고 정체되고 있다.

둘째, 초연결 생태계 구축을 통해 생산성 향상과 사회문제 해결을 기대하기 때문이다. 다양한 사회 주체, 경제 주체가 보유하고 있는 유무형 자원을 효율적으로 연결하고 새로운 가치를 창출하는 시대가 도래하고 있다. 제조 관점에서는 단지 부문 최적화가 아닌 엔드-투-엔드 엔지니어링으로 확산되고 있다. 기획 단계에서부터 설치, 유지보수, A/S까지 통합되면 유휴자원을 최소화할 수 있고 이를 통해 생산성을 극대화할 수 있다고 본다. 도시 관점에서는 대규모 인프라 투자만으로는 한계에 도달했다. 디지털 트윈 생태계로 교통/주택/환경 등 사회문제를 저비용으로 해결할 수 있다.

셋째, 인구 구조 변화 한계를 극복하는 근본적인 해결책이 필요했다. 독일, 일본, 미국 등에서는 20~30년 전부터 핵심 생산가능 인구가 감소하기 시작했다. 그때까지 우리가 선택했던 방법은 개도국으로의 공장 이전이었다. 그러나 개도국에서도 인건비가 오르면서 한계에 봉착했다. 디지털 트윈을 통해서 노동력 감소 부분을 해결하고 생산성 문제를 향상할 수 있다면 공장을 이전하지 않고도 충분히 인구 구조 변화에 따른 한계를 극복할 수 있다.

넷째, 도시화 가속이다. 우리가 생각했던 것보다 도시화는 매우 빨라지고 있다. 개도국도 제조업의 발전 속도를 뛰어넘어서 사람들이 도시로 몰리고 있다. 도시화의 특성은 다양한 사람들이 모이기 때문에 다양한 요구를 하게 된다. 즉 고령화 가속, 1인 가구 증가, 이민 확대 등 도시로의 인구유입은 다양성 요구 증가와 함께 또 다른 사회적인 문제를 발생시킨다. 디지털 트윈은 고객 맞춤의 솔루션을 제공함으로써 도시화에 따른 다양한 난제를 해결할 수 있을 것으로 기대되고 있다.

다섯째, 기술의 대중화이다. 센서, 로봇 등 관련 요소기술 가격이 동시 다발적적으로 하락하면서 디지털 트윈 구현 비용이 감소했다. 예를 들어, MEMS 센서 경우 20년전 개당 3.5달러 했던 가격이 2007년도에 스마트폰이 나오면서 빠르게 급락했고, 2014년 이후에는 평균 단가가 1달러 밑으로 떨어졌다. 생산자 입장에서는 대량생산을 하지 않으면 유지하기 어렵겠지만, 소비자 입장에서는 가격이 떨어졌기 때문에 이러한 신기술들을 도입하는 데 부담이 없어지고 있는 상황이다.

학습활동.1 교수 · 학습 방법

교수 방법

- 디지털 트윈의 개념에 대한 관련 용어, 구성, 방식 이해 정도를 파악한 후 수업을 진행한다.
- 교수자의 주도로 디지털 트윈의 개념 등의 내용을 PPT 자료로 제시한 후 설명한다.
- 가능하면 사전에 개인별 학습 자료를 준비하여 모든 학생이 참여할 수 있는 문제 해결식 수업, 협력 수업이 가능하도록 한다.
- 디지털 트윈의 개념 전 과정을 작업의 순서에 따라 단계적으로 실습이 이루어질 수 있도록 지도한다.
- 교재를 통해 수업을 준비하는데 있어서 필요한 모든 정보나 팁, 힌트 등 도움이 될 만한 내용들을 확인할 수 있다.
- 학생들이 만들게 될 각 모델들은 수업시간에 중점적으로 다뤄질 부분과 어휘, 질문, 답을 포함하고 있으며 또한 탐구할만한 추가적인 아이디어들도 포함하고 있다.

학습 방법

- 디지털 트윈의 개념에 대한 관련 용어를 숙지하고, 디지털 트윈의 개념에 대해 이해한다.
- 디지털 트윈의 개념의 각 단계별 중점 사항을 체계적으로 학습한다.
- 디지털 트윈의 개념의 수행순서의 전 과정을 실습한다.
- 디지털 트윈의 개념의 내용을 이해한다.
- 디지털 트윈의 개념을 이해하고 숙달이 될 때까지 학습한다.

학습활동.1 평가 및 피드백

평가 준거

- 평가자는 피평가자가 수행 준거 및 평가 내용에 제시되어 있는 내용을 성공적으로 수행할 수 있는 지를 평가해야 한다.

학습내용	평가항목	성취수준		
		상	중	하
디지털 트윈의 개념	디지털 트윈의 개념를 이해할 수 있다.			

평가 방법

• 작업 포트폴리오

학습내용	평가항목	성취수준		
		상	중	하
디지털 트윈의 개념	디지털 트윈의 개념를 이해할 수 있다.			

• 필기시험

학습내용	평가항목	성취수준		
		상	중	하
디지털 트윈의 개념	디지털 트윈의 개념를 이해할 수 있다.			

• 체크리스트를 통한 관찰

학습내용	평가항목	성취수준		
		상	중	하
디지털 트윈의 개념	디지털 트윈의 개념를 이해할 수 있다.			

• 피드백

1. 작업 포트폴리오
   - 제출한 보고서를 평가한 후 주요 사항에 대하여 표시하여 돌려준다.
2. 필기시험
   - 평가 결과 성적이 저조한 학생은 보고서 제출 기회를 부여한다.
3. 체크리스트를 통한 관찰
   - 실습 과정에서 평가한 후 개선해야 할 사항 등을 정리하여 돌려둔다.

참 | 고 | 문 | 헌

1. "사공호상 외. 지능정보사회에 대응한 차세대 국가공간정보 전략 연구. 국토연구원, 2017.
2. Min-Soo Kim. 2017. Research issues and challenges related to Geo-IoT platform, Spatial Information Research, Vol. 25. No. 6. pp.1-14.
3. 관계부처 합동. 2017. 제4차 산업혁명에 대응한 지능정보사회 중장기 종합대책. 세종 : 미래창조과학부.
4. 김난도 · 전미영 · 이향은 · 이준영 · 김서영 · 최지혜. 2017. 트렌드 코리아. 서울 : 미래의 창.
5. 김영표. 2017. 4차 산업혁명 시대 공간정보의 역할. 국토연구원 전문가 특강자료.
6. 김영표 · 임은선 · 신동빈. 2004. 시공자재의 세상을 향한 사이버국토 창조방안(I) - 사이버국토 구축전략과 추진방안 -. 경기 안양 : 국토연구원.
7. 미래창조과학부 미래준비위원회, KISTEP, KAIST. 2016. 미래전략보고서 10년 후 대
8. 한민국 뉴노멀 시대의 성장전략. 서울 : 시간여행.
9. 미래창조과학부 미래준비위원회, KISTEP, KAIST. 2017. 미래전략보고서 10년 후 대한민국 미래 일자리의 길을 찾다. 경기 고양 : 지식공감.
10. 사공호상 · 박종택 · 김미정 · 박관동 · 이기준. 2016. 초연결 시대에 대응한 공간정보 정책방향 연구. 경기 안양 : 국토연구원.
11. 사공호상 · 서기환 · 이영주 · 박종택 · 서용철. 2007. 공간정보 패러다임 변화에 대응한 국가 GIS 전략 연구. 경기 안양 : 국토연구원.
12. 산업통상자원부. 2017. 산업부가 바라본 4차 산업혁명 코리아루트. 세종 : 산업통상자원부.
13. 서울대학교 교육연구소. 1995. 교육학용어사전. 서울 : 하우동설
14. 손상혁. 2016. 융합의 또 다른 이름, 사이버물리시스템. 지식의 지평. 21호. 대우재단.
15. 이민화. 2017. 4차 산업혁명과 국토발전. 국토연구원 전문가 특강자료.
16. 은용순 · 박경준 · 원명규 · 박태준 · 손상혁. 2013. 사이버물리시스템 연구 동향, 정보과학지 31(12), 한국정보과학회. 8.
17. 정보통신기술진흥센터. 2017. 주간기술동향 1801호(2017.6.21.) : 25-26.
18. 최병남 · 김영표 · 김동한 · 임은선 · 한선희. 2005. 시공자재의 세상을 향한 사이버국토 창
19. 조방안(II) - 시공자재도시 구현방안 -. 경기 안양 : 국토연구원.
20. 최병남 · 박종택 · 김미정 · 한선희. 2012. 스마트사회에 대응한 국가공간정보인프라체계 재정립 방안. 경기 안양 : 국토연구원.
21. 최윤식 · 최현식. 2017. 제4의 물결이 온다. 서울 : 지식노마드.
22. 한국정보화진흥원. 2017. 새로운 기술, 새로운 세상 지능정보사회. 대구 : 한국정보화진흥원.
23. KB금융지주 경영연구소. 2017. KB지식비타민-초연결사회의 도래와 스마트 신인류. 2.
24. AlphaBeta for Google.2017. The economic impact of geospatial services : How consumers, businesses and society benefit from location-based information.
25. Maslow, A. H. 1943. A theory of human motivation. Psychological Review, 50, 370-396.
26. Open Geospatial Consortium. 2012. OGC City Geography Markup Language (CityGML) En-coding Standard

학습 목표

1. 디지털 트윈의 핵심기술을 이해할 수 있다.

2-1 디지털 트윈 기술의 개요

디지털 트윈(Digital Twin) 기술은 실제 생산공장, 플랜트, 선박, 항공기, 오일과 가스 설비, 에너지 등 자산 중심의 산업분야에서 물리적인 물체 및 시스템을 운용상의 위험과 안정을 효과적으로 관리하면서도 고효율과 저비용의 혁신을 기대할 수 있는 가상의 디지털 세계에 고스란히 재현하는 방식의 복제하는 기술의 의미한다.

디지털 트윈 기술의 개념은 미 항공우주국 NASA가 지상에서 우주에서의 문제를 반영하고 진단하기 위해 초기 우주 캡슐의 실물 모형을 완전한 디지털 시뮬레이션으로 대체하면서 시작하였다.

이후에 현실에서 존재하는 다양한 물리적인 사물 또는 프로세스를 가상에 구현함으로써 최적화를 위한 시뮬레이션을 해볼 수 있다는 개념으로 진화하고 있다.

디지털 트윈을 지원하는 기술은 계속 확대되어 지금은 빌딩이나 공장, 도시 등 거대한 실체까지도 재현의 대상이 되고 있을 뿐 아니라, 사람이나 프로세스도 디지털 트윈으로 재현할 수 있다는 의견도 대두하는 등 그 개념 자체도 계속 확장되고 있다.

[그림 2-1]처럼 디지털 트윈 기술은 IoT, Cloud, AI, BigData 기술의 종합체이다.

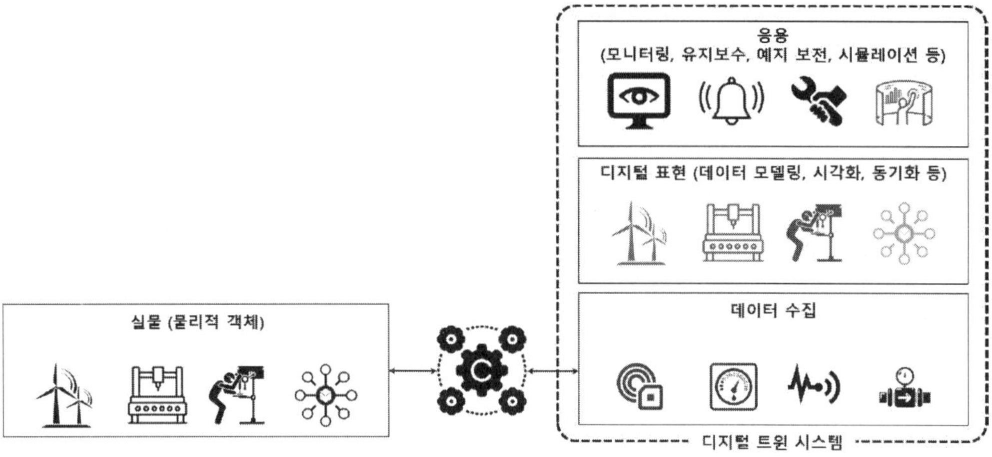

[그림 2-1] 디지털 트윈 기술의 종합체

완성된 디지털 트윈 모델은 실제 물리적인 물체 및 시스템의 성능과 잠재적인 문제에 대한 인사이트 제공이 가능하다.

디지털 트윈 기술 과정은 수학적 모델 개발(Developmemt), 디지털 트윈의 구축(Generation), 최적화 가동(Operation)의 3가지로 구분한다.

1) 수학적 모델 개발

재현의 대상이 되는 현실의 물체나 시스템에 대한 데이터 수집 및 이를 기반으로 시뮬레이션 가능한 입/출력(Input-Output)기반의 수학적 모델 개발(수학/통계/데이터전문가 참여)하여야 한다.

2) 디지털 트윈의 구축

수학적 모델을 기반으로 실제 특정 기계 및 장비에 특징을 고려하여 통계 및 프로그래밍 능력을 갖춘 현장 엔지니어 참여하여 가상모형인 디지털 트윈의 구축해야한다.

3) 최적화 가동

실제 데이터를 입력하여 시뮬레이션 실행하여 완성된 디지털 트윈의 가동을 통한 성능과 잠재적인 문제에 대한 인사이트 제공 가능해야 한다.

이후 컴퓨터 프로그램이 물리적 물체와 시스템에 대한 실제 데이터를 입력받아 그 데이터들이 어떻게 작용할 것인지에 대한 예측과 시뮬레이션을 출력, 이 과정을 통해 성능과 잠재적인 문제에 대한 인사이트 획득이 가능하다.

기본적으로 디지털 트윈은 데이터 과학 및 응용 수학의 전문가들이 물리적 물체와 시스템에 대한 실제 데이터를 연구·조사하고 이를 기반으로 디지털 공간에서 실제 원본을 시뮬레이션하는 수학적 모델을 개발하는 방식이다.

2-2 디지털 트윈의 구성기술

디지털 트윈의 구성기술은 [그림 2-2]처럼 크게 현실 사물, 분석시스템 및 디지터트윈으로 3가지의 구성으로 이루어져 있다고 볼 수 있다. 현실의 사물이 존재해야 하고 이를 바탕으로 분석과 처리를 수행할 수 있는 시스템과 3D의 가상 세계를 구현하는 디지털 트윈(Digital Twin)이 구성되어야 한다.

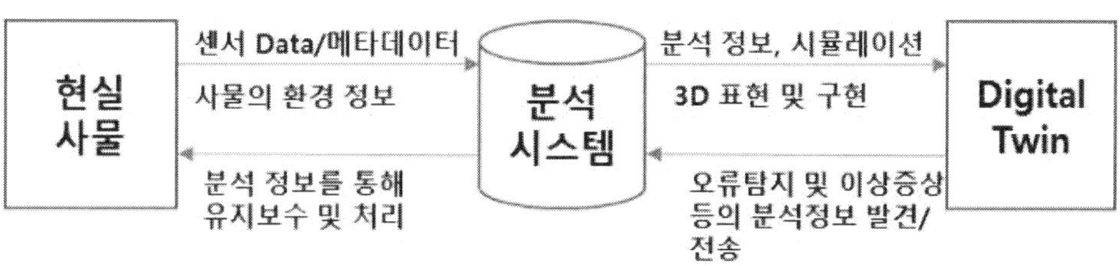

[그림 2-2] 디지털 트윈의 구성

[그림 2-2]처럼 디지털 트윈(Digital Twin)은 실제 현실 사물의 모델을 바탕으로 현실과 가상화 모델을 통합 구성하고, 가상화 모델 분석/시뮬레이션을 통하여 4) 분석 피드백을 통하여 제어 모니터링의 오류를 탐지하게 된다.

〈표 2-1〉처럼 디지털 트윈의 상세 구성기술로는 센싱을 위한 IoT, ZigBee, NFC 등의 센싱 기술과 환경의 정보를 취합할 수 있는 온/습도 정보, 적외선 센서, 분석을 처리할 수 있는 Big Data와 AI 기술 등이 필요하며, 마지막으로 시뮬레이션을 진행할 수 있는 3D 영상 기술이 필요하게 된다.

〈표 2-1〉 디지털 트윈의 세부기술

구 분	구성기술	세부 기술
현실 세계 정보 수집	• Sensor • Actuator • Controller	• 센서/메타 데이터 수집 • 마모도 등 공정 데이터 수집 • WPAN, PLC, Modbus, RS485
가상세계 구성 측면	• 디지털 스레드 • 가상공간자산 • 3D 모델링	• 물리자산의 디지털화 • 디지털 사물 설계, 테스트, 피드백 등 공정의 디지털화
현실/가상 통합 측면	• VR/AR 연계 • 양방향 전달 • 공정제어	• 현실세계와 가상세계 연결 • 가상세계에서 다양한 테스트 및 시뮬레이션 가능

2-3 디지털 트윈의 구현

1. 디지털 트윈의 구현 단계

디지털 트윈의 기술은 [그림 2-3]처럼 수준에 따라 가트너 리서치에서 제시한 3레벨이다. [그림 2-4]에서는 디지털 트윈의 레벨별 정의에 구체적으로 서술하였다.

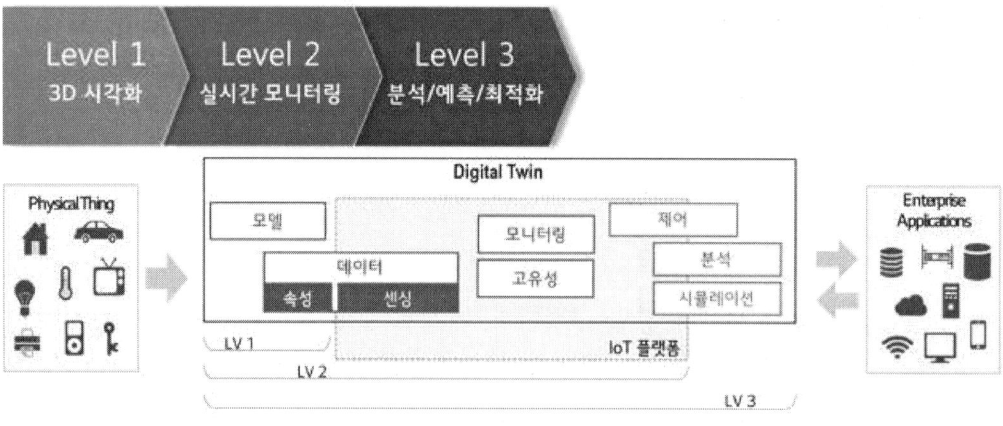

[그림 2-3] 디지털 트윈 기술의 구현 레벨

1) 레벨 1

가장 단순한 단계로써 디지털 객체로만 존재하는 레벨 1이다. 즉 트윈 모델에 속성 정보를 입력하여 3D 시각화만 하거나 속성정보변경 등을 통한 시뮬레이션까지 포함하면 구현한 것이 레벨 1(Functional DT)이라 할 수 있다.

2) 레벨 2

실세계와 연결되며 센싱 데이터로 포함하고 단순분석 및 시뮬레이션하는 레벨 2이다. 즉 IoT 플랫폼을 통해 실시간 센싱 데이터를 받으면 동시에 현실 세계에 있는 실제 사물이나 시스템들과 1대1 매칭이 되고 모니터링이 되면 레벨 2(Connected DT)를 구현했다고 할 수 있다.

3) 레벨 3

지능형 단계로써 AI, 고급분석을 적용하여 전문분석 및 시뮬레이션하는 레벨 3이다. 즉 레벨 3(Intelligent DT)의 수준은 운영 중인 모델을 기반으로 예측 및 분석하면서 시뮬레이션을 해보고 이를 기반으로 실제 사물을 제어하는 영역까지 구현하게 되는 것을 의미한다. 이를 구현하기 위하여 3D모델링 구축 갱신기술, 분석기술, 기시화 운영기술, 현실과 가상을 연계하는 연결 기술, 그리고 보안기술이 필요로 된다.

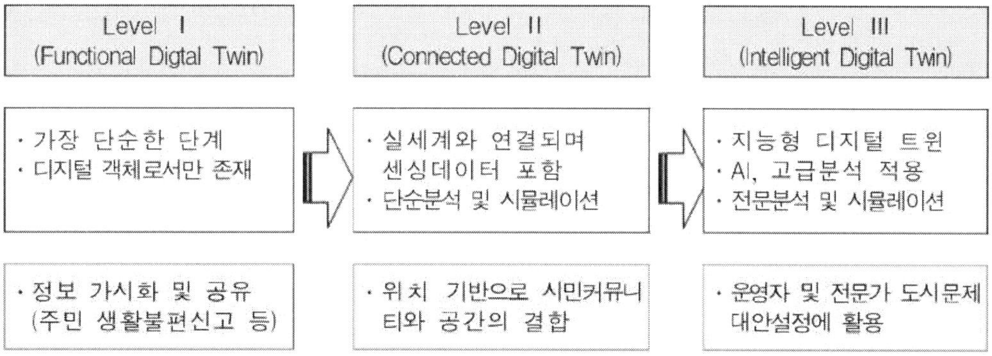

[그림 2-4] 디지털 트윈 레벨별 정의

2. 디지털 트윈 구현 과정

1) 목적에 적합한 상태변수, 상태천이함수 설정

디지털 트윈에는 현실 세계의 대상을 적절하게 컴퓨터로 구현하는 모델링 기술이 핵심적이다.

모델링의 목적에 따라 상태변수(S), 상태천이함수(T)를 설정하는 것이 가장 먼저이다. 목적을 어떻게 설정하는지에 따라 모델링을 하는 데에 필요한 변수가 달라진다.

2) 데이터 측정 및 변수 입력

디지털 트윈을 위해서는 시스템의 외형(모습)과 내부 작동 기능을 모두 구현해야 한다.

따라서 현실 대상의 형태적 이미지(2D)를 수집하고 3D CAD를 이용해 모델이 동일한 외형을 갖도록 구현한다. 또한, 시스템의 고유한 특성(구성 물질, 시스템 작동 기능, 상호작용)에 관련된 데이터를 측정해야 하며 이를 변수에 반영해야 한다.

3) 학 습

시스템에 대한 이해를 바탕으로 설정한 상태천이함수(T)는 식의 형태(㊞ Y=ax+b)만 알 뿐이지 정확한 계수는 알지 못한다.

따라서 측정된 데이터를 바탕으로 머신러닝과 같은 기법으로 학습을 하면 정확한 상태천이함수를 얻을 수 있다.

4) 시간에 따른 결과를 시각적인 시뮬레이션으로 확인

학습이 완료되면 시스템에 대한 완벽한 모델을 얻게 된다. 외형과 동작 특성, 내부 모습, 고유한 특성까지 모두 현실 세계의 대상과 일치하는 디지털 트윈이 구현된 것이다. 따라서 시간과 외부 조건을 바꿔가며 시뮬레이션을 하면 시각적이면서도 정확한 결과를 얻게 된다.

5) 의사결정

구현된 디지털 트윈은 시뮬레이션 조건만 손쉽게 바꿔가며 시간에 따른 시뮬레이션 결과를 얻을 수 있다.

따라서 현실 세계 대상에 대한 의사결정을 내리는 데에 있어서도 높은 신뢰도로 의사결정을 내릴 수 있다.

학습 2

3.. 디지털 트윈의 구현 형태

디지털 트윈은 그 특성에 따라 크게 3가지 형태로 활용된다.

1) 관제의 모델(Observation Model)

데이터 스트림(Data Stream)을 통해 물리적 대상의 상태를 모니터링하는 방식이다. 예를 들면 제조현장의 기계운영 현황을 분석해서 이상 징후를 포착하고 경고를 한다거나 장애의 대응 방안을 도출하는데 활용한다.

2) 운영의 모델(Operation Model)

디지털 트윈에 파라미터를 설정하여 물리적 대상을 제어할 수도 있다. 조명이나 설비의 밸브를 원격 제어하거나 공조설비를 제어하여 실내온도를 조절하는 것을 예를 들 수 있다.

3) 최적화 모델(Optimization Model)

디지털 트윈이 궁극적으로 지향하는 활용 모델이라고 할 수 있으며 대상의 기능 매개변수(Functional Parameters), 상황정보(Contextual Data) 등을 활용하여 운영을 최적화하기 위한 시뮬레이션을 의미한다. 풍력발전기 날개의 경사각을 시뮬레이션하여 최적화하고 그 결과로 발전량을 증대하는 것이 대표적인 사례이다.

2-4 디지털 트윈 기술의 구성

1. 디지털 트윈의 요소기술

초소형 정밀센서 가격이 최근 10년 동안 1/3수준으로 하락, IoT · Al Big data, Cloud, 5G. VR/AR/MR 등의 다양한 핵심요소 기술 발전으로 디지털 트윈 시장이 본격적 성장하고 있다.

〈표 2—2〉 디지털 트윈의 요소 기술

기 술	내 용
IoT	물리적 객체의 실시간 데이터 수집과 물리/기상 객체간 데이터의 원활하고 정확한 양방향 전송촉진
AI	새로운 데이터로부터 학습을 촉진하고 예측모델을 지속적으로 향상
Big Data	패턴을 유추 및 유용한 정보 발굴을 위한 양적 데이터 제공
Cloud	센서, 다양한 플렛폼으로부터 온 엄청난 양의 데이터를 담아 유연성, 확장성 지원
5G	실시간 정보 전송 능력으로 디지털 트윈의 반응성 향상
AR/MR	실제 물리적 환경과 동시에 가상 세계의 디지털 트윈 인식 지원
모델링	제품, 공정,시스템 등의 형상을 가상공간에 구현

2. 디지털 트윈 기술의 구성

디지털 트윈 관련 기술은 〈표 2-3〉처럼 가상공간을 구축하고 갱신하는 기술, 데이터로부터 정보를 얻는데 필요한 분석기술, 분석한 결과를 이해하기 쉽고 명료하게 표현하는 가시화 기술, 센서 들과 가상공간의 안정적 연결을 보장하는 초연결 기술, 각종 데이터와 정보를 외부침입으로부터 막을 수 있는 보안기술 등으로 구성된다.

〈표 2-3〉 디지털 트윈의 주요기술

기 술	내 용
3D모델링 구축 갱신기술	3D 콘텐츠 제작, 데이터 정밀도 재고 기술, 기존 데이터 통합기술, 자동 인식 및 인공지능 기술, 실시간 갱신기술
분석기술	3차원 환경에 적합한 분석기술, 알고리즘 중심 분석기술, 빅데이터 분석 및 AI활용 등의 선도기술
기시화/시각화 운영기술	다양한 기기에 적용이 가능한 기술, AR/VR중심 가시화 기술, 게임의 빠른 영상처리기술과 같은 데이터의 압축/검색/운용기술
현실과 가상을 연계하는 연결 기술	데이터와 가상객체의 연결기술, Geo-IoT관련 기술, 유관부야 데이터와 연계/융합기술
보안기술	공간 데이터에 대한 암호화기술, 데이터 보안 및 사이버 보안기술

[그림 2-5] 디지털 트윈 기술의 구성

2-5 디지털 트윈의 주요기술

1. 디지털 트윈 공간 갱신기술

1) 데이터의 정확성과 정밀도를 높일 수 있는 기술

데이터의 정확성과 정밀도를 높일 수 있는 기술이 개발되어야 한다.

디지털 트윈 공간의 정확성과 정밀도가 높아질수록 디지털 트윈 공간의 활용도도 높아진다. 특히 분석이나 시뮬레이션을 수행하는 경우 데이터의 품질이 담보되지 않으면 결과를 신뢰하기 어렵다.

최근에는 모바일 매핑 시스템(MMS)에 장착된 센서를 이용하여 데이터를 취득하는 방법이 가장 유용하게 활용되고 있으나, 객체 추출의 자동화와 정확성을 확보하는 것이 주요한 숙제다.

2) 기존 데이터를 효과적으로 통합기술

기존 데이터를 효과적으로 통합해야 한다. 기존 데이터를 활용하여 디지털 트윈 공간을 구축하기 위해서는 우선 데이터를 변환 또는 통합할 수 있어야 한다.

개별적으로 구축된 3차원 공간정보, 실내 공간정보, 지하공간정보 등을 변환 또는 통합하여 디지털 트윈 공간을 구현하고 보완하는 것이 보다 효율적이다. 또한 CAD 형식의 빌딩 정보 모델링(BIM : Building Information Modeling)은 실내 공간을 구현하는데 매우 중요한 데이터이다.

BIM 데이터를 이용하기 위해서는 BIM 데이터의 상대좌표를 절대 좌표로 변환하는 기술을 개발해야 하며, BIM 데이터의 선택적 활용을 통해 적절한 LOD를 구현할 수 있는 변환 기술 역시 개발해야 한다.

3) 자동인식 및 인공지능 기술

자동인식 및 인공지능 기술 역시 중요한 역할을 할 것이다.

현재는 MMS를 통해 취득된 클라우드 데이터로부터 객체를 추출하는 데는 많은 시간과 비용이 소요된다.

수시로 변하는 환경을 신속하게 디지털 트윈 공간에 반영하기 위해서는 센싱된 데이터를 공간데이터로 변환하는 시간이 짧아야 한다. 이를 위해서 원시데이터로부터 자동 또는 반자동으로 객체를 추출하는 기술이 필요하다. 향후 인공지능 기술을 적용한다면 객체를 인식하는 시간을 줄일 뿐 아니라 정확도도 높아질 것으로 예상된다.

4) 실시간 갱신 기술을 개발

실시간 갱신 기술을 개발해야 한다. 실시간으로 공간 데이터를 갱신하기 위해서는 사람의 개입이 최소화되어야 한다. 기계가 읽고 판단하여 갱신하는 기술의 개발과 함께 차선이나 도로표식 등도 기계가 인식할 수 있도록 개선되어야 한다.

2. 분석기술

데이터와 정보는 엄밀히 구분됨에도 불구하고 우리나라에서는 데이터와 정보를 포함하여 '공간정보'라고 표현하고 있다. 경우에 따라서는 공간데이터는 그 자체가 정보가 되기도 한다.

예를 들면, 고해상도 영상자료는 육안으로 약 70%의 정보를 얻을 수 있다. 그러나 엄밀히 말하면 우리의 뇌가 분석 소프트웨어가 되고, 이를 통해서 알고 싶은 정보를 얻는 것이다. 이처럼 정보는 데이터를 분석하여 얻어지게 되므로 분석기술은 디지털 트윈 공간의 핵심역량이라고 할 수 있다.

4차 산업혁명은 5G, 빅데이터, 인공지능, 사물인터넷, 클라우드 컴퓨팅 등의 기술을 활용하여 자율주행차, 스마트 시티, 로봇 등의 관련 산업을 발전시키고 있다. 최신 지능정보기술과 활용분야를 연결시켜 주는 핵심 인프라가 공간정보기술이다. 예를 들면, 자율주행을 위해서는 정밀 도로지도와 공간 분석 및 인지기술이 필요하며 사물인터넷, 가상/증강현실 기술을 구현하기 위해서는 3차원 공간데이터와 분석기술의 역할이 추가되어야 한다.

디지털 트윈 공간에는 2,3차원 공간데이터뿐만 아니라 실시간 센싱데이터, 속성데이터, 통계데이터, 행정데이터, 빅데이터 등 다양한 데이터가 존재한다. 미래에는 센서와 IoT 기술, 모바일 기술, 인공지능 기술 등의 발달로 인해서 지금과는 다른 종류와 수준의 데이터가 생겨날 가능성이 높다. 디지털 트윈 공간는 객체기반의 3차원 공간이면서 시공간이 자유롭기 때문에 다차원의 입체적 분석에 대한 수요가 증가할 것이다.

기술환경의 변화에 따라 데이터의 형태와 차원도 달라질 것이다.

〈표 2-4〉에서 보는 바와 같이 미래의 공간정보는 2차원에서 다차원으로, 물리적 공간에서 사이버공간으로, 정적인 데이터에서 동적인 데이터로, 정형데이터에서 비정형데이터 등으로 데이터의 형태와 차원이 변화할 것으로 예상된다.

〈표 2-4〉 기술환경의 변화에 따른 데이터 형태 및 차원의 변화

현 재	미 래
2차원	다차원
물리적 공간	Cyber/IoT/ICT 공간
공간(Space)	시공간(Temporal Space)
캡처(Capture)	모니터링(Monitoring)
Snap-Shot	Streaming
정적(Static)	동적(Dynamic/Moving)
Slow	Real-Time
소량(Small)	대량(Large/Big)
정형(Structured)	비정형(Non-Structured)
단순한 형식(Simple Format)	다양한 형식(Various Formats)

따라서 다양한 형태의 데이터 환경에 부합하는 새로운 공간분석기술이 개발되어야 하며, 이러한 데이터와 기술을 기반으로 디지털 트윈 공간에서 다양한 정보를 생산할 수 있다.

현재 공간분석 기술은 대부분 2차원 공간 데이터를 대상으로 하고 있으며 대부분 안정된 상용소프트웨어를 사용하고 있다. 그러나 3차원 벡터 데이터, 3차원 격자 데이터, 영상자료의 입체적 분석과 관련한 기술은 아직 미비한 실정이다.

차세대 공간분석 기술을 개발하기 위해서는 순차적으로 접근해야 한다. 우선 2차원 벡터, 실내/지하 공간 데이터 등과 같은 기존 데이터의 분석기술을 고도화한 후, 3차원 공간분석을 위한 기반기술과 비정형데이터의 분석과 같은 차세대 공간분석을 위한 기술의 개발에 집중하는 전략이 필요하다.

그 과정을 좀 더 자세히 세분하면 다음과 같다.

① 국가공간정보 사업을 통해서 구축한 데이터의 성격과 수준을 분석
② 디지털 트윈 공간에서 요구하는 공간정보 수요를 도출
③ 공간정보 수요에 부합하는 분석기술의 리스트를 정하고 우선순위를 고려한 공간분석 기술 로드맵을 작성

또한 종합적이고 체계적인 계획과 기반기술의 확립, 부가적인 분석기술, 융합활용기술 등이 유기적으로 이루어 질수 있는 생태계를 조성해야 한다.

디지털 트윈 공간 기반의 미래지능정보사회를 구현하고 글로벌 수준의 공간분석기술을 확보하기 위해서는 고급인력 양성 및 관리, 연구중심의 R&D 체계, 특화된 공간정보 연구기관 지원 등 중장기적인 정책도 필요하다. 특히, 소프트웨어 개발인력을 양성하는데 상당한 시간이 소요되기 때문에 인력양성 전략을 조기에 추진할 필요가 있다.

3. 가시화 기술

가시화(Visualization)는 공간정보의 최대 장점 중 하나다. 우리는 시각적 표현을 통해서 상황을 이해하거나 유용한 정보를 얻을 수 있다. 공간특성을 가시화하면 부가적인 설명 없이도 직관적으로 정보를 얻을 수 있기 때문에 비전문가도 쉽게 아이디어를 제시하거나 의사결정에 참여할 수 있다. 그런데, 공간을 구성하는 객체가 복잡할수록, 제공해야 할 정보가 많을수록, 입체적 요소가 많을수록 가시화가 어렵다. 또한 데이터가 무겁고 클수록, 모바일 장비와 무선통신을 사용할수

록 시각적 표현이 느리다. 정보를 충분하게 표출하지 못하거나 표출하는 속도가 느리면 사용자와 멀어지게 된다. 따라서 디지털 트윈 공간에서 가시화 기술은 사용자에게 직접적인 영향을 미치기 때문에 중요하게 다루어야 할 과제다.

최근 3차원 공간데이터를 구축하고, 객체와 관련한 정보를 입체적으로 표현하는 기술에 관심이 집중되고 있다. 예를 들면, 2차원 지도는 평면에 장소, 이름 등을 표현했지만 3차원에는 입체적으로 POI를 표현해야 한다. 이를 위해서 건물의 3차원 위치에 해당 POI를 표기하는 '3D POI'가 개발되고 있다.

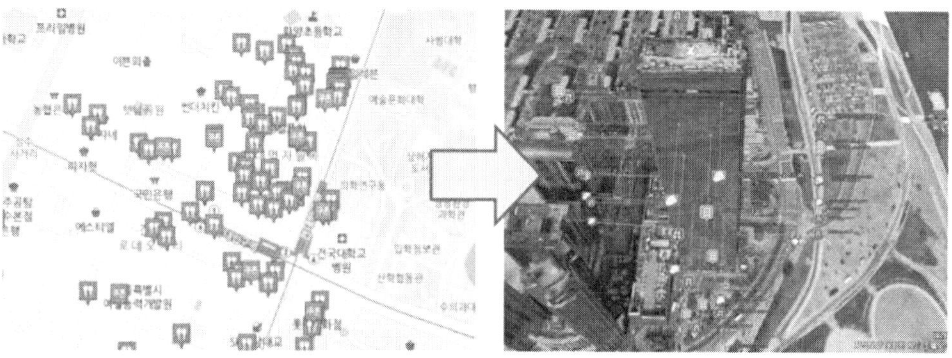

[그림 2-6] 기존 위치정보 표기와 3D POI표기

가시화 기술을 개발하기 위해서는 다음과 같은 사항이 고려되어야 한다.

1) 다양한 기기에 적용 가능한 가시화 기술개발

다양한 기기에 적용이 가능한 가시화 기술이 개발되어야 한다.

언제 어디서나 어떤 기기로 활용하더라도 일관된 서비스를 제공할 수 있는 가시화 기술이 중요하다. 디지털 트윈 공간을 활용한 서비스는 모바일 기기에서 활용될 가능성이 매우 높다. 모바일 환경에서는 표출대상 데이터의 압축과 선택적 표출 기술 등이 필수적 요소이다.

2) AR/VR을 고려한 가시화 기술개발

AR/VR을 고려한 가시화 기술이 개발되어야 한다.

AR/VR은 미래의 서비스 기술로 주목받고 있으며, 사용자에게 실제와 같은 느낌을 주기 때문에 향후 디지털 트윈 공간의 주요한 표현 방식이 될 것이다. 따라서 디지털 트윈 공간의 가시화는 AR/VR로 표출될 가능성이 매우 높기 때문에 이를 위한 기술을 개발해야 한다.

3) 빠른 영상처리 기술과 데이터를 압축/검색/운용할 수 있는 기술개발

인터넷 게임처럼 빠른 영상처리 기술과 데이터를 압축, 검색, 운용할 수 있는 기술 등이 개발되어야 한다. 또한 방대한 이미지 데이터의 선택적 검색, 검색된 데이터의 선택적 표출, 선택되지 않은 데이터에 대한 압축 및 표출 등에 대한 기술을 지속적으로 개발해야 한다. 현재 최근 GPS와 INS장치의 발전으로 차량에 공간정보 획득 센서를 탑재한 MMS(Mobile Mapping System)에서 생산되는 3차원 데이터 처리의 대부분은 외산 소프트웨어에 의존하고 있다. 향후 증가하는 3차원 공간정보의 수요를 고려한다면 하드웨어와 소프트웨어를 국내에서 개발해야 한다.

4. 초연결 기술

종전의 3차원 공간정보는 현실세계를 정적인 형태로 표현한 것인데 비해 디지털 트윈 공간은 사이버공간의 객체와 현실세계가 연결되어 있다는 점에서 다르다.

초연결 기술이 없었다면 현실세계와 가상세계를 연계한 사이버물리시스템은 세상에 나타나지 않았을 것이다. 따라서 초연결 기술은 디지털 트윈 공간의 필수적 요소이다. 국내외 정보통신 기업들은 초연결을 위한 통신 인프라를 개발하고, 초연결 서비스 시장을 선점하기 위해 치열한 경쟁을 벌이고 있다.

대표적인 예로 '커넥티드 카(Connected Car)'를 들 수 있다. 자동차 내부의 모든 장치가 서로 연결되어 있는 것은 물론이고, 외부에서 자동차의 상태를 모니터링하거나 원격으로 문제를 해결하기도 한다. 이와 같은 초연결 기술 때문에 디지털 트윈 공간을 구상하고 제안할 수 있게 된 것이다.

초연결의 대상은 디지털 트윈 공간상의 객체와 현실세계의 데이터로, 이를 어떻게 효과적으로 연결할 것인가가 중요하다. 디지털 트윈 공간에는 매우 많은 객체와 이와 관련된 데이터가 존재할 것이다. 객체와 데이터를 얼마나 효율적으로 연계하고 관리할 수 있는지가 디지털 트윈 공간 운용의 핵심이 될 것이다. 따라서 초연결을 위해 우선적으로 객체와 데이터의 연계에 대한 기술을 개발해야 한다.

다음으로는 실시간 상태정보를 취득하는 기술이 중요하다. IoT 기술은 빠르게 발전하고 있지만 아직까지 공간적인 요소를 고려하지 못하는 한계가 있다. 예를 들면, 자동차에 부착된 센서를 통해서 수집된 교통정보가 실시간으로 디지털 트윈 공간에 반영되기 위해서는 정확한 위치와 주변환경의 정보가 필요하다. 이때 위치정보와 함께 수집된 교통정보를 프로세스할 수 있는 기능이 센서에 장착되어 있다면 필요한 정보를 가공해서 디지털 트윈 공간으로 보낼 수 있으며, 이 경우 별도의 데이터 처리 없이 바로 디지털 트윈 공간에 반영되므로 시차가 발생하지 않을 뿐 아니라 데이터가 가벼워서 속도도 빠르고 전송에 필요한 에너지도 최소화할 수 있다. 이러한 과정을 지원하는 기술이 Geo-IoT 기반 실시간 정보의 연계 · 통합 기술이라고 할 수 있다.

학습 2

또한 유관분야의 데이터와 연계 및 융합하는 기술을 개발해야 한다. 디지털 트윈 공간의 활용을 높이기 위해서는 관련된 분야의 다양한 데이터를 연계 · 융합하는 것이 중요하다. 이를 통해 더욱 풍부한 서비스를 제공할 수 있다.

초연결을 기반으로 수집되는 다양한 데이터를 연계하고 통합하는 플랫폼 기반 서비스 기술이 개발되어야 한다. 디지털 트윈 공간은 수없이 많은 기기들로부터 데이터를 수집하게 될 것이며, 이에 따른 엄청난 양의 데이터를 직접 수용하기에는 한계가 있다. 따라서 데이터를 클라우드에 저장한 후 활용목적에 따라 연계하거나 통합하는 플랫폼의 기능이 필요하며, 이와 관련한 기술이 개발되어야 한다.

5. 보안기술

디지털 트윈 공간에는 공간데이터를 비롯하여 센싱데이터, 통계데이터 등 다양한 데이터가 존재하기 때문에 개인정보는 물론, 안보와 관련된 내용이 포함될 수밖에 없다.

특히 한국은 다른 나라에 비해 국가안보와 관련된 공간정보의 공개에 매우 민감하다. 디지털 트윈 공간 구축 및 운영 시 이러한 정보에 대한 철저한 보안책이 없다면 디지털 트윈 공간의 가치가 훼손될 우려가 있다. 따라서 디지털 트윈 공간을 위한 보안기술의 개발은 필수적 사항이다.

보안과 활용은 동전의 양면과도 같다. 보안을 강화하면 활용이 제한되고, 활용성을 높이면 보안위험이 높아진다. 디지털 트윈 공간는 가능한 많은 분야와 사람들이 활용하게 될 것이므로 보안의 위협 또한 증가하게 될 것이다. 따라서 활용성을 저해하지 않는 보안기술의 개발이 중요한 과제다. 디지털 트윈 공간의 특성을 고려할 때 두 가지 접근방법이 있을 수 있다. 하나는

디지털 트윈 공간 구조 속에서 주요 정보나 주요 객체에 대한 보안을 강화하는 방법으로, 정보에 대한 제공 여부를 현재와 같이 지정하는 방식이다. 이 방식은 기술보다는 제도를 기반으로 운영되기 때문에 최초에 보안수준을 정할 때 많은

고민이 필요하다. 다른 방법은 신기술을 도입하여 보안을 강화하는 것이다. 4차 산업혁명의 주요 기술 중 하나인 블록체인(Block Chain) 기술이 이에 해당한다. 블록체인은 네트워크를 통해 관리되는 분산형 데이터 기술로써 비트코인을 통해 그 실효성이 입증되고 있다. 블록체인 기술은 현재 은행 지불 시스템, 사이버 보안, 보험, 개인운송, 클라우드 스토리지 등 다양한 분야에서 활용 중이다. 따라서 디지털 트윈 공간에 블록체인 기술을 적용하는 방안을 모색해야 한다.

보안기술의 개발을 위해서는 공간데이터에 대한 암호화 기술이 개발되어야 한다. 현재는 데이터의 해상도나 위치에 따라 공개를 제한하고 있다. 이 방식은 해당 공간에 대한 서비스를 제약하는 원인이 되고 있다. 이를 보완하는 방안으로, 서비스는 제공하되 공개하지 않아야 할 정보를 암호화하는 기술을 개발하여 적용하는 것이다. 공개하기어려운 정보를 암호화하거나 가상화해서 서비스 한다면 활용을 제한하지 않으면서 정보를 보호하는 효과를 거둘 수 있을 것이다.

다음으로는 해킹 등으로부터 데이터를 보호하는 보안기술이 중요하다.

디지털 트윈 공간상에 존재하는 데이터를 해킹하는 보안사고가 발생할 경우 그 피해를 예측하기 어렵다. 특히 사이버공간을 통해서 실제 교통상황이나 시설물 등을 제어할 경우 해킹은 심각한 문제를 일으킬 수 있다. 따라서 디지털 트윈 공간에 대한 사이버 보안 기술의 개발이 필요하다.

〈표 2-5〉 보안기술의 분류

구성요소	분 류	필요 보안기술
공 통	암호 기술 사용자 인증 보안 로그 규제 대응	대칭/비대칭, 해시/메세지 인증코드, 키 관리 패스워드 관리, 이중 인증, PKI인증 접속 기록, 시각 동기화, 이용자 알림 프라이버시 보호, IoT 보안 인증
서비스	웹 서비스 보안 모바일 앱 보안	안전한 웹 인터페이스, TLS, 업데이트 보안, 앱 서명
디바이스	네트워크 기능 펌웨어 관리 디바이스 인증 권한 관리 하드웨어 보안	퍼징, 무선랜 인증, 정적 분석, 기기 방화벽 펌웨어 암호화 및 서명, 시큐어 업데이트, 패치 초기 키 주입, 상호 인증, 대칭키/인증서 기술 역할 기반 통제, 시큐어 디버그, 메모리 보안 시큐어 스토리지, 템퍼링 방지

〈표 2-6〉 주요 보안기술

구성요소	설 명	필요 보안기술
경량 암호화 기술	128비트 암호화 알고리즘(예 : AES)을 실행할 수 없는 제약이 심한 기기에서도 적절한 수준의 암복호화 수행	LEA, HIGHT SIMON, SPECK
암호화	DB 및 파일로 저장되는 중요정보/개인정보에 대한 암호화	AES-128, ARIA, SEED, KCMVP
TLS/DTLS	Transport Layer Security의 약어로 통신구간 암호화 및 인증 Datagram Trasport Layer Security : IoT 환경에 적합한 경량 TLS 프로토콜	TLSv1.2 완전 순방향 비밀성 DTLS v1.0, v1.2
펌웨어 암호화 및 서명	펌웨어를 암호화 및 서명하여 기밀성, 무결성, 데이터 인증	AES-128 암호화 RSA-2048 서명
시큐어 업데이트	IoT 기기에 체계적이고 신뢰할 수 있는 방법으로 보안 패치를 적용하는 방법	주기적인 패치 제공 안전한 암호 알고리즘
SSO , IAM	다수 서비스에 대한 단일한 통합인증 체계를 제공하고 ID/PW, NPKI, GPKI, FIDO등 다양한 인증수단 사용을 지원하고 인증토큰에 대한 발행 및 접근권한 관리	SSO, PKI, FIDO SAML, Oauth
상호 인증	기기는 서버를 인증하고 서버는 기기를 인증하여 상호 인증된 상태로 안전하게 통신	초기 키 주입 보안칩에 키 저장 키 개별화 및 갱신
공개키 핀	서버 인증서가 전송 중에 변조되지 않음을 탐지하여 중간자공격 차단	공개키 정보(SPKI) 체인 검증, 키 갱신
칩 보안	기기에 보안 칩을 장착하여 안정성 확보 후 소프트웨어를 실행하면서 이상 유무 확인	SE TEE PUF
시큐어 부팅	기기 부팅 및 실행 전 서명 검사를 통해 해킹이나 악성코드 침투에 의한 소프트웨어 위/변조를 근원적으로 방지	Root of Trust RSA 서명 및 검증
시큐어 디버그	디버그 포트에 전기적인 무작위공격을 가하더라도 반응하지 않도록 응답 차단하고, 별도의 하으뒈어 장치를 연결하여 비밀 키를 송수신한 경우에만 접근 활성화	암호화 통신 시큐어 JTAG/UART
버퍼오버플로 방지	스택, 힙, 라이브러리 메모리 공간의 버퍼 오버플로가 발생하지 않도록 실행 방지, 메모리 랜덤 할당, 덮어쓰기 탐지 등을 OS 및 바이너리 빌드 시 적용	NX(non-execute) ASLR Stack Smashing Protector
NW접근통제	비인가 Device가 Network환경에 연결되는 것을 탐지/차단 주요 NW에 대한 비인가 접속 차단	NAC Firewall WIPS
침입탐지/차단	Network상에서 악의적인 공격 탐지 및 차단	IPS
이상행위/패턴 모니터링	Sensing Layer의 다양한 device에서 발생되는 이벤트를 분석해 비정상적인 행위에 대한 모니터링 및 대응	SIEM 지능형보안관제

구성요소	설 명	필요 보안기술
악성코드 방지	사용자 PC 및 모바일단말에 대한 악성코드 탐지 및 치료/삭제	모바일 백신
키로깅 방지	스마트시티 서비스 이용간 인증정보 및 결제정보 등 입력시 키로깅툴에 의한 중요정보 유출방지	키로깅방지 SW
App 보안	스마트시티 앱 설치파일 분석 통한 중요정보 노출, 앱 취약점 공격 등에 대한 방어	앱 난독화 Secure coding

수행 내용

재료 · 자료

- 디지털 트윈의 핵심기술 관련 자료

기기(장비 · 공구)

- 컴퓨터, 프린터, 주변기기

안전 · 유의사항

- 컴퓨터 및 주변기기의 전원을 관리한다.

수행 순서

01 디지털 트윈 운영 환경과 기술개발 지원도구에 대하여 분석하라.

디지털 트윈 도입효과를 달성하기 위해서는 디지털 트윈이 적절하게 만들어져야 하며, 이 과정에 상당한 노력이 요구된다는 점을 고려할 때 이러한 투자/노력이 없이 지나치게 장밋빛 미래의 모습을 생각하는 우를 범할 수 있다.

관심대상 현실 객체의 디지털 트윈 운영환경을 확보하기 위해 구비해야 하는 소프트웨어(SW) 측면의 주요 구성요소들은 다음과 같다.

① 현실의 객체 운용(환경)에서 발생/관찰되는 의미 있는 데이터(수집/전달/저장/처리 기능 SW)
② 해당 객체에 대한 진화/변경 가능한 디지털 모델(모델링 및 튜닝 SW)
③ 디지털 모델들의 실행/시뮬레이션 환경(런타임 엔진 및 연동 SW)
④ 응용 목적에 따른 진단/분석/예측 결과 산출응용 모듈(응용 SW)
⑤ 진단/분석/예측 결과의 현실 반영을 위한 제어정보(결정/제어 SW, 인적요소 포함)
⑥ 3D 객체 설계 및 운용/결과 시각화를 위한 그래픽스 모듈(2D/3D 그래픽스 SW)

※ 사실상 위의 구성요소들 중에서 실세계의 대상 객체에 대한 디지털 트윈 모델을 만들고 유지(튜닝)하는 모델링(튜닝) SW 이외에는 다른 목적의 많은 응용분야에서 이미 활용되고 있는 SW이다.

산업분야의 응용에서 실제로 디지털 트윈을 운용하기 위해서는 소프트웨어 요소들 이외에 클라우드(서버, 저장장치 등), 네트워크 및 보안체계, 제어 및 센서 장치를 포함하는 사물인터넷(IoT) edge 장치 등의 하드웨어 및 시스템 소프트웨어 인프라도 구비되어야 한다.

결국 디지털 트윈 기반의 ICT융합형 산업환경 실현은 컴퓨팅 인프라와 함께 사물인터넷(IoT), 빅데이터, 인공지능(인식, 학습), 시뮬레이션, 분석 및 가시화 등의 기술 활용을 필요하다.

디지털 트윈 개발을 지원하기 위해 가용한 국내외의 소프트웨어 플랫폼 또는 도구들을 적절히 사용할 수 있다면 위에 나열된 소프트웨어 요소들을 보다 손쉽게 구현할 수 있을 것이다.

① 디지털 트윈을 위한 플랫폼/도구는 일반적으로 대상 객체와의 연결을 위한 IoT 모듈, 빅데이터 처리 모듈, 디지털 트윈 모델링 모듈 및 모델 라이브러리, 지능형 분석/예측 응용 등을 포함한다.

② 실체에 준하는 디지털 트윈의 가시화 기능을 강조하여 기존의 3D 모델링 기능에 시뮬레이션 기능을 접목하여 확장한 3D 모델링 SW 기반의 도구들이 많이 있다.

※ 디지털 트윈이 실제의 대상 객체보다 먼저 만들어지는 제품설계의 응용에서는 특히 3D 모델링 기능이 중요하게 요구되고 있다.

③ 각각의 플랫폼/도구들은 지원 가능한 분야/기능이 특화되어 있는 경우가 대부분이기 때문에, 디지털 트윈 개발의 목적/ 대상 등을 고려하여 개발 단계별 적절한 도구들을 선택하여 사용해야 한다.

④ 일반적으로 가용한 디지털 트윈의 모델링 방법/도구들은 특정 도메인, 특정 유형의 객체에 한정되는 경우가 많기 때문에 디지털 트윈의 대상과 획득 가능한 정보/데이터의 정도에 따라 신중히 선택해야 하며, 경우에 따라서는 새로운 방법론/도구 개발이 필요할 수도 있다.

02 디지털 트윈 핵심기술인 시각화 기술에 대하여 분석하라.

1. 시각화 기술

디지털 트윈을 사용하면 전체 자산 생애주기에 걸쳐 인프라 자산을 시각화하고, 변경 사항을 추적하고, 분석을 수행하여 자산 성과를 최적화할 수 있다.

보통 데이터 시각화(Data Visualization)는 데이터 분석 결과를 쉽게 이해할 수 있도록 시각적으로 표현하여 전달하는 과정을 말하는 것으로 분석에서 나타난 정보를 효과적으로 전달하는 것이다.

1) 정보시각화

정보 시각화는 보통 대규모 수량, 비수량 데이터를 색체, 통계(도표, 그래프 등) 이미지 등을 활용해서 시각적으로 표현하는 것을 의미한다. 정보시각화 방법으로는 시간시각화, 분포시각화, 관계 시각화, 비교 시각화, 공간시각화가 있다.

〈표 2-7〉 정보시각화 방법

구 분	주요 시각화 방법
시간시각화	막대 그래프, 누적 막대 그래프, 점 그래프
분포시각화	파이차트, 도우넛 차트, 트리맵, 누적 연속 그래프
관계 시각화	스캐터플롯, 버블차트, 히스토그램
비교 시각화	히트맵, 스타차트, 평행 좌표계, 다차원 척도법
공간 시각화	지도 맵핑

2) 시각화의 절차와 도구

데이터 시각화는 최소한으로 편집된 데이터를 사용하여 데이터의 최초형태보다 접근하기 편하게 데이터를 가공하고 직관적으로 분석해서 쉽게 결과를 도출할 수 있어야 한다. 하지만 양적인 정보와 질적인 정보가 모두 객관적으로 제공되어야 하기 때문에 구성방법이나 환경이 매우 복잡하다, 데이터 시각화 분석을 위해 적합한 환경이 구성되고 난 후에 시각화를 어떻게 할지 고민해야 한다.

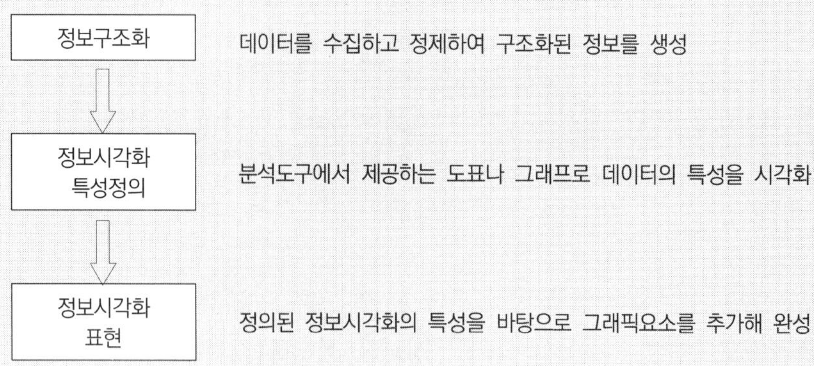

[그림 2-7] 데이터 시각화 절차

① 1단계 : 정보구조화 단계에서는 데이터를 수집 및 탐색하기, 분류하기,배열하기,재배열하기로 4단계 나누어 시각화를 위한 정보 구조화작업을 진행한다. 이 단계에서 다양한 시각화 툴을 사용해 개발을 한다. 또는 데이터를 갖고 인공지능의 머신러닝 알고리즘을 이용해 데이터를 파악하고 이를 통해 사람이 파악할 수 없었던 결과들을 자동으로 시각 추출하는 방법도 활발하게 연구되고 있다.

② 2단계 : 정보시각화 단계에서는 시각화 툴을 이용해 시각화에 필요한 그래프나 시각화의 기본 틀을 잡을 수 있다. 전통적으로 엑셀 파워포인트를 많이 사용했지만 최근에는 Qlik, Tableau, Sportfire 등 전문시각화 솔루션과 더불러 R과 같은 전문 프로그래밍 언어도 많이 활용되고 있다. 시각화툴에서 제공하는 다양한 그래프를 어떤이유로 쓰는지, 어떻게 표현해야 하는지 고민해보고 적합한 도구와 그래프를 활용해서 데이터 시각화 분석작업을 진행해야 한다.

③ 3단계 : 정보 시각표현단계에서는 최종적으로 시각적인 완성을 하는 단계로 시각화 툴을 선택한 그래프를 시각적으로 더 더듬거나 시각표현을 극대화하는 방안을 실험하면서 완성하게 된다.

〈표 2-8〉 데이터 시각화 도구

구 분	도 구
Basic Tools	Excel, CVS/SDN, Google,Chat API, Flot, ,Raphael, D3(Data-Driven Documents) Visual.ly, inforgram
Interactive GUI Control	Crossfilter, Tangle
Mapping	Modest Maps, Leaflet, Polymaps, OpenLayers, Katograph, CatoDB
Professional Tools	Processing, NoteBox, R, Weka, Gephi

학습 2

2. 시각화 응용 사례

벤틀리 OpenCities Planner의 인프라 디지털 트윈은 엔지니어링 데이터, 현실 데이터 및 IoT 데이터를 결합하여 지상 및 지하 인프라의 통합 뷰를 제공한다. 몰입형 시각화 및 분석 가시성을 통해 인프라 자산을 더욱 깊이 이해할 수 있으므로 보다 정확한 정보로 의사 결정을 내리고 더 나은 결과를 도출할 수 있다.

1) OpenCities Planner

OpenCities Planner는 3D 세계에서 2D, 3D 및 GIS 데이터를 시각화할 수 있는 클라우드 기반 서비스이다. 대규모 도시 개발에서부터 상세한 건축 설계에 이르기까지 프로젝트를 설계, 시각화 및 전달할 수 있다. OpenCities Planner는 완전히 웹 기반이며 플러그인이 없으므로 웹 브라우저만 있으면 된다.

OpenCities Planner 기능과 벤틀리의 현실 모델링 제품을 결합하면 도시 규모의 디지털 트윈에 광범위하게 액세스할 수 있다. OpenCities Planner는 현실과 '가상성'을 동기화하여 모든 시 정부가 디지털화할 수 있도록 완벽한 웹 솔루션을 제공한다.

개별 계획자, 건축가, GIS 엔지니어부터 시 정부 및 대규모 조직에 이르기까지 모든 조직 유형을 대상으로 확장 가능하다.

주요기능은 다음과 같다.

(1) CAD, GIS 및 웹 서비스 가져오기

이미지, 벡터 데이터 및 문서를 추가하여 프로젝트를 전달함으로써 상세한 3D 모델을 가져와 3D 세계에 배치하고, WMS에 연결하여 GIS 레이어를 프레젠테이션에 추가할 수 있다.

(2) 프로젝트 공유 및 아이디어 크라우드소싱

사용자 역할을 기반으로 컨텐츠 액세스를 제어하여 몇 번의 클릭만으로 팀 구성원을 초대하거나 공용 액세스를 위한 직접 링크를 게시할 수 있다.

(3) 3D 도시에서 스케치, 분석 및 내보내기

객체를 3D 라이브러리에서 지도 위로 드래그하고 3D로 내보내어 3D 모델링과 음영 분석을 통해 계획 옵션을 만들고 시각화하고 분석함으로써 타사의 BIM 또는 CAD 응용 프로그램에서 세부 설계를 계속할 수 있다.

(4) 모든 것을 시각화

현실 메쉬, 지형 모델 및 의미론적 3D 도시 모델(예 : CityGML)을 스트리밍할 때 도시 전체에 걸쳐 진행되는 대규모 프로젝트를 거리 수준까지 시각화할 수 있다.

03 디지털 트윈의 핵심기술인 가상현실(VR) 및 증강현실(AR) 기술에 대하여 분석하라.

1. 가상현실 및 증강현실의 개념

가상현실(VR : Virtual Reality)은 자신 객체 과 자신을 둘러싼 배경 환경이 모두 현실이 아닌 가상의 이미지로서 구현되는 기술이다. 증강현실(AR, Augmented Reality)은 현실의 이미지나 배경에 차원의 가상 이미지를 겹쳐서 하나의 영상으로 보여주는 기술이다. 가상현실은 사용자로 하여금 현실과 다른 인공의 세계에 있는 것처럼 느껴지게 하는 것을 목표로 하지만 증강현실은 현실을 더욱 풍부하고 편리하게 만드는 것을 목표로 한다. AR과 VR을 통합하고 사용자와의 상호작용을 더욱 강화한 혼합현실(MR : Mixed or Merged Reality) 기술은 안전성 · 신뢰성 · 실시간성의 요구사항을 만족시키며 산업현장에서의 활용이 확대될 것으로 기대된다.

가상현실의 역사는 매우 깊지만 최근 들어 하드웨어 소프트웨어 등의 인프라 기술이 급격히 발전하면서 오큘러스 리프트, 기어VR, 플레이스테이션 VR등의 디바이스의 보급이 확대되며 급성장 중이다.

HMD(Head-Mounted Display)기반의 가상현실 디바이스를 이용하여 현실세계를 차단하고 가상의 공간에서 사용자의 움직임과 제공되는 영상을 기반으로 가상현실 시각화가 수행된다.

콘텐츠, 플랫폼, 디바이스 등 소프트웨어와 하드웨어를 넘나드는 Global Player 들의 활발한 참여로 가상현실 생태계 구성 진행 중 VR은 완벽한 가상세계를 눈앞에 구현함을 통해 몰입도 높은 환경 제공을 제공하여 실감형 콘텐츠에 주로 활용한다.

포털, 미디어, 제조사 등 기존 시장에서 경쟁력을 보유한 기업은 물론 특화된 기술을 바탕으로 한 스타트업의 진출이 이어지고 있으며 특정 영역에 국한하지 않고 상호연계적 서비스를 제공하며 시너지를 강화한다.

현재 애플에서는 구글 글라스와 같은 증강현실을 적용한 스마트 글라스를 개발 중에 있음. 최근 증강현실 기반으로 열풍을 일으킨 포켓몬 Go 등의 영향으로 스마트 글라스 개발에 박차를 가하고 있다.

구글 탱고는 스마트폰 기반의 증강현실을 구현하고 스마트폰 화면을 통해 사용자들에게 현실과 가상을 합성해서 보여주는데 탱고 기술을 탑재한 전용 스마트폰에서만 이용할 수 있다. 마이크로소프트에서 만든 홀로렌즈는 독립된 내장 프로세서(HPU, Holographic

Processing Unit)를 통해 영상을 재생하고 HMD(Head Mounted Display) 형태로 제공이 가능하다.

디바이스 기술의 진보에 대한 관심도 중요하지만 증강현실 기술의 성공 여부는 기술을 활용할 수 있는 킬러 콘텐츠의 존재가 매우 중요하다.

[그림 2-8] VR/AR/MR 관련 콘텐츠, 플랫폼, 디바이스 사례

산업용 VR/AR은 제조 등 산업현장에서 필요한 정보를 빠르게 제공하거나 '보이지 않는 내부' 또는 '실제로 존재하지 않는 것'을 현실감 있게 시각화하여 시제품 테스트, 협업, 교육 등 용도로 활용한다.

스마트 공장의 고도화를 위해 필수적인 물리 공간의 가상화 및 물리 공간과 가상공간 간의 연계, 디지털 트윈의 구현 등에 있어 산업용 VR/AR는 중요한 위치를 차지한다. 제조 공정에서의 설계 · 배치 검증, 재고 관리, 안전 교육, 원격 유지보수 · 검사 등 제조 현장에 활용 가능한 산업용 VR/AR 기술이 세계적으로 광범위하게 발전하는 추세이다.

가상 · 증강현실 기술은 시공간을 초월하는 특징을 지니고 있어, 서로 다른 산업 현장(공간)에 있는 생산 관계자들의 효율적인 협업 기대 가능하다. 예를 들면 제품의 디자이너와 엔지니어가 가상 · 증강현실 환경에서 함께 디자인 평가 · 부품 조정 등 여러 가지 대안의 비교 과정을 통해 최적의 제품 생산을 도모한다.

가상 · 증강현실 분야는 게임 · 엔터테인먼트 분야 보다는 산업용 시장에서 먼저 활성화될 가능성이 높은 것으로 기대되며, 특히 VR · AR 기술을 기반으로 제조공정 · 유지보수 분야에서 활용코자 하는 유럽 · 미국을 중심으로 시장이 확대될 전망이다.

IDC에 따르면, 세계 VR/AR 시장은 '21년까지 매년 두 배 증가하고, 이 중 대부분은 산업의 유지보수용 VR/AR일 것으로 전망이다.

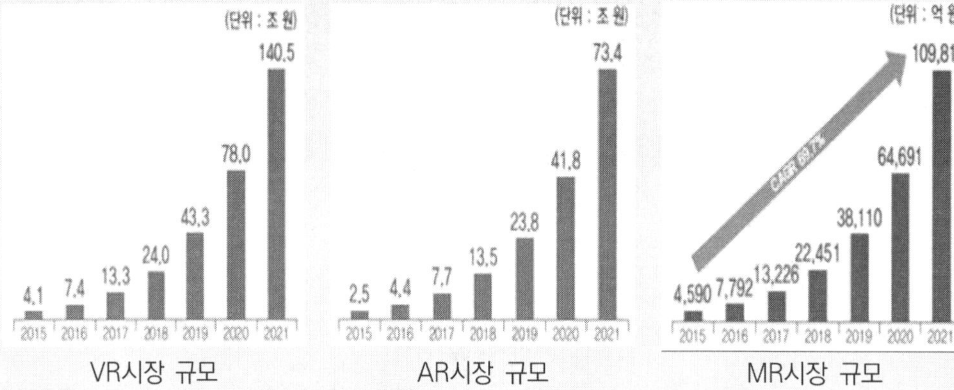

[그림 2-9] 글로벌 VR/AR/MR 시장 규모 전망

글로벌 기업들이 VR용 헤드 마운트 디스플레이(HMD) 개발 및 SDK 공개 등을 통해 산업 확대를 추진하고 있으나, 게임 · 엔터테인먼트를 제외한 산업 활동을 지원하는 솔루션은 초보적 수준이다.

VR · AR 기기는 제조공정의 설계와 배치 검증부터 원격에서부터 제조시설의 안전검사 및 유지보수 실시에 이르기까지 다양하게 제조 현장에 적용 중이다.

1) 제조 공정 설계 · 배치 검증(Ford)

엔지니어가 가상 환경에서 자동차 생산 全 과정(파워트레인부터 실내 장식까지) 설계 및 구축이 가능한 시스템을 구현, 서로 다른 국가의 포드 설계자 간 협력이 가능. CAD 설계를 가상 자동차로 변환, 엔지니어가 차량 구성 요소를 밀리미터 단위로 검사하고 차체 내부를 걸어서 살펴볼 수 있다.

2) 생산설비 개발 · 제조시 작업자 보조(Toyota)

신종 자동차 및 부품 개발시 공장 내 생산설비를 개발 · 제조하는 과정에 AR 기기를 도입하였다.

3) 차량설계 시뮬레이션 활용(BMW)

HTC社의 Vive VR 헤드셋과 혼합현실을 기술을 새로운 차량 모델 개발에 적용, VR을 활용하여 엔지니어는 주변을 한눈에 볼 수 있는 각도와 좌석 위치에 따라 닿지 않는 스위치, 디스플레이, 사각지대 등의 잠재적인 문제를 확인한다.

4) 원격 유지보수 · 안전검사(Gabler)

숙련된 전문가가 제조 시설을 가상으로 방문하여, 저비용으로 보다 쉽고 자주 안전검사 · 유지 보수 수행이 가능하다.

5) VR 기반 안전교육(Gabler)

맞춤형 조립라인(캔디 및 제약 제조 등) 전문 제조장비 개발사인 Gabler는 VR 기술을 제조 공정에 도입함. 헤드 장착형 디스플레이를 사용하여 가상 세계에서 제조 라인을 재생성하여 잠재적 안전 위험을 사전에 탐지하고, 위치에 관계 없이 여러 작업자가 VR에서 장비를 탐색/상호 작용이 가능해지면서 개발시간을 15% 단축하는 효과를 달성

6) AR기반 재고추적(Knapp AG)

증강현실(AR) 기술을 활용한 피킹(Picking) 기술을 개발, 웨어러블 헤드셋을 현장에 도입하여 실시간 재고추적이 가능해지고 작업자 교육 시간 단축 · 작업 프로세스 효율화 · 오류 발생률 40% 감소 등 효과를 달성하였다.

7) AR 기반 재고 관리(DHL)

창고 효율성 향상을 위한 AR 프로그램을 '15년 시범운영. Google Glass 등 AR 헤드 장착 디스플레이를 사용하여 작업자가 '비전 피킹'에 참여하고, H/W는 작업자에게 네비게이션 보조 기능을 제공하여 할당된 물품을 적합한 경로 · 위치로 직접 보내고, 각 물품은 디스플레이를 통해 창고 직원이 쉽고 빠르게 식별토록 지원한다. 시범 운영기간 동안 10명의 작업자(주문 피커)가 총 2 만 개의 주문으로 구성된 9,000회의 주문을 수행하였다.

2. 가상현실 및 증강현실 관련 기술

1) 헤드 트래킹 기술

X, Y, Z축을 중심으로 헤드가 얼마나 회전되어 있는지를 센서를 이용해 감지하는 기술이다. 헤드 트래킹을 위해서는 자이로스코프와 가속도 센서 자력계 등의 센서가 필요하며 이들 센서의 역할은 헤드 마운트 디스플레이(HMD : Head Mounted Display)의 움직임을 정밀하게 측정해 가상현실 속 화면을 머리 움직임에 맞춰 시각화할 수 있다. 가령 정면을 바라보다가 머리만 좌우로 돌리는 경우 원래 정면의 좌우에 위치했던 세상이 화면상에 나타나게 된다.

2) 스테레오 스코픽 기술

양안(兩眼)시차(視差)가 있는 한 쌍의 2D 영상을 시청자의 양쪽 눈에 각각 제시하여 3차원적인 입체감(깊이감)을 부여하는 입체 영상 구현 기술이다.

3) 포지셔널 트래킹 기술(사용자의 움직임 감지 기술)

오큘러스 리프트가 기본적으로 제공해왔던 헤드트래킹 기능에서 발전된 모션 캡쳐 기능으로 사용자의 이동이나 세밀한 움직임까지 인식한다.

가상현실과 증강현실에서 보다 현실감 높은 이미지를 제공하기 위해 HMD 자체의 하드웨어의 성능을 높여 보다 넓은 시야각과 보다 감소된 이미지 처리 지연율을 구현할 필요가 있다. 또한 시각 외에 촉각이나 청각 후각 등 다양한 감각을 제공하고 어지러움이나 멀미 등의 부작용이 없는 기기가 유저 일반에 제시되어야 한다. 그리고 HMD와 같은 가상현실 기기의 착용이나 사용의 불편함이 해소된 하드웨어 디자인이 개발되어야 하며 양질의 가상현실 및 증강현실 콘텐츠 제작을 위해 제작기기(가령, 카메라, 처리기기, 통신기기, 등)의 컴팩트화와 대용량 화상 데이터 처리 기술의 발전도 요구된다.

3. 가상현실 및 증강현실 하드웨어 현황

1) 오큘러스 리프트

Facebook 오큘러스 리프트, HTC, 바이브 삼성 기어VR은 모두 OLED를 사용하여 화면 딜레이가 적고 높은 해상도를 소화할 수 있다. 이로 인해 디스플레이의 느린 반응속도와 낮은 해상도 등으로 인한 어지러움이 상당 부분 해소된다. 오큘러스 리프트 헤드셋에는 OLED디스플레이 스피커 마이크와 함께 스탠딩 센서와 교신해 위치정보를 주고받는 센서들이 장착되고 정면에 스탠딩 센서를 두고 그 앞에서 일정 VR공간을 공간으로 인식하며 VR공간에서 유저의 움직임을 인식해 가상현실 세계에서 그 움직임을 반영한다.

2) HTC 바이브

HTC 바이브의 2개의 모션 센서는 VR 공간을 설정하고 사용자의 위치와 동작을 인식한다. HTC 바이브의 무선 컨트롤러는 VR콘텐츠에 따라 가상현실 공간에서 다양한 모습으로 수행 가능함 예를 들어 액션 게임에서는 총을 든 모습으로 보이고 그림 그리기 콘텐츠에서는 붓과 팔레트로 활용 가능하다.

3) 삼성 기어 VR

삼성 기어 VR은 헤드셋 만으로 이루어져 있어서 오큘러스 리프트와 HTC바이브에 비하면 상당히 심플하다. 오큘러스 리프트와 HTC 바이브는 고성능 CPU와 GPU(그래픽카드)를 장착 한 컴퓨터와 VR 기기를 연결해야만 콘텐츠를 즐길 수 있어서 두 기기를 연결하는 길다란 케이블이 필수적임 반면에 기어 VR은 스마트폰이 컴퓨터 역할을 하므로 별도의 하드웨어나 케이블이 필요하지 않다.

4) 소니 PS VR

플레이스테이션 VR은 소니 인터랙티브 엔터테인먼트(SIE)가 2016년 10월 13일에 출시한 플레이스테이션 4용 가상현실(VR) 헤드셋(헤드 마운티드 디스플레이)이다. 2015년 Game Developers Conference(GDC)에서 시험 작품이 선보였으며 사양은 능동형 유기 발광 다이오드(OLED) 1920×1080 디스플레이(좌우 각각의 눈에 960×1080, 픽셀 어스펙트비 2 : 1), RGB부분 화소배열에서 콘텐츠를 120fps로 시각화 가능하다.

5) 애플 뷰마스터

완구 업체인 마텔이 개발하였고 카드보드와 비슷한 수준의 저가형으로 출시하였다. 아이들용 장난감 형태의 원색컬러와 외관상 튼튼한 모습을 하고 있다.

6) 구글 글래스

구글은 VR용으로 골판지로 이루어진 카드보드를 출시 외에 증강현실장비 구글 글래스를 구축한다. 현재 구글 글래스는 의료 분야 등 한정적인 분야를 제외하고는 일반인을 상대로 한 사업 부분에서는 철수하였다.

AR Glass 분야에서 대표적으로 가장 큰 주목을 받았던 구글글래스는 산업용도의 ‘엔터프라이즈 에디션’ 버전으로 ’17년 다시 공개했다.

[그림 2-10] 구글 글래스 엔터프라이즈 에디션

구글글래스 엔터프라이즈 에디션은 GE, 보잉, DHL, 폭스바겐 같은 기업에 공급되어 실제 테스트를 거친 모델로, 현장에서 발생하는 '휴먼 에러(Human Error)'를 불이고 작업효율을 높일 수 있을 것으로 기대한다.

AGCO사는 농기계 업체인 AGCO는 구글글래스를 활용한 결과, 생산시간 25%·검사시간 30%를 단축하는 효과를 달성하였다.

AR 글래스 도입으로 작업 효율성을 높이는 효과를 얻을 수 있었던 것은 '정보의 단순화'를 통해 작업자의 업무 복잡성을 줄인 것이 주효하였다. 산업현장에서 작업자가 수많은 정보를 검색·선별하여 업무에 활용할 경우 정보를 확인하는 과정·시간이 늘어나고 오류 가능성 증대된다. '글래스'는 수많은 정보를 볼 수 있는 스마트폰과 달리 입출력 방법·정보가 단순하여야 하는 구조이기 때문에 개인용보다는 산업용으로 적합하다. 구글 글래스 목적은 '검색을 통해 정보를 찾는 것이 아니라 필요한 정보만 곧바로 볼 수 있는 형태의 디바이스이다.

04 디지털 트윈의 응용 분야별 적용 필요기술에 대하여 분석하라.

응용 분야별 필요한 기술이 실현된다면 더욱 다양한 분야에서 디지털 트윈 적용이 가능하다.

〈표 2-9〉 응용 분야별 디지털 트윈을 적용하기 위한 필요기술

응용 분야	필요 기술
교통 디지털 트윈 분야	교통 상황에 따른 경로 산정 등 교통제어의 복잡한 알고리즘으로 인하여 디지털 트윈 구축에 있어 더 강력한 컴퓨터 능력을 요구
환경 디지털 트윈 분야	광범위한 지리적 영역의 모니터링을 위해서 디지털 트윈 시스템이 인간의 물리적 간섭을 최소화하고 저전력 유지 체계를 구축해야 한다. 긴급한 데이터를 수집하기 위한 저전력 네트워크를 가능하게 하는 정밀한 디지털 트윈의 구축이 연구 이슈로 진행중이다.
항공 디지털 트윈 분야	항공 관련 디지털 트윈 구축을 위해서는 저전력 컴퓨팅 및 고도의 보안성과 정일성을 갖춘 컨트롤 시스템, 그리고 보안프로토콜의 개발 등이 필요하다.
에너지 디지털 트윈 분야	수자원 관리 및 에너지 제어 시스템이 스마트 그리드 디지털 트윈 구축에 있어 필수적이며 관련 서비스의 품질이 보증되는 응용 소프트웨어의 연구도 필요하다.

학습활동.2 교수 · 학습 방법

교수 방법

- 디지털 트윈의 핵시기술에 대한 관련 용어, 구성, 방식 이해 정도를 파악한 후 수업을 진행한다.
- 교수자의 주도로 디지털 트윈의 핵시기술 등의 내용을 PPT 자료로 제시한 후 설명한다.
- 가능하면 사전에 개인별 학습 자료를 준비하여 모든 학생이 참여할 수 있는 문제 해결식 수업, 협력 수업이 가능하도록 한다.
- 디지털 트윈의 핵심기술 전 과정을 작업의 순서에 따라 단계적으로 실습이 이루어질 수 있도록 지도한다.
- 교재를 통해 수업을 준비하는데 있어서 필요한 모든 정보나 팁, 힌트 등 도움이 될 만한 내용들을 확인할 수 있다.
- 학생들이 만들게 될 각 모델들은 수업시간에 중점적으로 다뤄질 부분과 어휘, 질문, 답을 포함하고 있으며 또한 탐구할만한 추가적인 아이디어들도 포함하고 있다.

학습 방법

- 디지털 트윈의 핵시기술에 대한 관련 용어를 숙지하고, 디지털 트윈의 핵시기술에 대해 이해한다.
- 디지털 트윈의 핵시기술의 각 단계별 중점 사항을 체계적으로 학습한다.
- 디지털 트윈의 핵시기술의 수행순서의 전 과정을 실습한다.
- 디지털 트윈의 핵시기술의 내용을 이해한다.
- 디지털 트윈의 핵시기술을 이해하고 숙달이 될 때까지 학습한다.

학습활동.2 평가 및 피드백

평가 준거

- 평가자는 피평가자가 수행 준거 및 평가 내용에 제시되어 있는 내용을 성공적으로 수행할 수 있는 지를 평가해야 한다.

학습내용	평가항목	성취수준		
		상	중	하
디지털 트윈의 핵심기술	디지털 트윈의 핵심기술을 이해할 수 있다.			

평가 방법

• 작업 포트폴리오

학습내용	평가항목	성취수준		
		상	중	하
디지털 트윈의 핵심기술	디지털 트윈의 핵심기술을 이해할 수 있다.			

• 필기시험

학습내용	평가항목	성취수준		
		상	중	하
디지털 트윈의 핵심기술	디지털 트윈의 핵심기술을 이해할 수 있다.			

• 체크리스트를 통한 관찰

학습내용	평가항목	성취수준		
		상	중	하
디지털 트윈의 핵심기술	디지털 트윈의 핵심기술을 이해할 수 있다.			

• 피드백

1. 작업 포트폴리오
   - 제출한 보고서를 평가한 후 주요 사항에 대하여 표시하여 돌려준다.
2. 필기시험
   - 평가 결과 성적이 저조한 학생은 보고서 제출 기회를 부여한다.
3. 체크리스트를 통한 관찰
   - 실습 과정에서 평가한 후 개선해야 할 사항 등을 정리하여 돌려둔다.

참 | 고 | 문 | 헌

1. https://blog.lgcns.com/1586
2. http://blog.skby.net/digital-twin/
3. http://www3.weforum.org/docs/WEF_Passwordless_Authentication.pdf
4. https://blog.lgcns.com/1864
5. https://blog.lgcns.com/1229
6. 사공호상 외. 2017. 지능정보사회에 대응한 차세대 국가공간정보 전략연구, 국토연구원
7. Min-Soo Kim, 2017, Research issues and challenges related to Geo-IoT platform, Spatial Information Research, Vol. 25. No. 6. pp.1-14.
8. 관계부처 합동. 2017. 제4차 산업혁명에 대응한 지능정보사회 중장기 종합대책. 세종 : 미래창조과학부
9. 김난도 · 전미영 · 이향은 · 이준영 · 김서영 · 최지혜. 2017. 트렌드 코리아. 서울 : 미래의 창
10. 김영표. 2017. 4차 산업혁명 시대 공간정보의 역할. 국토연구원 전문가 특강자료.
11. 김영표 · 임은선 · 신동빈. 2004. 시공자재의 세상을 향한 사이버국토 창조방안(I) - 사이버국토 구축전략과 추진방안 -. 경기 안양 : 국토연구원.
12. 미래창조과학부 미래준비위원회, KISTEP, KAIST. 2016. 미래전략보고서 10년 후 대
13. 한민국 뉴노멀 시대의 성장전략. 서울 : 시간여행.
14. 미래창조과학부 미래준비위원회, KISTEP, KAIST. 2017. 미래전략보고서 10년 후 대한민국 미래 일자리의 길을 찾다. 경기 고양 : 지식공감.
15. 사공호상 · 박종택 · 김미정 · 박관동 · 이기준. 2016. 초연결 시대에 대응한 공간정보 정책방향 연구. 경기 안양 : 국토연구원.
16. 사공호상 · 서기환 · 이영주 · 박종택 · 서용철. 2007. 공간정보 패러다임 변화에 대응한 국가 GIS 전략 연구. 경기 안양 : 국토연구원.
17. 산업통상자원부. 2017. 산업부가 바라본 4차 산업혁명 코리아루트. 세종 : 산업통상자원부
18. 서울대학교 교육연구소. 1995. 교육학용어사전. 서울 : 하우동설
19. 손상혁. 2016. 융합의 또 다른 이름, 사이버물리시스템. 지식의 지평. 21호. 대우재단
20. 이민화. 2017. 4차 산업혁명과 국토발전. 국토연구원 전문가 특강자료
21. 은용순 · 박경준 · 원명규 · 박태준 · 손상혁. 2013. 사이버물리시스템 연구 동향, 정보과학지31(12), 한국정보과학회. 8.
22. 정보통신기술진흥센터. 2017. 주간기술동향 1801호(2017.6.21.) : 25-26.
23. 최병남 · 김영표 · 김동한 · 임은선 · 한선희. 2005. 시공자재의 세상을 향한 사이버국토 창
24. 조방안(II) - 시공자재도시 구현방안 -. 경기 안양 : 국토연구원.
25. 최병남 · 박종택 · 김미정 · 한선희. 2012. 스마트사회에 대응한 국가공간정보인프라체계 재정립 방안. 경기 안양 : 국토연구원.
26. 최윤식 · 최현식. 2017. 제4의 물결이 온다. 서울 : 지식노마드.

27. 한국정보화진흥원. 2017. 새로운 기술, 새로운 세상 지능정보사회. 대구 : 한국정보화진흥원.
28. KB금융지주 경영연구소. 2017. KB지식비타민-초연결사회의 도래와 스마트 신인류. 2.
29. AlphaBeta for Google.2017. The economic impact of geospatial services : How consumers, businesses and society benefit from location-based information.
30. Maslow, A. H. 1943. A theory of human motivation. Psychological Review, 50, 370-396.
31. Open Geospatial Consortium. 2012. OGC City Geography Markup Language (CityGML) En-coding Standard
32. 방유진외, 디지털 트윈을 이용한 인공장기 커스터마이징 프로벡트

학습 1	디지털 트윈의 개념
학습 2	디지털 트윈의 핵심기술
학습 3	**디지털 트윈의 모델링 시뮬레이션**
학습 4	디지털 트윈 플랫폼
학습 5	디지털 트윈과 스마트시티
학습 6	디지털 트윈과 스마트건설
학습 7	디지털 트윈과 제조업
학습 8	디지털 트윈과 물류
학습 9	디지털 트윈과 헬스케어
학습 10	디지털 트윈의 전략 및 정책
학습 11	디지털 트윈의 응용
학습 12	디지털 트윈의 시장동향
학습 13	디지털 트윈의 미래

학습 목표

1. 디지털 트윈의 모델링 및 시뮬레이션을 이해할 수 있다.

3-1 디지털 트윈의 모델링 방법

1. 모델링의 개념

시스템이란 어느 목적을 위하여 하나 이상 서로 관련 있는 구성요소가 결합된 것이다. 모델이란 시스템을 서술한 것으로 축소된 물리적 대상 이거나 수학적인 식이나 관계, 도형적 표현일 수 있다.

모델링은 목적 지향적인 것으로 원하는 데이터와 변수를 설정하여 구현하려는 목적에 맞춰 사용할 수 있다.

모델링의 구성요소인 S(Set of States)는 시스템의 구성요소가 가질 수 있는 상태의 집합, N(Neighborhood Pattern)은 구성요소의 다음 상태에 영향을 주는 다른 구성요소들의 패턴, T(Transition Function)은 현 상태에서 다음 상태로 변환되는 규칙을 나타내는 함수이다.

모델링은 〈S,N,T〉의 관계를 수학적으로 기술하여 컴퓨터 기법으로 표현한 것이다.

디지털 트윈은 시스템에 대한 디지털 복제, 수명주기 전체에 걸쳐 상태와 기능이 일치하여 자동결과가 동일하도록 구현된 시스템의 기상 디지털 모델이다.

디지털 트윈의 일부로서 모델링이 필요한 요소는 IoT 활용 분야에 따라 달라진다. 디지털 트윈 모델은 IoT 자산의 필수 구성요소, 동작 및 역학을 포함한다.

모델링 방법은 일반적으로 1차 원칙(물리학 기반 방법, ㉕ 기계적 모델링)과 데이터 기반 방법(㉕ 딥러닝)의 두 가지 유형으로 그룹화할 수 있다.

모델링된 각종 행동과 모델링 방법을 결합하여 디지털 트윈을 생성할 수도 있으며, 더 많은 용도가 파악됨에 따라 점점 더 정밀해질 수 있다.

모델링 방법에 데이터에 기초한 귀납적 학습과 이론/지식에 기초한 연역적 학습의 융합을 통해 조건에 맞는 모델링 접근방법을 선택하고 모델의 정확성/신뢰성 향상에도 기여 가능하다.

〈표 3-1〉처럼 시스템의 모델링이 쉬운 경우와 어려운 경우에 대하여 설명하였다.

〈표 3-1〉 시스템 모델링

모델링이 쉬운 경우	모델링을 어렵게 만드는 경우
① 물리적인 규칙의 이용가능 ② 도형적 표현이 가능한 경우 ③ 시스템 구성요소의 변화성이 통제 가능한 경우	① 기본 규칙이 없다 ② 표현하기 어려운 절차적인 요소포함 ③ 정량화하기 어려운 정책적인 입력들 ④ 랜덤(random) 구성 요소들 ⑤ 인간의 의사결정이 중요부분 차지

2. 기존 데이터 기반의 모델링 기법

디지털 모델 개발에 전통적인 데이터 기반의 기존 모델링(데이터 사이언스) 또는 이론/지식 기반의 시스템 모델링(시스템 사이언스 접근) 방법이 개별적으로 사용될 수 있으나, 각 방법 고유의 제한사항 때문에 충분하지 않다.

시스템 사이언스 접근방법(시뮬레이션 모델링)은 대상 체계의 속성, 동작특성 등에 대한 상세한 정보를 확보할 수 있어야 하며, 구현된 모델이 운용목적의 관점에서 실제체계를 대신할 정도로 신뢰할 수 있는지 확인이 필수적이라는 이슈가 있다.

데이터 사이언스 접근방법(데이터 모델링)은 대상 체계로부터 모델정의(학습)에 필요한 충분한 종류와 양의 데이터가 확보되어야 하고, 문제의 원인을 규명하는 인과관계 분석이 곤란하며, 시스템의 구성 또는 운용 법칙·환경 등이 변경되면

이전에 학습된 모델로 미래를 예측할 수 없다는 한계점이 있다.

각각의 기술 응용이 내포하는 한계점을 다른 기술의 장점으로 보완함으로써 각각에 의한 모델링 제한점을 극복하는 한편 기술융합을 통해 실제 대상에 대한 모델링 가능 범위를 확장하기 위해 새로운 모델링 방법론 개발이 필요하다.

〈표 3-2〉 기존 모델링 기법 vs. 디지털 트윈 모델링 비교

구 분	기존 모델링 기법	디지털 트윈
모델 표현력	변수들 간의 상관관계	변수들 간의 물리적인 인과관계
대상 시스템 지식	시스템 지식 불필요	시스템 지식 필요
모델 다이나믹스	입력 → 출력 정적 매핑 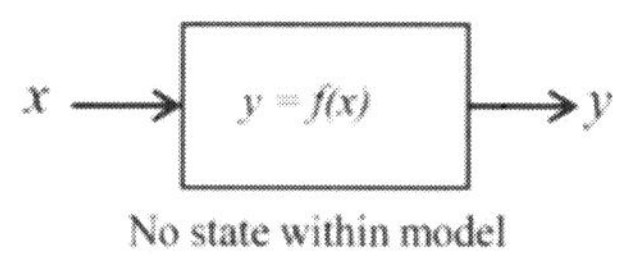	(입력, 상태) → 출력 동적 매핑 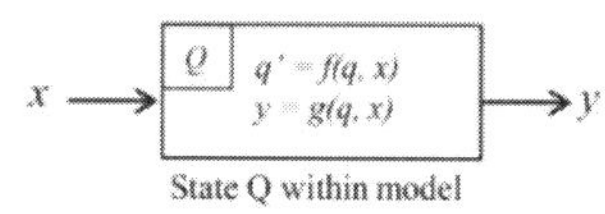
모델링 수단	데이터 마이닝, 기계학습	물리 이론 또는 운영규칙
분석 수준	서술 → 예측(제어정책 결정 無)	예측 → 규범적(제어정책) → 인지적(계획수립)
예측의 타당성 확보 조건	학습전후 시스템 구조 불변	모델 VV&A
모델 실행 소요시간	매우빠름~실시간	비교적 긴시간~거의 실시간
특별한 상황, 또는 존재하지 않는 시스템	적용 불가	적용 가능
모시스템의 환경/조건	변하지 않는 정적(static)인 분석만 가능	변하는 동적인 분석도 가능

머신러닝(기계학습)과 시뮬레이션의 융합을 통해 감소된 비용으로 새롭고 더 정확한 통찰력(Insights)을 얻을 수 있다. 머신러닝을 통해 시뮬레이션 모델을 튜닝하거나, 모델을 축소하여 온라인 실시간 시뮬레이션을 가능케 한다. 시뮬레이션을 통해 얻어진 데이터를 이용한 머신러닝으로 데이터 모델 생성이 가능하다. 모델링 대상에 대한 불충분한 지식을 관찰 데이터의 학습을 통해 보완하는 방식으로 시뮬레이션 모델을 완성할 수 있다.

3. 디지털 트윈 모델링 기법

디지털 트윈 모델링은 최신 상태로 유지되고 운용 중인 자산에 튜닝되어야 한다. 일반적으로 이 과정에서 자산 데이터가 디지털 트윈을 튜닝하는 알고리즘으로

직접 스트리밍된다. 이를 바탕으로 자산 환경, 현재 수명 및 구성과 같은 요소를 살펴볼 수 있다.

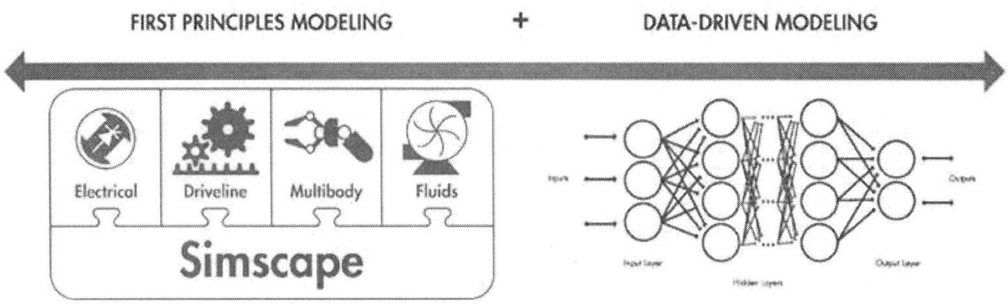

[그림 3-1] 디지털 트윈 모델링 방법(1차 원칙과 데이터 기반)

디지털 트윈을 최신 상태로 사용할 준비가 되면, 다양한 방법을 통해 미래 동작을 예측하거나 제어를 계량하거나 자산 운용을 최적화할 수 있다.

그 예로 실제 자산에 존재하지 않는 센서 시뮬레이션하기, 현재와 미래의 운용을 위해 각종 미래 시나리오 시뮬레이션하기, 현재 운용 상태를 현재 실제 입력값으로 전송함으로써 디지털 트윈을 사용하여 현재 운용 상태 추출하기 등을 들 수 있다.

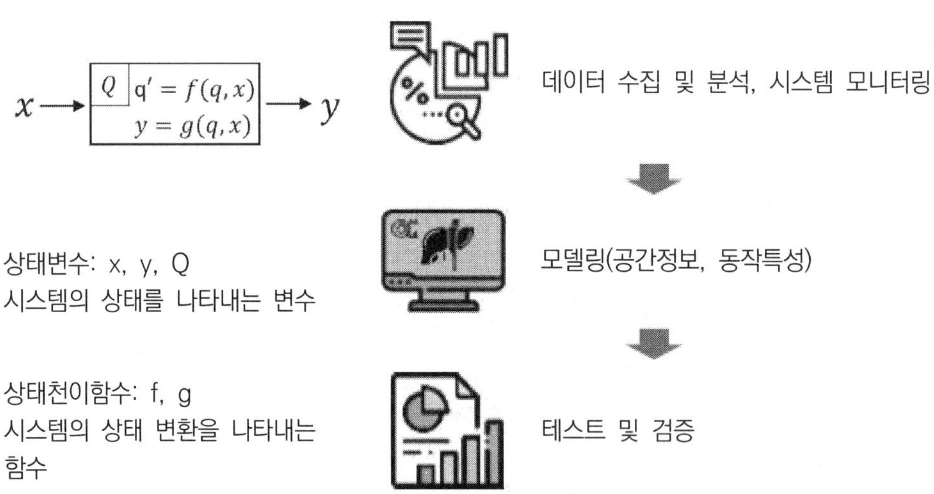

[그림 3-2] 디지털 트윈 적용 과정

[그림 3-2]처럼 디지털 트윈 적용과정은 데이터 수집 및 분석, 시스템 모니터링 그리고 모델링(공간정보, 동작특성) 마지막으로 테스트 및 검증 과정이다. 시스템의 구성요소들간의 유기적인 인과관계까지 파악가능 하다.

3-2 디지털 트윈의 모델링 & 시뮬레이션

1. M&S 개념

M&A는 문제해결의 도구이며 과학적 의사결정, 효율적 업무수행, 가상모의 실험을 통한 안전한 시스템 운용을 가능케 한다. [그림 3-3]처럼 문제를 해결하기 위해 지식과 실험을 통하여 데이터 해석하고 모델링 실험을 한 후 디지털 트윈 단계인 시뮬레이션을 통하여 우리가 얻고자 하는 답을 얻을 수 있다. 디지털 트윈은 기존 M&A에서 발전 단계이므로 디지털 트윈으로 한정 짓기보다 M&A로 확장하여 생각할 수 있다.

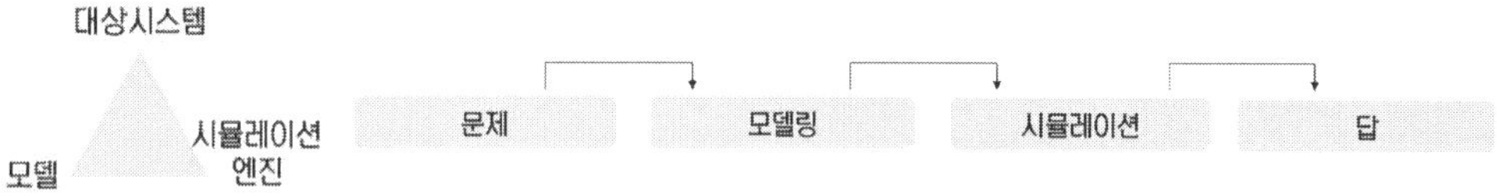

[그림 3-3] M&S 개념

〈표 3-3〉처럼 모델링과 시뮬레이션 방법의 관계에서 모델링은 대상시스템의 동작 특성 명세서로 방정식을 세우기이고 시뮬레이션은 명세된 모델을 실행시키는 가상실험으로 방정식 풀이라고 할 수 있다.

〈표 3-3〉 M&A의 개념

모델링	시뮬레이션
대상 시스템의 동작 특성 명세서로 방정식, 그래프, 테이블, 규칙 등으로 표현된다.	명세된 모델을 실행시키는 가상 실험
모델이란 실제 시스템을 동작화(Governing Rule)하여 표현한 동작명세서이다.	시뮬레이션 엔진 : 모델 해석(실행)기 = 모델 실행 알고리즘
방정식 세우기 모델링	시뮬레이션 방정식 풀기

2. M&A 결과의 신뢰성 전제조건

1) 디지털 트윈의 구현조건

디지털 트윈을 구현하기 위해서는 필수적으로 만족해하는 조건들이 있다.

(1) 트윈 모델

첫 번째 조건은 정교하고 정확한 '트윈 모델(Twin Model)'이다. 트윈 모델을 모델링하기 위해서는 타깃 시스템에 대한 물리정보를 포함하고 있어야 한다.

(2) 정보 모델링

두 번째 조건은 제조 라이프사이클 전반에 걸친 디지털화를 위해 OT(Operation Technology)와 IT(Information Technology) 시스템에 대한 정보 모델링이 가능해야 한다.

(3) 시스템의 동적 변화

세 번째 조건은 타깃 시스템의 미래 상태를 예측하기 위해 시스템의 동적 변화를 처리할 수 있는 구조여야 한다.

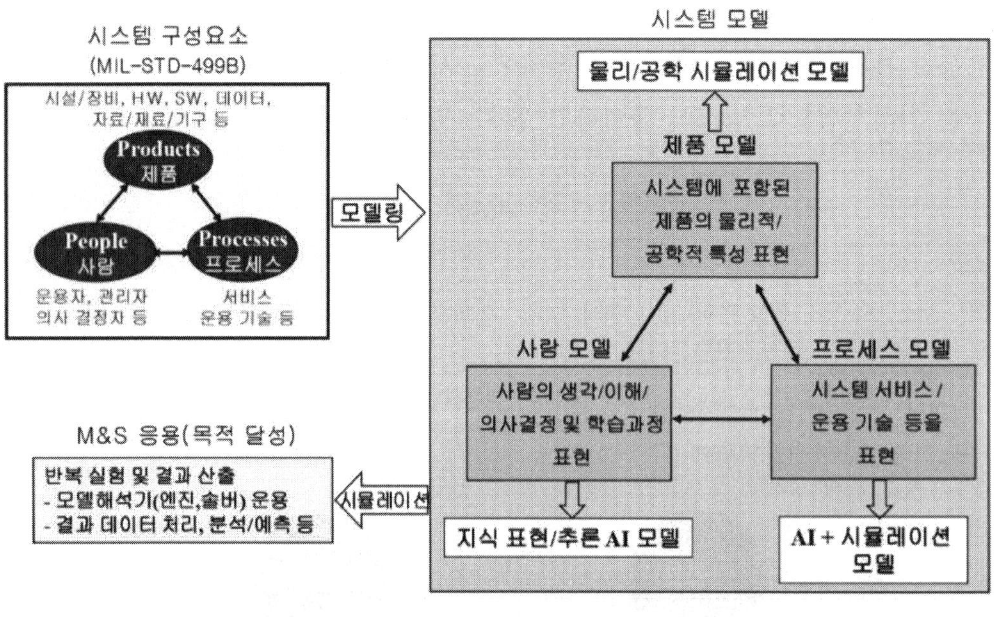

[그림 3-4] 시스템 모델 및 시뮬레이션 개념

'시뮬레이션' 용어는 관심의 대상이 되는 물리적 객체(시스템)를 소프트웨어로 추상화한 '모델'이 만들어져 있다는 것을 의미한다. 즉 모델링 시뮬레이션(M&S)은 관심대상 시스템에 대한 모델을 만들고 이를 실행(시뮬레이션) 하면서 원하는 결과를 도출하고자 하는 시스템 공학 방법론이다.

2) 검증과 승인과정

시뮬레이션의 결과에 대한 신뢰성을 보장받기 위해서 대상 체계를 추상화한 모델이 목적에 맞게 개발되어 사용해도 되는지 일련의 점검 및 승인 과정이 필요하다. 검증은 모델링 목적에 상응하는 데이터에 국한한다. 즉 모델논리검증, 모델 데이터 검증, 모델 구현 검증이다.

모델 논리검증과 모델 데이터 검증은 실제 시스템이 검증 기준이므로 실제 시스템의 데이터 수집이 요구된다. [그림 3-5]는 검증과 실증관계 나타내었다.

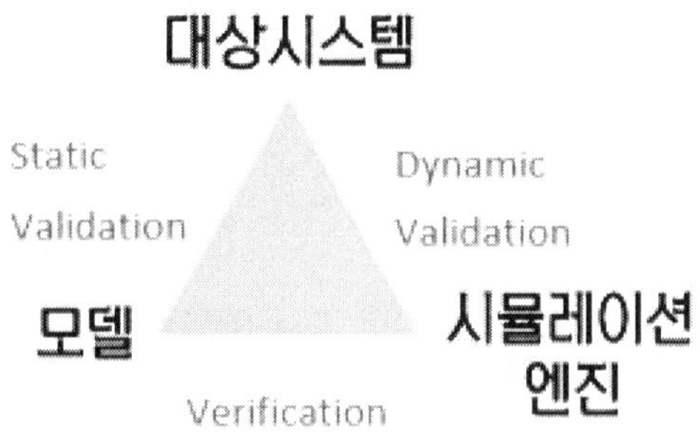

[그림 3-5] 검증과 실증관계

(1) 검 증

검증(Verification)은 구현된 모델이 설계서와 일치하도록 올바로 만들어졌는지 확인하는 시뮬레이션 과정에서 실행알고리즘을 잘 구현했는지 확인과정이다. 혹은 시뮬레이션 엔진이 잘 구현되었는지 확인한다.

(2) 실 증

실증(Validation)은 모델 설계와 M&A결과가 실제 상황과 같은 것인지를 확인 과정으로 대상시스템(목적)에 맞는 올바른 모델이 만들어졌는지 확인한다.

① 정적인 실증(Static Validation)

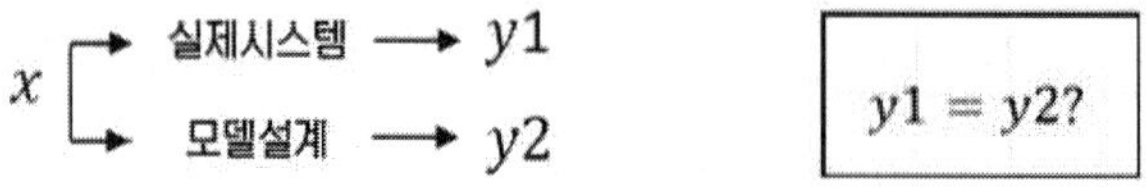

실행 불가로 인한 실증한계점이 존재한다.

② 동적인 실증(Dynamic Validation)

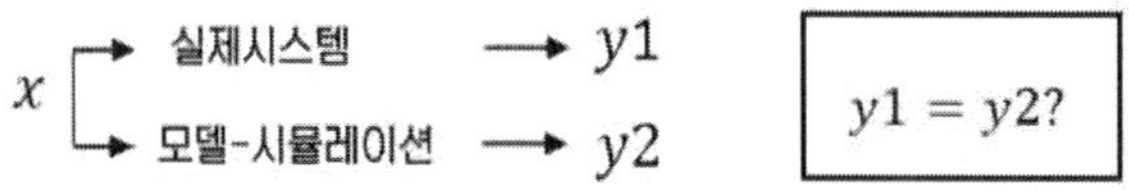

프로세스를 반복한다.

(3) 인 정

인정(Accreditation)은 V(Verification)&V(Validation) 과정을 통과한 모델이 원래의 목적에 사용할 수 있음을 승인 또는 공식화를 하는 것이다.

3. 목적 지향적 모델링

모델링 시에 목적에 맞는 요소들만을 다룬다. 목적 외의 요소들을 많이 다루게 되면 불확실성이 높아져 신뢰도와 정확도가 떨어진다.

대상이 하나라도 모델링 목적이 다를 수 있기 때문에 여러 개의 모델이 있을 수 있다.

예를 들면 〈표 3-4〉처럼 컴퓨터 시스템을 모델링할 때 목적에 따라 모델이 달라진다.

〈표 3-4〉 컴퓨터 시스템을 모델링

모델링 방법	모델링 목적
계산능력을 위한 모델링	프로그램 → 연산속도 측정모델 → 수행시간
견고성을 위한 모델링	외부진동 → 견고성 측정모델 → 오작동 여부
온도특성을 위한 모델링	온도변화 → 온도 특성모델 → 오동작 여부
고장률을 위한 모델링	부품의 신뢰도 → 신뢰도 모델 → 평균수명

목적 지향적 모델링 시 고려사항은 〈표 3-5〉와 같이 모델의 추상화 레벨, 모델의 해상도 및 모델의 다측면성을 고려해야 한다.

〈표 3-5〉 목적 지향적 모델링시 고려사항

모델 추상화 레벨	모델의 해상도	모델의 다측면성
무엇을 반영하고 무엇을 무시했는지	모델 구조 및 상태변수를 나타내는 해상도	시스템에 대한 관찰 생각하는 관점

4. 모델링과 시뮬레이션 과정

[그림 3-6]은 실제시스템의 동작, 자식-모델링 변환과정, 모델, 정적 실증의 모델링 과정이다.

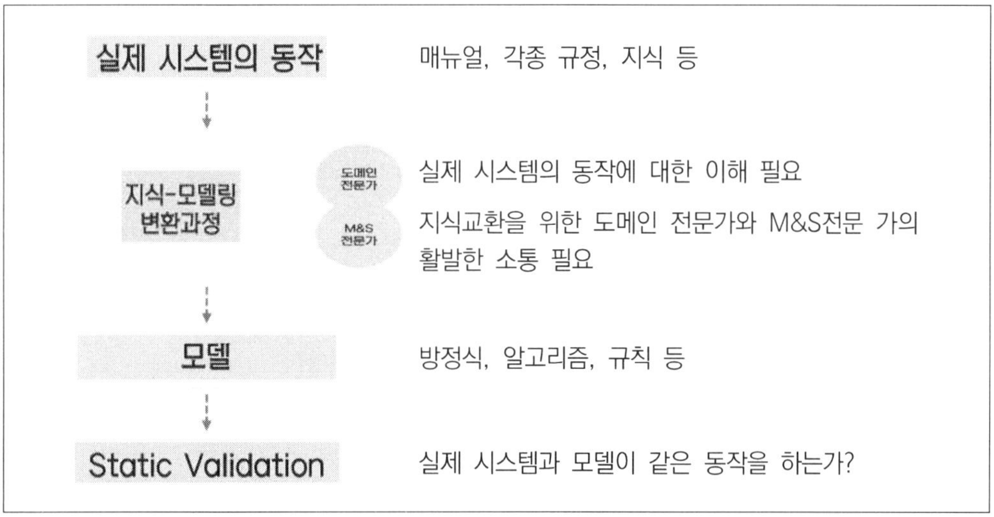

[그림 3-6] 모델링 방법

5. 모델링 방법

1) 시간을 표현하지 않는 정적 시스템

모델 : 연립방정식 ⇒ 시뮬레이션 엔진 : 연립방정식 풀이기(대입법 등)
모델 : 규칙베이스 ⇒ 시뮬레이션 엔진 : 규칙베이스 추론기(매칭 규칙 탐색기 등)

2) 시간을 표현하는 동적 시스템

모델(시간진행) : 미분방정식 ⇒	시뮬레이션 엔진 : 수치해석기(수치적분법)
모델(시간진행 스케쥴링) : DEVS 방정식 ⇒	시뮬레이션 엔진 : DEVS 기반 이벤트 실행기

〈DEVS 방정식이란〉

$M = < X, Y, S, ta, \delta_{ext,}\ \delta_{int},\ \lambda >$

X : 입력사건집합

Y : 출력사건집합

S : 상태집합

ta : 상태집합을 정의역으로 하는 시간전진함수(어떤 상태에서 얼마나 머물 수 있는가.)

δ_{int} : 내부상태천이함수 $S \rightarrow S$(외부입력사건과 무관하게 소요시간에 현 상태에 도달하면 다음 상태로 바뀐다.)

δ_{out} : 외부상태천이함수 $X \times Q \rightarrow$ S(외부의 입력 사건이 소요시간(Q의 원소)에 따라 원소 모델의 상태를 변화시킨다.)

λ: 출력함수 $S \rightarrow Y$ (내부상태천이가 발생하는 시점에서 외부로 출 력사건 발생을 기술한다.)

3-3 디지털 트윈 구현을 위한 모델링 기술

디지털 트윈 구현을 위한 다양한 모델링 기법이 사용 된다.

1. 유한 상태 기계

[그림 3-7]과 같이 유한 상태 기계(FSM : Finite State Machine)는 출력이 입력과 상태에 의존하는 시스템이다.

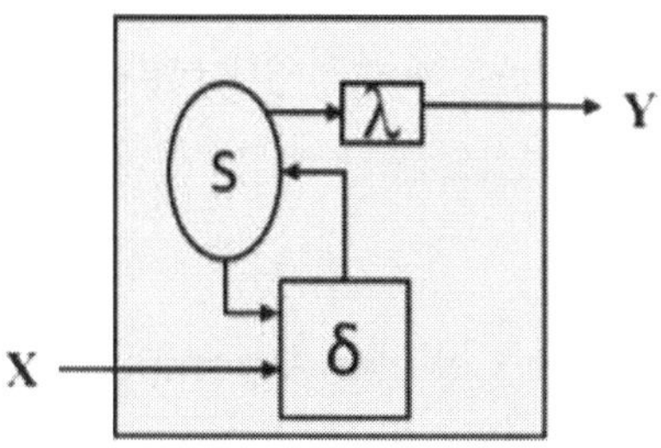

$FSM = < X, Y, S, \delta, \lambda >$

X/Y : 입력/출력 집합,

S : 상태 집합

δ : 상태천이함수, λ : 출력함수

|제약조건| X, Y, S : 유한집합

$\delta : S \times X \rightarrow S$

$\lambda : S \rightarrow Y,\ X \times S \rightarrow Y$

[그림 3-7] 유한 상태 기계 시스템

2. 셀룰러 오토마타

1) 셀룰러 오토마타의 특성

셀룰러 오토마타(Cellular Automata, CA)은 유한상태기계를 세포의 형태로 2D~3D 공간에 배열하여 시스템의 동적 특성을 표현한다.

① S(Set of States) : 시스템의 구성요소가 가질 수 있는 상태의 집합
② N(Neighborhood Pattern) : 구성요소의 다음 상태에 영향을 주는 다른 구성요소들의 패턴
③ T(Transition function) : 현 상태에서 다음 상태로 변환되는 규칙을 나타내는 함수
| 제약조건 | $N \subseteq I2,\ T{:}S^{|N|} \rightarrow S$

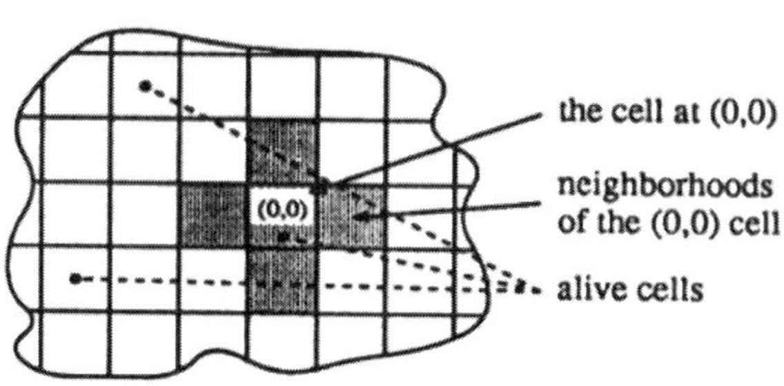

[그림 3-8] 셀룰러 오토마타

2) 셀룰러 오토마타의 분류

① 상태천이규칙의 불확실성 여부 : 결정적(Deterministic) vs 추계적(Stochastic)

② 상태천이규칙의 동질성 : 균일(Homogeneous) vs 불균일(Heterogeneous)

③ 상태천이방법 : 이산시간(Discrete time)vs 이산사건(Discrete Event)

④ Automaton Cell 배열 모양 : 규칙적(Regular) vs 불규칙적(Irregular)

3. DTCA

이산시간 셀룰러 오토마타(DTCA : Discrete Time Cellular Automata)를 이용한 간단한 심장 전기신호 시뮬레이션이다.

[그림 3-9]는 상태천이함수를 파이썬3으로 구현한 모습의 일부 코드이다.

```
State = {'Active': 1, 'Refractory': 2, 'Passive': 0}

def Transition(x, y, universe):

 neighbors_live =
 int(universe[up_x, up_y]==1)*is_cell(up_x, up_y, universe)+ \
 int(universe[down_x, down_y]==1)*is_cell(down_x, down_y, universe)+\
 int(universe[left_x, left_y]==1)*is_cell(left_x, left_y, universe)+\
 int(universe[right_x, right_y]==1)*is_cell(right_x, right_y, universe)

 if universe[x, y] == State['Active']:
     return State['Refractory']
 elif universe[x, y] == State['Refractory']:
     return State['Passive']
 elif universe[x, y] == State['Passive']:
     if neighbors_live >= 1:
         return State['Active']
     else:
         return State['Passive']
```

상태천이함수를 파이썬3로 구현한 모습(코드의 일부)

[그림 3-9] 상태천이함수를 파이썬3로 구현한 모습(코드의 일부)

모델링에 사용한 상태천이규칙에 대한 것은 [그림 3-10]이다.

FUNCTION NEXT($s_{i,j}, s_{i+1,j}, s_{i-1,j}, s_{i,j+1}, s_{i,j-1}$)
switch $s_{i,j}$
  case ACTIVE:
    return REFRACTORY;
  case REFRACTORY:
    return PASSIVE;
  case PASSIVE:
    if any one of $s_{i+1,j}, s_{i-1,j}, s_{i,j+1}, s_{i,j-1}$ **is** ACTIVE
      return ACTIVE;
    else
      return PASSIVE;
    end if
end switch

$$CM_{CA} = < S, N, T >$$
$$S = \{\text{ACTIVE}, \text{PASSIVE}, \text{REFRACTORY}\};$$
$$N = \{(0,0), (1,0), (-1,0), (0,1), (0,-1)\};$$
$$s'_{i,j} = s_{i,j}(t+1) = T(s_{i,j}, s_{i+1,j}, s_{i-1,j}, s_{i,j+1}, s_{i,j-1}) = \text{NEXT}(s_{i,j}, s_{i+1,j}, s_{i-1,j}, s_{i,j+1}, s_{i,j-1});$$

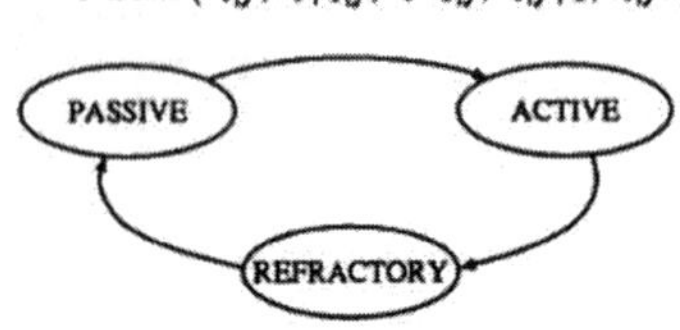

[그리 3-10] 모델링에 사용한 상태천이규칙

출처 : Kye Rok Jun et.al, A Cellular Automata Model of Activation Process in Ventricular Muscle

단면 모양은 심장이지만, 행동 양상은 심장이라고 할 수 없다. 다른 방법을 사용해서 모델링을 해야 한다.

4. DECA

DECA(Discrete Event Cellular Automata)는 [그림 3-11]처럼 실제 심장을 모델링하기 위해서는 이산사건 셀룰러 오토마타(DECA : Discrete Event Cellular Automata) 모델을 사용한다.

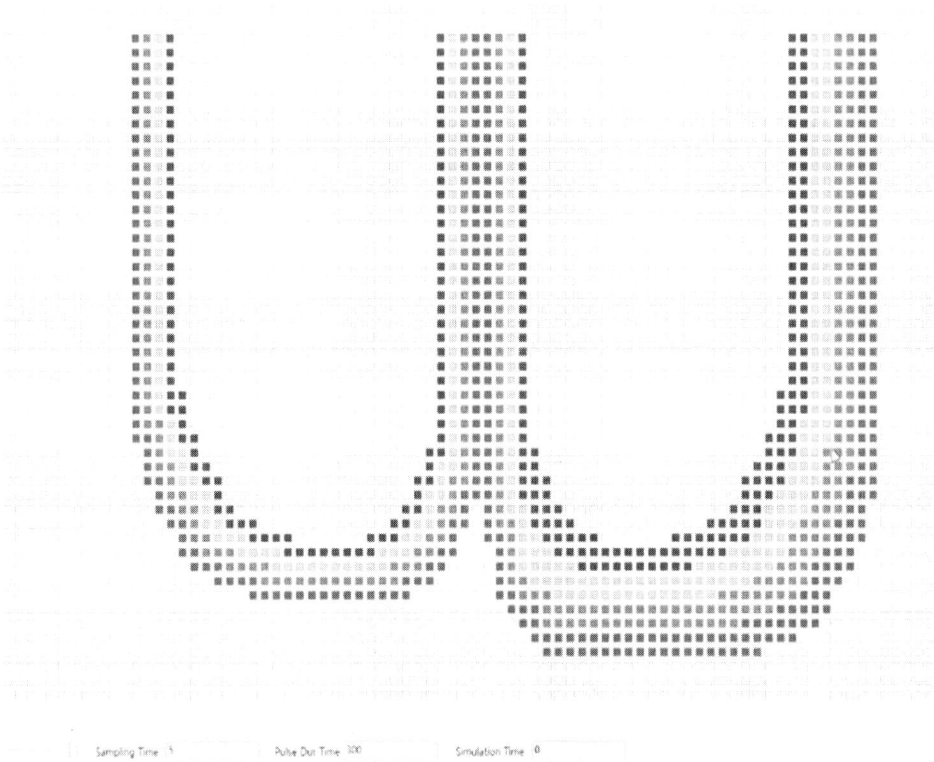

[그림 3-11] DECA 모델을 사용한 심장 모델링

(setting time; 5, Pulse Due Time; 300, Simulation time; 0)

출처 : 김탁곤 교수님

CA = 〈 S, N, T, Select 〉

Select : tie break function - 2개 이상의 Cell에서 1개선택

S : Set of states, N: Neighborhoods pattern, T: transition function

| 제약조건 | $N \subseteq I \times I$, $T : (S \times R)^{|N|} \rightarrow (S \times R)^{|N|}$, $Select : 2^{I \times I} \rightarrow I \times I$

```
Transition_of_N ( (s(i,j), r0), (s(i-1,j), r1), (s(i+1,j), r2),
                  (s(i, j-1), r3), (s(i, j+1), r4 ) {
  switch s(i,j) {
    case Active :
        (Active, AT) = (Refractory, RP) // cell itself
        (s(i±1, j), r_i) = (s, (r_i - AT))    // right-left N
        (s(i, j±1), r_j ) = (s, (r_j - AT))    // top-down N
    case Refractory :
        (Refractory, RP) = (Passive, ∞)
        (s(i±1, j), r_m ) = (s, (r_m - RP))
        (s(i, j±1), r_n ) = (s, (r_n - RP))
    case Passive :
        (Passive, ?) = (Active, AT)
        (s(i±1, j), ∞) = (Passive, Propagation_time)
        (s(i, j±1), ∞) = (Passive, Propagation_time)
  }
}
```

[그림 3-12] DECA모델을 사용한 상태천이 규칙

출처 : Kye Rok Jun et.al, A Cellular Automata Model of Activation Process in Ventricular Muscle〉

심장은 [그림 3-12]처럼 세포 종류별로 신호 전달 시간이 다르고, 비동기적으로 세포가 반응하기 때문에 실제 심장 구동 원리(= 도메인 지식)를 정확하게 알수록 모델링도 정교하게 할 수 있다.

〈표 3-6〉 심장 세포 종류

Ventricular Layer	Long. Vel (cm/s)	Norm. Vel. (cm/s)	RP (ms)	AT (ms)
Purkinje Fibers	225	75	130	38
Subendocardial Layer	66	22	120	38
Midlevel Layer	84	28	105	32
Epicardial Layer	84	28	90	28

목적에 맞는 디지털 트윈을 구현하기 위한 적절한 모델링 기법을 선택하는 것이 중요하다.

5. 미분방정식

미분방정식은 변수에 따른 시스템의 상태, 결과를 추적하고 싶을 때 사용하는 방법이다. 전체 시스템이 시간 등에 따라 어떻게 동작하는지 분석하고 싶을 때 용이하다.

1) 상미분방정식

상미분방정식(ODE : Ordinary Differential Equation)은 함수가 하나의 독립 변수만 갖고 있을 때 사용한다.

$$y^{(n)} = \sum_{i=1}^{n-1} a_i(x)y^{(i)} + r(x)$$

2) 편미분방정식

편미분방정식(PDE : Partial Differential Equation)은 여러 독립변수로 구성된 함수와 그 편미분으로 구성한다.

$$a\frac{\partial^2 y}{\partial x^2} + b\frac{\partial y}{\partial x} + y + g = 0$$

6. 마코프 과정

마코프 과정(Markov Process)은 시스템의 다음 상태가 현재 상태에 의해서만 결정한다. 셀룰러 오토마타 등에서 상태천이함수를 설계할 때 마코프 과정이 중요하게 사용된다.

$$p(S_{t+1}|S_t) = p(S_{t+1}|S_t, S_{t-1}, S_{t-2}, \dots)$$

〈표 3-7〉과 같이 모델링 시 셀룰러 오토마타와 상미분방정식을 이용방법에 따라서 선택하여 이용할 수 있다.

〈표 3-7〉 상미분 방정식와 셀룰러 오토마타 비교

상미분방정식(ODE) 모델링	셀룰러 오토마타(CA) 모델링
• 전체 시스템의 구동 분석 시 용이하다. • 시스템의 구성 요소들이 각각 어떻게 동작하는지는 더 자세하게 분석해야 한다. • 복잡한 시스템에 대해서는 근사를 사용하여 상미분방정식으로 바꾼다.	• 각 요소의 동작 분석 시 용이하다. • 전체 시스템의 동작은 각 요소의 동작이 이뤄지고 난 뒤에 분석 가능하다. • 복잡한 상태천이함수가 적용될 경우 구현에 조심해야 한다.

3-4 시뮬레이션 기술의 발전

1. 형태적 시뮬레이션의 실현

CAD(Computer Aded Design), 3D이미징 등의 기술로 형태학적 시뮬레이션을 실현할 수 있다. 더 나이가 시간에 따른 측정이 가능할 때 동작 특성도 구현될 수 있다.

2. 목적지향 시뮬레이션을 위한 기술 구축

시뮬레이션 기술의 사용 목적에 따라 기술 실현의 방법이 달라질 수 있다. 목적에 맞는 변수를 선택하고 선택한 변수들에 대한 데이터 구축할 수 있는 기술이 개발되어야 한다.

3. 복잡한 상태천이함수의 설계 및 해결

가설적 모델을 설정하기 위해서는, 도메인의 크기가 확장될수록 더 복잡한 상태천이함수의 설계가 필요하다. 그리고 머신러닝(Machine Learning) 등의 기법을 통해 설계된 상태천이함수를 학습할 수 있는 기술의 개발이 필요하다.

4. 인터페이스로의 상태천이함수 확장

각기 다른 시스템의 모델이 완성되더라도 시스템이 서로에게 미칠 수 있는 영향을 파악해야 개체 수준의 디지털 트윈의 실현이 가능하다. 즉 생명과학/의료기술의 발전에서 규명된 조직과 기관의 구성 네트워크를 디지털 모델에서 구현할 수 있는 크기로 상태천이함수가 확장되어야 한다.

수행 내용

재료 · 자료

• 디지털 트윈의 모델링 및 시뮬레이션 관련 자료

기기(장비 · 공구)

• 컴퓨터, 프린터, 주변기기

안전 · 유의사항

• 컴퓨터 및 주변기기의 전원을 관리한다.

수행 순서

01 디지털 트윈의 모델링 툴과 사례에 대하여 분석하라.

디지털 트윈은 운용 중인 실제 물리적 자산을 표현하는 최신의 방법이다.

디지털 트윈은 자산의 현재 상태를 반영하며, 자산에 대한 관련 있는 이력 데이터를 포함한다. 디지털 트윈은 자산의 현재 상태를 평가하는 데 사용할 수 있으며, 보다 중요하게는 미래 동작을 예측하거나 제어를 계량하거나 운용을 최적화하는 데 사용할 수 있다.

디지털 트윈은 구성요소, 구성요소로 이루어진 시스템 또는 시스템으로 이루어진 시스템(예 펌프, 엔진, 발전소, 제조 라인, 일군의 차량 등)의 모델일 수 있다. 디지털 트윈 모델은 물리학 기반 접근 방법이나 통계적 접근 방법을 포함할 수 있다. 디지털 트윈 모델은 운용 중인 자산의 현재 환경, 현재 수명 및 구성을 반영하며, 일반적으로 이를 위해 자산 데이터가 튜닝 알고리즘으로 직접 스트리밍된다.

MapleSim이나 Industrial Physics와 같은 툴을 사용하면 복잡한 모델도 구현하기 쉽다. MapleSim은 모델 확장 및 미세 조정 과정을 직관적이고 쉽게 만드는 질량, 조인트, 스프링 및 댐퍼와 같은 모델링 요소 라이브러리를 제공한다. 시스템은 백그라운드에서 모델에 대한 방정식을 생성한다.

MapleSim의 B&R 애플리케이션은 모델을 CAD 데이터와 함께 Automation Studio로 자동 내보내기가 가능하다. 사용자는 Automation Studio에서 모터 부하와 컨트롤러 튜닝에 관하여 기계 소프트웨어를 테스트할 수 있다. B&R의 Scene Viewer 툴은 제공받은 CAD 데이터를 사용하여 3D로 움직임을 시각화한다. 소프트웨어 개발자는 복잡한 수학 방정식 없이도 소프트웨어 테스트 및 문제 해결을 매우 쉽게 할 수 있다.

접근 방식은 IndustrialPhysics 시뮬레이션 툴과 유사하다. 툴에는 실시간 성능에 중점을 두고 물리적 시스템의 대략적인 시뮬레이션을 제공하는 통합 물리학 엔진(Integrated Physics Engine)이 있다. 이 시스템은 이제 기계는 물론 공장 전체를 시뮬레이션할 수 있다. 하드웨어 인 더 루프 환경에서 특정 하드웨어의 실시간 동작과 시스템 로드를 확인할 수도 있다.

일단 디지털 트윈이 만들어지면 자동 코드 생성은 특정 시스템에서 기계 펑션의 개발 및 구현에 중요한 역할을 한다. 많은 이점들이 있지만 무엇보다 프로그래밍의 양을 대폭 줄이는 것이 가장 큰 이점이다.

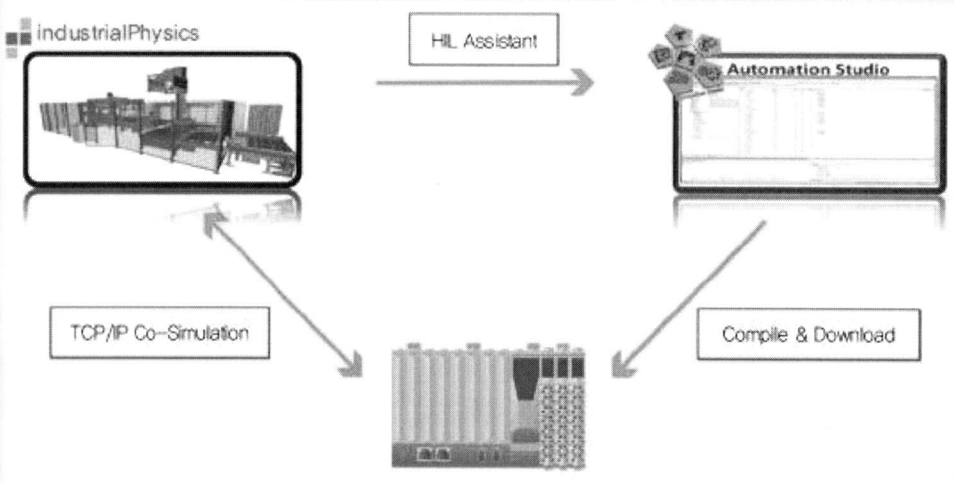

[그림 3-13] 통합 물리적 시스템 구현

특히 MATLAB/Simulink 툴은 자동 코드 생성에 적합하다. MATLAB/ Simulink와 Automation Studio 간 사용 가능한 양방향 인터페이스를 개발했다. Automation Studio Target for Simulink를 사용하면 개발자의 작업이 마우스 클릭 몇 번만으로 완성된다.

Simulink에서 모델을 만드는 것부터 B&R 컨트롤러에서 고품질 프로그램 코드를 실행하는 것까지 매우 빠르게 개발할 수 있다. 아주 정교한 진단 옵션도 포함한다.

Automation Studio Target for Simulink는 제품 품질을 높이는 동시에 기계 소프트웨어 개발 속도를 높인다.

시뮬레이션 툴을 사용할 때, 다른 시스템과 자유롭고 원활하게 통신하기 위해서는 개방형 표준과 인터페이스가 필수적이다. 기존 소프트웨어를 사용할 수 있는 점도 귀중한 시간을 절약할 수 있다. 모든 레벨과 모든 제품 라인에서 개방형 인터페이스를 제공한다.

독립 산업 표준 FMI(Functional Standard Functional Mock-up Interface)를 사용하면 다양한 개발 툴을 사용하여 모델을 교환하고 공동 시뮬레이션을 할 수 있다.

FMI 2.0 표준에 따라 FMUs(Functional Mockup Units)의 가져오기 기능을 통해 메커니즘을 제공할 수 있다.

FMUs는 Automation Studio에 펑션 블록으로 원활하게 통합된다. 시뮬레이션 툴을 사용하여 정의된 모든 시나리오에서 모델을 테스트하고 포괄적인 가상 커미셔닝을 수행할 수 있다. 가상 커미셔닝 중에 수행되는 테스트는 단순한 논리시퀀스부터 복잡하고 중요한 시나리오까지 다양하기 때문에 기계 하드웨어와 소프트웨어의 전반적인 효율성과 품질을 보장할 수 있다. 디지털 트윈을 사용하면 실제 기계를 커미셔닝하는 데 필요한 시간을 대폭 줄이고 오류 위험을 최소화할 수 있다.

1. MapleSim

MapleSim은 Maplesoft가 개발 한 Modelica 기반의 다중 도메인 모델링 및 시뮬레이션 도구이다 .

MapleSim은 모델 방정식을 생성하고 시뮬레이션을 실행하며 Maple의 기호 및 숫자 수학 엔진을 사용하여 분석을 수행한다. 라이브러리에서 구성 요소를 중앙 작업 공간으로 끌어서 놓아 모델을 작성함으로써 물리적 시스템을 그래픽 형식으로 나타내는 모델이 생성된다.

Maplesoft는 Toyota의 새로운 모델 기반 개발 프로세스를 지원하기 위해 물리적 모델링 도구를 생산 하라는 요청에 부분적으로 MapleSim 개발을 시작했다.

MapleSim 라이브러리에는 시스템을 모델링하기 위해 함께 연결할 수 있는 많은 구성 요소가 포함되어 있다. 이러한 구성 요소는 전기, 기계 및 열 엔지니어링 분야와 같은 과학 및 공학 분야에서 제공된다. MapleSim에는 작업 공간의 다른 물리적 구성 요소와 결합할 수 있는 기존의 신호 흐름 구성 요소도 포함되어 있다.

따라서, 이 조합의 MapleSim 수인과 모델링 방법 비인 모든 구성 요소 간의 신호 흐름 방향의 지정을 필요로 하지 않는 방법이다.

학습 3

MapleSim 아래에 Maple을 사용하면 모든 시스템 방정식을 자동으로 생성하고 단순화할 수 있다. 사용자는 모델 배후의 방정식을 보고 파라미터 최적화를 수행하는 등 다양한 방법으로 시스템을 탐색할 수 있다. 메이플 수학 엔진을 사용하면 MapleSim이 단위 관리 및 복잡한 Acausal 모델에서 일반적으로 발생하는 고차원 DAE의 해결과 같은 기능을 통합할 수 있다

2. industrialPhysics

industrialPhysics는 복잡한 생산 기계, 라인 및 플랜트의 디지털 설계 및 가상 시운전을 위한 혁신적인 시뮬레이션 플랫폼이다. 기계, 전기 및 소프트웨어 엔지니어링을 통합하여 기계 시퀀스 계획을 추가로 최적화하고 솔루션을 즉시 검증하며 비용을 절감할 수 있는 등 상당한 이점을 제공한다.

IndustrialPhysics는 CAD 수준에서 PLC 및 로봇 시뮬레이션에 이르기까지 포괄적인 엔지니어링을 가능하게 한다. 라인과 플랜트를 사실적으로 시뮬레이션하고 더 나은 처리량과 OEE 추정치를 얻을 수 있는 기능을 제공한다. 기계 및 자동화 설계 팀 간의 커뮤니케이션을 향상시켜 복잡한 플랜트 및 프로젝트의 위험을 효과적으로 줄이고 시운전을 단순화한다. 여러 설계 솔루션을 평가하고 새로운 아이디어와 가정 시나리오를 원활하게 탐색할 수 있다. 또한 IndustrialPhysics는 생산 프로세스 시각화를 향상시키는 증강 현실 기능을 통합하여 설계 및 영업 팀을 고객과 효과적으로 참여시킨다.

주요 장점은 복잡한 플랜트/프로젝트의 위험 감소하고 여러 솔루션 평가/가정 분석 구현하고 생산 프로세스 시뮬레이션 및 시각화, 현실적인 처리량 및 OEE 추정값 얻기, 머신 시퀀스 계획 최적화, 시운전 단순화, 모듈화 향상 및 변경 관리 개선한다.

오토메이션 스튜디오(Automation Studio) 엔지니어링 환경에 Industrial Physics 시뮬레이션 툴을 통합함으로써 모델 기반 기계설비 개발을 대폭 단순화할 수 있도록 했다. 기계 소프트웨어 개발 및 시험을 위해 디지털 트윈(Digital Twin)을 빠르고 손쉽게 생성할 수 있게 된 것이다.

디지털 트윈은 소프트웨어 개발 및 기계설비의 가상 커미셔닝과 관련하여 효율성의 핵심이다. Industrial Physics는 CAD 데이터에서 디지털 트윈을 생성한다. 해당 데이터는 STEP 포맷으로 가져와 중량 및 밀도 등 CAD 설계의 중요 속성들을 활용할 수 있다. 시뮬레이션 툴이 Automation Studio와 통합되어 개발자들이 해당 기계설비의 가상 모델을 PC에서 곧바로 실행하고 컨트롤러와 연결할 수 있다.

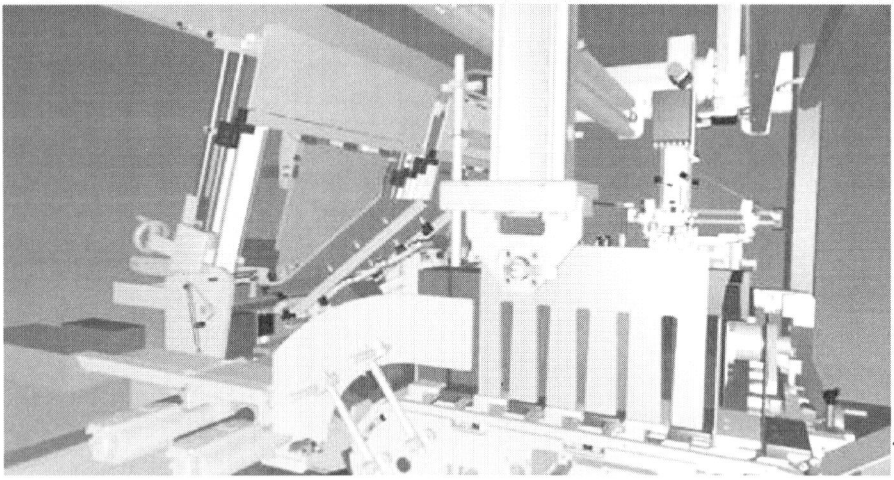

[그림 3-14] Industrial Physics의 CAD 데이터

시뮬레이션 툴을 사용함으로써 해당 기계설비의 물리적 작동상태를 실시간으로 볼 수 있다. 개발자들이 설비 라인을 통해 소재의 흐름을 시뮬레이션하여 잠재적 충돌 가능성을 충분히 조기에 판별하여 이를 손쉽게 수정할 수 있다.

별도의 작업 없이도 기계 모델은 가상현실(VR) 또는 증강현실(AR) 헤드셋을 써서 볼 수 있다. 어떠한 방해도 받지 않고, 개발자들이 시뮬레이션된 기계장비로 직접 작업해 볼 수 있는 것이다. 시뮬레이션을 실행함으로써 프로세스들을 평가할 수 있다. 증강현실(AR)은 실제 환경에서 해당 모델을 현장에서 볼 수 있는 이점을 추가로 제공한다.

3. MATLAB/Simulink

MATLAB과 Simulink를 함께 사용할 경우, 텍스트와 그래픽 프로그래밍을 결합하여 시뮬레이션 환경에서 시스템을 설계할 수 있다.

MATLAB에 이미 포함된 수천 개의 알고리즘을 직접 사용한다. MATLAB 코드를 Simulink 블록이나 Stateflow차트에 추가하기만 하면 된다.

MATLAB을 사용하여 시뮬레이션을 구동할 입력 데이터 세트를 생성한다. 수천 개의 시뮬레이션을 동시에 실행할 수 있다. 그런 다음 MATLAB에서 데이터를 분석 및 시각화한다.

Simulink를 이용하여 구성요소, 구성요소로 이루어진 시스템 또는 시스템으로 이루어진 시스템(예 펌프, 엔진, 발전소, 제조 라인, 일군의 차량 등)의 디지털 트윈 모델을 만든다.

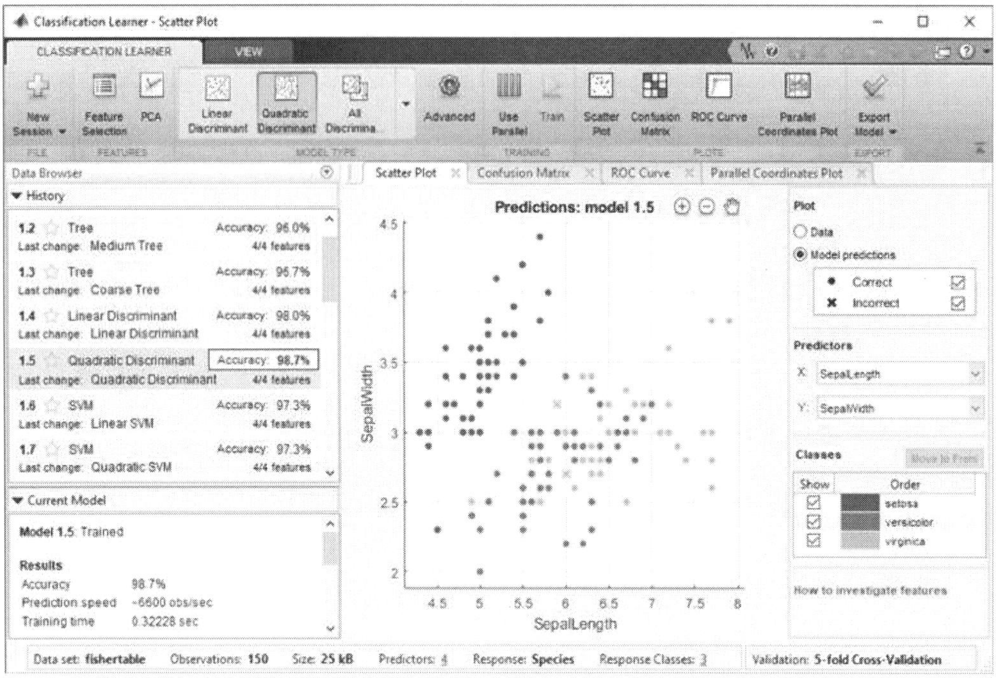

[그림 3-15] 분류 모델의 대화형 학습, 검증 및 튜닝을 위한 분류 학습기 앱

MATLAB을 이용하면 연결된 자산에서 나온 데이터를 이용하여 모델을 정의할 수 있다. 멀티 도메인 모델링 툴을 이용하여 Simulink로 물리 기반 모델을 생성할 수도 있다. 데이터 기반 모델과 물리 기반 모델 모두 운용 중인 자산에서 나온 데이터로 튜닝하여 디지털 트윈처럼 작동하도록 할 수 있다. 이러한 디지털 트윈을 예측, 가정(What-If) 시뮬레이션, 이상 탐지, 고장 분리 등에 활용할 수 있다.

MATLAB에서 사용할 수 있는 데이터 기반 방법에는 머신러닝, 딥러닝, 신경망, 시스템 식별이 포함된다. 일반적으로 데이터 세트를 사용하여 모델을 학습하거나 추출하고, 별도의 검증 데이터 세트를 사용하여 모델을 검증 또는 테스트 한다. MATLAB 앱을 사용하여 각종 모델링 방법을 살펴보고 활용 분야에 가장 적합한 방법을 찾을 수 있다.

Simulink를 사용하여 물리 기반 모델링을 수행할 때는 1차 원칙을 바탕으로 시스템을 설계한다. 모델은 기계식, 유압식 및 전기 구성요소를 포함할 수 있다.

Simulink로 Model-Based Design을 사용하는 업스트림 설계 작업으로부터 모델을 생성할 수도 있다.

[그림 3-16]처럼 전력 전송망의 Simulink 디지털 트윈 모델은 전송망으로부터 측정된 데이터를 수신하여 파라미터 추정을 수행한 다음 수천 가지 시뮬레이션 시나리오를 실행하여 에너지 비축량이 충분한지 여부와 전송망 컨트롤러에 조정이 필요한지 여부를 판단한다.

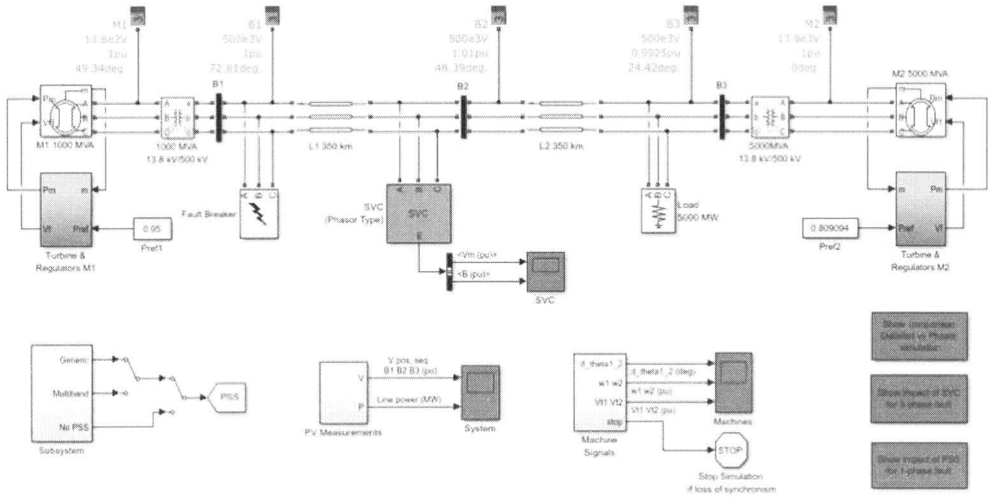

[그림 3-16] 전력 전송망의 Simulink 디지털 트윈 모델

최적화 방법을 사용하여 디지털 트윈 모델을 튜닝하고 MQTT와 같은 표준 프로토콜로 수신 데이터 스트림을 처리하여 최신 상태로 유지할 수 있다.

디지털 트윈은 에지 컴퓨팅 노드, 운용 중인 기술 인프라, IT 시스템 등 해당 분야에서 필요한 어느 곳에도 구현할 수 있다.

Azure IoT Hub, AWS IoT와 같은 상용 시스템에 통합하거나 API를 비롯해 공유 라이브러리, RESTFul 호출과 같이 널리 사용되는 통합 방법을 통해 필요에 따라 사용자 지정 통합을 구현할 수 있다.

[그림 3-17]처럼 IoT 토폴로지 활용 분야에 필요한 어느 곳에도 디지털 트윈을 구현할 수 있다.

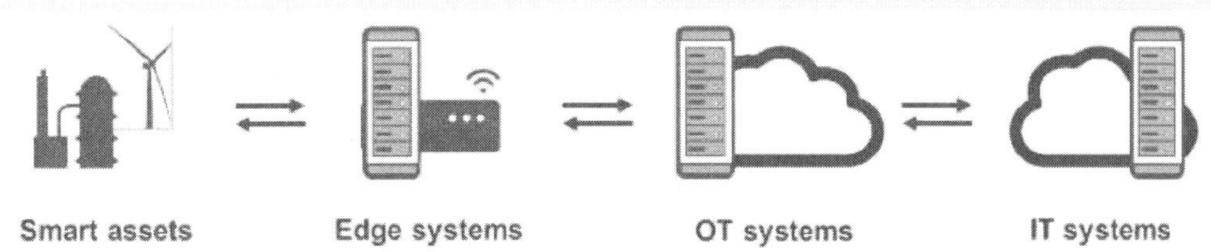

[그림 3-17] IoT 토폴로지 활용 분야의 디지털 트윈 구현

02 디지털 트윈의 모델링 절차에 대하여 분석하라.

1. 모델링 대상 및 목적 선정

어떤 대상을 모델링할 지정해야 한다. 또한 무슨 목적을 위해 만드는 모델인지를 구체적으로 정해야 한다. 후에 모델링에 필요한 데이터, 기법이 목적에 따라 확연히 달라지기 때문이다.

2. 실험 전문가의 대상에 대한 선행 지식 제공

모델링을 하기 위해서는 시스템에 대한 이해가 선행되어야 한다. 시스템의 동작을 관장하는 방정식이나 특성들이 대표적인 예시이다. 실험 데이터들 또한 중요하다. 필요한 지식은 서적 혹은 선행 연구로 찾는다. 그렇지만, 모델링을 하다 보면 데이터가 충분하지 않은 경우가 많다.

이 경우 실험 전문가(Experimentalist)들이 새로운 실험을 하여 데이터를 제공한다. 유전자 염기서열 분석 등 기술이 굉장히 발달해 활발하게 실험이 진행되고 있다.

어떤 대상을 모델링할 지정해야 한다. 또한, 무슨 목적을 위해 만드는 모델인지를 구체적으로 정해야 한다. 후에 모델링에 필요한 데이터, 기법이 목적에 따라 확연히 달라지기 때문이다.

실험 전문가들이 대상에 대한 생물학적 지식 및 아이디어를 제공한다. 실험 전문가들은 모델링을 통해 대상이 어떤 반응을 일으키는지 세부적인 사항을 밝혀낸다. 모델링 전문가들과 실험 전문가들이 긴밀하게 협력해 윈윈(Win-Win) 관계를 만드는 것이 중요하다.

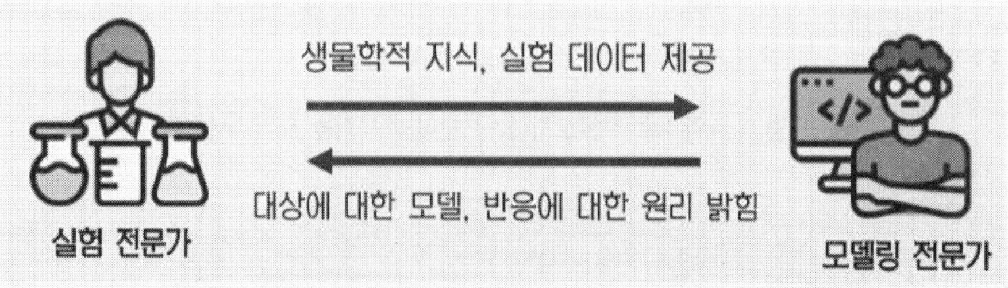

[그림 3-18] 모델링 전문가들과 실험 전문가들의 협력한 윈윈 관계

3. 목적에 맞는 모델 선별

목적에 따라 어떠한 특성을 얼마나 자세하게 구현할지가 달라진다. 예를 들면, 혈액이 응고되는 과정을 모델링하기 위해서는 어떠한 물질이 조절 과정을 거치는 지만 파악하면 충분하다. 이 경우 공간적 특성을 고려할 필요는 없다. 물질들 간의 조절 과정만 결과로 얻으면 되기 때문이다. 또한 어느 수준(Level)까지 모델을 구현해야 하는지 정해야 한다. 가령, 심장 세포를 모델링할 것인지, 심장의 일부분을 할 것인지, 심장 전체를 모델링을 할 것인지에 따라 모델링 변수가 달라지기 때문이다. 따라서 모델링을 통해 무엇을 얻고 싶은지를 확실히 하여 맞는 모델링 기법을 정해야 한다(목적 지향 모델링).

또한 모델링에는 항상 환경(Environment)의 불확실성(Uncertainty)이 존재한다. 생체 과정은 대부분 추계적(확률적)으로 행동하기 때문이다. 따라서 모델링 시 이 점을 항상 고려하여 진행해야 한다. 모델을 결정적(Deterministic)으로 진행할 것인지, 추계적(Probabilistic)으로 진행할 것인지는 대상 시스템과 목적에 따라 달라진다.

4. 다양한 모델링 기법으로 모델 구현

앞서 살펴보았던 모델링 기법들을 사용해 모델을 구현한다. 이때, 과정 3.에서 정했던 목적과 모델 방향에 맞게 모델링 기법을 사용한다.

가장 많이 사용되는 모델링 기법의 추세는 Top-Down과 Bottom-Up 접근을 모두 사용하여 Hybrid model을 적용하는 것이다. 생체 시스템은 시간과 공간에 따라 특성이 변하고, 세포가 움직이는 경우가 많이 때문에 ODE와 CA를 함께 사용하는 경우가 많다. 대표적으로, BioQuant에서는 상처가 아무는 과정을 모델링 하는 연구할 때 CA로 세포의 위치를 구현한 뒤 ODE를 사용해 물질들의 이동을 모델링했다고 한다.

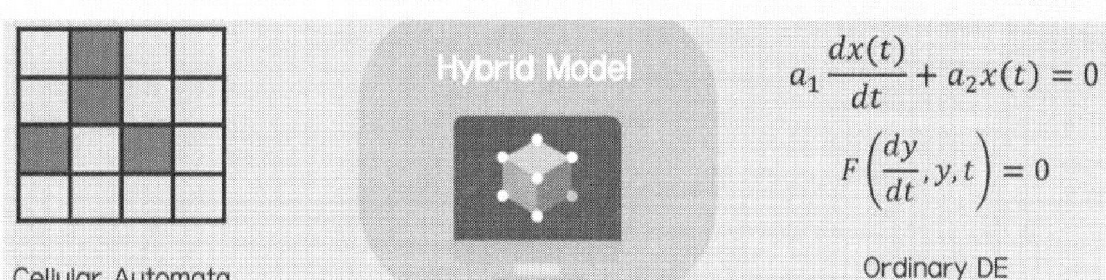

[그림 3-19] 하이브리드 모델 적용

또한, 이러한 모델링 기법을 사용할 때 표준화를 고려하여 진행해야 한다. 많은 연구자들이 함께 모델을 개선하기 위해서 필요한 과정이다. 최근에는 표준화 모델링 툴인 SBML(Systems Biology Markup Language)가 개발, 발전되며 사용되고 있다고 한다.

```
<model ...>
    ...
    <listOfParameters>
        <parameter id="tau2" value="3e-2" units="second"          constant="true"/>
        <parameter id="Km1"  value="10.7" units="molesperlitre" constant="true"/>
    </listOfParameters>
    ...
</model>
```

[그림 3-20] SBML 문법의 간단한 예시

출처 : SBML 공식 홈페이지 http://sbml.org

5. 실제 실험 데이터와 같을 때까지 모델링 변수 조절(반복)

완성된 모델은 실험 결과를 잘 설명할 수 있어야 한다. 모델링에는 다양한 변수들이 존재한다. 변수 값들을 조정함으로써 실험 결과와 맞는 모델을 만들 수 있다. 변수를 실험 결과와 맞추기 위해서는 최적화가 필수적이다.

복잡한 함수에서는 최적화가 더욱 복잡해진다. 최적화 방법에 따라 결과가 달라진다.

최적화 방법에는 다양한 방법들이 존재한다(경사 하강법 등). 어떠한 방법을 사용하느냐에 따라 변수 값들이 달라지므로, 다양한 방법을 사용하여 실험 결과를 가장 잘 설명할 수 있는 변수 값을 찾아야 한다. 이 과정을 반복하여 변수 값을 찾아낸다.

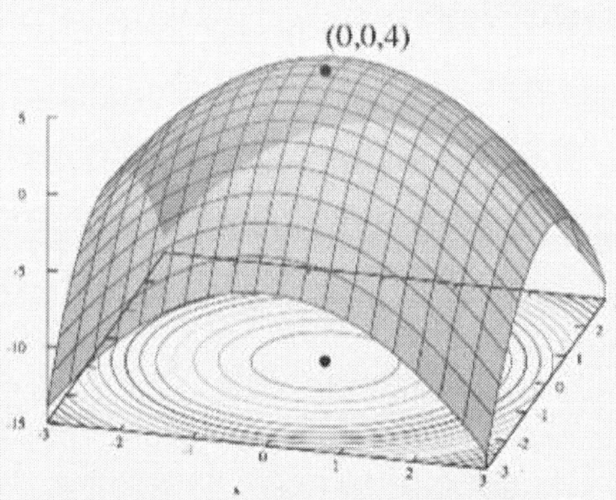

[그림 3-21] 복잡한 함수 최적화

출처 : 위키피디아 'Mathematical optimization'

COPASI는 다양한 최적화 방법을 제공한다. 어떠한 최적화 방법을 써야하는지는 대상과 모델에 따라 달라지기 때문에 복잡해질 수가 있다. 따라서 COPASI와 같은 시뮬레이션 툴은 굉장히 중요하다.

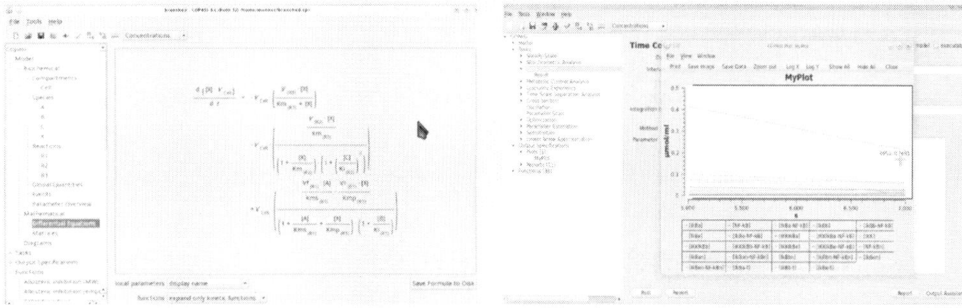

[그림 3-22] COPASI의 최적화 사용 모습

출처 : COPASI 공식 홈페이지 http://copasi.org

6. 다양한 수준, 다른 시스템과 결합된 모델을 만들기 위해서는 동기화 진행

다른 시스템 혹은 다른 수준의 모델과 결합한 모델을 만들기 위해서는 동기화(Synchronization)가 필요하다. 각각의 모델에 또 다른 외부 요인이 작용하는 것이므로, 모델 조건을 조정하고 변수 최적화를 다시 하거나 경우에 따라서는 각 모델을 처음부터 손봐야 할 수도 있다.

7. 모델 적용

완성된 모델은 실험 결과를 더욱 잘 설명할 수 있다. 예를 들어, 실험 전문가들이 암을 억제하는 A라는 물질을 찾았다고 하자. 모델링 전문가들은 실험전문가가 제공한 지식을 통해 A라는 물질이 어떻게 암을 억제하는지, 그 조절 과정을 모델링한다. 그 결과 암 억제 과정에 대한 더 깊은 이해를 통해 실험 전문가들 또한 새로운 물질을 찾을 수 있다.

모델링은 실험 전문가들이 겪는 시간/공간적 제약 또한 해결해준다. 세포 배양 시 수명이 길지 않아 결과 관찰이 어려운 경우가 많다. 세포의 이동을 관찰하고자 할 때 특정 환경을 조성하기 어려울 수도 있다. 이를 모델링을 통해 해결할 수 있다. 원하는 시간대에 원하는 위치의 결과는 어떻게 될지 예측 가능하다.

생체 모델링을 통해 생물 분야가 겪고 있는 다양한 문제점을 해결할 수 있으며, 모델링 과정에서 사용할 수 있는 적절한 시뮬레이션 툴(Tool) 또한 중요하다.

03 디지털 트윈의 인공심장 삽입과정에서 면역억제제 약물선정 시뮬레이션 과정에 대하여 분석하라.

예시 : 디지털 트윈의 목적은 인공심장 삽입과정에서의 면역억제제 약물 선정

인공심장을 삽입하는 과정에서 면역거부반응을 줄이기 위해 환자에게 면역억제제를 투약해야 한다. 자칫하면 면역력을 지나치게 낮출 수도 있고, 또 환자의 면역계에 따라 다른 부작용을 야기할 수 있기 때문에 약 선정에 신중해야 한다.

약물 A, 약물 B가 있을 때 어떤 약물을 투약해야 할지 디지털 트윈으로 시뮬레이션 해보자.

1. 목적에 적합한 상태변수, 상태천이함수 설정

1) 상태변수(N)

면역 억제에 기준이 되는 변수들은 면역에 관여된 림프구 수, 백혈구 농도 등이 있다. 심장의 기능을 판가름하는 기준에는 혈류량, 혈압, 판막의 기능 등이 있다.

이러한 항목들이 상태변수(N)에 해당한다.

2) 상태천이함수(T)

혈당이 높으면 혈액 속 인슐린 농도가 높아지듯이, 상태변수들은 상호 작용을 하며 서로에게 영향을 미친다.

이러한 상호작용은 상태천이함수(T)로 나타낼 수 있다. 선행연구들을 바탕으로 상태변수와 상태천이함수의 식을 설정한다.

2. 데이터 측정 및 변수 입력

인공심장과 신체의 2D 이미지(CT, MRI)를 찍고 3D CAD를 이용하여 신체와 인공심장의 3차원 외형을 구현한다. 설정한 상태변수와 상태천이함수와 관련된 데이터를 모두 수집한다. 약물 A와 B의 구성물질을 분석하고, 설정했던 상태변수와 상태천이함수에 어떤 영향을 미치는지 연구한다.

3. 학습, 결과 확인 및 의사결정

학습을 통해 완전한 상태천이함수를 얻어 인공심장과 약물 A, B의 디지털 트윈을 구현했다. 삽입 후 오랜 시간이 흐른 후까지 가정하여 실험한 결과 약물 A가 환자에게 가장 적합함을 알 수 있었다.

기존에는 인체로 실험을 진행할 수 없었기에 항상 의사결정에 어려움이 있었지만, 디지털 트윈 덕분에 매우 높은 신뢰도로 손쉽게 의사 결정을 내릴 수 있게 되었다.

〈표 3-8〉 인공장기 시뮬레이션의 결과

인공장기의 문제점	해결점	디지털 트윈의 장점
• 면역거부반응의 한계 • 개인별로 다른 인공장기에 대한 반응 • 임상 실험의 어려움 (시간, 공간적 제약)	• 면역거부반응을 야기하는 메커니즘 분석 가능 • 개인별 특성을 적용한 모델 생성 가능 • 시간에 따른 시뮬레이션 결과 분석 가능	• 변수들 간의 인과관계 학습 • 동적 시스템 분석 가능 • 실제 시간/공간에 동기화 가능

디지털 트윈은 현실 세계의 인공장기를 가상 세계에 그대로 복제해 놓음으로써

마우스 클릭 몇 번으로 빠르고 정확하게 인공장기 연구 개발에 해결책을 제시해 줄 수 있다. 더 나아가 인공장기 커스터 마이징의 핵심 기술로 자리 잡을 것이다.

04 디지털 트윈 방법의 발전 필요성 대하여 분석하라.

디지털 트윈 기술을 활용함으로써 얻을 수 있는 많은 이점과 이에 대한 투자 촉구 논의에도 불구하고 디지털 트윈의 핵심요소인 디지털 모델을 어떻게 만들 것인지 등에 대한 기술적 논의는 부족한 상태이다. 디지털 트윈을 만드는데 IoT, 빅데이터 및 인공지능(머신러닝) 기술이 활용된다고만 언급되고 있는 정도이다.

디지털 트윈을 고려하는 물리적 대상에 대한 정보의 가용 여부 및 충분성 정도를 고려하여 요망되는 디지털 트윈의 활용 목적에 맞는 모델의 구현 방법 개발이 필요하다.

디지털 트윈 모델을 개발하기 위해서는 실제 해당 객체의 속성, 프로세스, 다이나믹스

등을 적절하게 묘사할 수 있는 수단이 필요하다.

활용목적에 따라 디지털 트윈 모델의 추상화 정도가 달라질 수 있으나 이를 통해 현실에서 운용되는 실체계에 직접적인 영향을 준다는 점을 고려할 때 일반적으로 고충실도, 고해상도의 모델이 필요하다.

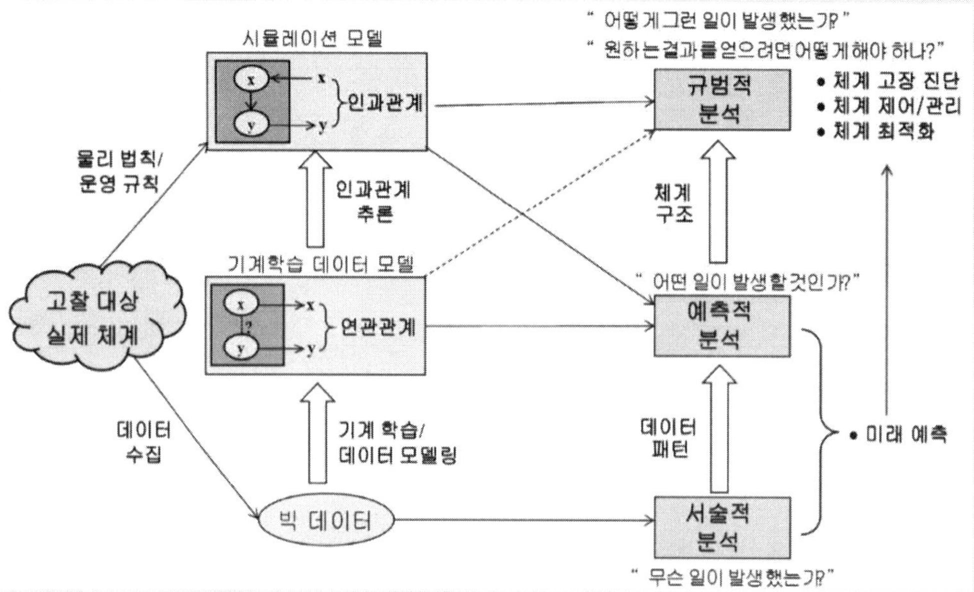

[그림 3-23] 분석방법의 산출가능 분석 수준

물리/공학 수준의 모델을 사용하면 복잡한 시스템의 동작을 정확하고 자세하게 파악할 수 있으므로 디지털 트윈의 개념이 갖고 있는 잠재력을 실현하려면 물리/공학 수준의 시뮬레이션 모델이 중요하다.

디지털 트윈 구현에 필요한 디지털 모델은 일반적으로 이론/지식 기반의 시뮬레이션 모델링 방법 또는 데이터 기반의 모델링을 통해 만들어진다.

시뮬레이션 모델링 방법 적용은 대상 객체와 관련 이론/지식을 충분히 확보할 수 있는 경우이다.

데이터 모델링 방법 적용은 대상 객체의 운영을 통해 수집 가능한 데이터가 충분한 경우이고 또는 실시간(더 빠른)으로 모델의 실행결과 산출이 필요한 경우이다.

대상 객체(시스템 등)가 포함하는 물리적인 법칙이나 동작 규칙 등의 지식을 활용하여 추상화 모델을 만드는 모델링 시뮬레이션(M&S) 기술은 제어된 입력과 해당 출력 사이의 인과관계를 포함하여 진단, 예측, 규범적(Prescriptive) 분석이 가능하다.

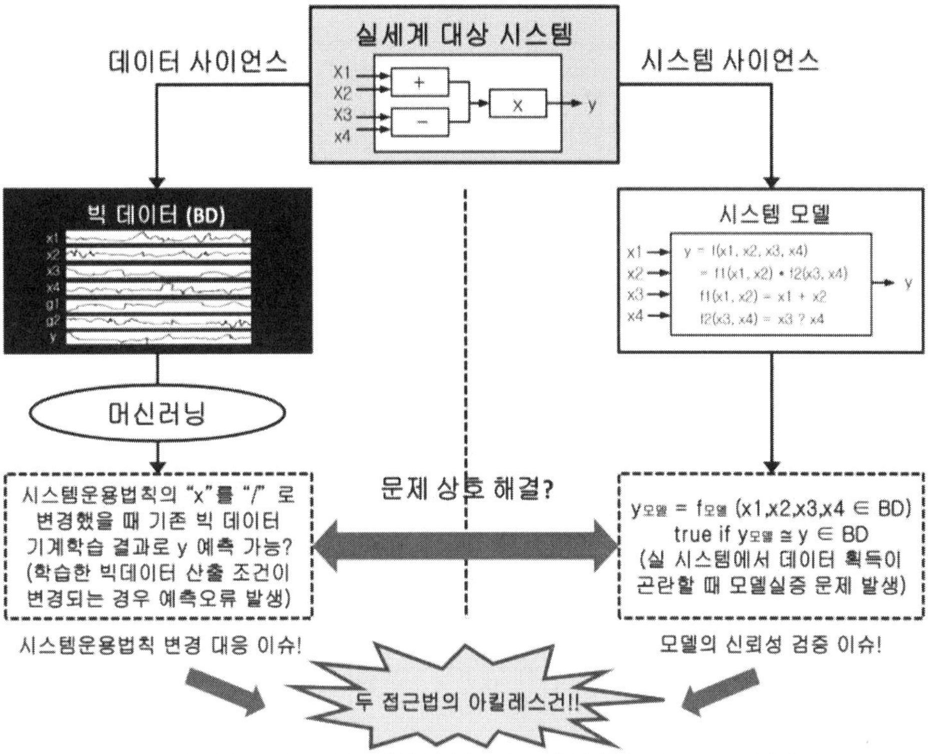

[그림 3-24] 데이터 모델링 및 시뮬레이션 모델링의 제한사항

시뮬레이션 모델링은 대상 객체에 대한 상세정보를 이용하여 해당 객체를 상태정보와 물리(Physics)를 나타내는 수학방정식 및/또는 논리적 알고리즘 형태의 상태천이함수로 표현하는 White box 접근방법이다.

실제 객체의 동작 특성에 따라 연속시간 모델, 이산사건 모델 또는 이들이 혼합된 하이브리드 모델 형태로 추상화 되며, 실행(시뮬레이션)을 위해 해당 유형의 시뮬레이션 엔진이 필요하다.

인공지능(머신러닝) 기반 모델로 대표되는 데이터 모델링 기술은 대상 시스템에서 관찰된 (빅)데이터 내의 특정 패턴 또는 데이터요소들 간의 상관관계 분석을 통해 진단 및 예측 분석이 가능하다. 데이터 모델은 현실의 대상 객체 내부보다는 외부에서 관찰되는 입출력 데이터의 관계를 회귀분석 등의 통계학적 방법을 통해 입력과 출력의 관계식으로 해당 객체를 모델링하는 Black Box 접근방법이다.

최근에는 대상 객체로부터 수집되는 빅데이터를 머신러닝 알고리즘으로 학습하여 입력 데이터와 출력 데이터 간의 비선형적이고 복잡한 상관관계를 다 계층의 인공신경망 형태로 모델링하여 분석/예측에 활용하는 사례가 급증하고 있다.

05 디지털 트윈의 3D모델링 기술에 대하여 분석하라.

'3D city model is basically a computerized model or digital model of a city.'로 정의되고, 3차원 도시모델은 cirtual city, cyber town, cyber city, digital city의 용어로 인용되고 있다.

3차원 도시모델의 가장 중요한 특징은 보행자 눈높이의 도시 모델,3차원 공간상의 자유로운 공중 시점 그리고 3차원 도시모델을 회전시키거나 시점을 이동하여 전체 영역을 관측할 수 있는 것이다. 일반적으로 3차원 공간모델을 구축하기 위해서는 자료원(Data Source), 장비(S/W & H/W),모델링 방법 그리고 가시화의 기술요소가 포함한다.

주된 자료원으로는 지형도와 항공사진이며, 지형도는 지형지물의 위치정보를 제공하고 항공사진은 사실감 있는 지형지물의 형상과 항공 정사영상으로 구현된다.

정밀 DEM과 지상사진은 현실사진이 입혀진 3차원 빌딩 모델을 구현하여 다중시점으로의 가시화를 지원할 수 있게 한다.

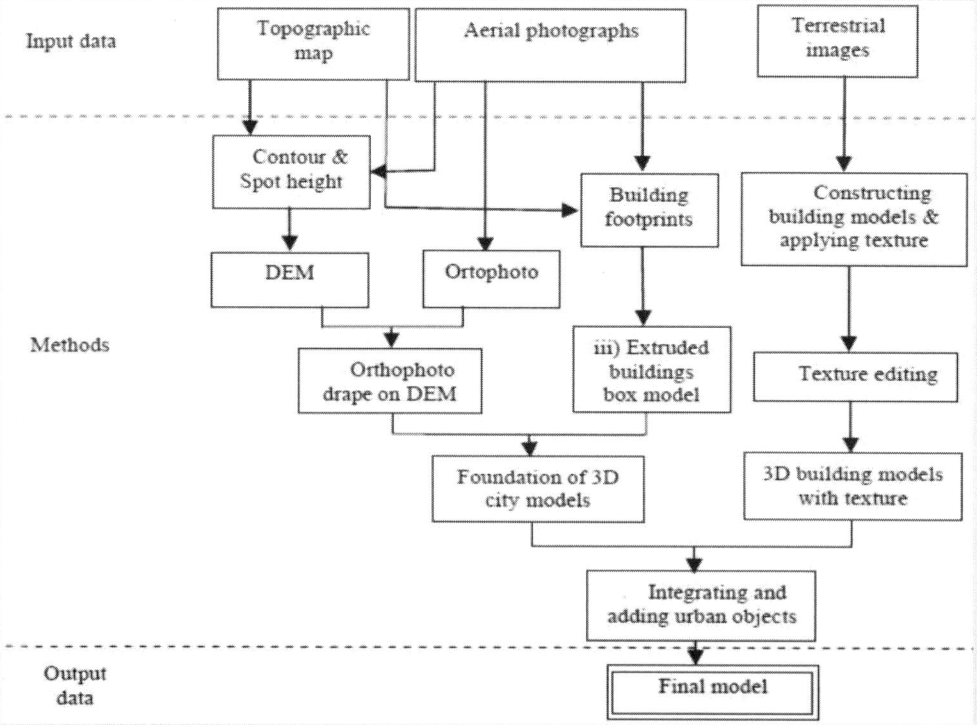

[그림 3-25] 3D 모델링 흐름도

S/W로는 일반적인 GIS S/W,래스터 기반 모델링 S/W(예 Canoma, Realviz Image Modeler 등), 3D modeling/authoring software(예 3D Studio Max, VizX3D, Model Builder 등), Visualization software(예 Cosmo player, Cortona, Flux player, Open Scene Graph 등)을 들 수 있다.

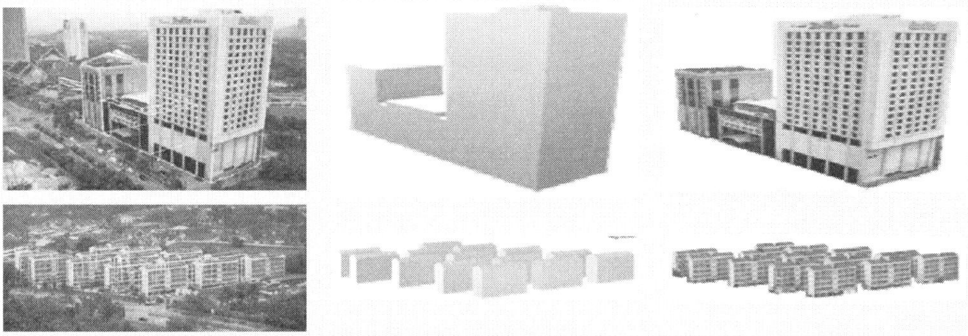

(a) (b) (c)

[그림 3-26] 3D 모델링

모델링 방법의 일반적인 흐름은 [그림 3-25]처럼 볼 수 있고 [그림 3-26]처럼 3D모델링은 [그림 3-26](a)처럼 지형도 혹은 라이다로부터 고도 자료를 얻고, [그림 3-26](b)처럼 이를 기반으로 항공사진을 정사 영상화하고, [그림 3-26](C)처럼 지상 사진으로부터 빌딩의 모델과 텍스쳐링을 하여 통합한다.

06 디지털 트윈의 모델링을 할 때 하이브리드 모델, 표준화, 동기화에 대하여 분석하라.

1. Hybrid Model

모델링을 할 때에는 한 기법만 사용하는 것이 아니라, 여러가지를 복합적으로 사용한다. 상미분방정식(ODE), 셀룰러 오토마타(CA), 마코프 과정(Marko Process)등의 기법이 사용된다.

CA 모델, ODE 모델 각각을 구현하는 방법은 정형화되어 있다. 하지만, 각각의 방법의 장단점이 존재하기 때문에 두 방법을 결합하여 모델링하는 Hybrid Method가 사용된다. 이는 곧 모델의 복잡도가 높아짐을 의미하기 때문에 구현 및 분석에 있어 어려워진다

1) 셀룰러 오토마타(CA)의 특징

각 요소(Cell)의 위치가 고정되어 있기 때문에 공간 정보를 저장하기에 좋고, 움직이는 공간에 대한 분석이 어렵다. 각 요소 안에 무엇이 들어있는지 알 필요가 없으며 요소들 사이의 밝혀진 상호작용을 바탕으로 시스템의 큰 스케일에서 작동을 알고 싶을 때 사용한다.

2) 상미분방정식(ODE)의 특징

움직이는 공간, 시간에 따른 분석을 할 때 용이하다. 각 요소에 무엇이 들어있는지 알아야 상미분방정식을 통한 모델링이 가능하다.

CA는 Top-Down 모델링 방식의 대표적인 예시이고, ODE는 Bottom-Up 방식에서 자주 사용된다. 이 두 가지 기법을 모두 사용하면 각자의 장점을 살리면서 모델링이 가능하다. 이 경우 ODE로 생성된 정보를 바탕으로 CA 각 요소 안에서 일어나는 일을 반영한다.

2. 표준화(Standardization)

모델링을 하기 위해서는 여러가지 코딩 언어나 알고리즘들이 사용된다. 연구자들은 각자 다른 언어와 모델을 사용하기 때문에, 다른 연구자의 모델을 해석하기 어려운 경우가 많다. 따라서, 정형화된 틀이나 규칙을 따라 모델을 만들도록 하여 공유하기 용이하게 하는 과정이 표준화이다

3. 동기화(Synchronize)

서로 다른 두 시스템/모델을 합치거나 다른 수준(Level)의 시스템을 합칠 때 각 시스템끼리 동기화를 해줘야 한다. 각 요소 간의 상호작용 등을 조절하는 것이 예시이다. 이것이 가장 난이도가 높다고 한다.

다른 두 시스템을 한 모델로 만들어야 하는 경우도 있다. 예를 들면, 심혈관계를 모델링하기 위해서는 심장과 폐의 모델을 합쳐야 할 수도 있다. 두 모델이 서로 상호작용하므로, 독립적인 두 모델을 상호작용까지 고려하여 한 모델로 만들어야 한다. 이 과정에서 복잡도가 굉장히 증가한다. 각각의 모델을 합칠 때 동기화 문제를 해결하면 더 복잡한 시스템을 모델링하는 것도 가능하다.

학습활동.3 교수 · 학습 방법

교수 방법

- 디지털 트윈의 모델링 시뮬레이션(M&S)에 대한 관련 용어, 구성, 방식 이해 정도를 파악한 후 수업을 진행한다.
- 교수자의 주도로 디지털 트윈의 모델링 시뮬레이션(M&S) 등의 내용을 PPT 자료로 제시한 후 설명한다.
- 가능하면 사전에 개인별 학습 자료를 준비하여 모든 학생이 참여할 수 있는 문제 해결식 수업, 협력 수업이 가능하도록 한다.
- 디지털 트윈의 모델링 시뮬레이션(M&S) 전 과정을 작업의 순서에 따라 단계적으로 실습이 이루어질 수 있도록 지도한다.
- 교재를 통해 수업을 준비하는데 있어서 필요한 모든 정보나 팁, 힌트 등 도움이 될 만한 내용들을 확인할 수 있다.
- 학생들이 만들게 될 각 모델들은 수업시간에 중점적으로 다뤄질 부분과 어휘, 질문, 답을 포함하고 있으며 또한 탐구할만한 추가적인 아이디어들도 포함하고 있다.

학습 방법

- 디지털 트윈의 모델링 시뮬레이션(M&S)에 대한 관련 용어를 숙지하고, 디지털 트윈의 모델링 시뮬레이션(M&S)에 대해 이해한다.
- 디지털 트윈의 모델링 시뮬레이션(M&S)의 각 단계별 중점 사항을 체계적으로 학습한다.
- 디지털 트윈의 모델링 시뮬레이션(M&S)의 수행순서의 전 과정을 실습한다.
- 디지털 트윈의 모델링 시뮬레이션(M&S)의 내용을 이해한다.
- 디지털 트윈의 모델링 시뮬레이션(M&S)을 이해하고 숙달이 될 때까지 학습한다.

학습활동.3 평가 및 피드백

평가 준거

- 평가자는 피평가자가 수행 준거 및 평가 내용에 제시되어 있는 내용을 성공적으로 수행할 수 있는 지를 평가해야 한다.

학습내용	평가항목	성취수준		
		상	중	하
디지털 트윈의 모델링 시뮬레이션	디지털 트윈의 모델링 시뮬레이션를 이해할 수 있다.			

학습 3

평가 방법

• 작업 포트폴리오

학습내용	평가항목	성취수준		
		상	중	하
디지털 트윈의 모델링 시뮬레이션	디지털 트윈의 모델링 시뮬레이션를 이해할 수 있다.			

• 필기시험

학습내용	평가항목	성취수준		
		상	중	하
디지털 트윈의 모델링 시뮬레이션	디지털 트윈의 모델링 시뮬레이션를 이해할 수 있다.			

• 체크리스트를 통한 관찰

학습내용	평가항목	성취수준		
		상	중	하
디지털 트윈의 모델링 시뮬레이션	디지털 트윈의 모델링 시뮬레이션를 이해할 수 있다.			

• 피드백

1. 작업 포트폴리오
   - 제출한 보고서를 평가한 후 주요 사항에 대하여 표시하여 돌려준다.
2. 필기시험
   - 평가 결과 성적이 저조한 학생은 보고서 제출 기회를 부여한다.
3. 체크리스트를 통한 관찰
   - 실습 과정에서 평가한 후 개선해야 할 사항 등을 정리하여 돌려둔다.

참 | 고 | 문 | 헌

1. https://kr.mathworks.com/discovery/digital-twin.html
2. http://www.ciokorea.com/news/116304
3. https://booolean.tistory.com/676 [Boolean]
4. 방유진 외. 디지털 트윈을 이용한 인공장기 커스터마이징 프로젝트
5. "바이오 인공장기의 미래", 과학기술정보통신부, 한국과학기술기획평가,2017
6. 김탁곤 · 이광기. 2018. "디지털 트윈 기술 발전방향", 『KEIT PD Issue Report』, 한국산업기술평가관리원, pp. 75-97.
7. "인공장기 면역거부 걱정마세요", 데일리 메디, 2005.11.03
8. YTN. "국민 3명 중 2명 장기기증 의사 있다…실제 서약률 2.6%", 2018.12.27
9. "2019년, 복제인간은 사람인가 제품인가?", 교육부 공식 블로그, 2009.08.31
10. GE. Siemens Healthineers, Philips Healthcare, Dassault Systems, Alacris Theranostics 홈페이지 설명자료
11. "장기기증 줄고 그나마 철회까지", 주간경향, 2018.01.16
12. "장기이식 대기 중 사망자 하루 4.4명, 방법 없나?" 메디컬 옵저버, 2018.09.18
13. "장기기증 줄고 그나마 철회까지", 주간경향, 2018.01.16
14. SBS, "9명의 생명을 구하는 장기기증", 2017.09.09
15. 안지현 · 안상진. "국가별 환경비교를 통한 바이오 인공장기 관련 정책방향 설정", 한국과학기술기획평가원, 2018
16. 김탁곤, "국방 모델링 시뮬레이션", 한티미디어, 2018
17. "인공 장기 바이오", 미래유망기술 프로그램, 한국연구재단, 2017
18. Kye Rok Jun, Yeong Rak Seong, Tag Gon Kim, "A Cellular Automata Model of Activation Process in Ventricular Muscle", 1994
19. 조광현. 2013. "시스템 생물학", 홍릉과학출판사,
20. Shin, D.K. & Cho, K.-H. Recurrent connections form a phase-locking neuronal tuner for frequency-dependent selective communication. Sci. Rep.3, 2519; DOI:10.1038/srep02519 (2013).
21. Sang-Mok Choo, Byunghyun Ban, Jae Il Joo and Kwang-Hyun Cho. The phenotype control kernel of a biomolecular regulatory network. SChoo et al. BMC Systems Biology (2018).
22. Kwang-Hyun Cho, Jae Il Joo, Dongkwan Shin, Dongsan Kim and Sang-Min Park. The reverse control of irreversible biological processes. WIREs Syst Biol Med 2016.
23. Minsoo Choi, Jue Shi, Yanting Zhu, Ruizhen Yang & Kwang-Hyun Cho. Network dynamics-based cancer panel stratification for systemic prediction of anticancer drug response. NATURE COMMUNICATIONS | 8: 1940. 2017
24. 질병관리본부 장기이식관리센터 통계연보

학습 1	디지털 트윈의 개념
학습 2	디지털 트윈의 핵심기술
학습 3	디지털 트윈의 모델링 시뮬레이션
학습 4	**디지털 트윈 플랫폼**
학습 5	디지털 트윈과 스마트 시티
학습 6	디지털 트윈과 스마트건설
학습 7	디지털 트윈과 제조업
학습 8	디지털 트윈과 물류
학습 9	디지털 트윈과 헬스케어
학습 10	디지털 트윈의 전략 및 정책
학습 11	디지털 트윈의 응용
학습 12	디지털 트윈의 시장동향
학습 13	디지털 트윈의 미래

학습 목표

1. 디지털 트윈의 플랫폼을 이해할 수 있다.

4-1 디지털 트윈 플랫폼의 개요

디지털 트윈 플랫폼의 구조는 [그림 4-1]과 같은 인프라, 데이터, 핵심기능, 공유 플랫폼, 서비스 계층으로 구성한다.

① 하드웨어/기반 소프트웨어 계층 : 하드웨어/기반 소프트웨어 계층은 하드웨어 및 기반 소프트웨어를 담당한다.

② 데이터 계층 : 데이터 계층은 실내, 실외, 지하시설물, 관련 공간정보 저장 관리한다.

③ 핵심기능 계층 : 핵심기능 계층은 3차원에 대한 각종 분석기능과 공간 인공지능의 기능을 포함하며, Geo-IoT를 비롯한 다양한 3차원 관련 데이터를 수집한다.

④ 공유 플랫폼 계층 : 공유 플랫폼 계층은 데이터와 핵심 기능을 공유하고, 응

용시스템 개발을 지원하는 '공유/개발 및 연계 지원 계층'이다.

⑤ 응용서비스 계층 : 응용서비스 계층은 응용서비스는 공유 플랫폼에서 제공하는 기능을 기반으로 개발 운영하며 웹 데스크탑 모바일 서비스 등으로 구분한다.

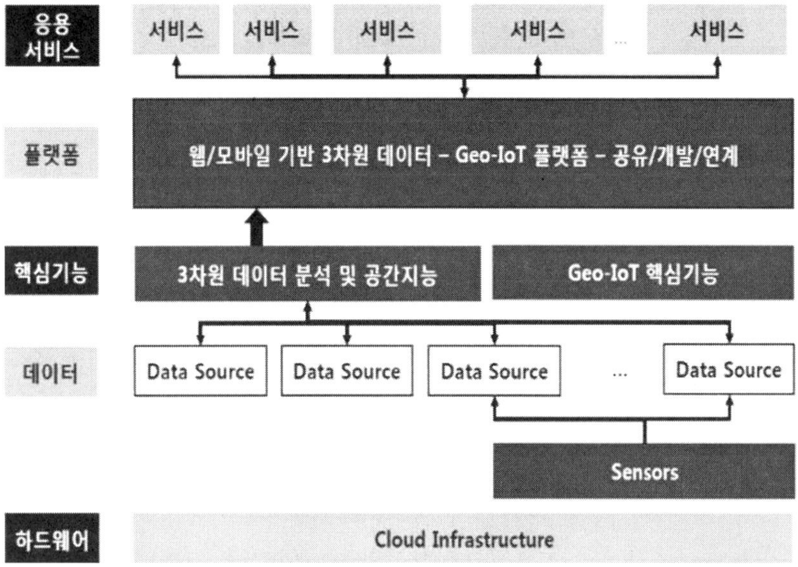

[그림 4-1] 디지털 트윈의 플랫폼 계층적 구조

디지털 트윈을 생성하는데 필요한 물리적 세계 데이터를 수집하고 플랫폼에서 실행되는 응용 프로그램으로부터 물리적 세계에 피드백을 제출하기 위한 계층인 '사이버/물리적 상호 작용 계층', 사이버/물리적 상호작용 층으로부터 수신된 데이터를 사용하여 디지털 쌍을 생성하고 유지하기 위한 층인 '디지털 트윈', 'Digital World Presentation Layer'는 Digital twin layer에 저장된 디지털 트윈을 사용하여 디지털 twin operation을 호출하기 위한 프레임 워크를 제공하는 계층이다. 디지털 월드 프리젠테이션 계층을 사용하여 디지털 트윈의 애플리케이션을 쉽게 만들 수 있는 계층인 '애플리케이션 계층'이다.

이 성과의 결정적인 측면으로서, 인간의 사생활과 사물의 소유자의 의도는 완전히 존중되어야 하며 그들과 관련된 정보는 필요한 모든 주의를 기울여 처리되어야한다. 따라서 이 플랫폼에는 개인 정보를 보호하기 위한 보안 메커니즘이 갖추어져 있어야 한다.

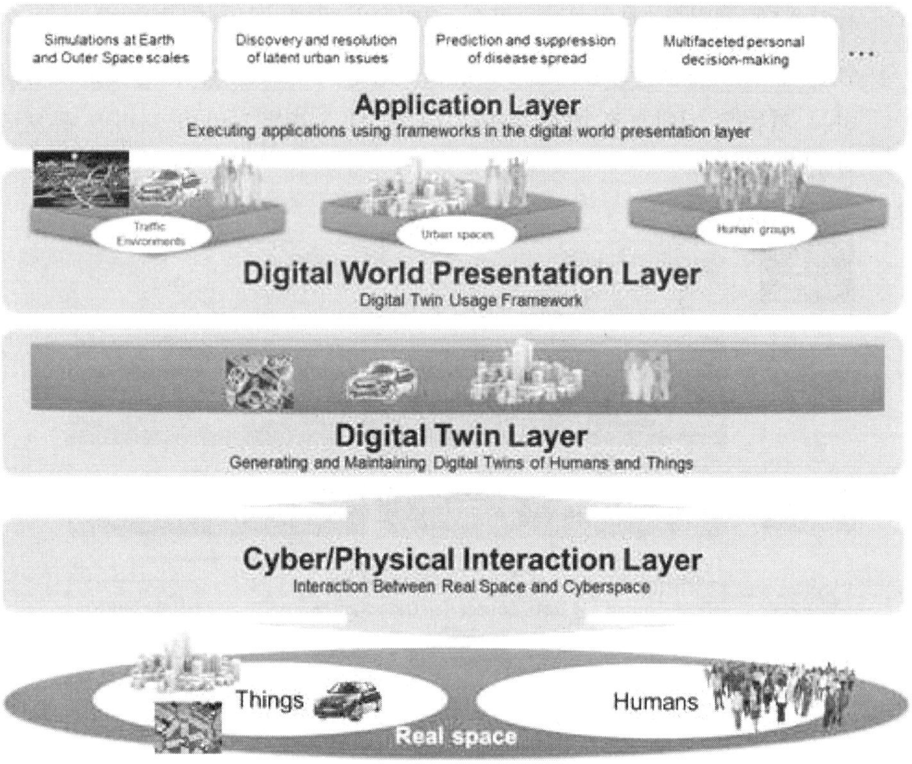

[그림 4-2] 디지털 트윈 플랫폼의 구조

4-2 디지털 트윈 플랫폼의 기능

디지털 트윈의 구축이 여러 요소가 얽힌 복잡한 과정이다 보니 아직은 표준화된 플랫폼이 없으며, 다른 신기술들과는 대조적으로 스타트업이 아닌 대기업이 솔루션을 제공하는 것이 특징이다.

① 디지털 트윈 부문의 전문가들을 중심으로 디지털 트윈 구축을 어느 정도 표준화할 수 있는 플랫폼의 필요성과 그 플랫폼의 기능 및 구성 요소에 대한 논의가 이루어지고 있지만 아직은 초기 단계로 우선은 플랫폼을 정의하는 것부터 필요하다.

② 이 분야 전문 컨설턴트들은 디지털 트윈 플랫폼이 갖춰야 할 기본적인 기능으로 '디지털 트윈 라이프사이클 관리, 단일한 정보 소스, 오픈 API, 시각화와 분석, 이벤트와 프로세스 관리, 고객과 사용자 관점'의 6가지를 꼽고 있다.

1. 디지털 트윈 라이프 사이클 관리

① 디지털 트윈의 설계, 구축, 테스트, 배포, 유지 기능을 제공한다.
② 개별 물리적 장치의 엔지니어링 다이어그램, 부품명세표, 소프트웨어 버전 및 기타 구조물을 추상화하여 표현하는 '디지털 마스터(또는 디지털 스레드)'를 생성하기 위한 모든 정보를 취합하고, 디지털 마스터에 발생하는 변화를 관리할 수 있는 도구를 제공한다.
③ 관리 도구들은 디지털 마스터에 기반을 둔 개별 디지털 트윈들을 테스트, 배포, 유지하기 위해 사용한다.
④ 관리 도구는 보통 수백 개의 디지털 마스터와 수천 개의 디지털 트윈을 처리해야 한다.

학습 4

2. 단일한 정보 소스

① 디지털 트윈은 물리적 자산과 자산에서 나오는 데이터의 정확한 복제가 되어야 하나 디지털 자산은 유지보수 과정에서 물리적 상태가 변화하기도 한다.
② 부품 교체 및 다른 버전의 펌웨어 설치가 발생하면 디지털 트윈 플랫폼은 단일한 정보 소스(Single Source of Truth)를 생성하기 위해 각 디지털 트윈의 정확한 상태를 업데이트하여 제공해야 한다.

3. 오픈 API

① 잘 정의된 디지털 트윈은 산업용 IoT 솔루션들에게 인터페이스와 연계 포인트가 되어야 하며, 이를 위해 개방형 API를 제공해야 한다.
② 특히, 최근에는 기계학습과 분석 서비스들이 API를 통해 디지털 트윈과 상호작용하는 것이 중요해지고 있으며, 각 기업들은 디지털 트윈을 ERP, SCM 등 기간 시스템과 통합해야 하는 상황이 되고 있다.

4. 시각화와 분석

① 기업들이 디지털 트윈에서 나오는 라이브 데이터를 시각화(Visualization), 대시 보드화 하고 심층 분석을 할 수 있는 도구를 제공해야 한다.
② 라이브 데이터는 디지털 마스터와 연결되어야 하며, 이를 통해 디지털 마스

터의 디자인 문서와 여타 컴포넌트들에 대한 드릴다운 분석(Analysis)을 제공해야 한다.

5. 이벤트와 프로세스 관리

① 이벤트와 비즈니스 프로세스를 구성하고 디지털 트윈 데이터에 근거해 실행될 수 있는 기능을 제공해야 한다.

② 라이브 데이터에 근거한 유지보수 요청의 일정을 짜는 이벤트나 물리적 자산의 현재 관리 상태를 정확히 보여주기 위한 이벤트 생성 기능 등이 기본으로 제공되어야 한다.

6. 고객과 사용자 관점

① 디지털 트윈을 운영하는 기업, 디지털 트윈과 연관된 데이터와 정보에 접속할 수 있는 이용자의 속성을 고려한 인터페이스를 제공해야 한다.

② 디지털 트윈의 이해관계자들 사이의 협업과 정보 공유를 용이하게 하는 기능의 제공한다.

- 복잡한 기술이라도 최근에는 스타트업들이 새로운 솔루션을 가지고 등장하는 경우가 많지만, 이와 대조적으로 디지털 트윈에서는 현재 대형 기업들이 디지털 트윈의 상용 솔루션이나 구축 서비스를 제공하고 있다.
- 예를 들어, 대표적인 디지털 트윈 솔루션 기업인 GE는 제트엔진 제조 공정의 일환으로 사내에 서 디지털 트윈 기술을 구축했고 현재는 그 기능을 고객 기업에 제공하고 있으며, 제조업 부문에서 영향력이 큰 독일의 대형 기업 지멘스도 디지털 트윈 솔루션을 제공하고 있다.
- 현장과 가까운 이들 기업 못지않게 IBM도 IoT 사업부문의 강점을 어필하기 위해 디지털 트윈 솔루션을 공급하고 있으며, 오라클과 MS 역시 디지털 트윈 사업을 전개하고 있다.

4-3 디지털 트윈 플랫폼 및 도구

1. 미국 GE사의 Predix

미국 GE사의 Predix는 산업 인터넷 플랫폼을 통해 제조업 분야의 디지털 응용서비스 제공을 목적으로 개발된 디지털 트윈 개발/운영 플랫폼이다.

① 운영체제, 클라우드, 빅데이터, 분석 SW 등을 종합 지원하는 솔루션으로, 소재/부품/설비/시스템을 포함하는 GE사 발전 플랜트의 전체주기 운용 데이터 활용/분석 툴 및 서비스를 제공한다.

② IoT기반 산업 인터넷/빅데이터/클라우드 플랫폼으로 플랜트 운영관리 과정에서 생성된 각종 정보 수집, 처리 · 저장 및 분석 지원한다.

③ GE사는 생산하는 모든 산업 기계의 디지털 프로파일을 구축하고 기계에 대한 공학적 모델을 확보하고 있으며, Predix 상에서 실행되는 55만 1,000개의 디지털 트윈을 개발하였다.

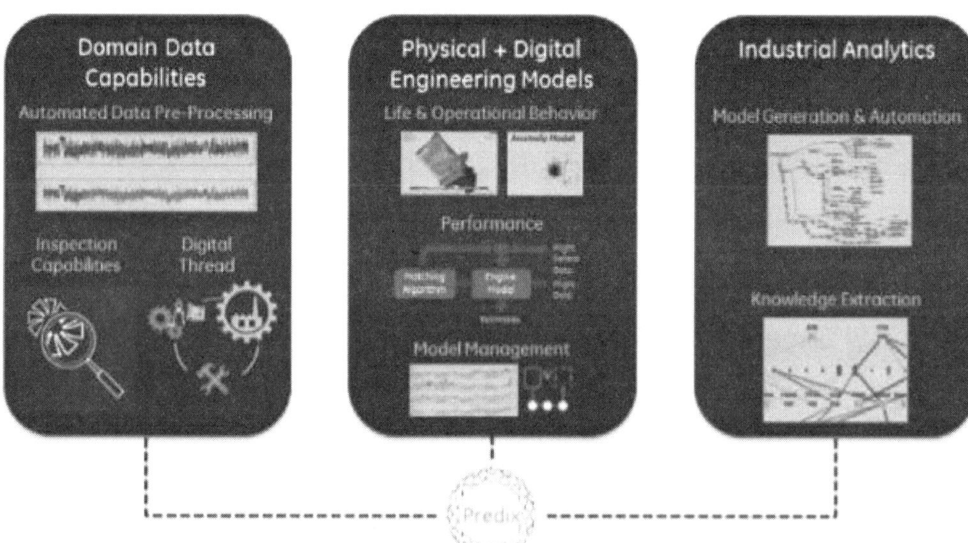

[그림 4-3] Predix 플랫폼 개념도

출처 : GE社

2. 미국 Ansys사 ANSYS 솔루션

미국 Ansys사는 3D 설계, 공학분야의 구조/물리 해석 및 시스템 모델링 시뮬레이션을 제공하는 ANSYS 솔루션 다수 보유하고 있다.

① 전자기학, 유체, 반도체, 구조 및 임베디드 소프트웨어 분야의 엔지니어링을 지원하는 다양한 제품 보유하고 있다.

② 구성품 수준의 여러 물리 모델들을 연계하여 시스템 단위의 디지털 트윈 제작 및 서비스를 지원하는 ANSYS Twin Builder 제품도 보유하고 있다.

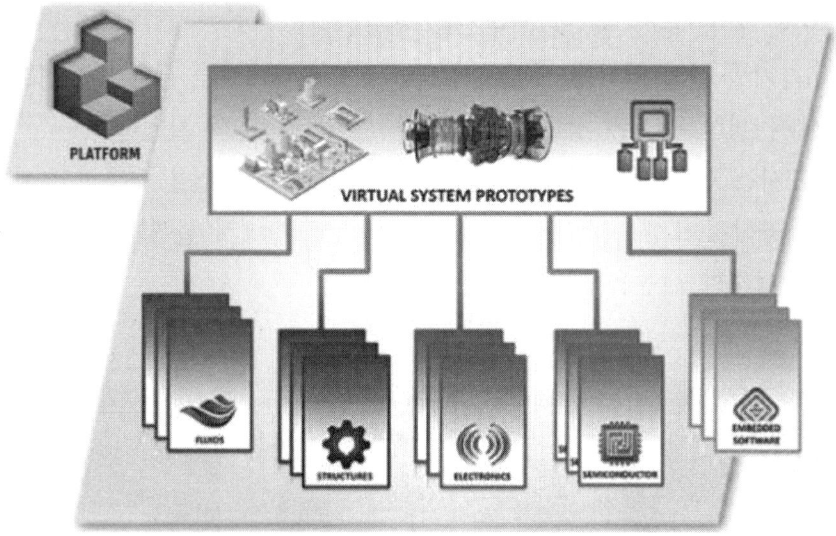

[그림 4-4] ANSYS Twin Builder 솔루션 개념도

출처 : Ansys社

3. 독일 Simens사의 MindSphere

독일 Simens사의 MindSphere는 클라우드 기반 개방형 IoT 솔루션으로 전사적 정보의 취합, 처리 · 저장 및 분석을 지원하는 플랫폼이다.

① IoT를 활용하여 장치 혹은 시스템 데이터의 가시화 및 해석을 수행하며 다양한 분석 툴을 통한 최적의 운전 및 자산운용 방안 제시 가능하다.

② 공장 설비들에 대한 디지털 트윈을 생성하고, 현실에 대응되는 가상세계를 구현하는 기술과 획득된 데이터 처리 및 분석, 분석결과의 활용을 지원하는 플랫폼이다.

③ 사용자 맞춤형 제품 개발이 가능하도록 개방형 인터페이스 제공한다.

4. 독일 Simens사의 SimCenter 포트폴리오

독일 Simens사의 PLM 소프트웨어인 SimCenter 포트폴리오는 제품의 설계부터 운영 관리까지의 제품단위(물리/역학 중심) 디지털 트윈을 위한 솔루션들을 제공한다.

[그림 4-5] SimCenter 3D 화면 예시

출처 : Simens社

① 설계, 시뮬레이션, 테스트 및 데이터 관리 기능과 연계된 성능 및 기능 확장이 가능한 개방형 통합 3D CAE(Computer Aided Engineering) 환경인 SimCenter 3D 포함한다.
② 구조, 음향, 유동, 열, 모션 및 복합소재 해석뿐만 아니라 최적화 및 다중 물리 시뮬레이션을 포함하는 통합형 시뮬레이션 솔루션을 제공한다.
③ 모든 CAE 솔루션을 하나의 통합 플랫폼에 결합하고 각각의 애플리케이션에 대한 산업 표준 솔버들을 통합 활용함으로써 효율적인 다중 물리적 개발 프로세스 구현이 가능하다.
④ 효율적인 어셈블리 모델링 도구, 대형 문제해석에 대한 필요 성능을 갖춘 솔버, CAE 전문가를 위해 특별히 설계된 데이터 관리 기능이 포함된다.

⑤ MATLab Simulink 소프트웨어에서 설계 및 시뮬레이션된 제어 장치와 모션 해석을 결합할 수 있는 공동 시뮬레이션 기능 포함; 기계 및 제어 장치를 동시에 해석하고, 스마트 제품의 작동 방식을 효율적으로 평가할 수 있다.

5. 프랑스 다쏘시스템사의 3DEXPERIENCE 플랫폼

프랑스 다쏘시스템사의 3DEXPERIENCE 플랫폼은 3D 설계 및 엔지니어링 부문의 포트폴리오를 제공한다.

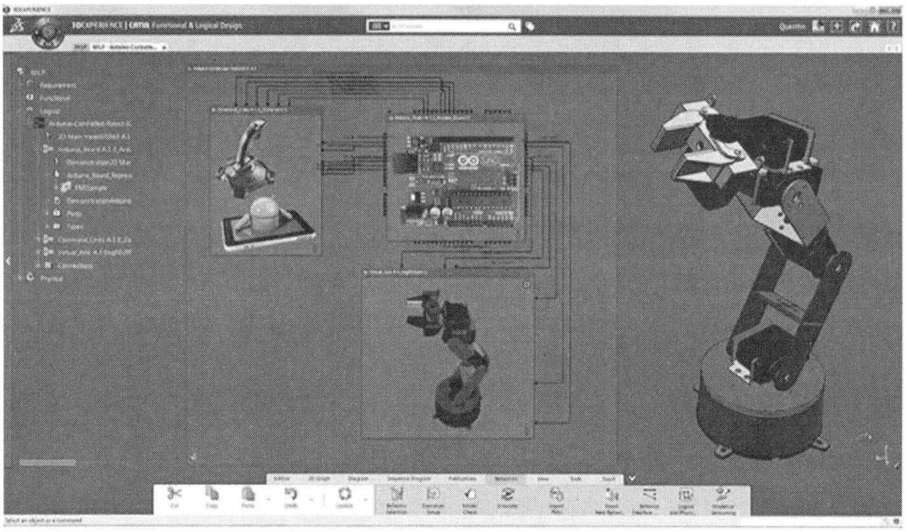

[그림 4-6] 3DEXPERIENCE 플랫폼 솔루션 CATIA

출처 : 다쏘시스템社

① 제품에 대한 3D 컴퓨터 기반 설계(CAD), 3D 모델링, 유한요소 해석 및 다중 물리 시뮬레이션 기능을 제공하는 CATIA, SIMULIA 등의 솔루션을 제공한다.

② 제품 영역의 가상화를 제조로 확대하여 물리적 플랜트나 생산 라인이 구축되기 전에 제조 프로세스를 시뮬레이션 할 수 있도록 지원하여, 실시간 생산 활동 추적, 일정 변경 수행, 새로운 프로그램 시작, 모델 전환 도입, 유지 관리 작업 일정 등을 처리할 수 있는 DELMIA 솔루션을 제공한다.

6. 기술협력을 통한 디지털 트윈 환경의 구축

미국 Ansys사의 ANSYS Twin Builder는 PTC사 및 GE사의 산업용 IoT 플랫폼, SAP사의 지능형 응용 솔루션인 Leonardo와의 인터페이스를 제공함으로써 기술협력을 통한 디지털 트윈 환경의 구축 가속화를 가능하게 한다.

4-4 디지털 트윈 플랫폼 시장동향

학습 4

1. 세계 시장동향

세계시장 조사 보고서에서 언급되는 디지털 트윈의 주요업체로 제너럴 일렉트릭(GE), 다쏘(Dassault), PTC, Ansys, 지멘스(Siemens), SAP, Sight Machine, TIBCO Software, AT&T, Infosys, TwinThread, Prodea System, Cosmo Company Sas, Autodesk, SimScale, DIGITAL TWIN, Concirrus, Computer Science Corporation, Bosch 등이 있으며 국내업체는 전무한 실정이다.

2. 국내 시장동향

국내의 경우는 소수의 대기업 플랜트 운영사를 중심으로 디지털 트윈 기술 적용 타당성을 검토하거나 외산 제품을 기반으로 특정 분야/응용에 대한 디지털 트윈(또는 플랫폼) 개발 초기단계에 있는 것으로 판단된다.

제조 엔지니어링 및 디지털 트윈 SW 전문기업/도구, 인력 및 관련 데이터 기반 미비로 디지털 트윈 기술의 부분적인 적용으로 제한되고 있다.

국내에서는 ICT 선진국으로서 여러 업체/기관에서 디지털 트윈 제작 및 운용에 필요한 기본적인 SW 및 HW는 다수 보유하고 있으나, 특정 부분에 특화되어 있으며 제품의 수명주기 전체를 아우르는 디지털 트윈의 통합솔루션은 부재한 실정이다.

① CAD/CAE 및 시뮬레이션 기술/솔루션 분야에 상당한 역량을 보유하고 있으나 핵심기술 부분은 외국 글로벌 기업의 기술에 많이 의존하고 있는 편이다.
② 사물인터넷(IoT), 빅데이터, 인공지능(머신러닝) 등 디지털 트윈의 요소기술 관련 프레임워크 또는 플랫폼 도구의 연구개발 노력도 활발히 진행되고 있다.

③ 요소기술 관련 역량을 디지털 트윈 제작/운용을 위한 통합기술로의 융합 활용사례는 찾아보기 어렵다.
④ 디지털 트윈과 연계한 최적화, 수명예측, 예지 정비 등을 위한 국내의 응용 소프트웨어 역량도 매우 미흡한 수준으로 판단된다.

3. 제조 분야의 시장동향

항공기 엔진 및 발전기 제조 분야의 세계적인 선도 업체들이 자사 제품에 대한 디지털 트윈 제작의 경험/노하우를 바탕으로 디지털 트윈 관련 기술 및 플랫폼 솔루션 분야에서도 시장을 확대하고 있다.

① 미국 GE사의 Predix, 독일 Siemens사의 MindSphere는 발전기 중심의 디지털 트윈 플랫폼으로 시장 확대하고 있다.
② 정유/석유화학 플랜트의 디지털 트윈을 위해 GE(Predix), Siemens (MindSphere) 외에도 미국 Honeywell사의 Uniformance, 프랑스 Total사의 TrendMiner 제품을 출시하였다.
③ 노르웨이 DNV-GL사의 Veracity 플랫폼은 선박 및 해양플랜트 중심의 디지털 트윈 구축에 적용하고 있다.

4. 디지털 트윈 소프트웨어 시장동향

3D CAD/CAE 전문기업들이 3D 모델링 기능에 디지털 정보관리 및 시뮬레이션 기능을 확장하여 PLM 기반의 디지털 트윈 소프트웨어 시장을 선도하고 있다.

① 미국 Ansys사, 독일 Siemens사, 프랑스 Dassault사는 CAD/CAE/Simulation 솔루션들을 망라하는 제품수명주기관리(PLM) 솔루션 포트폴리오 보유하고 있다.
② 미국 PTC사는 3D CAD/CAE 기반의 PLM 소프트웨어 제품 및 서비스, IoT 플랫폼 솔루션 판매하고 있다.
③ 미국의 다국적 소프트웨어 회사인 AutoDesk는 건축, 엔지니어링, 건설, 제도 등 다양한 분야의 소프트웨어를 제공하며 CAD 기반의 3D 솔루션을 보유하고 있다.
④ 미국의 의료장비 제조사인 iCAD는 실제 물리적 장치를 가상 3D 모델로 구

성하여 예상 동작을 검증하고, 다른 제조 기계들과 통합한 대규모 제조라인 구축을 지원한다.

5. 디지털 트윈 소프트웨어 플랫폼 시장동향

세계적 선도 회사들은 디지털 트윈 소프트웨어 플랫폼 판매만으로도 상당한 수익을 창출하고 있다.

① 미국 GE사의 소프트웨어(Predix) 서비스 연매출 규모는 2016년에 60억 달러로 2020년까지 150억 달러 달성을 목표로 한다.

② 독일 Siemens사는 2016년의 디지털 서비스 매출액이 10억 유로인데 비해 소프트웨어(MindSphere) 매출액은 33억 유로이다.

수행 내용

재료 · 자료

- 디지털 트윈의 플랫폼 관련 자료

기기(장비 · 공구)

- 컴퓨터, 프린터, 주변기기

안전 · 유의사항

- 컴퓨터 및 주변기기의 전원을 관리한다.

수행 순서

01 개방형 데이터 허브 플랫폼 기술에 대하여 분석하라.

개방형 데이터 허브 플랫폼은 스마트시티에서 발생하는 다양한 데이터에 대한 식별 체계 구축 및 도시기능 프로세스 모델링을 통해 스마트시티 데이터의 활용성을 극대화할 수 있게 한다.

실증도시의 기반 환경 상황에 맞춰 데이터 허브 구성 · 구축이 가능하도록 확장형, 조립형 플러그인 구조로 설계되는 것이 필요하다. 개방형 데이터허브 플랫폼은 서비스 계층, 데이터 및 분석 계층, 연결성 계층, 보안 계층 등으로 구성된다.

〈표 4-1〉 개방형 데이터허브 플랫폼 주요내용

계 층	주요내용
서비스 (Service)	• 데이터를 사용자들에게 직관적으로 제공하기 위 한 분석 환경 및 분석 개발 환경 제공 • 도시의 지표 및 지수 설 정 및 운영관리 지원
데이터 및 분석 (Data &	• 다양한 산업과 사회 영역에서 발생하는 모든 데이터를 포괄 하여 체계적으로 관리, 연계, 활용 가능하게 하는 스마트시티 데이터 거버넌스 제공

Analytics)	• 사용자가 데이터 탐색, 분석을 할 수 있도록 실행환경 제공
연결성 (Connectivity)	• IoT 디바이스들의 인터페이스를 국제표준 기반으로 정의하여 범용성, 확장성 확보 • 다양한 프로토콜 수용이 가능한 네트워크 환경 제공, 다양한 센서 데이터 포맷을 표준 메시지로 변환하여 제공
보안 (Security)	• 스마트시티의 초연결 환경에 산재된 센서, 디바이스, 네트워 크, 클라우드 영역에 이르는 보안 체계 수립 및 운영 관리 • 개인정보가 침해되지 않도록 '개인정보 비식별화 가이드라인' 에 따른 비식별화 실시후 정로 제공

학습 4

02 디지털 트윈 플랫폼 기술에 대하여 분석하라.

디지털 트윈(Digital Twin)은 현실 세계의 물리적 사물이나 시스템, 도시기반 시 설 등을 동적 소프트웨어 모델로 구성하여 디지털 자산으로 만드는 기술로서 현실 세계에 대한 예측 및 최적화 운영이 가능하게 하는 기술이다.

핵심기술로는 도시에 대한 가상화를 위한 디지털 트윈 플랫폼 기술, 스마트시티 디지털 스레드 기술, 트윈을 활용하여 다양한 지능형 도시 서비스를 개발할 수 있는 SaaS(Software as a Service) 기술 등이 있다.

〈표 4-2〉 디지털 트윈 플랫폼 주요내용

기 능	주요내용
디지털 트윈 플랫폼	물리 도시공간을 디지털 트윈 기반 스마트시티로 가상화 하 고 이를 활용하여 분석 및 예측을 지원하기 위한 플랫폼
디지털 쓰레드 (Thread)	도시의 전 단계에서 발생하는 수많은 데이터를 컴퓨터가 스스로 분류하고 패턴을 찾아내어 의미 있는 결과물을 도출하는 과정을 거쳐 데이터를 현실세계에 반영할 수 있도록 하는 기술
SaaS 기반 트윈 관리/서비스	스마트시티를 위한 디지털 트윈의 관리 및 서비스 제공을 클라우드 상에서 SaaS 형태로 제공하기 위한 인프라
디지털 트윈 프로토타입	디지털 트윈 플랫폼 및 SaaS 기반 트윈 관리/서비스 기술 통합 및 스마트시티 적용기술 개발을 통하여 프로토타입을 구축하고 적용함으로써, 개발된 기술 검증과 도시에 대한 실질적인 적용 방안을 제시

03 스마트시티 플랫폼의 Massive IoT 네트워킹 기술에 대하여 분석하라.

스마트시티 플랫폼은 도시 환경에서 발생하는 데이터를 수집하기 위해 IoT 기반의 다양한 유무선 네트워킹 기술을 사용한다. Massive IoT 네트워킹 기술이란 특성 에 따른 차별적 대규모 데이터 수집과 스마트시티 인프라의 다양한 물리적 통신환 경에 대한 안정적 매체접속 관리를 위한 통신 기술을 말한다.

서비스에 따라 감시 형, 안전형, 제어형으로 나눌 수 있으며, 다양한 서비스 요구사항들을 동시에 만족시키기 위한 트래픽 처리 기술이 중요하다. 또한 물리적 통신환경에 따라 실외, 실내, 지하로 나눌 수 있으며, 실외환경에서는 LoRa, NB-IoT 같은 IoT 전용망 기술이나 4G/5G 등 이동통신망이, 실내/지하환경에서는 Wi-Fi, Bluetooth, ZigBee 같은 근거리 통신 기술이 적용되고 있다. 근거리 통신 기술로 수집된 데이터들은 대부분 유무선 광역 통신망을 기반으로 애플리케이션 서버로 수집된다.

〈표 4-3〉 스마트시티의 Massive IoT 네트워크 트래픽 및 통신환경 특성

특 징		주요내용
트래픽	감시형/안전형	• 방향성 : IoT센서 → 게이트웨이 • 감시형 서비스는 주로 주기적인 통신을 요구함 • 안전형 서비스는 감시형 서비스보다 높은 수준의 신뢰성 및 실시간성을 요구함
트래픽	제어형	• 방향성 : 게이트웨이 → IoT센서 • 대부분의 제어형 서비스는 높은 수준의 신뢰성과 실시 간성을 요구함
통신환경	실외 (Outdoor)	• 신호 감쇄가 가장 적은 통신 환경 • 이동통신망(4G, 5G 등) 및 LoRa, NB-IoT 위주 • 스마트 가로등, 스마트 쓰레기통 등
통신환경	실내 (Indoor)	• 건물 외벽 및 장애물 등으로 인해 추가적인 신호 감쇄 발생 -근거리 통신망(Wi-Fi, Bluetooth, ZigBee 등) 위주 • 빌딩 자동화, 빌딩 화재감시기 등
통신환경	지하	• 지상 ↔ 지하 통신시 신호 감쇄 발생 • 스마트 주차장, 스마트 워터 등

04 디지털 트윈에서 한국의 플랫폼 중심 산업구조 재편 미진에 대하여 분석하라.

해외의 경우 ERP, 클라우드, 제조 설비 등 해당 분야에서 시장을 주도하는 기업을 중심으로 타 기업들을 M&A나 협력 컨소시엄 구성 등을 통해 토탈 솔루션을 제공하는 형태로 거대화되고 있는 추세이다(㉳ 제조설비-지멘스 · GE, IoT-MS, 클라우드-아마존, ERP-SAP, (例) 화웨이(中) : 제조 솔루션 분야의 시장경쟁력 강화를 위해, 국내 기업들에 대해서도 자사의 컨소시엄에 합류하도록 요청하고 있는 것으로 파악한다).

반면 한국의 경우, 삼성SDS, LG CNS, 포스코 ICT 등 대기업 계열의 SI(System Integration) 기업들은 자사의 플랫폼을 보유하고 있으나, 제조현장의 디지털화를 하나의 프로젝트로 인식하고 타 기업과의 하청관계 형성을 통해 대응한 측면이 있다. 해외 대기업들의 경우 자사의 영향력 확대라는 관점에서, 컨소시엄에 포함된 기업들을 계속해서 관리하기 때문에 지속적인 공동성장을 도모한다는 점에서 우리와 큰 차이가 있다.

이러한 측면은 대기업의 계열사에 대해서는 어느 정도 경쟁력을 가질 수는 있으나, 그 외 기업들이나 해외시장을 대상으로 한 플랫폼 중심의 시장 확대에 있어서는 해외 기업들에 비해 취약할 우려가 높다.

반도체, 디스플레이 등 자동화율이 높고 해외설비에 대한 의존도가 큰 산업분야의 국내 대기업들의 경우에는 같은 계열사라 하더라도 산업용 전자 디바이스(PLC 등)나 제조 솔루션에 대한 외산 의존도가 높다.

앞서 국내 기업들 현황들에서 알 수 있듯, 우리의 경우 디지털 제조 산업에 종사하는 기업들의 다수가 중소기업으로, 해외의 플랫폼 기반 대기업들과 직접 경쟁해야 하는 구도이다. 해외의 경우 경쟁력을 갖춘 '강소' 기업들은 거의 없는 것으로 파악되며, 그 이유는 위에서 언급한 바와 같이 대기업을 중심으로 M&A, 협력 컨소시엄 형태로 묶여있기 때문이다. 이는 기초 분야에서 MES, ERP 등 기초 수준으로 디지털화하는 수요기업들에 대해서는 경쟁이 가능하더라도, 규모가 크거나 중간, 고도화 단계로 제조의 디지털화를 하는 수요기업에 대해서는 경쟁이 쉽지 않은 상황이다. 이러한 문제점으로 인해, 최근 각 기술분야에서 경쟁력이 있는 중소기업들끼리 연합하여 수요기업에 대응하는 기업들이 등장하고 있다. 특히 중소기업들만으로 해외기업 대비 대등한 수준의 플랫폼 구축을 통한 경쟁은 현실적으로 무리가 있다고 판단한다.

디지털 트윈의 경우를 예로 들면, 스마트 공장 중 대표공장 사업으로 추진 중인 기업을 제외하고는, 대기업 위주로만 필요성을 인식하고 있는 경향이 있다.

하지만 폭스바겐 등 해외 제조기업들을 중심으로 1차 벤더들을 대상으로 부품이나 장비 납품 시 디지털 트윈화하도록 요구하고 있어 중소·중견기업들의 디지털 트윈 수요는 늘어날 것으로 전망이다. 폭스바겐은 자사에 납품하는 1차 벤더들을 대상으로, 부품을 납품할 때 디지털 트윈을 도입하고 가상화된 부품에 대한 테스트 결과를 제공하도록 요구하고 있으며, 이를 충족하지 못할 경우 납품 물량을 감소시키는 등의 정책을 추진 중('17년~)이다.

하지만 국내 중소·중견기업들은 디지털 트윈 관련한 전문인력의 부족 및 외산 디지털 트윈 솔루션의 가격 문제 등으로 도입에 애로를 겪고 있는 상황이다.

05 SaaS 클라우드 서비스 지원용 플랫폼 표준화 지원에 대하여 분석하라.

플랫폼化 되는 스마트 제조 기술에 대응하여, 서비스형 소프트웨어(SaaS : Software as a Service) 클라우드 서비스 지원용 플랫폼 표준화 지원한다.

서비스형 소프트웨어는 소프트웨어 및 관련 데이터는 중앙에 호스팅되고 사용자는 웹 브라우저 등의 클라이언트를 통해 접속하는 형태의 소프트웨어 전달 모델이다. 주문형 소프트웨어(on-demand software, 온디맨드 소프트웨어)라고도 한다.

기존의 ASP를 확장한 개념으로 차세대 ASP로 볼 수 있다. SaaS와 ASP는 아래와 같은 차이점이 있다.

SaaS는 전자상거래 관점의 사업적인 반면에 ASP는 전산 외주(아웃소싱)의 Coasian Economics에 기초한다.

SaaS는 불특정 다수를 대상으로 전산서비스의 제공에 중점을 두어 확장성과 고객요구사항 커스터마이즈에 중점을 둔다.

SaaS는 ASP의 1989년 코닥의 전산 외주의 시작과는 달리 고객의 가치 창조 및 고객 요구를 맞추는데 초점이 맞추어져 있다.

최근의 성공사례로 고객 관계 관리(CRM)영역의 CRMKorea, Salesforce.com, RightNow등의 사례와 오래전부터 해왔던 회계쪽 분야가 있다. 소프트웨어를 구입하여 사용하는 개념에서 빌려 사용하는 렌트의 개념은 점점 더 확산되고 중소기업뿐만 아니라 대기업에서도 적극적인 도입을 검토 중이며 많이 사용되고 있다.

글로벌 제조 · IT 기업들이 '플랫폼' 비즈니스로 영역을 확장 중이나, 한국은 이에 대응하는 수준의 기업이 전무한 실정이다. 지멘스/GE/SAP 등 글로벌 기업들은 플랫폼을 중심으로 토탈 패키지 수준의 서비스를 제공 중이다.

국내 기업의 경우, 클라우드 서비스 전문기업이 존재하나, 연결성 · 확장성 측면이 부족한 실정이다. 클라우드 서비스의 특성상, 서비스-서비스 또는 서비스-시스템 간 연결이 어렵고, 고비용 소요된다. 상호 호환성이 보장된 솔루션 고도화를 위한 표준 플랫폼 개발 및 지속적 표준 지원한다(㉮ 모듈 간 통신, SaaS 기반 스마트공장 구조 표준화, 표준 플랫폼 지원 센터를 설립, 대학 - 연구기관 - 솔루션 업체를 연계하여 업종별 표준 솔루션(Package Software) 개발 지원 등이다).

06 디지털 트윈 구현을 위한 플랫폼 구성 모듈기능에 대하여 분석하라.

1. Digital Twin 플랫폼 기능

현장 인력, 자재, 장비의 위치, 움직임, 상태 데이터를 기반으로 현장에서 진행되고 있는 작업현황들을 그대로 모사하고 시각화하여 off-site 관리자 에게 보여줄 수 있는 플랫폼을 의미한다.

가상으로 복제된 디지털 데이터를 빅데이터 및 인공지능 기술로 가공하여 시공관리 시뮬레이션 정보를 생성하고 이를 함께 시각화하는 내용을 포함한다.

2. Digital Twin 구현을 위한 구성 모듈

Digital Twin 구현을 위한 구성 모듈은 다음과 같다.

1) On-site Data Collection

건설현장의 물리적 물체(인력, 자재, 장비)나 프로세스에 대한 현장 데이터를 수집한다.

2) Digital Model

1)에서 수집된 데이터 및 기존에 축적된 건설 정보 등을 기반으로 행동정보를 포함한 장비와 작업자의 Digital Model과 기하학 정보가 중심이 된 구조물의 Digital Model을 생성한다.

3) 건축 과정 시뮬레이션(Construction Process Simulation)

2)의 Digital Model를 이용하여 실제 현장과 동일한 가상현장을 구성하고, 비용 공기 리스크 관리와 관련된 시공 시뮬레이션을 수행한다.

4) Visualization

1), 2), 3)로부터의 데이터 및 정보들을 시각화하여 보여주는 모듈이며, 이 연구에서는 off-site 관리자를 위한 VR 기반의 시각화와 on-site 작업자를 위한 AR 기반의 시각화에 초점을 둔다.

07 디지털 트윈 구현을 위한 플랫폼 동향에 대하여 분석하라.

① 디지털 트윈의 구축이 여러 요소가 얽힌 복잡한 과정이다 보니 아직은 표준화된 플랫폼이 없으며, 다른 신기술들과는 대조적으로 스타트업이 아닌 대기업이 솔루션을 제공하는 것이 특징이다.

- 디지털 트윈 구축을 어느 정도 표준화할 수 있는 플랫폼의 필요성과 그 플랫폼의 기능 및 구성 요소에 대한 논의가 이루어지고 있지만 아직은 초기 단계로 우선은 플랫폼을 정의하는 것부터 필요하다.
- 디지털 트윈 플랫폼이 갖춰야 할 기본적인 기능으로 "디지털 트윈 라이프사이클 관리, 단일한 정보 소스, 오픈 API, 시각화와 분석, 이벤트와 프로세스 관리, 고객과 사용자 관점"의 6가지를 꼽고 있다.
- 복잡한 기술이라도 최근에는 스타트업들이 새로운 솔루션을 가지고 등장하는 경우가 많지만, 이와 대조적으로 디지털 트윈에서는 현재 대형 기업들이 디지털 트윈의 상용 솔루션이나 구축 서비스를 제공하고 있다.
- 예를 들어, 대표적인 디지털 트윈 솔루션 기업인 GE는 제트엔진 제조 공정의 일환으로 사내에 서 디지털 트윈 기술을 구축했고 현재는 그 기능을 고객 기업에 제공하고 있으며, 제조업 부문에서 영향력이 큰 독일의 대형 기업 지멘스도 디지털 트윈 솔루션을 제공하고 있다.
- 현장과 가까운 이들 기업 못지않게 IBM도 IoT 사업부문의 강점을 어필하기 위해 디지털 트윈 솔루션을 공급하고 있으며, 오라클과 MS 역시 디지털 트윈 사업을

전개하고 있다.

② 대기업들은 현재 각자 지향하는 디지털 트윈의 개념과 구성 요소를 설파하며, 디지털 트윈 플랫폼 경쟁에서 주도권을 확보하기 위한 경쟁을 벌여 나가고 있다.

- 오라클의 경우 IoT 전용 클라우드 서비스에서 디지털 트윈 기능을 제공하고 있는데, 이 기능은 '디지털 트윈'과 '예측(Predictive) 트윈'이라는 두 가지 모듈로 구성된다.

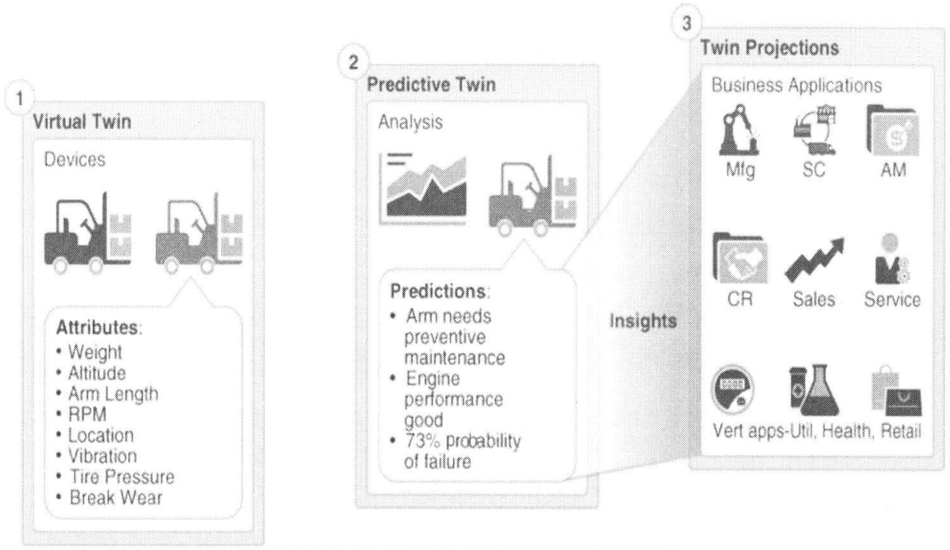

[그림 4-7] 오라클의 디지털 트윈 개념도

- '디지털 트윈' 모듈에는 대상 디바이스에 대한 설명 및 3D 렌더링 외에 디바이스가 구비하고 있는 모든 센서의 세부사항이 포함되며, 센서의 측정 결과를 지속적으로 생성하고 실제로 벌어질 수 있는 시나리오들 을 시뮬레이션한다.
- '예측 트윈'은 그 디바이스 의 미래 상태와 작동을 모 델화하는데, 다른 디바이스의 과거 데이터를 기반으로 고장 등 주의가 필요한 상황을 시뮬레이션 할 수 있다.
- 한편 애저(Azure) 브랜드로 자체적인 디지털 트윈 플랫폼을 제공하고 있는 마이크로소프트 역시 디지털 트윈 사업에 적극 나서며, 물리적 제품뿐만 아니라 프로세스에도 트윈의 개념을 도입하여 '프로세스 디지털 트윈'이라는 컨셉을 백서를 통해 제기하고 있다.
- 마이크로소프트에 따르면 '프로세스 디지털 트윈'은 새로운 차원의 디지털 트랜스포메이션으로 공장을 넘어 공급망과 통합하는 것이다.

- MS의 백서는 '제품(product) 디지털 트윈'으로는 대응할 수 없는 고도의 제조 시나리오에 초점을 맞추고, 이를 위한 '프로세스 디지털 트윈'에 대해 상세히 설명하고 있다.

③ 디지털 트윈의 혜택은 명백하며 비용 절감 효과를 주기도 하지만, 반대로 비용과 복잡성을 증가 시킬 수 있기 때문에 도입 여부를 신중히 결정할 필요가 있다고 가트너는 권고하고 있다.

- 디지털 트윈을 사용하면 물리적 물체에 일어나는 일들을 실시간으로 파악할 수 있어 유지보수에 따른 부담을 크게 줄일 수 있는데, 석유 대기업 쉐브론(Chevron)은 유전과 정유 공장에 디지털 트윈 기술을 도입하며 수백만 달러 규모의 비용 절감을 기대하고 있다.
- 지멘스는 제조 전의 상품 모델화나 프로토타입 제작에 디지털 트윈을 이용함으로써 제품의 결함을 줄이고 시장 출시 기간을 단축할 수 있다는 점을 마케팅 포인트로 내세우고 있다.
- 디지털 트윈은 모두에게 필요한 것은 아니며 쓸데없이 복잡성을 높일 위험이 있다는 점도 가트너는 환기시키고 있으며, 적용하려고 하는 비즈니스 문제에 과잉 기술이 될 가능성을 가늠해 보아야 하며 비용, 보안, 통합의 이슈를 종합적으로 고려해야 한다는 것이다.

④ 디지털 트윈을 이용할 수 있는 환경은 계속 나아지고 있기 때문에, 기업들은 비즈니스의 문제점을 디지털 트윈으로 해결할 수 있는지에만 초점을 맞춰 판단하면 될 것으로 보인다.

- 디지털 트윈의 전문가가 되기 위해서는 상당한 기술 세트가 요구되며, 기계학습, AI, 예측 분석을 비롯하여 데이터 과학에 연관된 다양한 전문 기술 등이 필요하므로 기업이 전문가를 양성하거나 확보하는 것 자체가 도전과제가 될 수 있다.
- 디지털 트윈 분야에서 스타트업의 출현을 보기가 어렵고 기존 대형 기업들이 사업을 주도하고 있는 데에는 이런 요인도 작용을 하고 있을 것이다.
- 따라서 규모가 작은 기업이라면 디지털 트윈을 통해 확실한 이점을 얻을 수 있다는 판단을 내리더라도 전문가를 영입하거나 사내 인력의 기술을 향상시키는 것보다 컨설팅 팀과 계약을 맺는 것이 합리적 판단일 수 있다.
- 오라클이나 마이크로소프트 등 IT 서비스 기업들이 클라우드 기반의 디지털 트윈 서비스도 제공하고 있기 때문에 기업에 필요한 기능들 위주로 필요한 만큼 사용할 수 있게 된 것도 기업 입장에서는 디지털 트윈을 도입하기에 좋은 조건이라 할 수 있다.

- 영국 정부는 향후 국가 과제에 대한 대응 준비의 일환으로 국가 인프라 전체의 디지털 트윈을 구축하는 정책도 추진 중이며, 각국 정부에서 이런 시도가 보편화된다면 더 나은 국가 인프라 정보의 기업 활용도 가능해질 것이다.
- 기업들이 디지털 트윈 도입을 막연한 기대감이나 부담감을 갖고 바라보기보다는 어떻게 활용하고 어떤 이점을 얻을 수 있을지에 초점을 맞춰 진단한 후, 가장 효과적인 도입 방법을 선택한다면 앞으로 디지털 트윈은 기업의 기본적인 경영 도구로 자리 잡을 수 있을 것이다.

학습활동.4 교수 · 학습 방법

교수 방법

- 디지털 트윈 플랫폼에 대한 관련 용어, 구성, 방식 이해 정도를 파악한 후 수업을 진행한다.
- 교수자의 주도로 디지털 트윈 플랫폼 등의 내용을 PPT 자료로 제시한 후 설명한다.
- 가능하면 사전에 개인별 학습 자료를 준비하여 모든 학생이 참여할 수 있는 문제 해결식 수업, 협력 수업이 가능하도록 한다.
- 디지털 트윈 플랫폼 전 과정을 작업의 순서에 따라 단계적으로 실습이 이루어질 수 있도록 지도한다.
- 교재를 통해 수업을 준비하는데 있어서 필요한 모든 정보나 팁, 힌트 등 도움이 될 만한 내용들을 확인할 수 있다.
- 학생들이 만들게 될 각 모델들은 수업시간에 중점적으로 다뤄질 부분과 어휘, 질문, 답을 포함하고 있으며 또한 탐구할만한 추가적인 아이디어들도 포함하고 있다.

학습 방법

- 디지털 트윈 플랫폼에 대한 관련 용어를 숙지하고, 디지털 트윈 플랫폼에 대해 이해한다.
- 디지털 트윈 플랫폼의 각 단계별 중점 사항을 체계적으로 학습한다.
- 디지털 트윈 플랫폼의 수행순서의 전 과정을 실습한다.
- 디지털 트윈 플랫폼의 내용을 이해한다.
- 디지털 트윈 플랫폼을 이해하고 숙달이 될 때까지 학습한다.

학습활동.4 평가 및 피드백

평가 준거

- 평가자는 피평가자가 수행 준거 및 평가 내용에 제시되어 있는 내용을 성공적으로 수행할 수 있는 지를 평가해야 한다.

학습내용	평가항목	성취수준		
		상	중	하
디지털 트윈 플랫폼	디지털 트윈 플랫폼 응용을 이해할 수 있다.			

평가 방법

- 작업 포트폴리오

학습내용	평가항목	성취수준		
		상	중	하
디지털 트윈 플랫폼	디지털 트윈 플랫폼 응용을 이해할 수 있다.			

- 필기시험

학습내용	평가항목	성취수준		
		상	중	하
디지털 트윈 플랫폼	디지털 트윈 플랫폼 응용을 이해할 수 있다.			

- 체크리스트를 통한 관찰

학습내용	평가항목	성취수준		
		상	중	하
디지털 트윈 플랫폼	디지털 트윈 플랫폼 응용을 이해할 수 있다.			

- 피드백

1. 작업 포트폴리오
   - 제출한 보고서를 평가한 후 주요 사항에 대하여 표시하여 돌려준다.
2. 필기시험
   - 평가 결과 성적이 저조한 학생은 보고서 제출 기회를 부여한다.
3. 체크리스트를 통한 관찰
   - 실습 과정에서 평가한 후 개선해야 할 사항 등을 정리하여 돌려둔다.

참 | 고 | 문 | 헌

1. 김탁곤. 2018.3.2. "국방 모델링 시뮬레이션". 한티미디어
2. 월간 HRD. 2018.2.2. "Digital Twin : 물리적 세계와 디지털 세계를 잇는 교량". 한국HRD협회
3. "디지털 트윈과 CAE의 미래". RecurDyn Technical Support. FunctionBay. 2018.6.4.(검색일자)
4. A. Parrott & L. Warshaw. "인더스트리 4.0과 디지털 트윈". Deloitte Anjin Review. No. 9.
5. 산업일보. "스마트 공장에서의 디지털 트윈(上)". 2018.1.28.
6. 진회승. 2018.1.5. "스마트공장 성공을 위한 소프트웨어의 역할과 과제". SPRI Issue Report. 2007-007호, 소프트웨어정책연구소
7. "Simcenter 3D : 3D 시뮬레이션을 통한 혁신 실현". Siemens 코리아 홈페이지. 다운로드 파일. 2018.7.22.
8. "Digital twin". Wikipedia. 2018.
9. "GE Technology Story for Disruptive Innovation". GE Korea Communication. 2016.4.
10. "Modeling and Simulation (M&S) Technology Landscape". Ernest H. Page. Chapter 2, Book - Guide to Simulation-Based Disciplines Advancing Our Computational Future, Springer. 2017.
11. "The Gartner Top 10 Strategic Technology Trends for 2017. 2018". Gartner. 2016 & 2017.
12. GE. Siemens. 다쏘시스템. Ansys. PTC 및 AutoDesk 社 홈페이지 제품설명자료
13. 다수의 '세계 디지털 트윈 시장' 연구보고서 판매 홍보자료(인터넷 검색). 조사기관 : Markets and markets, TechSci Research, Market Research Future, Infoholic Research, Future Market Insights & IT Securit
14. 이광기 외. 디지털 트윈 기술발전방향, KETI PD
15. TechZiffy, "Digital Twin Market Competitive Analysis, Growth Factors & Development Status By 2026", 2019. 3. 14.
16. Building Design + Construction. "What is your firm's innovation 'hit rate'?". 2019. 3. 10.
17. Networkworld. "What is a digital twin? [And how it's changing IoT, AI and more]". 2019. 1. 31.
18. Ian Skerrett@medium. "Defining a Digital Twin Platform". 2018. 3. 1.

학습 1	디지털 트윈의 개념
학습 2	디지털 트윈의 핵심기술
학습 3	디지털 트윈의 모델링 시뮬레이션
학습 4	디지털 트윈 플랫폼
학습 5	**디지털 트윈과 스마트시티**
학습 6	디지털 트윈과 스마트건설
학습 7	디지털 트윈과 제조업
학습 8	디지털 트윈과 물류
학습 9	디지털 트윈과 헬스케어
학습 10	디지털 트윈의 전략 및 정책
학습 11	디지털 트윈의 응용
학습 12	디지털 트윈의 시장동향
학습 13	디지털 트윈의 미래

학습 목표

1. 디지털 트윈과 스마트시티를 이해할 수 있다.

5-1 스마트시티의 개요

스마트시티는 다양한 산업과 기술, 서비스가 융·복합된 IoT의 전형적인 솔루션으로, 차세대 비즈니스 생태계가 점점 더 디지털화 되고 지능적으로 연결됨에 따라 IoT가 지능적 디지털 메시에서 중추적인 역할을 수행하므로 여러 분야에서 IoT 플랫폼에 대한 높은 기준을 설정하고 있다.

종래의 스마트시티의 계획 및 실현이 백지에서 이루어지는 마구잡이 형식의 구상과 실현 하는 것이 아니라 실제 세계와 동일하게 반영하여 도시 계획-실행-관리의 전과정을 다룰 수 있는 ① GIS 기반의 공간정보에 ② 분석 및 시뮬레이션 기능과 ③ 3D 시각화 모델링 기능 결합으로 실제 도시에 대응한 가상도시 구축하는 '디지털 트윈'의 개념을 접목해야만 한다.

스마트시티의 필수요소는 고정밀지도(High_Precise Map), ICBMA(IoT, Cloud, Big Data, Mobile, AI),BIM 연계, GIS기반 플랫폼 신규 구축을 통해서

민과 기업이 함께 참여하여 유기적인 연결하는 디지털 트윈 생태계의 구축 방식으로 구현해야 진정한 의미의 스마트시티가 가능하다.

[그림 5-1] 디지털 트윈 단계별 정의 적용

스마트시티 플랫폼은 〈표 5-1〉처럼 디지털 트윈, 지능형사물, 에지클라우드 등과 같은 최신 기술 · 및 IoT 플랫폼 시스템과의 유연한 통합기술이다.

〈표 5-1〉 디지털 시티와 유연한 통합 기술

디지털 트윈	자산을 모니터링, 제어 및 예측, 유지 관리하는 보다 강력한 방법을 제공 가까운 미래에는 모든 효율적인 IoT 생태계의 핵심이 될 것으로 기대
지능형 사물	AI가 제공하는 추가 기능 향상으로 IoT 유즈케이스가 개선되고, 산업에 지능형 자율형 사물 등 첨단 솔루션을 구현하기 위해 AI시스템과 IoT플랫폼 통합 설계
에지클라우드	컴퓨팅 및 데이터 처리 능력을 IoT 시스템의 관리 대상에 더 가깝게 배치 새로운 데이터에 대한 신속한 조치 등 클라우드 고유의 모든 이점을 활용

스마트시티 플랫폼으로서 스마트시티의 구조를 〈표 5-2〉와 같이 7계층으로 구분하고 있다. 도시 인프라, ICT 인프라, 공간정보 인프라는 스마트시티의 인프라에 해당한다.

IoT와 데이터 공유는 스마트시티의 데이터 계층에 해당한다. 이 중 데이터 공유는 데이터의 자유로운 공유와 활용을 지원하는 구성요소이자 기술요소로서,

좁은 의미의 스마트시티 플랫폼으로 사용된다. 알고리즘&서비스, 도시 혁신은 서비스와 제도 계층에 해당한다. 7개 계층이 완비되어야 스마트시티 플랫폼이 제대로 작동할 수 있지만, 현실적으로는 몇 개 요소에만 의존하는 스마트시티도 적지 않다.

〈표 5-2〉 스마트시티의 구성요소

분 류	상세 분류	주요 내용
인프라	도시 인프라	• 스마트시티 관련 기술 및 서비스 등을 적용할 수 있는 도시 하드웨어
	ICT 인프라	• 스마트시티에서는 사물간 연결이 핵심 • 도시 전체를 연결할 수 있는 유무선 통신 인프라
	공간정보 인프라	• 현실공간과 사이버공간 융합을 위해 공간정보 인프라 필요 -공간정보 이용자가 사람에서 사물로 변화 • 지리정보, 3D지도, GPS 등 위치측정 인프라, 인공위성, Geotagging (디지털 컨텐츠의 공간정보화) 등
데이터	IoT	• 도시내 각종 인프라와 사물을 센서 기반으로 네트워크 연결 • 스마트시티 구축 사업에서 가장 시장규모가 크고 많은 투자가 필요한 영역
	데이터 공유	• 좁은 의미의 스마트시티 플랫폼 • 데이터의 자유로운 공유와 활용 지원 • 도시내 스마트시티 리더들의 주도적 역할 필요
서비스	알고리즘 &서비스	• 실제 활용 가능한 품질 및 신뢰도의 지능서비스 개발 계층 • 데이터의 처리 · 분석 등 활용능력 중요 • 유럽 Living Lab 등에서 다양한 시범사업 전개
	도시 혁신	• 도시문제 해결을 위한 아이디어 구현이 가능한 환경 조성 • 정치적 리더십, 사회 신뢰 등 사회적 자본이 작용하는 영역 -중앙정부의 법제도 혁신 기능 필요

[그림 5-2]처럼 Real 세계를 디지털 전환을 통하여 빅 데이터 및 AI 등의 기술을 사용하여 미래를 대응하는 디지털 트윈의 가상세계를 구현할 수 있다. 최근 디지털 트윈의 기술 목표는 Verture 세계와 Real 세계의 거리를 Zero로 만드는 것이다.

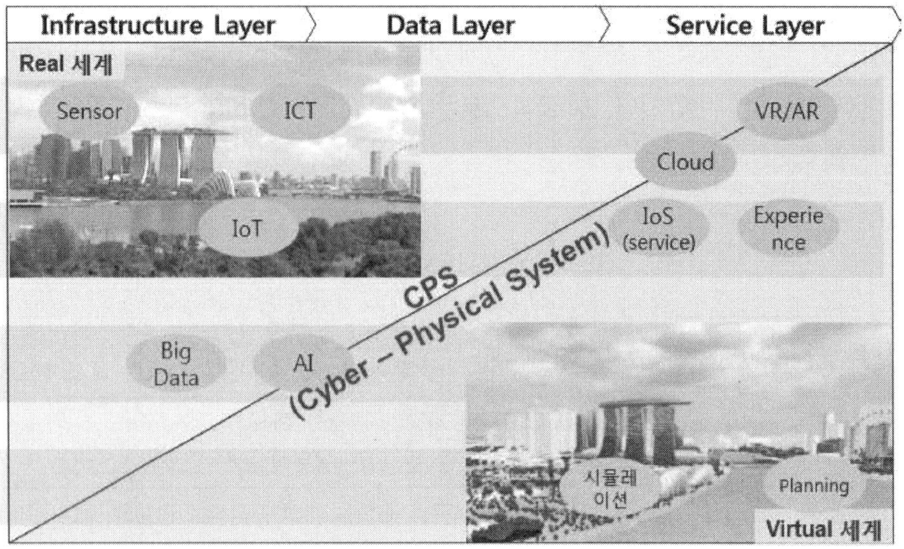

[그림 5-2] 디지털 트윈을 통해 구현되는 스마트시티

스마트시티 통합플랫폼은 [그림 5-3]처럼 교통, 환경, 안전, 방범·방재, 시설물관리 등 여러 가지 정보시스템의 연계·활용과 도시 상황 관리 및 스마트시티 통합운영센터 가동을 위한 핵심 기술이다.

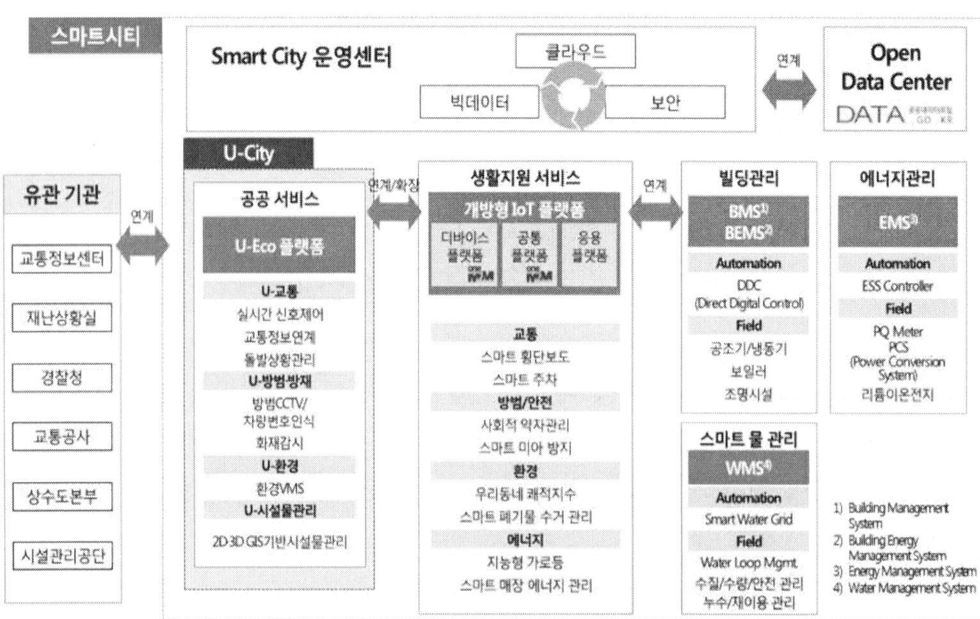

[그림 5-3] 스마트시티 플랫폼 모델

스마트시티 혁신성장동력으로 필요한 핵심기술개발은 <표 5-3>처럼 스마트시티 모델 및 기반기술개발, 시민중심 서비스고도화를 위한 UseCase형 실증, 기술혁신, 비즈니스 창출을 위한 리빙랩형 실증이다.

<표 5-3> 스마트시티의 핵심기술 개발

핵심기술개발	세부 내용
스마트시티 모델 및 기반기술 개발	개방형 데이터 허브 아키텍처 및 핵심기술 개발
	초대규모(Massive) 실시간 IoT 인프라 및 네트워크 기술 개발
	디지털 트윈을 이용한 스마트시티 서비스 가상화 기술 개발
	스마트시티 혁신성장동력 프로젝트 관리, 평가모델 개발 및 협력 프로그램 발굴
시민중심 서비스고도화를 위한 UseCase형 실증	스마트 모빌리티 및 주차공간 공유지원 기술개발
	데이터 공유를 통한 도시 재해재난 안전 및 사회 안전 긴급구난 기술개발
	데이터 허브센터 및 도시행정 서비스 고도화 기술 개발
	시민참여형 도시문제 해결을 위한 데이터기반 스마트시티 Use Case 개발
기술혁신, 비즈니스 창출을 위한 리빙랩형 실증	크라우드소싱 기반 도시 대기환경 측정 및 예측기술 개발
	개발 주택/빌딩/공장/공공 시설물 통합 에너지 관리기술 개발
	독거노인 Total Care System 및 장애인 이동성 보장시스템 개발
	리빙랩 혁신 모델 기반 개방형 데이터 허브 플랫폼 구축 및 검증
	개발 지역 수요 기반의 스마트시티 비즈니스 모델 개발

출처 : 스마트시티혁신성장동력사업단 홈페이지 smartcities.kr

5-2 스마트시티의 표준

최근에는 도시의 여건에 따라 <표 5-4>처럼 ① 도시 플랫폼(데이터 허브), ② 리빙 랩, ③ 시범도시 구축 등으로 다양한 전략과 콘텐츠를 가진 스마트시티가 등장하고 있다.

<표 5-4> 스마트시티의 유형

구 분	해당 도시
도시 플랫폼	영국 밀턴킨즈 / 캠브리지
리빙 랩	스페인 산탄데르, 미국 뉴멕시코
시범도시	UAE 마스다르(국가 주도), 캐나다 토론토(민간주도), 미국 콜럼버스(공모)

학습 5

국제 표준화 기구인 ISO는 ISO 37120을 통해 스마트시티 표준 아키텍처를 데이터 수집, 네트워크, 컴퓨팅, 저장관리, 서비스 지원, 스마트 어플리케이션으로 구성하였다.

국제공간정보 표준을 기반으로 실내공간, 실외공간, 지하시설물 등의 디지털 트윈을 구축하여 일관성, 연계성 및 확장성을 확보한다.

[그림 5-4]처럼 공간정보 관련 국제 기술표준 연구 및 제정 기구인 OGC(Open Geospatial Consortium)는 실내, 실외, 지하 및 Geo-IoT 의 OGC공간 데이터를 표준으로 채택하고 있다.

[그림 5-4] OGC 공간 데이터 표준

국제표준들에 포함된 기술 범위로는 데이터 수집 및 처리, 빅데이터 분석, 오픈데이터化 등이 있으며 데이터 수집 및 처리 플로우를 권고함으로써 스마트시티에서의 데이터 처리의 중요성을 강조하였다. 스마트시티 플랫폼을 국제 표준화 하는데 있어서 스마트시티에서의 데이터 수집, 관리, 연계, 공개까지의 플로우 정의 및 관련 아키텍처 정의의 필요성 높다.

1. 네트워킹

모든 상황에서 콘텐츠 중심 네트워킹(Contents Centric Networking), 유비쿼터스 컴퓨팅이 가능해야 하며, 이는 높은 광대역 네트워크를 통해 구현한다.

2. 오픈 데이터

오픈 데이터 정책을 통해 다양한 소스의 데이터를 자유롭게 이용, 배포 가능하고, 기타 기관 및 개인이 새로운 서비스를 제공받을 수 있어야 한다.

3. 빅데이터

빅데이터 분석 통해 질병 예방, 범죄 예방 등이 이루어져야 한다.

4. GIS 기반 데이터 표출

GIS를 통해 위치 기반 서비스를 제공하고, 각종 데이터를 위치 기반으로 시각화 가능해야 한다.

5. 클라우드 컴퓨팅

제품이 아닌 서비스로 컴퓨팅을 제공해야 하고 시스템 간 상호 운용성을 제공해야 하기에 클라우드 컴퓨팅을 통해 모든 스마트시티 도메인 간 상호작용이 가능해야 한다.

6. Service Oriented Architecture(SOA)

다양한 응용 서비스 기반의 아키텍처를 통해 시민들이 시스템에 접속하는 것이 아닌 각각의 서비스에 접속할 수 있어야 한다.

7. IoT

RFID, 센서 등의 상호 연결을 통해 많은 부분을 자동화하고 스마트 그리드 등의 서비스를 제공할 수 있어야 한다.

〈표 5-5〉 스마트시티의 중점기술과 기술범위

중점기술	기술범위
Urban OS 아키텍처 모델	• 스마트시티 운용자원 및 인프라에 대응 할 수 있는 표준화된 개방형 데이터 허브 아키텍처 모델 제시 • 스마트시티의 다양한 서비스 향상을 위해 기존 기관 및 타 지자체의 정보를 상호유연하게 연계
스마트시티 데이터 허브 코어 개발	• 스마트시티 Data Flow Management 체계 수립 • 하이브리드 빅데이터 저장공간 Data Lake 기술 • 고급분석 제공을 위한 샌드박스 기술 • 딥러닝 기반 질의 인식 검색 BI 기술 • 오픈소스 기반 데이터 시각화 기술

학습 5

5-3 스마트시티에서 디지털 트윈의 역할

1. 일반적인 디지털 트윈의 역할

일반적인 디지털 트윈은 현실과 동일한 3D 모델링을 기반으로 현실의 데이터를 가상공간에서 분석, 시뮬레이션하여 그 결과를 피드백하여 문제을 해결한다.

성공적인 디지털 트윈을 위해서는 대상에 대한 3D 모델링, 현실 데이터의 수집, 수집된 데이터의 분석, 분석결과에 기반한 현실 제어 방법이 필요하다.

① 3D 모델링 기법의 발전으로 대상에 대한 모델링 가능하다.
② IoT의 발전으로 현실 데이터의 실시간 수집/제공 가능하다.
③ 빅데이터/인공지능 등의 기술은 수집된 데이터를 더욱 고도화하여 분석할 수 있는 환경을 제공한다.

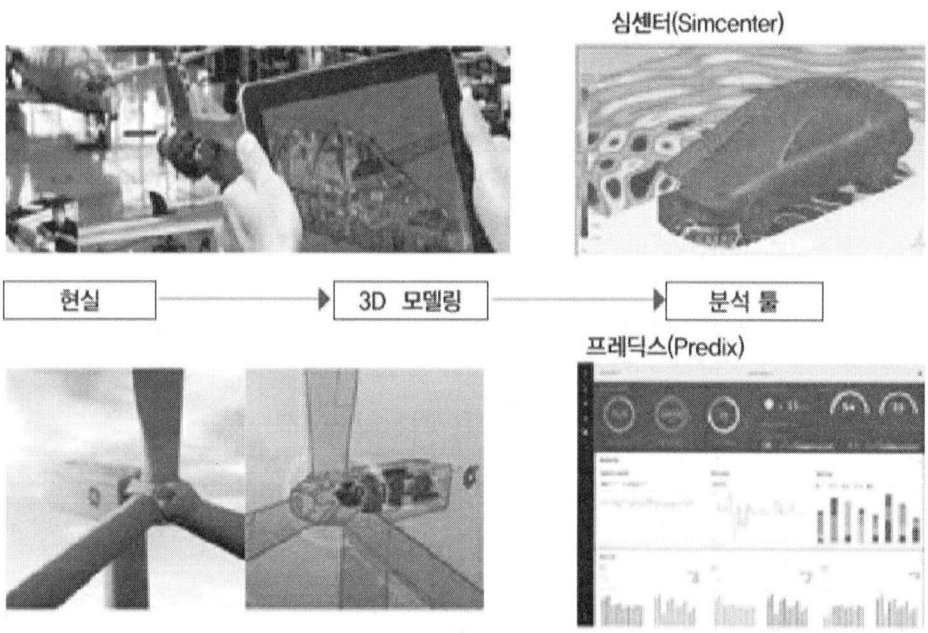

[그림 5-5] 디지털 트윈 예시

2. 스마트시티 분야에서 디지털 트윈의 역할

일반적인 디지털 트윈과 달리 스마트시티의 디지털 트윈은 3차원 공간정보일 뿐만 아니라 살아 움직이는 도시를 반영할 수 있어야 하므로 세 가지 측면의 역할 필요하다.

1) 도시계획 및 구축 측면

시민/공공/민간 등 다양한 이해관계자가 참여하여 의견을 제시하고 반영할 수 있도록 협업플랫폼의 역할을 수행한다.

2) 도시운영 측면

IoT 기술을 기반으로 도시 각종 시설물 등에 대한 정보의 생산/연계/유통을 통해 모니터링 및 제어가 가능한 통합 운영플랫폼의 역할을 수행한다.

3) 도시발전의 측면

빅데이터, 인공지능 등의 기술을 기반으로 축적된 정보로부터 새로운 가치를 창출할 수 있도록 분석/시뮬레이션 기능을 하는 예측 플랫폼의 역할이 필요하다.

5-4 스마트시티에 디지털 트윈 적용시 고려사항

1. 도시문제의 복합성

도시는 주택, 생활 인프라, 교통, 에너지 등 각종 분야가 얽혀 있고, 각 분야의 복잡한 상호 관계 속에서 대부분의 문제가 발생한다.

① 도시의 교통체증은 단순 차량대비 도로 폭이 좁아서만 생기는 것이 아니라, 주변 행사, 공사, 시설물 파괴, 교통사고 등 다양한 원인에 의해 발생한다.
② 도시문제를 체계적으로 도출하고, 이 중 ICT 기술을 적용하여 해결할 수 있는 문제를 점검하고 기술 적용을 통해 도시에 혁신적 변화를 가져온 사례가 있었는지를 우선 검토해야 한다.

2. 기술과 제도를 함께 고려

도시문제를 해결하기 위해서는 기술의 개발뿐 아니라 해당 기술을 상용화하고 확산시킬 수 있는 제도적 지원이 필수이다.

① 데이터 수집을 위해서는 개인정보보호와 국가안보에 대한 문제가 해결되어야 하며, 데이터가 연계되기 위해서는 조직이기주의를 타파하고 상호 활용 가능한 표준이 있어야 하며, 데이터를 활용하기 위해서는 시장 경쟁 및 신기술에 대한 지원이 필요하다.

② 이러한 측면은 스마트시티에 디지털 트윈을 적용하기 위한 '기술이 있는가, 기술을 적용할 수 있는가, 기술을 확산할 수 있는가'라는 문제가 개별적으로 고려되어야 함을 의미한다.

3. 도시문제 해결을 위한 지속적인 노력

도시에서 발생하는 문제에 대한 예측과 대응은 다양한 이해관계자의 관점 차이로 인해 실패의 부정적 측면이 크게 부각되는 경향이 있다.

① 기술의 발전은 생활을 편리하게 했을 뿐만 아니라 사용자의 눈높이 역시 높여 놓았기 때문에 예측의 실패에 대한 파장을 미리 측정/검토할 수 있어야만 하는 상황이다.

② 예측의 실패에 의한 파장을 측정할 수 있음으로 인해, 충분한 정책적 시도와 이를 기반으로 한 과감한 투자가 반복되는 선순환 구조를 구축해야 한다.

5-5 디지털 트윈 적용을 위한 정책방안

스마트시티 분야에 디지털 트윈을 적용하기 위해서는 우선 요구사항을 정의하고, 이를 계층화하여 단위시스템 및 통합시스템을 구현, 현장에 적용하는 다양한 시범/실험사업을 추진해야 한다.

① 단순 기술 분야만이 아닌 인문사회 경제분야의 참여를 기반으로 다학제적 협력을 통해 기술 적용 가능성을 진단하고, 그 결과를 토대로 기존 시스템들을 문제해결 중심으로 재설계

② 요구사항을 중심으로 데이터 표준을 구축하고, 시스템 간 상호 연계가 가능한 공통플랫폼을 구현

③ 표준 및 공통플랫폼에 기반하여 단위시스템을 구현하고 필드테스트를 완료한 후 시스템 간 점진적 확대와 통합을 수행, 통합효과를 측정하여 시범사

업을 마무리 추진

④ 시범사업 결과를 토대로 필요한 제도적 지원방안을 마련하고 이를 바탕으로 공간적 확산 수행

■ 스마트시티에서 디지털트윈 적용을 위해서 시스템의 설계가 필요

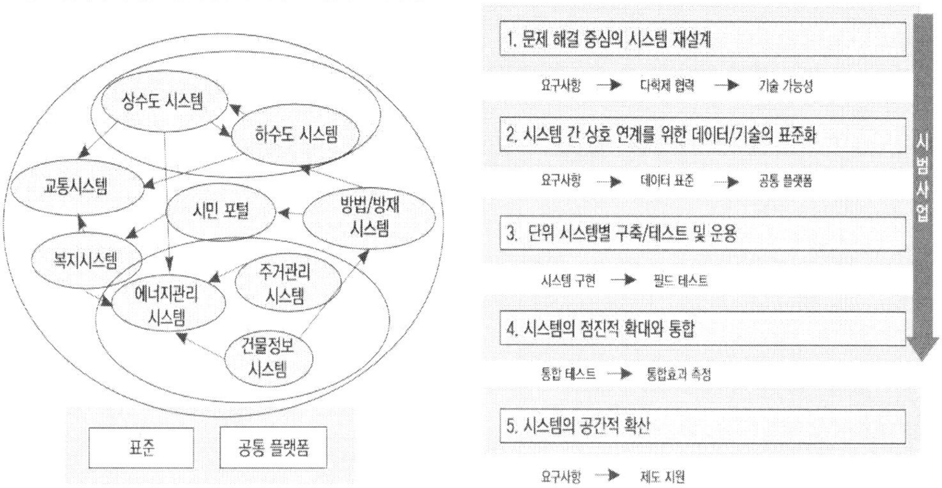

[그림 5-6] 디지털 트윈의 시스템 재설계 방향

스마트시티에 디지털 트윈을 적용하기 위해서는 디지털 트윈을 단순 시스템의 구축 차원이 아닌 자원으로서의 데이터 역할을 강화하고 이를 활용할 수 있는 장기적 전략 수단으로 인식해야 한다.

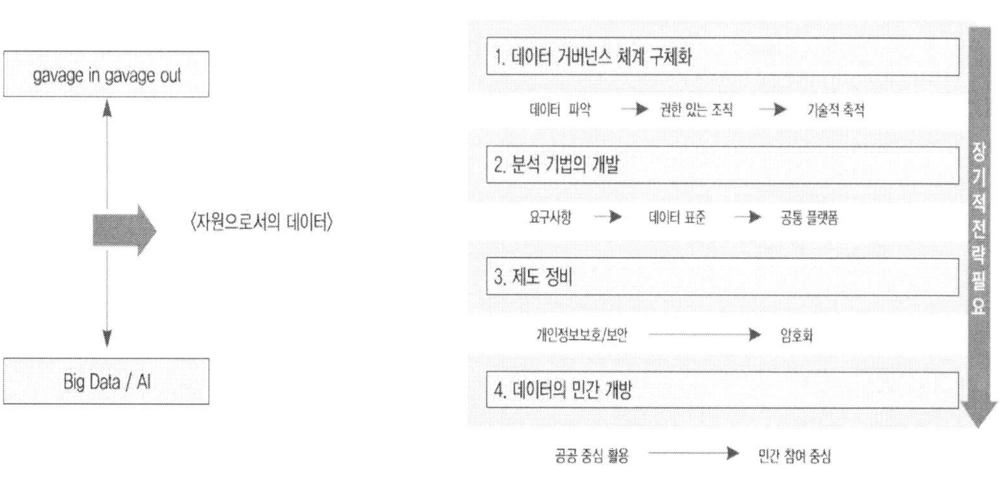

[그림 5-7] 스마트시티 적용을 위한 디지털 트윈의 데이터 관리 방향

① 데이터 거버넌스 체계를 구체화하여, 현재 데이터 보유 현황을 파악하고 권한 있는 조직이 앞장서서 관련 기술 및 데이터 축적을 지속적으로 추진한다.
② 데이터 표준 및 공통 플랫폼을 바탕으로 자원으로서의 데이터로부터 유의미한 가치를 창출할 수 있는 다양한 분석기법의 개발 및 적용을 독려한다.
③ 기존 개인정보보호 및 보안 등의 문제를 해결할 수 있는 암호화 방안을 강구하고, 이를 적극적으로 지원할 수 있는 제도적 방안을 마련한다.
④ 데이터 민간개방을 통해 공공중심의 데이터 활용에서 민간참여를 확대한다.

스마트시티에 디지털 트윈을 적용하기 위해서 [그림 5-8]처럼 1단계 기본 플랫폼 구축, 2단계 지속적 확장을 위한 플랫폼 구축함으로써 전반적인 전략정책을 구현할 수 있다.

[그림 5-8] 디지털 트윈 적용 전략

① 다양한 유형의 시범/실험사업 성과로부터 얻을 수 있는 각종 유형의 경험과 노하우를 축적, 공유할 수 있는 기반 마련이 필요하다.
② 충분한 경험과 노하우를 바탕으로 주변 환경 변화에 흔들리지 않고 꾸준하게 정책을 실행할 수 있는 권한을 가진 전담조직과, 그 성과를 타 도시 및 전국으로 확대할 수 있는 지속가능 협의체 필요하다.

〈표 5-6〉 스마트시티를 바라보는 인식변화의 방향

기존의 인식	미래 인식 변화의 방향
기술 만능주의	• 도시는 1~2개의 기술로 바뀔 수 없다. • 도시에는 너무나 많은 문제가 있다. • 도시 문제/사람의 문제는 기술자만큼이나 인문학자들의 관점이 매우 중요하다. • 기술은 그저 도울 뿐이다.
단기 성과중심 접근	• 연구개발 성과가 시민들에게 직접적으로 제공되기까지는 시간이 소요된다. • 테스트가 완료된 기술과 시민에게 서비스로 제공되는 기술은 다른 차원의 이야기이다. • 시민의 삶(특히, 안전)과 관련된 사안에 대해서는 충분히 많은 시행착오가 필요하다. • 기반이 되는 데이터의 축적에는 시간이 필요하다.
공급자 중심	• 혁신은 도전에서 출발한다/공급자-정책가는 도전에 대해 부정적이다. • 시장의 요구에 빠르게 반응하는 것은 돈과 직접적으로 연관된 민간영역이다. • 도시/국토는 너무나 넓어서 예산이 한계가 있는 상황에서는 기술적용의 공간적/시간적 범위가 중요하다.

수행 내용

재료 · 자료

- 디지털 트윈과 스마트시티 관련 자료

기기(장비 · 공구)

- 컴퓨터, 프린터, 주변기기

안전 · 유의사항

- 컴퓨터 및 주변기기의 전원을 관리한다.

수행 순서

01 스마트시티 조성의 필수 조건에 대하여 분석하라.

1. 고정밀지도 개념 및 구축, 필요성

'고정밀지도'는 지형을 비롯하여 주변의 구조물 및 도로 등의 공간 정보를 담아 지형지물의 정보를 10~20cm 오차범위 이내에서 식별할 수 있는 고정밀의 정확하고 신뢰성이 높은 지도다.

기존의 디지털 지도보다 정확할 뿐만 아니라 지형의 3차원화, 지형 고저, 곡선 반경, 곡률, 주변 환경 등을 3차원 속성으로 제작한다. 최근 각광받고 있는 자율주행 차량의 경우 주변 차량, 지형물 측정에 오차가 발생할 경우 인명 사고로 이어질 가능성이 크다. 고정밀지도를 이용하면 기존 센서를 보완하여 자율주행차량의 운행 상에 필요한 지형지물의 오차 범위를 크게 축소시키게 된다.

국내에서는 현재 국토지리정보원이 '자율주행차 상용화 지원 방안(2015. 5.)'에 따라 정밀지도(정확도 25cm) 고도화 및 DB 구축을 주도하고 있다.

2015년부터 정밀도로지도 에 대한 기초연구 및 시범구축에 착수한 상태인데 해당 성과를 바탕으로 국토지리정보원 은 2020년까지 고속도로 및 국도의 지도를 구축할 예정이며, 게다가 2020년 이후에는 정밀지도대상이 전국 2차로 이상 도로 일부로 확대될 전망이다.

이를 더욱 확장하여 활용하는 차원에서 한국도로공사(2018)에서는 국내 경부선 및 중부선 등의 테스트 고속도로를 대상으로 고정밀지도에서 추출되는 구조물에 대한 DB화를 비롯한 그 외 도로공사 유지관리 업무에 활용할 수 있는 다양한 DB 및 시스템을 구현하고 있다.

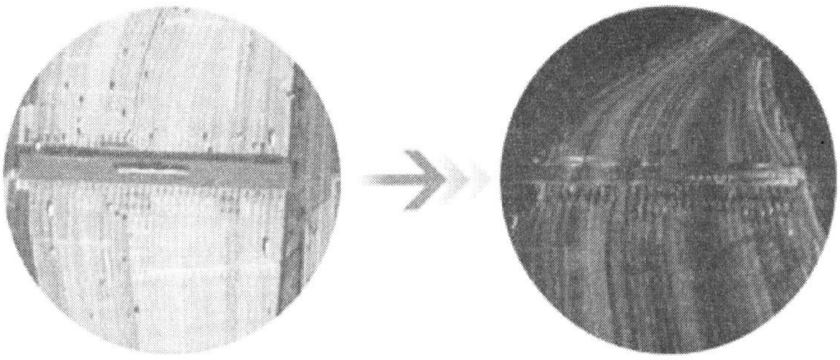

[그림 5-9] 현실 세계와 가상 세계(디지털 트윈 고속도로)

[그림 5-9]와 [그림 5-10]과 같이 현실세계를 가상의 세계로 변환하고 이를 '디지털 트윈'의 개념으로 적용하기 위해서는 정밀한 지도가 구축되어야 하는 것은 기본 중에서도 필수요소이다.

[그림 5-9]의 좌측은 한 국도로공사가 관리하고 있는 톨게이트를 포함하는 고속도로를 하늘 위에서 촬영한 것으로 실세계를 보여준다. 그에 비해 [그림 5-9]의 우측은 디지털 트윈 실현을 위한 단계로서 MMS(Mobile Mapping System)를 이용해서 구축한 LAS(LiDAR 촬영에 의한) 데이터 및 정밀도로지도의 원 자료(도화 前)를 보여주고 있다.

[그림 5-10]의 경우에는 한국도로공사에서는 정밀하게 구현된 정밀도로지도를 통해 기존의 로드뷰나 지도에서 볼 수 없던 표지판 정보, 졸음쉼터 등의 정보를 상세하게 현실과 동일하게 구축하고 있다. 특히, 단순히 이미지화되어 있는 그림이 아닌 공간정보 및 속성정보를 정확하고 정밀하게 포함하고 있으며, 갱신 또한 (준)실시간 및 정보를 수정, 보완하기에 어려움이 없는 구조로 이루어지는 시스템이 중요하다.

학습 5

[그림 5-10] 한국도로공사의 정밀도로지도 활용 구조물 관리 방안

2. ICBMA 기술 적용 및 활용

공간정보를 포함하는 정밀지도 가 구축되었다면, 이제 '연결성'이 중요한 요소가 된다. 제4차 산업혁명 시대는 바로 각 센서를 기반으로 연결되어 공유되는 ICBMA 기술(<표 5-7> 참조)의 전성기가 될 것이다. 각각의 기술 개발에 의한 자체 기술 발전은 물론이고, 기술 간의 융합 발전에 의해 로봇공학, 핀테크, 드론, 스마트카에 의한 최첨단 연결형 기술이 폭발적으로 성장하게 될 것이다.

〈표 5-7〉 ICBMA 기술 개념

기술명	세부내용
사물인터넷 (IoT;Internet of Things)	• 센서와 통신기능을 이용하여 각종 사물이 인터넷과 연결되는 기술 • 무선 통신을 통해 각종 사물을 연결하는 기술 • 인터넷으로 연결된 사물들이 데이터를 주고받아 스스로 분석하고 학습한 정보를 사용자에 게 제공하거나 사용자가 이를 원격 조정할 수 있는 인공지능 기술
클라우드 컴퓨팅 (Cloud Computing)	• 클라우드(인터넷)를 통해 가상화된 컴퓨터의 시스템리소스(IT 리소스)를 제공하는 것 • 인터넷 기반 컴퓨팅의 일종으로 정보를 자신의 컴퓨터가 아닌 클라우드(인터넷)에 연결된 다른 컴퓨터로 처리하는 기술을 의미 • 공유 컴퓨터 처리 자원과 데이터를 컴퓨터와 다른 장치들에 요청할 때 제공
빅데이터 (Big Data)	• 기존 데이터베이스 관리도구의 능력을 넘어서는 대량(수십 TB)의 정형 또는 심지어 데이 터베이스 형태가 아닌 비정형의 데이터 집합조차 포함한 데이터로부터 가치를 추출, 결과를 분석하는 기술
모바일 (Mobile)	• 간단하게 핸드폰 및 이동성이 높은 기기와 관련된 기술
인공지능 (AI; Artificial Intelligence)	• 시스템에 의해 만들어진 지능으로서 일반적으로 범용 컴퓨터에 적용한다고 가정 • 그와 같은 지능을 만들 수 있는 방법론이나 실현 가능성 등을 연구하는 과학 분야

[그림 5-11]은 스마트기술의 집합체 ICBMA로 파생되는 다양한 직업 및 산업군을 보여주고 있다. 제4차 산업혁명 시대를 맞이하여 정밀도로지도를 기반으로 형성될 수 있는 초연결 사회에서 요구되는 다양한 기술 및 산업이 필요하다는 관점이다.

[그림 5-11] 4차 산업혁명시대의 핵심 5대 기술(ICBMA)과 유망 산업

출처 : 매일경제MBN, "일자리 해결사 'ICBMA'... 5대 기술이 '듣보잡' 쏟아낸다

스마트시티를 기대하면서 가장 우선적으로 혁신을 꾀하고 사례로 등장하고 있는 곳은 도로와 차량 부문이다.

정밀도로지도를 배경으로 차량 및 여러 구조물 등 ICBMA에 의한 센서 정보들이 연결되고 융합되었을 때의 디지털 트윈형 스마트시티이다. 즉 초연결 기술을 바탕으로 현실을 쌍둥이처럼 관리할 수 있는 플랫폼을 구현하고 모든 것을 관리할 수 있도록 구현하고 있는 대표적인 사례이다.

정밀도로지도에 포함되는 현실 세계 모습을 가상현실로 구현하는 디지털 트윈 기술로써 실현이 가능하다.

학습 5

3. 도시에 대한 가치 또는 요구 (살고 싶은 도시)

도시거주 국민들은 미세먼지 등이 없는 깨끗한 환경에서 개인(가족)의 시간 · 프라이버시 · 복지 등이 보장되는 자연친화적 도시를 향후 살고 싶은 도시로 요구한다.

- 자연 속에서 몸과 마음이 치유되고, 스트레스를 해소할 수 있는 도시
- 다양한 문화 및 여가생활을 쉽고 편하게 누릴 수 있는 도시, 콘텐츠가 풍부한 도시
- 안전한 먹거리(유기농/무농약)를 쉽게 접할 수 있는 도시
- 전원주택처럼 편안한 주거생활이 가능한 도시
- 개인의 프라이버시를 침해받지 않는 나만의 공간이 확보된 도시
- 미세먼지 및 공해가 적고, 공기가 쾌적한 도시/층간 또는 외부 소음이 없는 조용한 도시

4. 스마트시티에 꼭 필요한(있었으면 하는) 서비스

〈표 5-8〉처럼 주로 나를 위한(또는 내 주변의) 생활환경을 개선할 수 있는 희망하는 스마트시티 서비스를 요구한다.

〈표 5-8〉 희망하는 스마트시티 서비스

구 분	희망하는 스마트시티 서비스
건 강	상시 건강관리, 원격진료, 안전한 식재료 공급, 사회적 약자 지원…
편 리	지능형 교통시스템, 자율주행차. 스마트 대중교통시스템, 스마트홈…
안 전	교통사고 방지, 범죄예방, 재난방지, 아동안전, BF도시…
신 속	1인용 교통수단, 트램, 스마트 신호체계, 지능형 교통시스템…
친환경	녹지확대, 친환경 에너지, 휴대용 신재생에너지, 첨단 쓰레기 처리…

02 스마트시티의 데이터 허브 중점기술 및 법위에 대하여 분석하라.

1. Urban OS 아키텍처 모델 아키텍처 전체 구성 설계

1) 국제표준을 반영한 ICBMS 기반체계의 아키텍쳐 설계

① I(Internet of Things)CBM : 사물인터넷 어플리케이션 및 서비스 개발을 위한 국제 표준 규격인 OneM2M(TTA, ETSI, ATIS/TIA, CCSA, ARIB/TTC등 7개의 표준화 기구로 구성)

② IC(Cloud)BM : 컴퓨팅 가상화, 컨테이너 기술, 컴퓨팅 자원관리 및 분산 클라우드 등 중심의 표준 및 관리/연동기술 등 클라우드의 핵심기술 중심으로 논의 (ITU-T SG13, OCP, JTC1 SC38)

③ ICB(Big Data)M : 클라우드 기술과 결합한 박데이터 시스템 표준화와 빅데이터에서 분석의 대상인 데이터의 재활용 및 상호 호환을 중심으로 논의(ITU-T SG13, ISO/IEC JTC 1/SC32)

④ ICBM(Mobile) : 모바일 어플리케이션의 요구사항 충족 여부와 모바일 어플리케이션의 보안 기술 및 메커니즘에 대한 표준 및 모바일 어플리케이션 접근성을 중심으로 논의(ISO/IEC 25010, ITU-T SG17, KS X 3253)

⑤ ICBMS(Security) : 통신보안 기술, 데이터 암호와 및 개인정보보호 등 정보보호 원천 기술들에 대한 논의(ITU-T SG17, JTC1 SC27)

2) 도시의 사물인터넷

도시의 사물인터넷(IoT : Internet of Things)은 다양하고 광범위한 기기에서 센서와 통신 정보가 통신망을 통해 실시간의 대용량 데이터를 수집하고 분석 필요

2. 타 지자체, 기관 시스템 연계 인터페이스 기술

스마트시티와 기존 도시 서비스 시스템 연계 시 개방형 데이터 허브에서 기존 시스템, 외부 기관과의 인터페이스를 위해서 Data 레벨, 서비스 레벨 및 연계 방안의 스마트시티 연계표준 수립 및 기술이 필요하다.

학습 5

3. 스마트시티 Data Flow Management 체계 수립 기술

도시 서비스 별(교통, 에너지 등) 스마트시티 인프라에서 발생된 데이터들을 표준 데이터 포맷에 맞춰 수집, 처리, 분석하고 데이터 특성을 고려한 저장관리 및 질의실행을 관리하는 Data Flow Management 및 순환 체계 수립해야 한다.

4. 하이브리드 빅데이터 저장공간 Data Lake 기술

Urban Big Data를 raw data 형식으로 저장하고 모든 용도로 사용할 수 있게 하는 저장 기술. 지속적인 Use Case 개발과 Cross Domain Service 창출, 사용자 Feedback을 반영한 도시 인프라 최적화 운영을 위해 필요하다.

5. 고급분석 제공을 위한 샌드박스 기술

사용자가 자유롭게 데이터를 분석하고, 새로운 알고리즘, 분석엔진, AI 기술을 개발 또는 적용할 수 있도록, 각각의 컴퓨팅 환경을 구성 제공하는 기술임. 가상화된 컴퓨팅 환경에서 효율적이며 사용자가 원하는 SW 스택의 프로비저닝도 포함함다.

6. 딥러닝 기반 질의 인식 검색 BI 기술

다양한 표현기술을 통해 입력된 사용자의 분석의도를 인지하여, 분석에 필요한 데이터셋의 검색 지능화 기술 또는 데이터 추천 큐레이션 기술이다.

7. 오픈소스 기반 데이터 시각화 기술

오픈소스를 활용한 핵심 시각화 기술 국산화 및 직관적인 시각화 분석 차트, 도구가 필요하다.

03 해외 주요국의 스마트시티 추진 목표에 대하여 분석하라.

〈표 5-9〉처럼 해외 주요국의 스마트 추진 목표는 다음과 같다.

〈표 5-9〉 주요국의 스마트 추진 목표

국 가	목 표
미 국	2015년, Smart Cities Initiative 발표 : 교통혼잡 해소, 범죄예방, 경제성장 촉진, 공공서비스 등과 관련한 지역문제 해결을 위해 1.6억달러 투자, 2016.12월, 미국교통부(DOT) Smart City Challenge 실시 : 콜롬버스시 선정
EU	Horizon2020 계획에 디지털아젠다로 Smart Cities 명시 2013년, 스마트시티 및 커뮤니티 혁신 파트너십 전략 실행계획 발표 : 유럽집행위원회(EC)가 에너지와 교통문제 해결에 중점을 두고 정책 총괄
영 국	2012년부터 'Open Data, Future Cities Demonstrator' 정책 추진 : 스마트시티 세계 시장점유율 10% 목표, 스마트시티 관련 ICT 기술표준화에 집중 투자
중 국	2012.12월, 12차 5개년 계획에 따라 국가 스마트시티 시행지역 공고 : 2015년까지 320개 智惠城市 구축 목표, 약 53조원 투자 2015년, 신형도시화계획 발표 : 500개 스마트시티 개발, 2020년까지 R&D 500억 위안(10조 원)과 인프라구축 등에 1조 위안(182조 원) 투자
인 도	2014년, 신임 총리가 2020년까지 100개 스마트시티 건설과 총 19조원 투자 공약
싱가포르	2014년, 스마트네이션(Smart Nation) 프로젝트 출범, SNPO(Smart Nation Programme Office) 설치 국내외 대학 및 민간단체, IBM 등 다국적기업, 시민 등과의 협업체계를 구축하여 시범사업 추진 2015.10월, ITU의 스마트시티 핵심성과지표 개발을 위한 시범평가모델로 선정
일 본	2014.4월, 제4차 에너지기본계획 : 에너지 이용 효율화와 고령자 돌봄 등 생활지원 시스템을 포함한 스마트시티 구축 계획 발표 후쿠시마 원전사고 이후 에너지와 환경 분야에 중점을 두고 4개지역(요코하마, 교토, 도요타, 기타큐슈)에 집중 투자 2018.6월, 미래투자전략2018(Socity 5.0) 발표 : 교통 · 안전을 위한 스마트시티 실현 계획 발표 : 2020년까지 IoT 기술을 활용한 안전 · 방재시스템 구축시스템을 100개 지방자치단체에 도입

학습 5

04 싱가포르의 Virture Singapore 스마트시티 추진단계 사례에 대하여 분석하라.

비추얼 싱가포르는 국가 전체의 3차원 지도를 포함한 동적 도시 시뮬레이션 모델이자 통합 데이터 플랫폼이다. 비추얼 싱가포르는 정부, 3D모델, 이너넷, IoT를 활용해 수집되는 실시간 정보 등 다양한 데이터 원을 통합 제공한다.

1. 추진단계

1. Visualize & Virtualize (2015.06~2017.06)	2. Experience the city (2016.06~2018.06)	3. Operate & mange the city (2018.01~2019.06)
• 싱가포르 3D형상 획득 • 3D기반 시뮬레이션 Pilot수행 • 에너지, 교통, 소음, 바람, 그늘 등	• 시뮬레이션 확대 • 활용케이스(시민경험) 다양화 • 버스운영/트래픽 정보 등	• 도시 운영 최적화 • 데이터 구동 결정

2. 진행단계

Virtualise (Data 획득)	Visualise (Data 시각화)	Experience the City (시뮬레이션)

3. Virtual Singapore 역할 예시

1) Virtual Experimentation

네트워크 커버리지 분석

위험분석

공기흐름 분석

오염분석

2) Virtual Test-Bedding

건물 대피 시뮬레이션

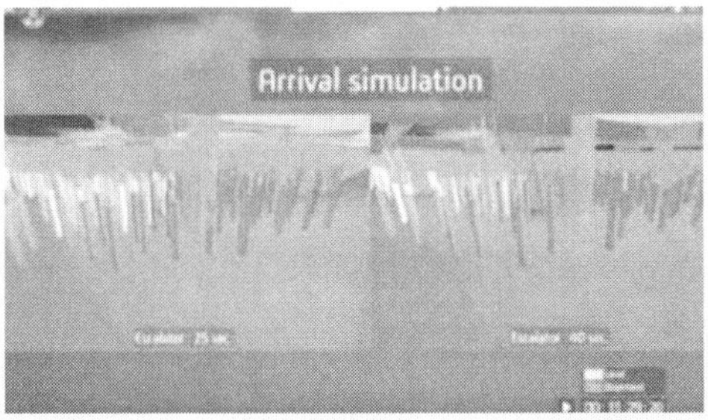

교통량 시뮬레이션

태양열 설치 검증

소음 분석 검증

3) Planning and Decision Making

도로 계획 수립

풍량을 고려한 건물 배치

그림자를 고려한 단지 조성

육교 연결 도로 결정

4) Research and Development

IoT 모니터링

시민을 위한 서비스 개발

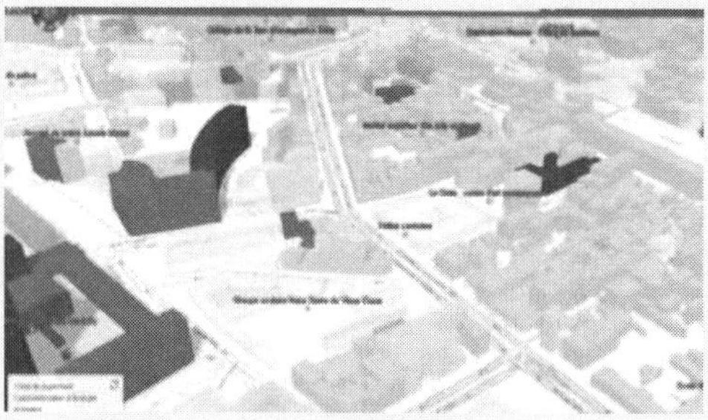

쾌적 환경을 위한 연구

교통 흐름 최적화

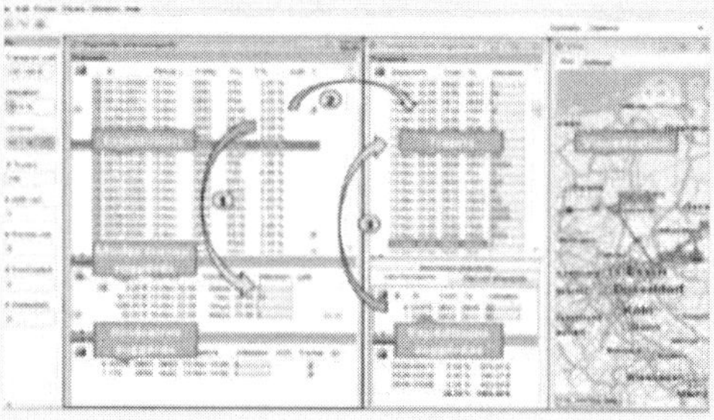

05 해외 주요국의 혁신요소별 스마트시티에 대하여 분석하라.

〈표 5-8〉처럼 해외 주요국의 대표적인 혁신요소 7가지로써 모빌리티, 헬스케어, 교육, 에너지와 환경, 거버넌스, 문화와 쇼핑, 일자리 등의 스마트시티를 분석한다.

〈표 5-10〉 해외 주요국의 혁신요소별 스마트시티

혁신요소	도시명
모빌리티	코펜하겐, 도쿄, 런던, 시드니, 홍콩, 싱가포르, 샌프란시스코
헬스케어	바르셀로나, 시드니, 싱가포르, 토론토, 서울, 런던, 뉴욕, 시카고
교 육	보스턴, 멜버른, 제네바, 취리히, 싱가포르, 토론토, 모스크바
에너지와 환경	취리히, 제네바
거버넌스	멜버른, 코펜하겐, 스톡홀름, 런던, 싱가포르, 상하이
문화와 쇼핑	바르셀로나, 상하이, 싱가포르
일자리	보스턴, 샌프란시스코, 취리히, 스톡홀름, 코펜하겐, 싱가포르, 런던, 시카고

06 해외 주요도시 스마트시티의 특성에 대하여 분석하라.

〈표 5-9〉처럼 해외 주요 도시 스마트시티의 특성에 대하여 혁신요소를 참고하여 다음과 같이 분석하였다.

〈표 5-11〉 해외 주요 도시 스마트시티의 특성

도 시	스마트시티의 특성
글래스고	통신네트워크 구축으로 도시 인프라 통합 및 삶의 질 향상
밀턴킨즈	데이터를 활용한 도시 플랫폼, 시민중심 리빙랩
캠브리지	데이터를활용한도시플랫폼, 지속가능한도시구조, 교통과환경중심
바르셀로나	국가중심 선도도시, 민간 참여 및 육성, 지속가능한 도시구조, 스마트시티 엑스포, 에너지와 교통 중심
산탄데르	시민중심 리빙랩, 거대 테스트베드형 실험도시
오 슬 로	기업과지자체간연계활성화, 스마트그리드, 신재생에너지소-전기차충전소
칼라사타마	시민주도도시기획, 시민중심리빙랩, 스타트업중심솔루션검증
코펜하겐	시민중심 리빙랩, 지속가능한 도시구조, 친환경 도시, 자전거 확산 및 시민건강
암스테르담	국가중심 선도도시, 시민 체감 서비스, 시민중심 리빙랩, 스마트 미터 설치 및 스마트그리드 최적화
프리드리히샤펜	스마트 라이프 체험형 서비스
니 스	친환경 도시계획, 데이터 플랫폼, 스마트 도로
마스다르	국가주도 시범도시, 세계 최초 /최대 친환경 계획도시
아우랑가바드	공공 도시운영, 그린필드 개발 포함, 공공교통, 저렴주택
싱가포르	국가중심 선도도시, 민간 파트너십, 가상현실, 테스트베드
토 론 토	민간주도 시범도시, 4차산업혁신 및 성장기반, PPP형 도시운영, 주택비용 절감 등 다양한 미래기술

07 스마트시티의 3D 공간정보 통합에 대하여 분석하라.

3D 공간정보 통합은 [그림 5-11]처럼 실내 · 실외 · 지하시설물의 공간정보를 통합하는 서비스이다. 실내, 실외 및 지하공간의 데이터를 연속적으로 통합하여 안전하고 효율적인 스마트 도시관리 체계를 디지털 트윈기술을 도입하여 3차원 공간정보 기반의 시각화, 정밀 설계 등을 통해 도시운영 단계에서 계획 및 설계 단계까지 예측과 분석을 활용하는 3차원 공간 정보 프레임워크인 지속 가능 오픈 이노베이션 플랫폼을 구축(3D공간정보, 데이터 연계, 시각화, 기본 시뮬레이션, VR연계 등)한다.

1. 실외공간

실외공간은 지형 및 지상 시설물(건물, 도로, 교량, 가로수 등)을 구축한다. 실외공간의 구축은 항공 LiDAR, 항공영상, BIM/CAD, MMS(Mobile Mapping System) 등 활용한다.

2. 실내공간

실내공간은 다중이용 공공시설에 대해 정밀 3차원 실내공간정보를 구축한다.
실내 단위공간간의 연계를 표현하고, 그 내부에 객체를 위치한다.

3. 지하시설물

지하시설물은 상수 우수 오수 전기 통신 공동구 등을 구축한다. 2차원으로 구축되어 있는 GIS 도면을 변환하고 관련 대장자료를 융합한다.

4. 연계 통합

3D 공간정보를 연계 통합은 실외 실내 지하공간정보의 연계하는 것이다. 예를 들면 매설 가스관이 건물 내부로 인입하고 실외 도로가 실내 주차장과 연결 등을 구현하는 것이다.

실외공간 실내공간 지하시설물

[그림 5-12] 3D 공간정보 통합서비스

08 스마트시티의 해외 및 국내 시장 현황에 대하여 분석하라.

1. 해외 시장 현황

시장조사 또는 컨설팅 기관에 의한 스마트시티 세계시장 조사·분석 결과, 전 세계 시장규모는 2025년 전후 약 2.11조 달러로 나타났으며, 연평균증가율은 약 20.4%로 매우 높은 성장세를 나타낼 것으로 전망된다.

유럽 및 미국 등 선진국은 ICT 기술을 활용하여 기존 도시의 도시재생 및 에너지 효율화 중심으로 추진 중에 있으며, 빅데이터 구축, 스마트시티 솔루션 개발 등 스 마트시티 거버넌스에 집중하고 있다. 아시아 지역은 대규모 자본 투입을 통한 신도 시 개발로 스마트시티를 구현하고 있으며, 급격한 도시인구 증가로 스마트시티의 필요성 및 개발이 지속적으로 확대되고 있다.

스마트시티 산업은 일찍이 이 분야에 진출한 Cisco, IBM 등이 동 분야 기업순위 1,2위를 다투며 리더 그룹을 형성하고 있다. 글로벌 IT 기업들은 자사 스마트시티 플랫폼을 기반으로 솔루션 중심의 사업기반을 구축하고 있으며, 전 세계적으로 영역을 확장해가고 있다. Gartner Hype Cycle에 따르면 서비스 구현을 위한 여러 요소가 통합된 형태의 기술 중 도시운영기술은 시작단계인 태동기, IoT 플랫폼 기 술 등은 성숙기, 빅데이터 기술은 적용 가능한 단계에 있다.

1) 미국/Cisco

미국/Cisco는 자사의 네트워크 기술을 바탕으로 다양한 분야에 참여 중이며, 'Smart+Connected Communities'라는 프로젝트를 통해 교통, 안전 및 보안, 교육, 전력, 건강, 행정 등의 솔루션을 제공하고 있다. 인천 송도의 만물인터넷 솔루션 센터(Global Center of Excellence), 덴마크 코펜하겐의 스마트 가로등, 스페인 바르셀로나의 스마트 파킹 및 인도에서 진행 중인 DMIC(Delhi-Mumbai Industrial Corridor) 등의 개발에 참여하였다.

2) 미국/IBM

미국/IBM은 자체 인공지능 플랫폼인 'Watson'을 개발하였고, 'City Platform'이라는 플랫폼을 통해 도시 각 분야에 빅데이터 분석기법을 적용하여 발생 가능한 문제를 예측함으로써 자원의 효율적 활용이 가능하도록 하는 스마트시티 개념을 도입한 솔루션을 제공하고 있다. 동사는 전세계 2000여 스마트시티 프로젝트를 수 행한 경험을 가지고 있다. 특히 미국 국토부에서 주관하는 스마트시티 챌린지 사업의 참조 모델인 미국 콜럼버스시의 챌린지사업에 '스마트 콜럼버스 익스피리언스 센터'의 고급 데이터분석 · 운영 서비스를 제공하였다.

3) 독일/Siemens]

독일/Siemens는 전통적으로 시설, 시스템을 원청계약자에게 제공하는 하청공급 자 역할을 수행해 왔으나, 고객에게 통합 솔루션을 제공할 수 있는 종합역량 구축 필요성이 대두되었다. 특히 스마트시티 시장에 적극적으로 대응하기 위해 각 사업 본부에 산재해 있던 관련 부문들을 '인프라 및 도시 본부'로 통합하고, 현재는 '빌딩 테크놀로지'와 '모빌리티' 두 개의 제품군으로 분할하여 사업을 영위하고 있다. 2017년 기준 빌딩 테크놀로지 부문의 매출 규모는 65억 유로, 모빌리티 본부는 81억 유로이며, 이는 동사 총 매출 843억 유로의 18%에 해당한다. 2012년에 완 공된 런던 '더 크리스탈'은 미래 스마트시티에 대한 동사 보유 솔루션의 집합체로 서 전 세계에서 가장 큰 규모의 스마트시티 기술 쇼케이스 역할을 수행하고 있다.

4) 프랑스/Dassault Systems

프랑스/Dassault Systems은 1981년에 설립된 CAD(컴퓨터 지원 설계) 소프트 웨어 회사로, 프랑스 전투기 제조회사인 다쏘항공의 개발 부서에서 출발하였다. 2000년대 스마트시티가 글로벌 트렌드로 부상한 후 종전 다양한 영역에서 보유하 던 자사의 3D 시뮬레이션 기술 및 역량을 종합하여, 현실 도시를 그대로 컴퓨터 안 버추얼 시티에 복제하는 스마트시티 플랫폼 '3D EXPERIENCity' 개발에 성공 하였다. 이 플랫폼은 도시 개발 계획을 사전에 시민들에게 공유하고 수렴된 다양한 의견을 시뮬레이션 할 수 있어, 시민

참여형 스마트시티 구축이 가능하다. 동사는 싱가포르에 '버추얼 싱가포르' 프로젝트를 제안하여 성공 사례를 확보하였다.

5) 미국/Microsoft

미국/Microsoft은 디지털 트랜스포메이션을 통해 도시의 다양한 과제를 해결하고, 지속가능한 도시를 설계해 정부, 기업 및 시민이 함께 도시의 미래를 설계하는 파트너십 솔루션 'CityNext'를 선보이고 있다. 또한 테러 등 범죄 위협에 대비하기 위해 효과적으로 식별, 예방, 대응할 수 있는 클라우드 기반의 지능형 영상감시 시스템도 구축하고 있다.

2. 국내 시장 현황

국내 스마트시티 산업의 시장규모는 2021년 약 151조 원 규모에서 연평균 16% 이상 성장하여 2025년에는 약 900조 원 규모에 달할 것으로 전망된다.

국내 스마트시티 시장은 크게 2가지로, 국가전략프로젝트 연구개발을 통한 스마트시티 관련 산업 활성화 부문과 국내 스마트시티 관련 산업의 해외진출 부문으로 나눌 수 있다. 국가시범 스마트시티 조성사업은 2018년부터 실증도시 2곳을 선정하여 운영하고 있으며, 이를 바탕으로 한 스마트시티와 관련된 연구개발에 2018년부터 2022년까지 총 1,159억 원이 투입될 예정이다.

주요 연구개발 내용은 스마트시티 모델 및 기반기술 개발, 서비스 고도화를 위한 시민중심 서비스창출형 실증, 기술혁신 및 비즈니스 창출을 위한 도시혁신형 실증 등 3가지로 구성된다. 이러한 국가차원의 연구개발 투자를 통해 4차 산업혁명의 다양한 기술과 서비스를 구현하도록 함으로써 스마트시티 산업의 시장은 확대될 전망이다.

〈표 5-12〉 스마트시티 플랫폼 분야 주요제품의 구내업체현황

분 류	업 체
네트워크	SK텔레콤㈜, ㈜케이티, ㈜LG유플러스
소프트 웨어	㈜엘지씨엔에스, ㈜한글과컴퓨터, ㈜포스코ICT, ㈜두원전자통신, ㈜엔텔스, ㈜세오, ㈜네오넥스소프트, ㈜새눈, ㈜데일리블록체인, ㈜모코엠시스, 건아정보기술㈜, 엔쓰리엔㈜, 이노뎁㈜, ㈜리얼허브, ㈜위니텍, ㈜와이드큐브, ㈜한컴엔플러스, ㈜다누시스, ㈜오픈잇, 메타빌드㈜, ㈜지오멕스소프트, ㈜스마트시티코리아, 이에스이㈜
솔루션	㈜누리텔레콤, 옴니시스템㈜, ㈜그렉터, ㈜인콘

출처 : 한국기업데이터 작성

학습 5

국내의 경우 통신사업자를 중심으로 지자체 및 협력업체와 공동으로 스마트시티 실증단지 개발을 선도하고 있으며, 네트워크나 IoT, 빅데이터 분석 등에 기술력을 보유한 기업들이 시장에 참여하여 경쟁을 벌이고 있다.

1) SK텔레콤㈜

SK텔레콤㈜는 2015년 부산 해운대에 IoT 기반 스마트시티 실증단지 조성사업을 부산시와 컨소시엄을 구성해 참여하여 시민안전, 교통, 에너지, 생활편의 등 4대 분야와 스마트파킹, 해운대 미아방지 등, 16개 도시서비스를 시범 운영하였고, SKT의 통신 인프라 시설을 포함한 계열사와의 연계성(SK건설 등)을 기반으로 스마트시티를 구축하고 있으며, 성남 판교지구 구축사업, 중국 스마트시티 MOU 체결 등을 진행하였다.

2) ㈜케이티

㈜케이티는 인천광역시 송도의 복합쇼핑몰 '트리플 스트리트'에 IoT를 적용하여 건물통합관제, 스마트 주차관리시스템, 긴급 비상벨 솔루션 등을 구축했다. 2019년 9월에는 부산시 사하구에 5G 기반의 AI 스마트타운인 '지니시티' 구축을 위해 포스코건설, 롯데건설 등과 MOU를 체결하였다. 지니시티엔 5G와 인공지능 외에도 '기가아이즈' CCTV 솔루션을 도입해 안전한 거주단지를 만들고, 미세먼지를 해 결하기 위해 KT 에어맵 플랫폼 기반으로 공기질 측정기와 빌트인 공기청정기, 단지 공기질 상황판 등을 설치할 계획을 갖고 있다.

3) ㈜LG유플러스

㈜LG유플러스는 2016년 고양시와 스마트시티 조성을 위한 업무협약을 체결하 여 스마트 도시환경, 안심주차, 스마트쓰레기 수거관리 시스템, 우리동네 쾌적지수 등 시범서비스를 추진하였다. 특히 스마트 쓰레기 수거관리 시스템은 공공 쓰레기 통에 IoT 센서를 달아 적재량을 실시간 관리하여 자동 압축해주고 쓰레기 수거 차 량 및 환경 미화원에게 다양한 정보를 제공하는 것이 특징이다.

4) ㈜LG CNS

㈜LG CNS는 LG그룹의 계열사로서 주요 사업은 전산시스템 설계, 개발, 통합 및 정보처리용역의 제공, 전산자원의 대여 등이다. 2018년 교통, 안전, 에너지, 환경 등 도시운영에 필요한 서비스를 한 곳에서 통합 관제하는 IoT 결합형 스마트시티 통합 플랫폼인 '시티허브'를 출시하였다. 시티허브는 빌딩, 가로등, 자동차 등에서 나오는 데이터를 수

집하고 관제하는 플랫폼으로, 수집한 데이터를 분석할 수 있는 인공지능 빅데이터 기술, CCTV 및 드론의 정보 분석을 통한 교통량 예측도 가능하다.

5) ㈜한글과컴퓨터

㈜한글과컴퓨터는 1990년 설립된 소프트웨어 개발 및 공급 전문 코스닥 기업으로, 스마트시티를 이루는 인공지능, IoT, 블록체인, 드론 등 관련 핵심 기술을 확보하기 위해 2013년 유니맥스, 2014년 MDS테크, 2015년 한컴 핀테크, 2017년 산청 등 공격적 M&A를 추진하고 있다. 2017년 12월 서울시, 세계스마트시티기구(WeGO), 한국스마트카드 등과 함께 '서울 아피아 컨소시엄'을 발족하였으며, 서울시 스마트시티 모델을 국내 지방자치단체로 확산하는 것을 추진하고 베트남, 우즈베키스탄, 터키 주요 도시들과 모델 도입을 논의하고 있다.

2018년 12월 공개한 '한컴 스마트시티 통합 플랫폼'은 도시 곳곳의 빅데이터를 수집, 분석하는 IoT 플랫폼 '네오아이디엠(NeoIDM)', '씽스핀(ThingSPIN)', 데이터 의 분산 저장을 통해 정보의 보안 및 신뢰를 담보하는 블록체인 플랫폼 '한컴 에스 렛저', 데이터 시각화와 실시간 모니터링 공유 확산을 위한 관제 플랫폼 '한컴 인텔리전트 시티 플랫폼'으로 구성된다.

6) ㈜포스코ICT

㈜포스코ICT는 1989년 설립된 포스코그룹 계열 IT&엔지니어링 전문 코스닥 기업으로, 스마트빌딩, 스마트공항, 스마트교통 및 이를 통합적으로 운용하는 스마트시티 플랫폼 사업을 영위 중이다. 2017년 4월부터 24개월간 분당 3배 규모의 쿠웨이트 스마트시티 구축 사업에 참여하여, 도시통합운영센터를 비롯한 ICT 인프라에 대한 설계를 담당하였다.

7) ㈜누리텔레콤

㈜누리텔레콤은 1994년에 설립된 사물인터넷/지능형검침(AMI) 솔루션 전문업체로 2000년에 코스닥 상장되었다. 주요 제품은 AMI 시스템과 시스템관리 소프트웨어로, AMI 시장에서 세계 최초로 이동통신망을 이용하여 시스템을 구축, 국내 공공시장에서 100%의 점유율을 기록 중이다. 최근에는 SK텔레콤과 약 300억 원 규모로 저압 AMI용 LTE 무선모뎀 단가계약을 체결하였다. 동사는 기존에 구축한 AMI 인프라와 연결해서 대규모 스마트시티 플랫폼 사업으로 영역을 확장 중이다. 특히 스마트시티 사업 중 에너지 분야에 집중하여 태양광, 연료전지, 전기차, 열공 급원 등 스마트시티를 구성하는 다양한 에너지발전원을 통합 관리하고 이를 거래 하는 가상발전소(Virtual Power Plan)와

같은 플랫폼 구축 사업을 계획하고 있다.

8) 옴니시스템㈜

옴니시스템㈜은 1997년 설립된 이후 연구개발에 투자를 지속해 국내 최초로 디지털 전력량계를 생산한 코스닥 상장업체다. 전자회로 설계기술, 계측유량 정밀보 정기술 등의 핵심기술을 보유해 스마트미터 제품을 주력으로 생산하고 있다. 2018년 11월 한국토지주택공사(LH)와와 공동주택용 지능형 계량기 개발을 마치고 이를 활용한 실시간 통합 검침시스템 실증 사업을 진주 남문산 행복주택단지(210가구)에서 시행하였다. 동사는 지난 2013년 중국 정부의 스마트그리드 신도시 건설 프로젝트에 참여하는 아이소프트스톤(ISS)그룹과 양해각서를 맺고 중국 스마트시티 사업에 진출한 바 있다.

9) ㈜그렉터

㈜그렉터는 2016년 설립된 커넥티드 서비스 전문기업으로, 자체 개발한 ALIOT IoT 플랫폼으로 스마트시티, 스마트빌딩, 스마트홈, 스마트미터링 시장에 참여 중이다. 지능형서비스를 위한 챗봇, IoT, IoT 허브 기술을 보유하고 있다. 동사는 2018년 3월 [㈜효성아이티엑스]가 구축/운영하는 안심부스 무료 와이파이존에 공간 공기질 상태를 실시간으로 알려주는 '앨리엇 스마트에코'와 IoT 플랫폼 '인케이스링크' 등 스마트에코 미세먼지 IoT 솔루션을 공급하였다. 측정된 미세먼지 농도는 빅데이터로 축적되며, 미세먼지가 악화되면 사전에 경고 메시지를 보내는 알람 서비스를 제공한다.

10) ㈜인콘

㈜인콘은 영상 보안장비 및 영상 보안 솔루션의 개발 및 제조를 영위하고 있는 CCTV 통합관제 솔루션 전문 코스닥 기업이다. 2017년 IoT 기반 지능형 화재감시시스템을 구축하는 등 IoT 솔루션 기업으로 변모하고 있다. 동사의 'Smart-I' 통합 플랫폼은 2018년 12월에 한국정보통신기술협회(TTA)로부터 스마트시티 통합 플랫폼 인증을 받았으며, 지리정보시스템(GIS)과 연계되어 시설물관리, 교통/방범/환경서비스 등을 제공한다.

11) ㈜엔텔스

㈜엔텔스는 2000년에 설립되어 유무선 통신 서비스 사업자를 위한 운용지원시스템 개발 및 공급을 주요사업으로 하고 있는 코스닥 기업이다. 동사의 스마트시티 플랫폼은 IoT 국제 표준인 oneM2M 규격을 기반으로 하여 다양한 응용서비스와 사물뿐만 아니라 타 시스템 및 플랫폼을 쉽게 연계할 수 있게 하였다. 이 플랫폼은 TTA로부터 스마트시티

통합 플랫폼 인증을 받았으며, 부산 스마트시티, 대구 스마트공원, 고양 스마트시티, 판교 스마트시티 등에 적용되어 운용되고 있다.

12) ㈜데일리블록체인]

㈜데일리블록체인은 2006년에 설립된 사회간접자본(SOC)사업 전문 코스닥 기업으로, 현재 진행 중인 남양주 다산신도시 스마트시티 구축 사업 및 송도, 영종도, 경북도청 이전 신도시 등의 유비쿼터스 시티 구축의 성공적 진행에 대한 공적을 인정받아 '2019 스마트시티' SOC-ICT 우수기업 스마트시티 교통부문 국토교통부 장관상을 수상하였다. 기존 전문분야는 지능형교통정보시스템(Intelligent Transportation System), 해상교통관제시스템(Vessel Traffic Service), 버스정보시스템(Bus Information System) 등 스마트 모빌리티(교통) 분야이며, 최근에는 스마트헬스케어 업체 '케어랩스'를 인수하는 등 스마트시티 전 분야로 사업영역을 확장 중에 있다.

13) 메타빌드㈜

메타빌드㈜는 1998년에 설립된 소프트웨어 개발 전문기업으로, 스마트시티 구축·운영을 위해 필요한 통합관제플랫폼 'MESIM'을 공급하고 있다. MESIM은 사물 연계통합 SW, 망연계 SW, 스마트빌딩 운용 SW, 재해재난 감시 드론운용 SW 등을 탑재해 다양한 도시서비스를 연계하는 등 유연성과 확장성이 높다. 이 플랫폼은 TTA 스마트시티 통합 플랫폼 인증을 받았으며, 청주, 포항, 송도 등 20여곳 지자체에 공급, 운영 중이다.

14) 이에스이㈜

이에스이㈜는 1998년 설립되어 철도, 도로, 항만 등 공공 SOC 정보화 사업과 도시정보화를 위한 소프트웨어를 개발 공급하고 있는 기업으로, 자체 개발한 통합 스마트시티 플랫폼 'RINO'는 TTA가 주는 통합플랫폼 인증을 받았다. 2018년 12월 서울시의 스마트시티 통합플랫폼 사업을 맡아 2019년 6월말에 완료하였다. 이 통합플랫폼은 관제센터 구축에 필요한 공통 기능을 제공, 다양한 형태의 관제 요소를 자유롭게 설치하거나 확장 및 운영이 가능한 클라우드 기반의 플랫폼이다.

학습활동.5 교수 · 학습 방법

교수 방법

- 디지털 트윈과 스마트시티에 대한 관련 용어, 구성, 방식 이해 정도를 파악한 후 수업을 진행한다.
- 교수자의 주도로 디지털 트윈과 스마트시티 등의 내용을 PPT 자료로 제시한 후 설명한다.
- 가능하면 사전에 개인별 학습 자료를 준비하여 모든 학생이 참여할 수 있는 문제 해결식 수업, 협력 수업이 가능하도록 한다.
- 디지털 트윈과 스마트시티 전 과정을 작업의 순서에 따라 단계적으로 실습이 이루어질 수 있도록 지도한다.
- 교재를 통해 수업을 준비하는데 있어서 필요한 모든 정보나 팁, 힌트 등 도움이 될 만한 내용들을 확인할 수 있다.
- 학생들이 만들게 될 각 모델들은 수업시간에 중점적으로 다뤄질 부분과 어휘, 질문, 답을 포함하고 있으며 또한 탐구할만한 추가적인 아이디어들도 포함하고 있다.

학습 방법

- 디지털 트윈과 스마트시티에 대한 관련 용어를 숙지하고, 디지털 트윈과 스마트시티에 대해 이해한다.
- 디지털 트윈과 스마트시티의 각 단계별 중점 사항을 체계적으로 학습한다.
- 디지털 트윈과 스마트시티의 수행순서의 전 과정을 실습한다.
- 디지털 트윈과 스마트시티의 내용을 이해한다.
- 디지털 트윈과 스마트시티를 이해하고 숙달이 될 때까지 학습한다.

학습활동.5 평가 및 피드백

평가 준거

- 평가자는 피평가자가 수행 준거 및 평가 내용에 제시되어 있는 내용을 성공적으로 수행할 수 있는 지를 평가해야 한다.

학습내용	평가항목	성취수준		
		상	중	하
디지털 트윈과 스마트시티	디지털 트윈과 스마트시티를 이해할 수 있다.			

평가 방법

• 작업 포트폴리오

학습내용	평가항목	성취수준		
		상	중	하
디지털 트윈과 스마트시티	디지털 트윈과 스마트시티를 이해할 수 있다.			

• 필기시험

학습내용	평가항목	성취수준		
		상	중	하
디지털 트윈과 스마트시티	디지털 트윈과 스마트시티를 이해할 수 있다.			

• 체크리스트를 통한 관찰

학습내용	평가항목	성취수준		
		상	중	하
디지털 트윈과 스마트시티	디지털 트윈과 스마트시티를 이해할 수 있다.			

• 피드백

1. 작업 포트폴리오
   - 제출한 보고서를 평가한 후 주요 사항에 대하여 표시하여 돌려준다.
2. 필기시험
   - 평가 결과 성적이 저조한 학생은 보고서 제출 기회를 부여한다.
3. 체크리스트를 통한 관찰
   - 실습 과정에서 평가한 후 개선해야 할 사항 등을 정리하여 돌려둔다.

참 | 고 | 문 | 헌

1. 한국정보화진흥원. 스마트시티 발전전망과 한국의 경쟁력. 2016.11
2. 국토교통부. 제3차 스마트도시 종합계획(2019~2023). 2019.6
3. SK텔레콤. SMART CITY in BUSAN. 2017
4. NIPA. IoT 오픈 플랫폼 기반 제품서비스 개발을 위한 IoT와 oneM2M의 이해. 2017
5. 한국정보통신기술협회. 스마트시티 상호운용성 검증 및 시험인증 동향. 2018.3
6. 한국전자통신연구원. 스마트시티 국제표준화 동향. 2018
7. ITU-T. Y.4201(02/2018) High-level requirements and reference framework of smart city platforms
8. Juniper Research. The Top 20 Smart Cities Globally, Consolidated Performance 2017
9. 동아일보. (2018.1). 공공데이터 1000여종 개방...런던은 '스타트업 사관학교'
10. KBS. (2019.4.6). 싱가포르. 3D 가상현실로 스마트 국가 건설
11. 스마트시티혁신성장동력사업단 홈페이지 smartcities.kr
12. 매일경제MBN. "일자리 해결사 'ICBMA'... 5대 기술이 '듣보잡' 쏟아낸다.", 2017. 11. 30.
13. 김은경. 유비쿼터스 도시에서 진화하는 스마트시티 구축의 필수요소
14. 4차산업혁명위원회. "도시혁신 및 미래성장동력 창출을 위한 스마트시티 추진 전략", 관계부처 합동, 2018.
15. 김영훈. "디지털 트윈, 어떻게 전개될 것인가?", 포스코경영연구원, POSRI 이슈리포트, 2018.
16. 국토교통부. "우리 삶을 바꿔줄 새로운 변화와 도전 2018 국토교통 혁신성장 추진계획", 2018.
17. 문용권 · 이민아. "자율주행의 핵심: 정밀지도", ktb투자증권, 따로, 또 같이 Series 4, 2017
18. 민경욱. "고정밀 맵 음영 자율주행 기술", 정보통신기획평가원, 주간기술동향 1911호, ICT R&D 동향, 2019. 8. 28, pp.27-34.
19. 신우재 · 김도년 · 조영태 · 박신원. "U-City의 국제 경쟁력 구축을 위한 Smart City와의 차이점 비교분석 연구-Smart Cities Index의 평가지수와 국내 지자체 수립 유비쿼터스 도시계획의 비교분석을 통해", 한국도시설계학회지 16(5), 2015, pp.5-16.
20. 서울대학교 건설환경종합연구소, "S.M.A.R.T하게 Smart City를 디자인 하라!", VOICE 14, 2018.
21. 안용준 · 이상호 · 유명옥 · 정경석 · 염인섭 · 지남석 · 김애림. "시민참여기반의 스마트시티 모델 정립", 대전세종연구원, 기획연구 2018-04, 2019.
22. 안종호. "스마트시티 기반사업 참여한 지자체, 22개→37개 확산", 건설경제, 2019. 7. 1.
23. 오경희. "스마트시티의 성공과 표준", 한국산업기술평가관리원, KEIT PD Issue Report 18(6), 2018, pp.35-59.
24. 유성민. "국외 사례를 통한 국내 스마트시티 추진 방향 제언", KISTEP Inside and Insight 23, 2017, pp.52-63.
25. 정보통신산업진흥원. "IoT 오픈 플랫폼 기반 스마트시티 분야 서비스 사례집", 2018.

26. 최봉문. “스마트 용어의 적용사례 분석을 통한 ‘스마트시티’의 개념정립을 위한 연구”, 한국컨텐츠학 회논문지, 11(12), 2011, pp.943-949.
27. 한국도로공사. 정밀도로지도 활용 서비스 모델 개발, 2019.
28. 한국정보통신기술협회. “4차 산업혁명 핵심 융합사례 스마트시티 개념과 표준화 현황”, 2018.

학습 5

학습 1	디지털 트윈의 개념
학습 2	디지털 트윈의 핵심기술
학습 3	디지털 트윈의 모델링 시뮬레이션
학습 4	디지털 트윈 플랫폼
학습 5	디지털 트윈과 스마트 시티
학습 6	**디지털 트윈과 스마트건설**
학습 7	디지털 트윈과 제조업
학습 8	디지털 트윈과 물류
학습 9	디지털 트윈과 헬스케어
학습 10	디지털 트윈의 전략 및 정책
학습 11	디지털 트윈의 응용
학습 12	디지털 트윈의 시장동향
학습 13	디지털 트윈의 미래

학습 목표	1. 디지털 트윈과 스마트건설을 이해할 수 있다.

6-1 스마트건설의 개요

1. 스마트건설의 개념

4차 산업혁명은 디지털 기술로 촉발되는 지능화 혁명이며, 건설산업은 이제 시작 단계이다. 4차 산업혁명 대응 국가 계획인 'I-KOREA 4.0에서도 스마트건설 혁신을 지능화 혁신 프로젝트로 선정하였다. 3D 가상시공, 건설장비 지능화 등 건설 생산성 40% 향상을 목표로 제시하고 인공지능, 자율주행, IoT, 스마트 시티 등이 5G로 연결되면서 데이터로 모든 것을 공유하는 시대 도래하고 데이터 주도권이 미래 기업가치를 결정하였다. 글로벌 IT 리서치와 가트너는 데이터는 '미래 경쟁력을 좌우하는 21세기의 원유라고 칭하였다.

국내 건설 노동 생산성 정체, 스마트건설시장 급성장 중이고 국내 인프라 건설 노동 생산성은 선진국 평균의 절반 수준이고 디지털화 수준이 높은 산업은 생산성 증가율도 높으며, 건설산업은 전체 산업 중에서 디지털화 및 생산성 증가율이 '꼴지' 수준이다.

급격한 근로환경 변화(고령화, 주 52시간 근무 등) 적기 대응 및 건설 현장의 안전성 제고 요구 증대되고 영국 ·일본 등 선진국은 스마트건설기술(BIM, 장비 자동화 등) 개발에 투자를 확대하면서 미래시장 선점 중이고 선진국은 건설 생산성 혁신과 신시장 선점을 위해 중장기계획을 수립하고, 스마트건설기술 개발 및 확산 정책 추진 중이다. 국내 건설산업의 낮은 생산성과 높은 재해율을 근본적으로 개선하고, 패러다임 변화를 통해 국가 경쟁력을 높이기 위해서는 스마트건설기술 개발 전략 추진을 통한 기술혁신 필요하다.

스마트건설의 개념은 전통적인 경험의존적 건설산업에 스마트 첨단기술(디지털 트윈, BIM,로봇, 드론, IoT, 빅데이터, AI 등)을 융합, 접목 · 활용하여 지식 첨단산업으로 패러다임을 전환하여 새로운 가치 창출, 인력의 한계를 극복하여 건설 생산성 또는 안전성을 획기적으로 향상시키는 건설 방식이다.

[그림 6-1]처럼 스마트건설은 건설 全단계에서 스마트건설기술이 적용 가능하다. 설계에서는 기존의 2D설계와 단계별 분절에서 3D 가상공간에서 최적 설계와 설계단계에서 건설 운영 통합/융합관리로 시공에서는 현장생산 및 인력의존에서 날씨 민원 등에 영향을 받지 않고 부재를 공장 제작 생산, 비숙련 인력이 고도의 작업이 가능하도록 장비 지능화 및 자동화하고 유지관리에서는 종래의

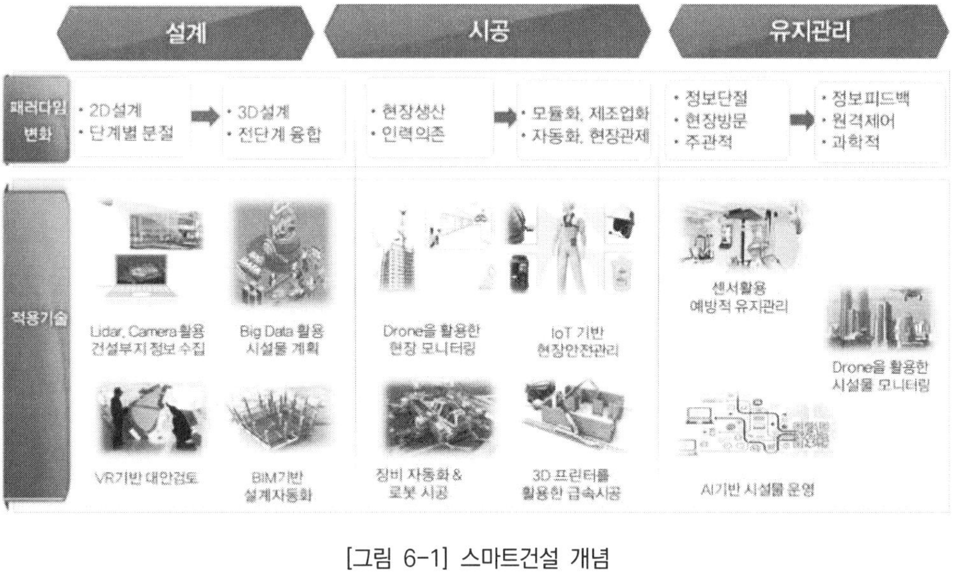

[그림 6-1] 스마트건설 개념

출처 : 건설 생산성 혁신 및 안전성 강화를 위한 스마트건설 기술 로드맵(국토부, '18.10)

정보단절, 현장방문 및 주관적에서 시설물 정보를 실시간 수집 및 객관적 · 과학적으로 분석으로 패러다임의 변화하는 스마트건설을 말한다.

2. 스마트건설의 목표

스마트건설(Smart Construction)은 〈표 6-1〉에서 보여준 로드맵을 참고하면 전통적 토목 건축기술에 디지털 트윈, BIM, IoT, Big Data, 드론, 로봇 등 스마트 기술이 융합되어 건설 전과정의 디지털화, 건설장비 자동화, 가상 건설, 현장 안전관리 등 건설 생산성 또는 안전성을 극대화하는 기술이다.

〈표 6-1〉 스마트건설 로드맵

단 계	현 재	2025	2030
설 계	현장측량 2D 설계	드론측량 BIM 설계 정착	설계 자동화
시 공	수동 장비, 검측 현장 타설 현장 안전관리	자동시공 검측 공장제작조립, 정밀제어 가상시공 → 리스크 관리	AI기반 통합관제 로봇 활용한 자동시공 예방적 통합 안전관리
유지관리	육안 점검 개별시스템 운영	드론 로봇 활용 점검 빅데이터 구축	로보틱 드론 자율진단 디지털 트윈 기반 관리

1) 데이터 중심 기술

정부 소유의 각종 정보를 공유 · 유통하여 빅데이터 분석을 활성화하는 등 디지털 데이터 중심기술로 변모하고 있다.

정보의 단절		정보의 공유·유통
경험에 의존한 불안정성	⇨	데이터 분석을 통한 최적화
시행착오의 반복		시뮬레이션을 통한 사전예측

2) 고부가가치 융복합 기술

ICT, 기계 등 타 분야의 기술을 도입 · 융합하고, 설계-시공-유지관리 단계별 분절을 해소하는 고부가가치 융합 기술로 변모하고 있다.

고유 영역의 기술 중심	⇨	기술 융합의 활성화
단계별 분절		건설 全단계 통합
광범위한 수동·반복 작업		고부가가치 집중

3) 고객 지향 기술

알기 쉬운 디지털 트윈기술을 도입하여 3D 시각화로 계획 초기인 설계 단계에서 시공자 · 운영자 등 미래 수요자의 참여 기회 제공하는 고객 지향 기술로 변모하고 있다.

숙련인력 노동	⇨	비숙련 인력 자동화
2D		3D + α
공급자 중심		수요자 참여

6-2 스마트건설의 핵심기술

1. 건설장비 자동화 및 관제기술

드론 자율 계측에 의한 초정밀 3차원 Digital Map을 구축하고, 이를 도로건설 장비 자동화 기술(MG, MC)과 융합하거나, 다양한 타입의 국내외 건설장비의 실시간 관제에 활용하는 기술로서 굴삭기, 트럭, 도저, 롤러 등 도로건설 장비 대상 Machine Guidance 및 Machine Control이다. 이 기술의 목표는 토공 및 도로포장 생산성 25% 이상 향상을 목표로 하고 있다.

1) 지능형 건설장비 관제 기술

클라우드 BIM, 빅데이터 네비게이션, 인공지능, IoT 센서 네트워크, 엣지 컴퓨팅, 건설현장에 최적화된 스마트 네트워크, 정밀 측위, 무인화 원격 환경 등의 스마트 기술을 접목하여 다양한 자동화 수준의 토공/포장장비(그레이더, 불도저, 롤러, 페이버 및 덤프트럭 등)를 효과적으로 관제하기 위한 지능형 건설장비 관제 기술이다.

〈표 6-2〉 건설장비 자동화 및 관제기술의 구성

핵심기술	구성기술
지능형 건설장비 관제 기술 개발	지능형 토공/포장 장비 관제 기술 개발
	스마트 네트워크 기반 토공/포장 장비 IoT 운영 및 무인화 기술 개발
건설현장 정보 수집 및 분석 기술 개발	자율계측 기반 초정밀 Digital Map 구축 기술 개발
	디지털 트윈 기반 현장정보 분석 및 맵핑 기술 개발
디지털 기반 도로 건설장비 자동화 기술 개발	고정밀 작업 가능 자율 작업형 건설 장비 제어 기술 개발
	시공장비 연동 도로품질관리 및 향상 기술 개발

2) 건설현장 정보 수집 및 분석 기술

건설현장에 투입되는 건설장비의 자동화를 위해서는 지형정보, 작업영향정보 등의 기초정보 수집이 필요하며, 이런 정보를 바탕으로 작업계획에 필요한 정보를 생성하는 기술이다.

① 다양한 계측장비를 통해 수집되는 정보를 바탕으로 건설현장 지형을 디지털화 하여 건설장비를 투입하기 위한 기초정보를 생성함. 또한 건설현장에 설치된 센서를 통해 수집되는 정보를 분석하여 건설장비 자동화를 위한 데이터 제공기술이다.

② 건설현장 정보를 분석하고 시각화하여 현재 작업상황에 대한 정보공유를 원활 하게 하고 건설현장관리자가 건설장비 운영을 위한 의사결정을 지원하는 기술이다.

3) 디지털 기반 도로 건설장비 자동화 기술

롤러, 도저, 그레이더의 블레이드 및 버킷 고정밀 자동 제어, 고위험 공정 작업 수행 및 건설현장 무인화 기반기술과 도로포장과 관련된 품질관리 공정의 Digitalization 기술로서 국내 환경에 최적화된 센싱 기술을 통한 건설공간정보 구축과 이를 DB화함으로써 한국지형과 상황에 부합한 도로품질 평가 기술이다.

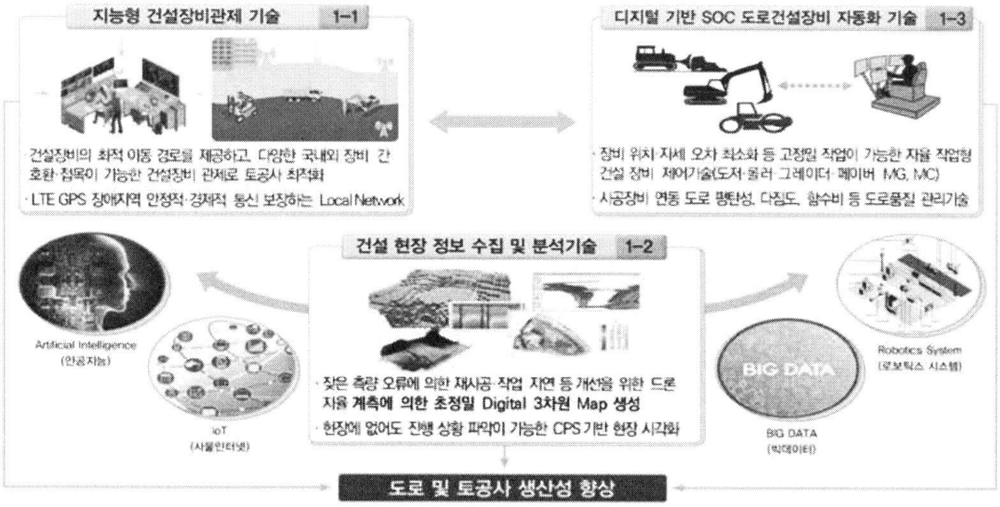

[그림 6-2] 건설장비 자동화 및 관제기술 개념도

2. 도로구조물 스마트건설 기술

도로구조물 설계 - 제작 - 시공의 혁신을 위한 디지털(BIM) 가상 건설, 고소(高所) · 고위험 환경에서 VR · 로봇 · 시뮬레이션 · 센싱 기술을 활용한 도로구조물 무인 · 자동화 시공 및 품질관리 기술로써 이 기술의 목표는 교량 및 터널 등 도로구조물 건설 공기 25% 이상 단축을 목표로 하고 있다.

〈표 6-3〉 도로구조물 스마트건설 기술의 구성

핵심기술	구성기술
디지털 기반 도로구조물 설계-제작-시공 지원기술 개발	도로구조물 프리팹 구조의 디지털 엔지니어링 모델 개발
	도로구조물 프리팹 구조 제작 지원 및 조립시공 혁신 기술 개발
도로구조물 원격 · 자동화 시공 기술 개발	로보틱스 기반 도로 교량 고소(高所)/고위험 시공 원격 · 자동화 기술 개발
	머신러닝 기반 터널 기계화 시공(TBM) 자동화 기술 개발
지능형 도로구조물 시공품질 관리 기술 개발	형상계측 기반 시공 중 도로구조물 시공성 판단 및 형상관리 기술 개발
	복합 센싱정보 기반 도로구조물 운반/시공 중 구조건전성 및 시공 품질 모니터링 기술 개발

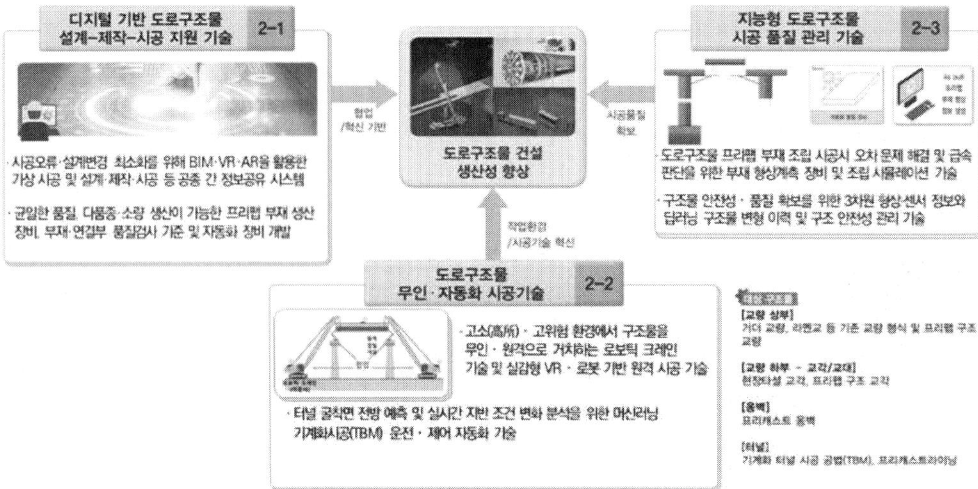

[그림 6-3] 도로구조물 스마트건설 기술 개발 개념도

3. 스마트 안전 통합 관제기술

현장 근로자 안전용 웨어러블 디바이스 및 교육 플랫폼, 임시구조물 설치·해체 패턴 인식 기술 등을 개발하고, 이를 AI 기반 안전 통합 관제하는 시스템 개발하는 기술로써 이 기술의 목표는 도로 및 중소규모 현장 건설업 재해율 25% 이상 감소를 목표로 하고 있다.

〈표 6-4〉 스마트 안전 통합 관제기술의 구성

핵심기술	구성기술
스마트 안전 통합 관제 시스템 개발	데이터마이닝 기반의 건설 안전 분석/대응 기술 개발
	디지털 트윈 기반의 스마트 안전 통합 관제 시스템 개발 및 테스트베드 운영
건설현장 근로자 안전확보 기술 개발	건설현장 근로자 위험요인 인지 기술 개발
	현장 맞춤형 근로자 위험 예방 및 평가 기술 개발
임시구조물 스마트 안전확보 기술 개발	가설기자재 품질관리 기술 개발
	임시구조물 설치·해체, 운영시 스마트 안전확보 기술 개발

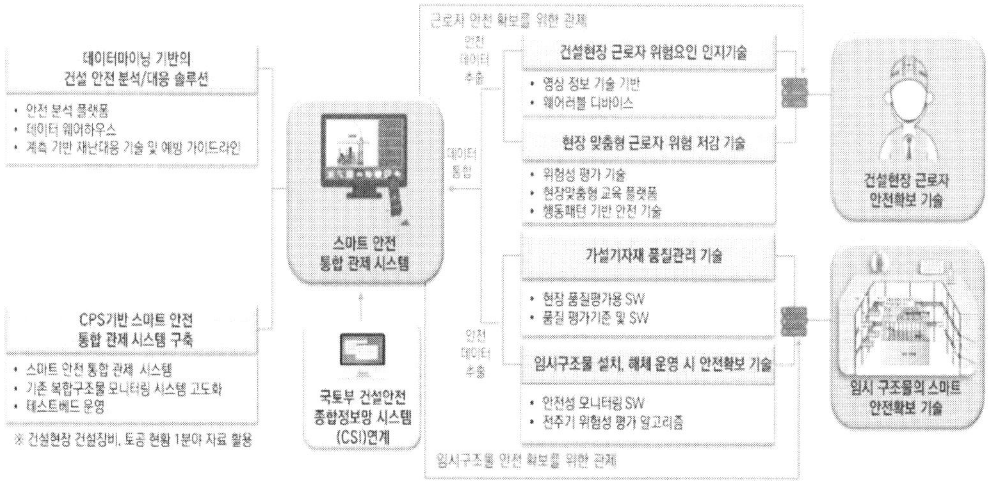

[그림 6-4] 스마트 안전 통합 관제기술 개념도

4. 스마트건설 디지털 플랫폼 및 테스트베드

앞의 기술들의 생성 정보를 교환 가능한 디지털 정보로 표준화하여 저장하고, 민·관 모두 공유 및 활용이 가능한 지식 플랫폼 개발과 실제 도로 건설 현장을 선정하여 중점분야 연구성과 종합 검증 하는 기술로써 이 기술의 목표는 건설 생산과정의 디지털화 25% 이상 향상을 목표로 하고 있다.

〈표 6-5〉 스마트건설 디지털 플랫폼 및 테스트베드 기술의 구성

핵심 기술	구성 기술
도로분야 디지털 데이터 통합 표준 기반 건설생산 프로세스 통합관리 및 스마트 지식관리 기술 개발	도로분야 디지털 데이터 통합 표준화 및 품질검증 기술 개발
	도로분야 디지털 정보기반 스마트 지식관리 통합 체계 및 디지털화 인덱스 평가 기술 개발
	도로분야 디지털 통합 정보환경 기반 프리팹 공정지원 스마트 딜리버리 시스템 개발
스마트건설 디지털 플랫폼 및 디지털 트윈 기반 관리 기술 개발	실시간 건설현장(도로시공) 데이터 수집 및 관리 기술 개발
	스마트건설 디지털 플랫폼 구축 및 운영 관리 기술 개발
	디지털 트윈 및 AI 기반의 건설 시뮬레이션 기술 개발
	디지털 트윈 모델 기반 건설 공정 정보 시각화 기술 개발
	스마트 도로 건설 정보 제공 기술 개발
스마트건설기술 종합 테스트베드 구축 및 운영기술 개발	도로실증을 위한 스마트건설기술 종합 테스트베드 확보 및 운영방안 연구
	스마트건설기술 종합 테스트베드 적용 및 종합 운영센터 구축

[그림 6-5] 스마트건설 디지털 플랫폼 및 테스트베드 개념도

6-3 디지털 트윈을 적용한 스마트건설 기술

1. 디지털 트윈 기반 건설 현장정보 분석 및 맵핑 기술

각종 장비 및 장치를 통해 수집되는 현장 환경인식정보를 활용하여 CPS(Cyber Physical System)을 이용하여 향후 현장에서 발생 가능한 상황을 건설현장정보 예측 분석하고 맵핑하는 기술이다.

① 다종센서 네트워크 구축을 통해 건설현장 정보를 자동으로 실시간 취득한다.
② 취득정보의 AR/VR/MR기술 등을 활용한 시각화 및 공유화 한다.
③ 디지털 트윈기술을 활용하여 건설현장 환경을 시뮬레이션하는 기술이다.

이종 건설현장 빅데이터 통합 및 정보를 수집하고 분석하여 결과를 제공하는, 그리고 시시각각 변화하는 정보를 빠르게 업데이트하는 현장 정보관리 플랫폼 개발을 위해 영상, 지반환경 정보, 풍속 및 습도 등 다양한 작업환경 정보를 취득하기 위한 다중센서 네트워크 구축기술, 다양한 센싱 데이터, CCTV 영상 등과 초정밀 Digital Map 간의 정형/비정형 이종 데이터 동기화 및 통합 기술, 수집된 정보를 분석하여 작업위험 지역, 장비 접근 금지구역 등 사용자가 원하는 정보를 생성하여 제공하는 플랫폼 분석 엔진 기술 등이 필요하다.

〈표 6-6〉 디지털 트윈 기술 기반 건설현장정보 분석 및 맵핑 기술 사례

기 술	국가	기업명	제품명	특 징
다종센서 네트워크 최적화 기술	일본	다이요유덴	와이어리스 센서 네트워크	도로와 교량 등의 시설물에 휘어짐·진동·가속도 등의 센서를 부착하여 데이터를 수집하고 분석함으로써 시설물의 열화상태를 파악 및 진단
	미국	Analog Devices	ADI WSN Platform	온도·소음·진동·압력·습도·동작·오염 등 다양한 물리적/환경적인 상태의 데이터를 수집하는 무선 센서 네트워크 시스템
건설현장정보 실시간 취득 및 Visualization 기술	일본	HORIBA	APDA-370	대기 중 미세 먼지의 농도를 측정
	독일	UFZ	Wireless Sensor Networks and Systems	대기·토양·수질 등 기후와 환경의상태를 모니터링하여 장기적인 변화를 분석
이종 빅데이터 통합 기술	미국	Microsoft	Microsoft Azure Cosmos DB	데이터 저장용량과 처리량을 전 세계에서 탄력적으로 적용하기 때문에, 양적 제한이 없음
	미국	Oracle	Aconex	클라우드 데이터베이스에 기반하여 프로젝트 전반에 걸친 통합 관리업무 지원
CCTV영상정보 분석 기술	영국	SafeSite Facilities	Construction Site CCTV Surveillance Cameras	가시광선과 적외선을 모두 사용할 수 있는 CCTV로 현장을 24시간 감시하고, 위급상황 발생 시 연동되어 있는 알람이 자동으로 경보

통합된 Digital Map을 활용한 Digital Twin 가상 건설현장 CPS 설계 및 구현 시뮬레이션 기반 작업계획 수립 기술 개발을 위해 CPS기반 생산성 저해요인 탐지 기술. CPS기반 안전성 저해요인 탐지 기술 및 작업계획으로부터 생산성, 안전성 저해요인을 제거하고 공정/원가를 최적화하기 위한 시나리오 기반 CPS 통합 시뮬레이션 기술 및 CPS와 정보관리 플랫폼 간의 연계 기술이 필요하다.

AR/VR/MR 기술을 활용한 현장정보 시각화 및 공유 기술 개발을 위해 통합 Digital Map 기반 정보 Mapping 및 연동 기술(속성정보, 현장정보, 모 델정보, 작업정보 등), 작업계획 및 시나리오 기반 AR/VR/MR 기술 등을 활용한 현장정보 시각화 기술, 시각화 정보 경량화 및 정보 전달 기술, 다양한 시각화 및 정보 전달 기술 대안 분석을 통한 토공사 및 포장공사 현장 관리 목적(안전, 품질, 진도관리 등)에 최적화된 기술 및 정보 공유기술과 정보관리 플랫폼 간의 연계 기술 등이 필요하다.

2. 디지털 트윈 기반의 스마트 안전 통합 관제 시스템 개발 및 테스트베드 운영

공사 객체(인력 - 장비 - 가시설 - 구조물)의 통합 정보를 기반으로 빅데이터 분석을 통한 현장 - 발주기관 - 통합센터의 CPS 예측지원 스마트 안전 통합 관제시스템 구축, AI기반 스마트 안전 통합 관제시스템의 성능 검증을 위한 안전취약 중·소현장 및 도로공사 현장 테스트 베드 운영과 이를 통한 적용기술 및 시스템이다.

빅데이터 분석을 통한 CPS 예측지원 스마트 안전 통합 관제시스템 구축을 위하여 ICT 및 4차 산업기술을 활용하여 현장 안전사고 선제적 예방을 위한 스마트 안전기술 개발과 타설 중 거푸집 붕괴 예방을 위한 실시간 모니터링 시스템, 거푸집 탈형 후 붕괴방지를 위한 온도 센서 기반 콘크리트 강도예측 기법 등 다양한 기존 기술을 고도화하여 테스트베드 적용이 필요하다.

인공지능(AI), 딥러닝(Deep Learning), 사물인터넷(IoT) 등을 활용하여 다양한 사고의 유형을 사전에 정의 및 저장하고, 분석 및 학습을 통해 알고리즘을 구성하여 현장의 건설사고의 위험수준 예측하고 건설 공사 관리 체계를 고려한 스마트 안전 통합 관제 시스템 구축하고, 전문 인력이 많지 않은 소규모 현장에서도 쉽게 사용할 수 있는 안전 현장 대응 시스템 개발이 필요하다.

지역청 단위까지 통합 관제할 수 있는 발주기관 전용 CPS 통합안전관제 시스템 구축, 국토부 전 건설현장을 안전 관리할 수 있는 스마트 안전 통합관제 센터 구축하고 현장 안전 데이터를 통합 관리할 수 있도록 건설 종합 정보망과 연계 및 공공 데이터 활용을 위한 디지털 플랫폼과의 연계가 필요하다.

AI기반 스마트 안정 통합 관제 시스템의 성능 검증을 위한 안전취약 중소현장 및 도로공사 현장 테스트베드 운영을 위하여 테스트베드 운영을 통한 스마트 안전 통합 관제시스템의 성능 검증, 유효성 확인 및 기술 고도화를 구현. 안전에 취약한 도심지 중소규모 현장을 위주로 테스트베드 현장을 구축하고, 테스트베드 H/W 구축 및 S/W 시스템 운영과 건설안전 위험상황 시나리오 개발이 필요하다.

스마트 안전 통합 관제시스템의 성능을 극대화시키기 위하여, 각 관제 단위별로 실제 건설 현장에서 직접 운영하며 도출된 문제점을 보완하고 시스템을 고도화함으로써 연구개발 종료 직후 실제 현장에서의 활용을 도모한다.

안전이 취약한 중소건설 시공현장, 사업단 전체 연동 도로건설현장으로 테스트베드 구축 및 운영하고 테스트베드 운영을 통한 시스템 보안 성능 강화, 단계별 관제 시스템 간 서버 및 네트워크 등 통신라인 점검을 통해 안정적인 운영환경 도모하고 테스트베드에 적용한 기술들의 유효성 평가를 통해 보완점 도출 및 피드백을 실시한다.

미국 엔비디아(NVIDIA)는 일본 고마쓰(Komatsu)와 협약(파트너십)을 맺고 건설 현장의 사고 위험성을 줄이는데 인공지능(AI)을 도입하였다.

고마쓰의 건설용 장비에 부착된 카메라에 탑재되어 360도 촬영을 통해 근처의 사람 및 기계를 곧바로 식별함으로써 충돌 또는 기타 사고를 예방하여 안전성을 향상하도록 지원한다.

미국 산업안전보건청(OSHA)의 자율안전보건프로그램은 문서화된 안전보건 프로그램, 작업장 유해위험요인에 관한 분석과 평가시스템, 위험 예방 및 통제 시스템, 안전보건교육훈련 기록 등이 구체적으로 수립되어 운영하는 등 안전 시스템을 제공하고 성과를 측정하고 있다.

학습 6

3. 디지털 트윈 및 AI 기반의 건설 시뮬레이션 기술

현장에서 수집되는 다양한 형태의 센싱 데이터들과 문서 데이터들을 기반으로 한 빅데이터 및 인공지능 기반의 시뮬레이션 기술 연구를 위해 기존의 설계 정보 및 유사 프로젝트 정보 등을 수집하여 건설 프로젝트의 물리적 물체나 프로세스에 관한 확률분포를 도출하고, 이를 기반으로 한 Digital Twin 시공 시뮬레이션을 개발, Digital Twin 시공 시뮬레이션을 통하여 생성된 빅데이터를 분석하고, IoT 센싱 네트워크를 통해 수집된 현장 정보를 이용하여 비용/공기/리스크 등 다양한 측면에서의 건설 프로젝트 예측 및 솔루션을 제공하는 인공지능기술 개발이 필요하다.

Digital Twin 시공 시뮬레이션 기술을 개발하고 이를 위한 데이터 처리 기술 개발을 위해 Digital Twin 시공 시뮬레이션은 도로건설 프로젝트에서 도출된 물리적 물체나 프로세스에 대한 확률분포를 이용하고 비정형 데이터의 정형화 기술을 개발하여 건설 프로젝트의 각종 문서와 영상자료의 비정형 데이터를 정형화하고, 정형화 데이터로부터 건설 공정의 각종 확률분포를 자동 도출하는 기술을 개발한다.

건설 프로젝트 예측 및 대응을 위한 인공지능 기술을 개발을 위해 수많은 시뮬레이션을 통하여 프로젝트 관리에 대한 빅데이터를 생성하고 시뮬레이션의 빅데이터를 이용하여 초기단계에서의 프로젝트에 대한 각종 예측의 정확성 향상과,

시공단계에서 이벤트 발생 시 신속한 대응책을 제시할 수 있는 딥러닝 기반 인공지능 시스템을 개발하고자 한다.

건설 프로젝트 예측 및 대응을 위한 인공지능 기술을 위해 수많은 시뮬레이션을 통하여 프로젝트 관리에 대한 빅데이터를 생성하고, 이를 이용하여 초기단계에서의 프로젝트에 대한 각종 예측의 정확성 향상과, 시공단계에서 이벤트 발생 시 신속한 대응책을 제시할 수 있는 인공지능 시스템을 개발이 필요하다.

건설 프로젝트 비정형 데이터의 정형화 기술을 위해 현장에서 수집되는 비정형 데이터를 추출/가공하여 정렬하는 데이터 정형화 기술 개발과 영상, 문서 데이터로부터 각각 건설 객체 및 작업 현황 등을 인식할 수 있는 영상 처리 기술 및 텍스트 마이닝 기술 개발이 필요하다.

건설 프로젝트의 확률분포 생성을 위한 현장 데이터 분석 기술을 위해 정형화된 현장 데이터에서 건설 프로젝트의 비용, 공정, 생산성 등에 대한 각종 확률분포를 자동으로 도출하고 업데이트하는 기술 개발이 필요하다.

생성된 확률분포가 반영된 Digital Twin 도로건설 시뮬레이션 기술을 위해 도로건설 공정별로 정형화된 현장 데이터들의 다양한 조합에 따른 비용, 공정, 생산성의 결과에 대한 빅데이터를 생성할 수 있는 Digital Twin 시공 시뮬레이션 기술 개발이 필요하다.

건설 프로젝트 예측 및 대응을 위한 인공지능 기술을 위해 시뮬레이션을 통해 생성된 빅데이터를 기반으로 비용, 공정, 생산성 등을 예측하고 리스크 수준을 검토하는 딥러닝 기반의 프로젝트 예측 기술 확립하고 유사시에 최적의 비용, 공정, 생산성을 확보할 수 있도록 현장 작업의 대응 방안을 제시하는 인공지능 알고리즘 개발이 필요하다.

4. 디지털 트윈 모델 기반 건설 공정 정보 시각화 기술

Off-site에서도 현장의 작업 현황들을 그대로 모니터링하고 더불어 시뮬레이션 결과들을 시각화할 수 있는 Digital Twin 모델 구현 기술과 on-site에서의 효과적인 정보 시각화를 위한 AR 기술이다.

현장에서 수집되는 다양한 센싱 데이터들을 이용하여 건설 인력, 자재, 장비 등의 위치 및 상태 현황들을 그대로 가상의 모델로 복원하고, 이를 기반으로 분석한 시뮬레이션 결과들을 시각화하여 보일 수 있는 Digital Twin 모델을 구현한다.

설계 및 시공과 관련된 제반 정보들을 현장 작업자가 손쉽게 활용할 수 있도록 작업자 맞춤형 정보를 자동으로 제공하는 AR 기반의 정보 시각화 기술이다.

각 프로젝트의 특성 및 현황에 맞게 Digital Twin 모델을 구성할 수 있도록 기반이 되는 요소 기술들이다. Digital Twin 모델은 4D를 기반으로 하며, 건설 현장작업의 시각화를 위해서는 주요 재원, 장비, 인력들의 4D 모델이 기본적으로 마련되어야 하므로, 이것은 도로 건설 현장에서 활용되는 주요 구성요소들의 4D 모델 라이브러리이다. 4D 모델 라이브러리의 각 요소 모델들에 현장 센싱 데이터를 접목하고, 요소 모델들 간의 상호관계나 간단한 상태 정보들을 모델링하는 등 Digital Twin 건설현장 모델 구현을 위해 필요한 기본 API 라이브러리이다.

도로건설 현장 작업자의 정보 활용도 제고를 위한 AR 플랫폼은 도로건설 현장 작업자의 편이성을 고려한 소프트웨어 UI 및 하드웨어 제어 기술로써 작업자(사용자)별 맞춤형 정보 제공을 위한 작업자 상황 인식 기술이다. 2가지 기술들이 집약된 AR 소프트웨어 어플리케이션 및 API 라이브러리 개발이 필요하다.

현장에서 설치 운영되는 다양한 센서들을 디지털 도로 상의 가상 객체로 표준화 및 모델링하고, 그러한 센서 객체를 현장의 실제 센서와 연결함으로써 디지털 도로 플랫폼 상에서 센서 네트워크를 통합하여 시각화, 접근, 제어 및 관리할 수 있는 플랫폼 기술이다.

현장 상황 복원 및 시뮬레이션 결과 시각화를 위한 Digital Twin 모델 기반의 VR 시각화 기술이다. 효율적인 건설 시공관리를 위해서는 현장 작업 현황에 대한 파악이 중요하며, 현장에 나가지 않고도 사무실에서 이러한 정보를 정확하고 빠르게 모니터링 할 수 있는 가상의 Digital Twin 플랫폼 기술이고 이 기술은 리스크를 미리 예측하고 빠르고 정확하게 대처할 수 있는 등 시공관리 효율성을 높일 수 있다.

건설현장 작업자 맞춤용 정보 제공을 위한 AR 시각화 기술이다. 현장에서의 시공 현황 검수 시 관련 정보를 실시간으로 접할 수 있도록 사용자의 위치와 시선 정보를 자동으로 감지하고, 감지된 정보에 해당하는 정보를 모바일 기기의 화면에 중첩하여 시각화하며, 사용자가 음성 및 손동작 등을 통해 조작할 수 있는 AR 시스템 기술이다.

도로건설 현장의 실시간 Digital Twin 기술이다. 이것은 도로건설 현장 상황을 가상으로 복원한 모델링 및 시각화 기술로써 도로 시공에 활용되는 재원(인력, 자재, 장비)들에 대한 가상 모델 Library와 도로 건설용 Digital Twin 개발자를 위한 프로그래밍 API Library 및 건설 작업의 가상 구현에 특화된 Digital Twin 개발자용 프로그래밍 API 라이브러리 등이 필요하다.

도로건설 현장 작업자용 AR 시스템 구현을 위해 현장 작업별, 공정/안전/품질 등의 관리 목적별 AR 시각화에 적합한 정보 체계, 맞춤형 정보 제공을 위하여 필요한 사용자 위치 및 현황 등의 정확한 정보 수집 기술, 사용자가 현장에서 정보를 직관적으로 파악할 수 있는 정보 시각화 기술, 사용자가 필요한 정보를 검색하고 송수신 할 수 있는 UI 기술 및 사용자가 현장에서 하드웨어를 편리하게 조작할 수 있는 디바이스 콘트롤 정의 및 제어 기술의 개발치 필요하다.

수행 내용

재료 · 자료

- 디지털 트윈과 스마트건설 관련 자료

기기(장비 · 공구)

- 컴퓨터, 프린터, 주변기기

안전 · 유의사항

- 컴퓨터 및 주변기기의 전원을 관리한다.

학습 6

수행 순서

01 대표적인 스마트기술이 건설분야에 활용되는 예시에 대하여 분석하라.

스마트기술	일반적 의미	건설분야 활용	기술(예시)
① BIM (Building Information Modeling)	3차원 정보모델을 기반으로 시설물의 생애주기에 걸쳐 발생하는 모든 정보를 통합 하여 활용이 가능하도록 시설물의 형상, 속성 등을 정보로 표현한 디지털 모델	BIM모델을 이용한 구조해석 수행 S/W, BIM 기반의 시공 시뮬레이션 및 공정 /공사비 관리 S/W 등 다양한 방면으로 활용	• 다양한 건설장비 타입 및 자동화 수준에 따른 지능형 건설장비 관제 시스템 • 도로구조물의 디지털 설계 기반 설계-제작-시공 협업 시스템
② 드론 (Drone)	지상에서 원격조정기나 사전 프로그램된 경로로 비행 하거나, 인공지능이 탑재되어 자율비행하는 '무인비행장치	드론에 카메라, 라이다 등 각종 장비를 탑재하여 건설 현장의 지형 및 장비 위치 등을 빠르고 정확하게 수집 하는 기술로 활용	• 자율계측기반 초정밀 Digital Map 구축기술
③ VR & AR (Virtual Reality &	가상현실(VR)은 컴퓨터로 만든 가상공간을 사용자가 체험하게 하는 기술이고, 증강현실	건설현장의 위험을 인지할 수 있도록 VR/AR을 통한 건설사고의 위험을 시각화한 안전	• 로보틱스 기반 도로 지상 구조물 고소/ 고위험 시공 원격 무인화

스마트기술	일반적 의미	건설분야 활용	기술(예시)
Augmented Reality)	(AR)은 현실 세계에 가상의 콘텐츠를 겹쳐 디지털 체험을 가능케 하는 기술	교육프로그램에 활용 가능하며, 시공 전/후의 건설 현장을 VR을 통해 현실감 있는 정보제공이 가능	• 건설현장 근로자 위험요인 인지기술 • 데이터 기반 시뮬 레이션
④ 빅데이터 & 인공지능 (Big Data & Artificial Intelligence)	디지털 환경에서 생성되는 다양한 데이터 및 생성 주기가 짧은 대규모의 데이터를 의미 컴퓨터가 사고, 학습, 자기 계발 등 인간 특유의 지능적인 행동을 모방할 수 있게 하는 컴퓨터 과학	건설현장에서 수집 가능한 다양한 정보를 축적하여 축적된 정보를 AI 분석을 통해 다른 건설현장의 위험도 및 시공기간 등을 예측할 수 있는 기술로 활용	• 고정밀 작업 가능 자율작업형 건설 장비 제어 기술 • 데이터 기반 시뮬 레이션
⑤ 3D 스캐닝(3D Scanning)	3차원 스캐너를 이용하여 대상물의 형상정보를 취득 하거나 디지털 정보로 전환 하는 모든 과정	레이저 스캐너를 이용하여 건설 현장을 보다 정확하게 측량하고 측량한 정보를 디지털화하여 Digital Map을 구축하거나, 구조물 형상을 3D로 계측 및 관리	• 자율계측 기반 초정밀 Digital Map 구축기술 • 형상계측 기반 시공 중 도로구조물 형상관리 기술
⑥ 사물인터넷 (Internet of Things)	사물에 센서가 부착되어 실시간으로 데이터를 인터넷 등으로 주고받는 기술이나 환경을 의미	건설장비, 의류, 드론 등에 센서를 삽입하여 건설현장 에서 장비-근로자의 충돌 위험에 대한 정보제공 및 건설장비의 최적 이동 경로를 제공하는데 활용	• 광대역 Smart Local Network 기반 IoT 장비 운영 체계 • 데이터 마이닝 기반의 건설 안전 분석 /대응 솔루션
⑦ 디지털 트윈Digital Twin	컴퓨터에 현실 속 사물의 쌍둥이를 가상으로 만들고, 현실에서 발생할 수 있는 상황을 컴퓨터로 시뮬레이션 함으로써 결과를 예측하는 기술	건설 현장을(On site) 직접 방문하지 않고 컴퓨터로 시공현황을 3D로 시각화 하여(off site) 현실감 있는 정보를 제공하는데 활용 본 사업에서는 가상건설 (Virtual construction)을 의미	• 데이터 기반 시뮬 레이션 • Digital Twin 모델 및 AR기반 건설정보 시각화 기술
⑧ 프리팹 Prefabrication	미리 공장에서 부품의 가공·조립을 해놓고 현장에서 설치만을 행하는 건축 공법	건설 부재를 프리팹을 통해 생산하여 현장 작업을 최소화하고 공사기간을 단축 하는 기술로 활용	• 도로구조물의 디지털 설계 기반 설계-제작-시공 협업 시스템 • 디지털 기반 프리팹 도로구조물 제작/시공 혁신 지원 기술
⑨ 모바일 기술Mobile	빅데이터 분석으로 추출된 맞춤 정보를 다양한 모바일 기기	건설현장의 다양한 정보를 수집·분석하여 위험요소에 관	• 건설현장 근로자 위험요인 인지기술

스마트기술	일반적 의미	건설분야 활용	기술(예시)
	(스마트 폰, 태블릿 PC 등)를 통해 서비스 제공 가능	한 정보를 근로자에게 실시간으로 제공하여 현장의 안전성을 향상하는데 활용	• 현장 맞춤형 근로자 위험 저감 기술
⑩ 로보틱스 Robotics	로봇+테크닉스의 합성어로, 로봇에 관한 설계, 구조, 제어, 지능, 운용 등에 대한 기술을 연구하는 공학의 한 분야	사고 위험이 높은 환경에서 로봇을 통한 원격시공으로 안전 확보 및 공사기간 단축이 가능한 기술로 활용	• 로보틱스 기반 도로 지상 구조물 고소/ 고위험 도로구조물 시공 원격 · 무인화 기술 • 머신러닝 기반 기계화 터널 시공(TBM) 무인화/ 자동화 기술
⑪ 디지털 맵 Digital Map	종이지도를 컴퓨터에서 이용할 수 있도록 디지털 정보로 표현한 것으로 지리정보 시스템 및 인터넷통신기술과 결합하여 위치정보 제공	정밀한 전자지도 구축을 통해 측량오류를 최소화 하여 재시공 및 작업지연을 방지할 수 있는 기술로 활용	• 자율계측기반 초정밀 Digital Map 구축기술
⑫ 자율주행	승객의 조작 없이 자동차 스스로 운행이 가능한 자동차를 의미하며, 차세대 자동차 산업으로 기대	건설장비의 지능형 자율 작업이 가능하게 함으로써 작업의 생산성 향상 및 작업 시간 절감이 가능한 기술로 활용	• 고정밀 작업가능 자율 작업형 건설장비 제어 기술 개발 • 머신러닝 기반 기계화 터널 시공(TBM) 무인화/ 자동화 기술

02 디지터 트윈을 활용한 스마트건설의 주요기술인 BIM에 대하여 분석하라.

1. BIM의 의미

BIM(빌딩 정보 모델링 : Building Information Modeling)의 약어이며 3차원모델을 만든 후 도면, 물량, 해석 등을 통합적으로 자동화하는 기술로서 구체적으로는 시설물의 기획, 설계, 시공, 유지관리의 모든 단계에 필요한 물리 적 형상, 속성 및 관련 자료에 관한 정보를 통합적으로 생성, 활용, 축적, 유통, 관리 및 재활용함으로써 업무의 수준과 효율을 증대하기 위한 기술이다. BIM은 어느 장소의 물리적, 기능적 특징들의 디지털 표현들을 생성, 관리하는 프로세스이다. BIMs(Building Information Models)는 건물이나 기타 건축 자산과 관련한 의사 결정을 지원하기 위해 추출, 교환, 네트워크화할 수 있는 파일들(반드시 사유 데이터를 포함하거나 꼭 사유 포맷만은 아님)이다.

현재의 BIM 소프트웨어는 물, 전기, 가스, 통신 시설, 도로, 다리, 터널 등의 다양한 하부구조들을 계획, 설계, 건축, 운영, 관리하는 개인, 사업체, 정부 기관이 사용한다. BIM의 개념은 1970년대부터 존재하여 왔다.

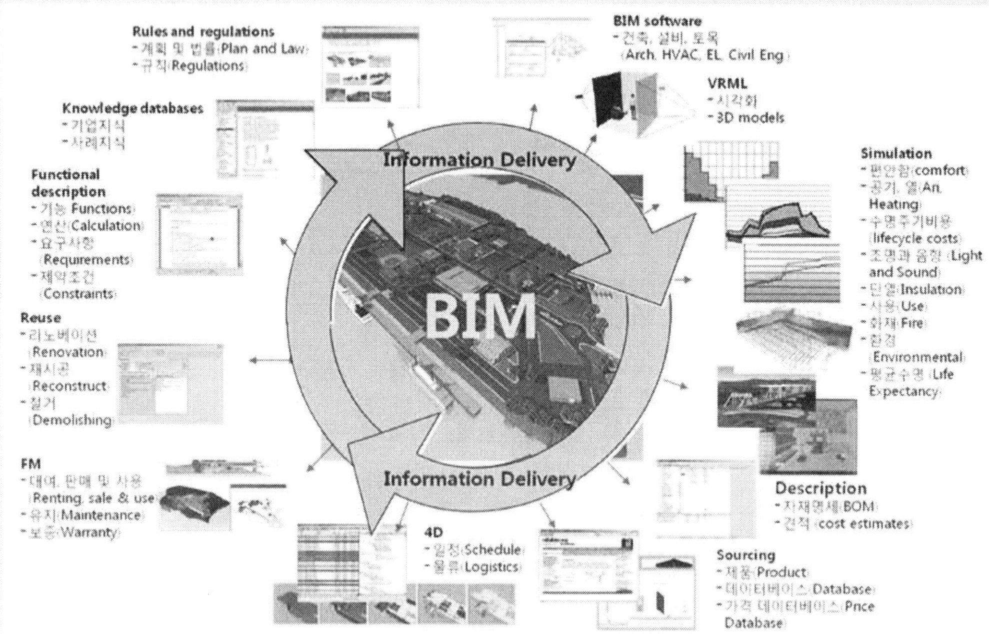

[그림 6-6] BIM의 개념

오늘날 쓰이는 BIM의 관점에서 '빌딩 모델'이라는 용어는 1980년대 중순에 논문에 처음 사용되었다 : 1985년 논문에서 사이먼 러플(Simon Ruffle)이 1986년 게시하였고 나중에 1986년 논문에서 당시 RUCAPS 소프트웨어의 개발자로서 GMW 컴퓨터에서 일했던 로버트 아이시(Robert Aish)가 런던의 히드로 국제공항에 소프트웨어를 사용하면서 언급하였다. '빌딩 정보 모델(Building Information Model)'이라는 용어는 G.A. van Nederveen과 F. P. Tolman이 쓴 1992년 논문에 처음 등장하였다

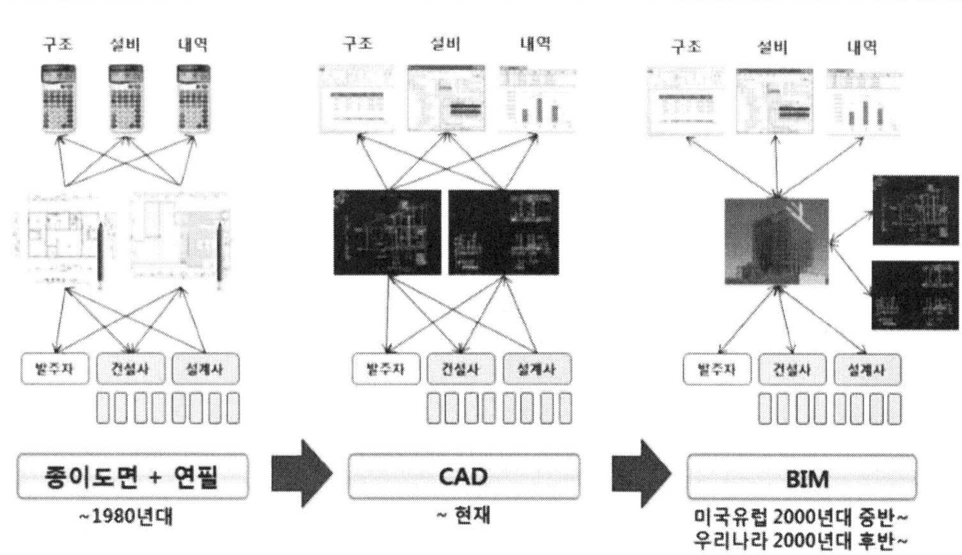

[그림 6-7] BIM의 발전과정

2. BIM의 기술분류

건축 및 IT융합산업 관점에서 각종 기술업무에 BIM기술은 다양하게 활용될 수 있으며 그 내용은 다음과 같다.

〈표 6-7〉 BIM 기술의 활용

<table>
<tr><th colspan="2">건축 기술업무 대상</th><th>BIM기술 활용 대상</th><th>BIM활용분류</th></tr>
<tr><td rowspan="3">생성 및 도출</td><td>설계계획</td><td>기획업무, 계획설계, 중간설계, 실시설계</td><td rowspan="3">모델작성, 품질검증</td></tr>
<tr><td>시공계획</td><td>공정계획, 양중계획, 디지털목업, 안전계획</td></tr>
<tr><td>유지관리계획</td><td>유지보수계획, 운영관리 계획</td></tr>
<tr><td rowspan="7">분석 및 검토</td><td>수 량</td><td>물량산출</td><td rowspan="7">모델활용</td></tr>
<tr><td>비 용</td><td>예산, 공사비, LCC</td></tr>
<tr><td>공 정</td><td>공정분석</td></tr>
<tr><td>수치분석 설계</td><td>구조 해석, MEP 해석</td></tr>
<tr><td>환경 시뮬레이션</td><td>방재, 빛, 음향, 온도, 공기, 쾌적성, 에너지, CFD</td></tr>
<tr><td>엔지니어링 시뮬레이션</td><td>디지털목업 분석, 양중분석, 안전분석</td></tr>
<tr><td>품 질</td><td>법규, 설계기준, 시공기준 품질검증</td></tr>
</table>

건축 기술업무 대상		BIM기술 활용 대상	BIM활용분류
실행 및 구현	생 산	Digital Fabrication, 자재선정 및 주문	공사관리 및 시공, 유지관리
	운 반	자재 조달거리, 크레인 시뮬레이션	
	가 공	자재가공	
	조 립	자재조립	
	계 측	검측, 모니터링, 스캐닝	
	제 어	통제, 조정	
소통 및 관리	설계도서 작성	도면, 문서, 보고서	협업 및 제출
	시각화	3Dimage, 애니메이션, 판넬, 멀티미디어(VR, AR 등)	
	협 업	협의, 보고	
	제출공유	납품, 인허가	
	사업운영관리	공정, 기성, 교육	공사관리 및 시공
	조 달	인력, 자재	
미래 IT융합기술	측정기술	레이저스캔 기술, 내부Positioning기술	건축외 정보 융합활용
	관찰기술	드론 기술, 원격 모니터링 기술	
	제어기술	전력 제어 기술, 자동 제어 기술	
	체험기술	VR 기술, AR 기술	
	분석기술	인공지능 기술, 전문가시스템 기술	
	제작기술	3D프린터 기술, 공장자동화 기술	
	운행기술	로봇 기술, 무인차 기술	
	기타기술	기타	

3. 개방형 BIM의 의미

표준화된 자료와 정보를 공개된 표준에 의하여 서로 주고받을 수 있는 BIM 소프트웨어 기술을 말하며 사용하는 BIM 데이터의 포맷은 국제표준 IFC(Information Flow Model)를 기준으로 하되, BIM 데이터 제작시 상용 소프트웨어를 사용할 수 있으나, 제작된 BIM데이터를 소프트웨어간에 공유 및 교환을 통하여 응용, 활용 및 보관하는데 IFC를 사용함을 의미한다.

IFC를 사용한다는 의미는 "BIM데이터를 만드는 과정에서는 상용 소프트웨어 포맷을 사용할 수 있으나, 만들어진 BIM데이터를 다양한 소프트웨어간에 공유 및 교환을 통하여 응용, 활용 및 보관하는데 IFC를 사용함"을 의미한다.

4. BIM 관련 표준

1) IFC

IFC 표준 개발을 이끌고 있는 빌딩스마트 국제연맹(BuildingSMART International)은 초기 컨소시엄 구성 후 1994년 말경에 개발이 초안된 이래 현재까지 지속적으로 데이터모델의 확장 개발을 추진 중이다.

현재 전 세계적으로 한국, 미국, 일본, 독일, 영국, 프랑스, 북구 4개 국가, 싱가폴, 이탈리아, 이베리아, 중국, 등의 각 지역별로 참여하며 AEC/FM 관련업체 및 조직들이 분야별로 활동하고 있다.

본 조직이 개발 및 참여하는 주요 단위 표준은 IFC(Industry Foundation Classes), IDM(Information Delivery Manual), MVD(Model View Definition), IFD(International Framework for Dictionaries), IFG (IFC for GIS) 등을 포함하고 있으며 각 국가별 조직은 해당 국가의 BIM표준 및 가이드 개발에 주요한 공헌을 하고 있다.

IFC(Industry Foundation Classes)는 건설 산업의 응용소프트웨어 간 데이터의 공유 및 교환을 위한 국제표준으로 개발이 완료되어, ISO/DIS 16739(Industry Foundation Classes, Release 2x, Platform Specification)으로 제안 및 표준화 절차를 진행하고 있다.

국제 building SMART는 각 국가별 BIM가이드 도입에 필요한 프레임워크인 ISO/PRF TS 12911(Framework for BIM Guidance)을 제안하여 개발을 진행 중이다.

현재 출시된 IFC 표준 스펙은 2006년 2월에 발표된 IFC 2X3이며, 2007년 6월에 빌딩스마트 국제연맹의 모델링 지원 그룹에 의해서 IFC 2X3 TC1 release를 발표하였다.

최근 IFC2x4의 표준스펙에는 빌딩 서비스/전기 디자인 도메인, 빌딩 구조/요소 정의, 외부 라이브러리 참조, 그리고 GIS 모델 연계에 관한 데이터모델의 확장을 포함하고 있다.

현재 IFC는 3차원 설계기술 활용의 급증으로 인해 발생하는 응용 소프트웨어들 간의 데이터 교환의 문제를 해결하기 위한 표준으로 인식되고 있으며, 3차원 설계기술 활용의 핵심인 BIM은 객체지향 플랫폼 환경에서 정보의 통합적 관리 및 활용을 가능하게 한다.

BIM의 실무 적용에 있어 가장 큰 제약은 데이터 호환의 부재에 있어 BIM 플랫폼들의 표준 포맷과 데이터 접근방법의 부재는 BIM에 의한 협력 작업을 어렵게 하는 원인이 되고 있다.

비록 현재의 BIM 소프트웨어들은 IFC 표준포맷을 지원하고 있지만, 여전히 호환성의 문제는 해결되지 못하고 있다. 이러한 원인은 IFC기반 BIM 소프트웨어들 간의 동일한 데이터 구조 및 접근성을 갖지 못하기 때문이며, 이외에도 빌딩스마트 국제연맹의 IFC

지원 소프트웨어에 대한 인증 자체가 여전히 완전하지 못한 측면도 있다.

이러한 관점에서 BIM 도입을 정책적으로 추진 중인 주요 국가들은 자국의 건설환경에 적합한 IFC의 로컬 검증 및 인증(Local Validation & Certification)을 부여하여 소프트웨어 벤더사들에게 요구를 하고 있으며, 향후 IFC기반 BIM 소프트웨어들 간의 데이터 호환성 문제는 점차 개선될 것으로 예측된다.

IFC 표준은 단일 프레임워크 모델로 개발되면서 건설 프로세스의 분야별 활용되는 소프트웨어들간의 정보의 유통 및 교환에 제한적이며, 이러한 문제는 그간 실무적 활용을 지향하던 IFC 표준의 본 취지와는 상반되어 건설업계, 연구조직, 표준 커뮤니티 영역에서 실제 적용되지 못하는 결과를 초래한다.

이러한 관점에서 국제사회의 건설 표준화 연구조직들과 커뮤니티들은 IFC기반 BIM의 필요성 제기와 함께 IFC 표준이 갖는 문제를 해결하기 위해 표준기술의 개발을 추진해오고 있다.

2) IDM과 MVD

IDM(Information Delivery Manual), MVD(Model View Definition) 표준기술은 IFC기반 BIM 구축을 위한 핵심 요소기술로서 인식되고 있다.

IDM은 건설 도메인 분야별 정보의 유통 및 교환에 관한 정보교환 요구사항을 정의한다.

MVD는 IDM에 대한 IFC의 정보 유통 및 교환 관점을 제공한다. IFD는 IFC 데이터의 시멘틱(Semantic) 호환을 가능하게 하는 온톨로지 방법을 제공한다.

IDM과 MVD 요소기술은 건설 프로세스의 명확한 정의와 분야별 정보유통체계의 개선을 가능하게 하며, 이의 구현 및 적용은 IFC 표준 환경에서 소프트웨어들 간의 정보의 공유 및 교환을 가능하게 한다.

IDM에 대한 개발 현황으로 현재 미국에서는 모든 프로젝트 결과물을 NBIMS 또는 GSA 지침에 반영하는 것을 목표로 IFC Solution Factory 프로그램 진행 중이다.

국내에서는 초고층 복합시설물을 대상으로 피난 및 수직 동선 계획, 건축과 구조 분야 데이터의 호환, 계획 설계 단계에서의 건물형상과 방향에 따른 에너지 분석을 대상으로 IDM와 MVD 개발 진행 중이다.

BIM과 IFC 표준의 도입 및 적용을 추진 중인 주요 국가들은 IDM, MVD와 같은 핵심 기술들을 표준화 대상으로 삼고 있으며, 국가 또는 기관 지침의 개발에서 이를 주요 핵심으로 다루고 있다.

3) CityGML

IFC와 GIS연계에 대한 연구가 활발해짐에 따라 의미, 기하학 지형 및 외관을 포함해 도시 환경과 지역 모델들의 지형학적 객체에 대한 클래스와 관계를 정의하는 CityGML(Geography Markup Language) 개발이 활발해진다.

CityGML은 3차원 가상 도시 모델을 저장 및 교환하기 위한 XML스키마 기반의 GML3(Geography Markup Language 3)의 응용스키마이며, OGC(Open Geospatial Consortium)과 ISO TC211에 2011년 처음 출시되었다.

현재 2012년 4월에 출시된 버전 2.0이 최신 버전이다. 미국의 ESRI사에서2014년 데이터 교환시의 상호환성을 높이기 위해 CityGML 입출력 도구를 개발, 자사 소프트웨어인 ArcGIS에 탑재한다..

독일 Fraunhofer 연구소는 3차원 도시모델 설계 및 분석 시뮬레이션을 지원하는 프로그램인 2011년 처음 CityServer3D를 개발하였으며, 현재 버전 9를 출시하였다. 이는 Cityxml에 대한 Rule기반 분석 시뮬레이션을 지원한다.

독일의 경우 3DCon, GTA GeoService, M.o.s.s.사 등 다양한 소프트웨어 업체에서 CityGML 기반 설계 및 분석 시뮬레이션 도구를 개발하고 있다.

이탈리아의 I-Scope에서 생태도시를 위한 개방형 플랫폼기반 상호호환 가능한 스마트 시티 구축 서비스를 도시 행정기관을 대상으로 제공하고 있음. M.o.s.s.사에서 개발한 플랫폼 레벨에서의 CityGML 정보관리 기술을 활용하였으며, CityGML기반 생태 시뮬레이션 기술을 지원한다.

영국에서는 CityGML 정보표준을 정의하는데 있어 COBie 스프레드시트를 활용하는 연구를 진행된다.

미국 Autodesk사의 Infraworks360에서 CityGML을 지원하고 있으며, 도시단위의 정보 생성 및 분석, 공유, 관리를 지원한다.

4) LandXML

LandXML은 토지개발, 토목, 측량 정보의 데이터 교환을 위한 개발된 개방형 표준으로 OGC에서 설립한 LandInfraSWG(Infrastructure Standards Working Group)에서 2000년 개발하였다. 2014년 LandXML2.0의 초안을 발표하였으며, 지속적인 개발이 진행 중이다.

현재 약 70여개의 토목산업 주요 소프트웨어가 LandXML을 지원하고 있으며, 다양한 토목 프로젝트에서 활발히 활용 중이다.

2012년 OGC와 LandInfraSWG는 buildingSMART International과 공동으로

학습 6

LandXML의 서브셋을 제공하며 동시에 UML의 개념모델 지원, GML로 구현되는 새로운 표준 개발에 착수하였다. 이를 위해 단기적으로는 LandXML과 IFC간의 연계를 위한 IDM/MVD개발을 진행하고 있으며, 장기적으로는 하나의 통합된 표준을 지향하기 위해 IFC 스키마 확장을 개발하였다.

뉴질랜드는 2007년 LandXML 포맷으로 지적 측량정보 제출하는 것을 의무화하였다. 노르웨이의 New Road Department Manual : No.138 Modellgrunnlag에서 지형모델, 도로, 레일 등 인프라모델 등에 대한 데이터 포맷으로 LandXML을 규정하고 있다. 노르웨이에서는 LIM, IFC, CityGML를 활용하여, 건물을 포함한 도시 계획 단위에서의 정보관리 및 활용 연구가 진행되고 있다.

03 선진국의 스마트건설에 대한 집중적인 사례 및 정책에 대하여 분석하라.

1. 영 국

'Construction 2025'를 통해 건설산업 혁신방안으로 건설 산업의 스마트화 강조하고 있다. 영국은 모듈러 건축 분야의 시장 성숙도가 가장 높은 국가로 전체 건설 시장의 약 2.1%('13년 기준)를 모듈러 건축이 점유한 상황이다.

'Government Construction Strategy 2016-2020'에서 '디지털기술 활용 확대' 제시하고 있다.

2. 미 국

경제 활성화 및 일자리 확충을 위해 향후 5년간 5,500억 달러 규모의 인프라 투자 및 에너지 분야 사업 확대 계획 발표('16)하였다. 노후화된 공공인프라 성능개선(도로, 공항, 교량 등)에 대규모 자금 투입, 송유관-정제시설 발주 확대 등 건설 활성화 예상하고 있다. 민간을 중심으로 스마트건설기술 스타트업의 활성화 및 다양한 프로젝트에 BIM 적용 등 디지털 기술을 적극적 활용할 수 있도록 지원하고 있다. 빅데이터, loT 기술, 웨어러블 장비 등을 개발하여 현장관리에 활용함으로써 건설 현장의 안전성 향상을 도모하고 있다.

3. 일 본

'25년까지 건설현장의 생산성 20% 향상을 목표로 건설사업 생애주기 전반으로 ICT 기술을 활용하는 i-Construction 추진하고 있다. 건설 전 단계 3차원 데이터 도입, ICT 건설장비 등 신기술 활용, 노동력 문제를 대응하기 위한 자동화 무인화 추진하고 있다. 코마츠社는 정형화된 작업, 정밀절삭 및 안전작업을 필요로 하는 토공 공사 현장에 무인 중장비를 개발하여 이를 드론과 연동하여 시공하고 있다.

4. 싱가포르

'Construction 21 운동'을 통해 생산성 향상과 환경 개선을 추구하는 건설 산업 선진화 추진하고 있다.

'16년 기술개발 로드맵을 통해 자동화 장비 및 로봇, BIM/가상설계 및 시공 등 7대 핵심 기술분야 선정하였다. 대부분의 국가 건설프로젝트 설계 시 BIM 사용을 의무화(약 80%)하고 있다.

학습 6

04 AR기반 건설 정보 시각화에 대하여 분석하라.

1. AR 기반 건설 정보 시각화 기술

건설 현장에서의 증강현실 구현을 위해 필요한 핵심 기술은 사용자가 원하는 정보를 자동 선별하여 정확한 위치에 표현해 줄 수 있는 기술이며, 이러한 측면에서 봤을 때 사용자의 위치 및 주변 상황에 대하여 정확하게 인지할 수 있는 기술이 아직 미비하다. 현장 작업 상황에 따라 양손을 사용하기 힘든 상황에서도 사용자가 증강현실 플랫폼을 자유롭게 다룰 수 있도록 현장 작업자에 알맞은 AR 기기 컨트롤 및 UI 기술이 필요하다.

① 미국 Lowe's 사의 Holoroom 서비스는 VR 베이스의 건축물 가상화를 통해 자사의 수백 개의 제품을 활용해서 주방과 욕실을 디자인하거나 리모델링한 결과를 가상현실로 체험할 수 있다. Lowe's는 몰입형 MR을 사용하여 고객이 주택 개선을 할 때 성공적으로 수행 하도록 필요한 기술들을 학습하는데 도움을 주는 기능을 제공한다.

② 미국 VIA Technik 사는 BIM의 고정 3D 모델을 가상화하고 가상화 게임엔진 내에서 의사결정, 효용성 평가, 그리고 비용산정을 지원한다.

③ 미국 DAQRI 사의 DAQRI SMART HELMET®은 고속광각카메라, 열화상카메라와 증강현실(AR) 기술이 융합된 스마트 헬멧으로, 작업자에게 업무절차 및 검측 위치 등을 시각화된 정보로 제공하는 기술을 탑재하였다.

④ 헬멧 일체형으로써 AR구현을 위해 별도의 모바일 기기 등이 필요하지 않으며 헬멧 내 CPU가 탑재되어 빠른 데이터처리 속도를 제공한다.

⑤ 미국 JBKNOWLEDGE 사의 SMARTREALITY는 AEC산업용 증강현실(AR) 및 혼합현실(MR) 기반의 모바일 어플리케이션을 제공한다.

⑥ Synchro Pro는 Microsoft사의 Hololenz 기기에서 사용 가능한 증강현실 플랫폼을 출시하였으며 이를 통해 4D 이상의 건설 정보들을 자유롭게 탐색해볼 수 있으나, 현장에서 활용하기에는 손가락 동작 인식을 기반으로 한 메뉴 실행 등의 UI나 Hololenz 기기의 무게 및 착용감 등이 불편하다는 평가가 많다.

05 스마트건설의 현재와 미래에 대하여 분석하라.

단 계	분 야	핵심기술	~ 2020	2020~2030
설 계	BIM기반 스마트 설계	지형 · 지반 모델링 자동화	• 현장측량 중심 지형정보 수집 • 지형 지반정보 2D 도면 관리 • 융복합 드론 활용 형상 정보 수집 및 모델링	• 형상 모델 및 지반속성 정보 연계 • AI 기반 BIM연계 지반 모델링 자동화
		BIM 적용 표준	• BIM S/W 자체표준이나 2D 도면 표준 적용 • 교량 터널 하천 등 목적물 중심 국제수준 BIM 표준 구축	• 데이터 교환 공유를 위한 BIM 표준 구축 • 축적된 BIM 빅데이터의 활용을 위한 표준 구축
		BIM 설계 자동화	• 기초 수준 BIM 라이브러리 활용 • BIM 라이브러리 기반 설계 부분 자동화	• 건설 全단계를 고려한 BIM 설계 최적화 • AI 기반 BIM 설계 자동화

단 계	분 야	핵심기술	~ 2020	2020~2030
시 공	건설기계 자동화 및 관제	건설기계 자동화	• 굴삭기 도저 롤러 머신 가이던스 기술 시범 적용 • 굴삭기 도저 롤러 머신 가이던스 기술 확대 적용	• 실시간 머신 가이던스, 건설기계 자율이동(+크레인,포장천공기계) • 건설기계 자동화 (AI를 활용한 건설기계 통합 운영 및 관제) • 센서 IoT 기반 정보 실시간 수집을통한 건설기계통합 운영
		건설기계 통합 운영 및 관제	• 굴삭기 도저 롤러 통합 운영 및 관제기술 시범 적용(소규모 현장) • 굴삭기 도저 롤러 통합 운영 및 관제기술 상용화(대규모 현장)	
	공정 및 현장관리 고도화	시공 정밀제어 및 자동화	• 현장타설 방식 중심(습식공법), 모듈 · Prefab. 방식(조립)도 활용 • 조립시공을 위한 위치 자동제어	• 조립시공 정밀제어, 부분 자동화(정밀정합, 이음부 타설 등) • 로봇 등을 활용한 조립시공 자동화
		ICT 기반 현장 안전사고 예방	• 안전관리자의 작업자 관리, 육안점검 등 인력중심 안전관리 • ICT 기술을 활용한 안전관리(드론, 3D Scanner, VR 등)	• 실시간 센싱 기반 안전관리(Smart Wearable, 센서 등) • 예방적 통합 안전관리 (위험 예측, 장비 인력 통합관제)
		BIM기반 공사관리	• 경험에 따른 공사관리 • 주요 공종 BIM 기반 공사관리(드론 로봇 실시간 공정체크 등)	• 가상시공을 통한 리스크 분석 공사관리 효율화 • AI 기반 공사관리 최적화(조건에 맞는 최적 공법 검토)
유지 관리	시설물 점검 진단 자동화	IoT 센서 기반 시설물모니터링	• 단일 센서를 활용한 단순 정보 수집 • 지능형(상황감지) IoT 정보수집	• 대규모 대용량 IoT 정보 수집 분석 • 초연결형 IoT 정보수집 분석
		드론 로봇 기반 시설물 진단	• 인력 기반의 시설물 점검(드론 일부 활용) • 다종 드론을 활용한 대형 시설물의 신속한 점검	• 다기능 드론 및 로봇을 활용한 시설물 상태 진단 • 로보틱드론을 활용한 시설물 자율 점검 및 진단
	디지털 트윈 기반 유지관리	시설물 정보 통합 및 표준화	• 개별 정보시스템 및 DB 구축 • 시설물 정보 표준화 및 통합 관리 시스템	• 건설 全단계 개방형 통합 DB 및 빅데이터 구축 • 디지털 트윈 기반 스마트 시설물 유지관리 • 빅데이터 AI 기반 예측

단 계	분 야	핵심기술	~ 2020	2020~2030
		AI 기반 최적 유지관리	• 육안점검 및 단순 계측 정보 기반 유지관리 의사결정 • 데이터 기반 의사결정 지원 시스템	형 유지관리

학습활동.6 교수 · 학습 방법

교수 방법

- 디지털 트윈과 스마트건설에 대한 관련 용어, 구성, 방식 이해 정도를 파악한 후 수업을 진행한다.
- 교수자의 주도로 디지털 트윈과 스마트건설 등의 내용을 PPT 자료로 제시한 후 설명한다.
- 가능하면 사전에 개인별 학습 자료를 준비하여 모든 학생이 참여할 수 있는 문제 해결식 수업, 협력 수업이 가능하도록 한다.
- 디지털 트윈과 스마트건설 전 과정을 작업의 순서에 따라 단계적으로 실습이 이루어질 수 있도록 지도한다.
- 교재를 통해 수업을 준비하는데 있어서 필요한 모든 정보나 팁, 힌트 등 도움이 될 만한 내용들을 확인할 수 있다.
- 학생들이 만들게 될 각 모델들은 수업시간에 중점적으로 다뤄질 부분과 어휘, 질문, 답을 포함하고 있으며 또한 탐구할만한 추가적인 아이디어들도 포함하고 있다.

학습 방법

- 디지털 트윈과 스마트건설에 대한 관련 용어를 숙지하고, 디지털 트윈과 스마트건설에 대해 이해한다.
- 디지털 트윈과 스마트건설의 각 단계별 중점 사항을 체계적으로 학습한다.
- 디지털 트윈과 스마트건설의 수행순서의 전 과정을 실습한다.
- 디지털 트윈과 스마트건설의 내용을 이해한다.
- 디지털 트윈과 스마트건설을 이해하고 숙달이 될 때까지 학습한다.

학습활동.6 평가 및 피드백

평가 준거

- 평가자는 피평가자가 수행 준거 및 평가 내용에 제시되어 있는 내용을 성공적으로 수행할 수 있는 지를 평가해야 한다.

학습내용	평가항목	성취수준		
		상	중	하
디지털 트윈과 스마트건설	디지털 트윈과 스마트건설을 이해할 수 있다.			

평가 방법

학습내용	평가항목	성취수준		
		상	중	하
디지털 트윈과 스마트건설	디지털 트윈과 스마트건설을 이해할 수 있다.			

• 작업 포트폴리오

학습내용	평가항목	성취수준		
		상	중	하
디지털 트윈과 스마트건설	디지털 트윈과 스마트건설을 이해할 수 있다.			

• 필기시험

학습내용	평가항목	성취수준		
		상	중	하
디지털 트윈과 스마트건설	디지털 트윈과 스마트건설을 이해할 수 있다.			

• 체크리스트를 통한 관찰

학습내용	평가항목	성취수준		
		상	중	하
디지털 트윈과 스마트건설	디지털 트윈과 스마트건설을 이해할 수 있다.			

• 피드백

1. 작업 포트폴리오
   - 제출한 보고서를 평가한 후 주요 사항에 대하여 표시하여 돌려준다.
2. 필기시험
   - 평가 결과 성적이 저조한 학생은 보고서 제출 기회를 부여한다.
3. 체크리스트를 통한 관찰
   - 실습 과정에서 평가한 후 개선해야 할 사항 등을 정리하여 돌려둔다.

참 | 고 | 문 | 헌

1. 박명덕 외. 2015. 산업용 도시가스 수요변화 요인분석, 에너지경제연구원
2. 행정안전부 생활공간정책과. 2017년 기준 자전거 이용 현황
3. Kotra. 2009. 해외 주요국 자전거 산업정책 및 시장동향, Global Business Report 09-029
4. 신희철 외. 2012. 공공자전거 효과 분석 및 발전 방안, 한국교통연구원
5. 박석천 외. 2010. RFID/GPS 기술기반 공용 자전거 위치 관리 시스템 개발, 한국산업기술평가관리원
6. 관계부처합동. 2017. 제4차 산업혁명에 대응한 「지능정보사회 중장기 종합대책」
7. 한국방송통신위원회. 2017. 지능정보사회에서의 이용자보호 이슈 및 정책
8. Gartner. 2018. Top 10 Strategic Technology Trends for 2019
9. 사공호상 · 박종택 · 김미정 · 박관동 · 이기준. 2016. 초연결 시대에 대응한 공간정보 정책 방향 연구. 경기 안양 : 국토연구원
10. 사공호상 · 서기환 · 이영주 · 박종택 · 서용철. 2007. 공간정보 패러다임 변화에 대응한 국 가 GIS 전략 연구. 경기 안양 : 국토연구원
11. 신동빈. 2017. 스마트시티와 공간정보
12. 한국정보화진흥원. 스마트시티 발전전망과 한국의 경쟁력, 2016.11
13. 국토교통부. 제3차 스마트도시 종합계획(2019~2023), 2019.6
14. SK텔레콤. 2017. SMART CITY in BUSAN
15. NIPA. 2017. IoT 오픈 플랫폼 기반 제품서비스 개발을 위한 IoT와 oneM2M의 이해
16. 한국정보통신기술협회. 2018.3. 스마트시티 상호운용성 검증 및 시험인증 동향
17. 한국전자통신연구원. 2018. 스마트시티 국제표준화 동향
18. ITU-T, Y.4201(02/2018) High-level requirements and reference framework of smart city platforms
19. Juniper Research, The Top 20 Smart Cities Globally, Consolidated Performance 2017
20. 동아일보. 2018.1. 공공데이터 1000여종 개방...런던은 '스타트업 사관학교'
21. KBS. 2019.4.6. 싱가포르, 3D 가상현실로 스마트 국가 건설
22. 신명숙 · 김영부. 2019.8.5. 스마트시티 ICT, SW핵심 플랫폼, 정보통신산업진흥원

학습 1	디지털 트윈의 개념
학습 2	디지털 트윈의 핵심기술
학습 3	디지털 트윈의 모델링 시뮬레이션
학습 4	디지털 트윈 플랫폼
학습 5	디지털 트윈과 스마트시티
학습 6	디지털 트윈과 스마트건설
학습 7	**디지털 트윈과 제조업**
학습 8	디지털 트윈과 물류
학습 9	디지털 트윈과 헬스케어
학습 10	디지털 트윈의 전략 및 정책
학습 11	디지털 트윈의 응용
학습 12	디지털 트윈의 시장동향
학습 13	디지털 트윈의 미래

학습 목표	1. 디지털 트윈과 제조업을 이해할 수 있다.

7-1 제조업과 디지털 전환

1. 디지털 전환의 개념

4차 산업혁명으로 인한 기존의 비용 중심 성장에서 가치 중심 및 수요 중심의 성장으로 기존의 인건비 등 생산비용 중심으로 제조경쟁력이 결정되었으나, 향후 '인력' 의존적 성장전략은 한계에 봉착할 것으로 예상과 향후에 시장수요가 제품 구매의 이유(Why-behind-Buy) 중심으로 바뀜에 따라, 고객맞춤형 가치가 핵심 경쟁력이 될 것으로 전망이므로 〈표 5-1〉처럼 제조 패러다임 변화로 제조업에서 '디지털 전환'(Digital Transformation), 즉 디지털 트윈의 다양한 신기술들이 접목한 스마트 팩토리(Smart Factory)가 중요한 이슈로 부각되고 있다.

디지털 전환은 디지털 신기술을 활용, 경영환경 변화에 선제적 대응 또는, 新제품 · 서비스 창출을 지속 추진하여 경쟁력을 높이는 프로세스이다. 디지털화를 통한 기업의 프로세스 변화부터 비즈니스 모델의 변화까지 전체인 기업의 전략, 조직, 프로세스, 비즈니스 모델, 문화, 커뮤니케이션, 시스템 등을 포괄하며, 제조업을 비롯한 산업의 혁신을 견인하는 요소로 기능하기 시작한다.

〈표 7-1〉 제조업 패러다임의 변화

구 분	기 존	방향성
생산방식	소품종 대량생산, 규모의 경제를 통한 수익 확대	수요 맞춤형 유연생산 기반으로 "범위의 경제" 지향
제품 및 서비스	제품 고유기능에 집중, 가격 및 품질 경쟁	지능화 등을 통한 부가가치 기반으로 경쟁
비지니스	대형수요처 확보에 의해 수익률 결정	틈새 또는 중간 수요를 통한 수익 창출 (3D 프린팅, 온라인 유통 등)

기존의 공장자동화 수준을 넘어 모듈화, 다품종 소량생산 등 유연한 생산체계를 구축하는 디지털 기술의 발전으로, 低비용으로 쉽게 다양한 산업의 니즈를 반영하고 디지털 전환이 가능한 환경이 조성되어 이를 완성하기 위하여 사이버물리시스템(CPS). 로보틱스, 3D프린팅, 사물인터넷, 인공지능 등의 기술들이 활용된다.

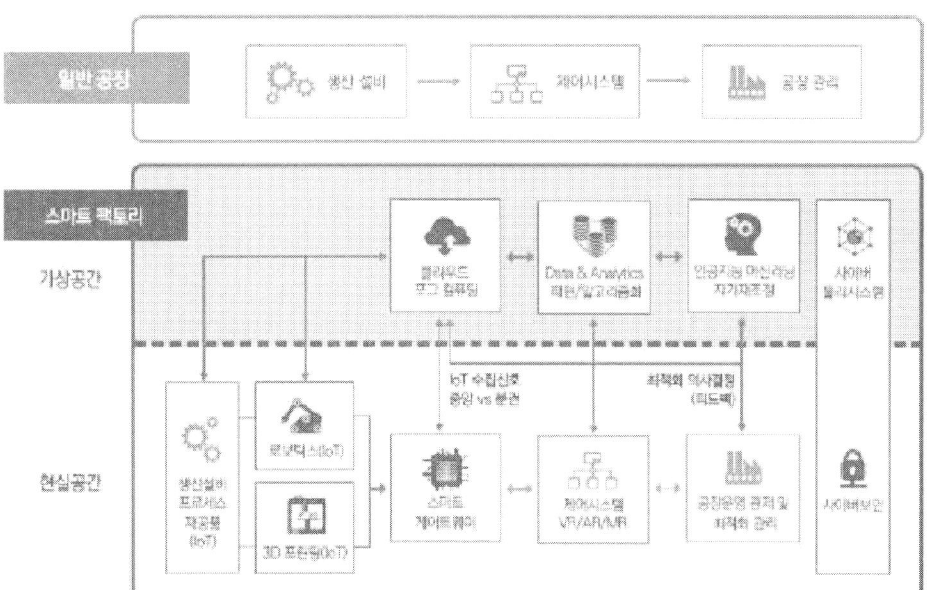

[그림 7-1] 디지털 트윈 기반 스마트 팩토리 개념도

특히, 실시간 현장에서 발생하는 빅데이터를 수집하기 위한 사물인터넷, 이를 실시간 분석하여 의미있는 정보로 도출한 뒤 효과적 공장운영 관제 및 최적화 관리를 위한 의사결정 지원 기술로 사용되는 인공지능 기술은 스마트 팩토리의 디지털 트윈을 위한 핵심요소이다.

디지털 전환에 대한 정의는 다양하나, 제조 관점에서는 '디지털 新기술을 활용, 경영환경 변화에 선제적 대응 또는 新제품 · 서비스 창출을 지속 추진하여 경쟁력을 높이는 프로세스'로 정의할 수 있다.

〈표 7-2〉 디지털 전환의 주요기술

구 분	성 격	기술분야
플랫폼 디지털 기술	다양한 산업군의 요구사항을 적용하여 성과를 강화시키는 '플랫폼' 성격의 기술	클라우드, 모바일, 빅데이터, 소셜 영역 등
가속 디지털 기술	플랫폼 디지털 기술의 발전/플랫폼 기반 혁신을 가속하는 디지털 기술	로봇, IoT, 인공지능, 차세대 보안, 3D 프린터, 인터페이스 등

디지털 전환을 통한 제조 혁신의 진화를 뒷받침하는 기술 분야로는 ① 디지털 트윈, ② 협업 로봇, ③ 산업용 VR/AR, ④ 제조 빅데이터, ⑤ 산업용 IoT가 핵심이며, 상호간 연계를 통해 보다 고도화된 스마트 펙토리 구현이 가능하다.

제조업의 CPS는 실제 제품/설비 운영이 실시간 가상공간에서 동기화되고 수집된 데이터를 기반으로 분석 알고리즘을 통한 패턴을 도출하여 현실공간에 지능적으로 제어되는 시스템이다.

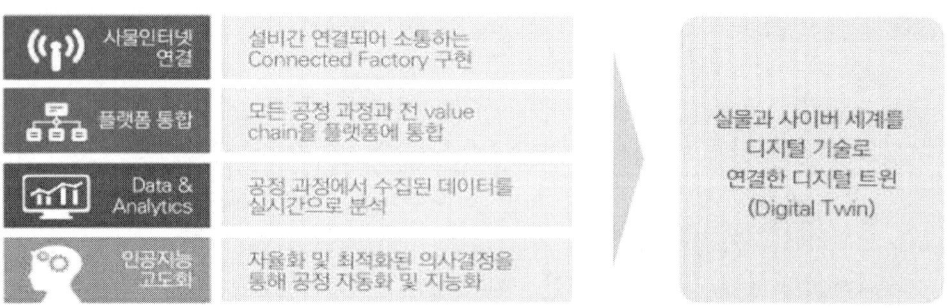

[그림 7-2] 디지털 트윈을 지향하는 CPS 핵심기술

CPS가 활용된 스마트 팩토리의 최종 목표는 가상공간과 현실공간이 완벽히 통합된 디지털 트윈으로 볼 수 있다.

[그림 7-2]처럼 스마트 팩토리를 위한 디지털 트윈을 지향하는 CPS핵심기술은 설비간 연결되어 소통하는 Connected Factory구현을 위한 사물인터넷 연결 기술, 모든 공정 과정과 전 value chain을 플랫폼에 통합하는 기술, 공정과정에서 수집된 데이터를 실시간으로 분석하는 기술, 자율화 및 최적화된 의사결정을 통해 공장 자동화 및 지능화하는 인공지능의 고도화 기술들이 실물과 사이버 세계를 디지털 기술로 연결하는 것이 디지털 트윈이다.

2. 디지털 트윈을 통한 디지털 전환

현실에 존재하는 물리적 대상의 형상, 성질, 상태 등의 정보를 사이버 상에 동일하게 구현(1대1 매칭) · 시각화한 가상 모델이다. 디지털 트윈은 일반적인 시뮬레이션 모델과 달리 센서 · IoT를 기반으로 현실의 사물과 1대1 매칭, 실시간 연결, 양방향성, 현실성 · 즉시성 등의 특징을 갖는 동적 모델이다.

현실 공간의 모든 사물이 연결되고, 이들의 디지털 복제품이 가상공간에서 연결되며, 현실 공간과 가상공간이 실시간으로 소통한다. 제조산업에서 디지털 트윈은 실제 생산 제조라인과 환경을 시뮬레이션하고 점검 · 예측 · 대처할 수 있는 디지털 모델 시스템을 의미한다. 디지털 트윈은 생산 돌입 전 단계에서 돌발 상황을 포함하여 일어날 수 있는 다양한 상황들을 가상의 공장에서 검증을 수행할 수 있는 장점을 보유하고 있다.

[그림 7-3]처럼 디지털 트윈의 최종 범위는 '제품개발 - 부품조달 - 생산 - 유통 - 고객 사용 - 폐기'의 제품생애 초주기를 포괄한다.

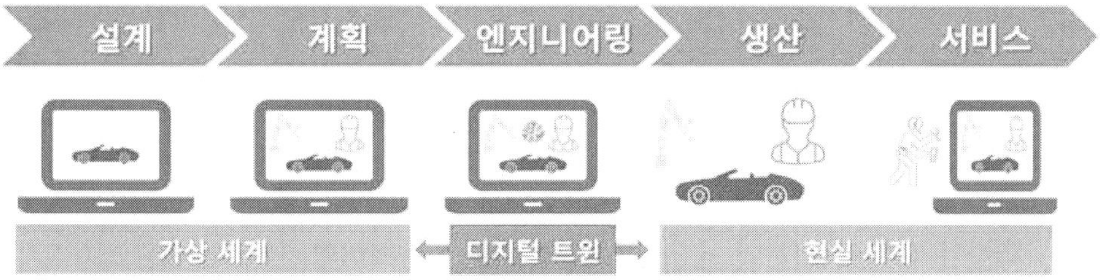

[그림 7-3] 제조업과 디지털 트윈의 범위

학습 7

디지털 트윈 요소는 크게 기업의 자산 · 인력 · 공정의 디지털화로 구분되고 생성된 모든 정보를 끊김없이 연결되는 특징을 보유하고 있다.

1) 자산의 디지털화

제품 · 부품 · 생산 · 설비 등 모든 자산의 디지털 트윈을 SW로 구현함으로써 제조 시스템 전체의 구성요소를 가상화한다.

2) 인력의 디지털화

제조인력에 대한 디지털 아바타를 구현, 작업자의 다양한 정보(생산현황, 작업시간 · 내용, 생산성, 건강상태 등)가 아바타에 기록되어 피로도나 평소와 다른 실수 등을 감지하며, 작업자에게 실시간으로 작업수행정보 제공한다.

3) 공정의 디지털화

제조 시스템을 구성하는 요소(자산, 인력 등)를 실제와 동일하게 연결하고, 실제와 동일한 가상의 구동을 통해 실시간으로 확인하고 시뮬레이션 한다.

디지털 트윈의 구현을 위해서는 다음과 같은 발전과도 관련된다.

① 전체 제품 가치 사슬의 참여
② 표준화된 모델링
③ 다양한 소스의 데이터 포함
④ 긴 수명주기를 위한 독점적 SW 지양이 중요
⑤ 이는 IoT, 제조 빅데이터, 산업용 VR/AR, 협업 로봇 등 다른 디지털 기술

7-2 제조업 분야의 디지털 트윈 기술 현황

1. 제조업 분야의 디지털 트윈 핵심요소기술별 사례현황

제조업 분야에서 디지털 트윈 활용 사례를 중심으로 디지털 트윈이 적용되고 있는 주요 분야들에 대한 기술 수준 및 적용 가능성을 분석한다.

〈표 7-3〉 제조업 분야의 디지털 트윈 핵심요소 기술별 사례현황(주요 기능 요소)

	적용분야	적용목적	주요 기능 요소				
			정보 수집	현상 가상화	실시간 분석	시뮬레이션	현실 제어
GE	공장/발전소/항공(비행분석)	운영효율 극대화 자동화 운영 오류감소를 통한 비용 절감	○	△	○	○	○
지멘스	공장/에너지/헬스케어		○	△	○	○	○
롤스로이스	항공(엔진제작)	정확도 향상을 통한 시간/비용 절감	○	○	○	○	○
핀란드 무선 선박	선박	AI 기반 해상사고 무인화를 통한 운영	○	○	○	○	○
두바이 터미널	물류(관제)	물류 시스템 자동화 안전사고 감소	○	○	○	×	○
포스코	공장	운영효율 극대화 자동화 운영 오류감소를 통한 비용 절감	○	△	○	○	○
삼성 SDS	공장		○	△	○	×	○
LG CNS	공장		○	△	○	×	○
현대위아	공장	데이터 표준화	○	△	○	×	○
SK 텔레콤	공장	5G 기반 올인원 솔루션을 통한 효율적 공장 운영	○	○	○	○	○
현대 중공업	선박(엔진모니터링)	선박 엔진 관리를 통한 비용절감	○	△	○	○	○

〈표 7-4〉 제조업 분야의 디지털 트윈 핵심요소 기능별 사례현황(핵심 기능 요소)

	적용분야	적용목적	핵심 기능 요소					
			IOT	가상화 플랫폼	클라우드	빅데이터	AI	엣지 컴퓨팅
GE	공장/발전소/항공(비행분석)	운영효율 극대화 자동화 운영 오류감소를 통한 비용 절감	○	○	○	○	○	○
지멘스	공장/에너지/헬스케어		○	○	○	○	○	
롤스로이스	항공(엔진제작)	정확도 향상을 통한 시간/비용 절감	○	○		○	○	
핀란드 무선 선박	선박	AI 기반 해상사고 무인화를 통한 운영	○	○	○	○	○	

학습 7

	적용분야	적용목적	핵심 기능 요소					
			IOT	가상화 플랫폼	클라우드	빅 데이터	AI	엣지 컴퓨팅
두바이 터미널	물류(관제)	물류 시스템 자동화 안전사고 감소	○	○		○		
포스코	공장	운영효율 극대화 자동화 운영 오류감소를 통한 비용 절감	○	○		○	○	
삼성 SDS	공장		○	○	○	○	○	
LG CNS	공장		○	○	○	○	○	
현대위아	공장	데이터 표준화	○	○	○	○		
SK 텔레콤	공장	5G 기반 올인원 솔루션을 통한 효율적 공장 운영	○	○	○	○	○	○
현대 중공업	선박 (엔진모니터링)	선박 엔진 관리를 통한 비용 절감	○	○		○	○	

이러한 디지털 트윈 요소기술들은 공장에서 발생한 방대한 데이터를 생성/수집하고 활용목적에 따라 상황을 분석하거나 시뮬레이션을 통해 결과를 예측하여 실시간 상황을 제어하는 일련의 데이터 활용 단계에 적용되어 디지털 트윈의 가장 이상적인 환경을 구축하게 된다.

7-3 제조업의 디지털 트윈 국내외 동향

1. 해외 현황

디지털 트윈은 미래 유망 10대 기술로 주목을 받으며 글로벌 선도 기업들을 중심으로 빠르게 시장이 확대되고 있다.

① 세계 디지털 트윈 시장 규모(십억불, Infoholic Research) : ('17) 7.85 → ('19E)10.25 → ('21E)15.87 → ('23E)29.56 [CAGR : 24.7%]

② 선도 기업들(美 GE(Predix), 獨 Siemens(MindSphere), 美 Honeywell (Uniformance), 佛 Total(TrendMiner), 노르웨이 DNV-GL(Veracity)) 등은 자사의 엔지니어링 기술과 데이터 및 실시간 모니터링 기술 등을 융합한 디지털 트윈 기술 등으로 설비 예지보전 및 자산관리 영역의 새로운 비즈니스 창출하고 있다.

1) GE

GE는 SW(Predix) 및 서비스 매출 '16년 60억 달러, '20년 150억 달러 연매출 목표로 하고 있다. GE는 디지털 트윈 개념을 처음으로 표방하며 `16년 기준 551,000개의 디지털 트윈을 개발, 스마트팩토리 솔루션 'Predix'와 연계하고 있다. GE는 디지털 트윈 개념을 처음으로 주창한 기업으로 디지털 트윈 이니셔티브를 통해 GE가 생산하는 모든 산업 기계의 디지털 프로필을 구축하고 기계에 대한 공학적 모델을 획득 중이다.

'스마트 공장'을 넘어서는 '브릴리언트 공장'을 표방하며 디지털 트윈을 포함한 클라우드 기반 개방형 SW 플랫폼 'Predix' 개발하였다. Predix는 GE가 10억 달러(약 1조 900억 원)를 투자하여 개발 산업용 인텔리전스 플랫폼으로 비즈니스 운영의 모니터링 및 단순화하고 Edge-to-Cloud 플랫폼, 디지털 트윈, 분석 · 기계학습, 보안 솔루션 등의 기술 제공한다.

에너지, 항공, 헬스케어, 자동차, 국방 등 여러 산업 분야에서 디지털 트윈을 이용하여 자산 최적화, 돌발사고 최소화, 생산성 증가 등의 효율을 향상하고 있다. 디지털 트윈을 기반으로 비행기 엔진 · 기관차 · 가스 · 풍력 터빈의 마모와 손상을 실제 센서 데이터를 바탕으로 파악하며, 수리 시점을 예측하여 정비 스케줄을 결정한다.

GE의 산업기기를 이용하는 고객사에 Predix를 통해 원격 자산 진단 · 관리, 프로세스 최적화, 에너지 관리 등의 '서비스'를 제공하여 고객사의 생산성 향상 등을 지원한다. GE가 제조 · 판매하는 모든 장비에 센서를 부착하고 여기에서 수집한 데이터를 모아 Predix를 통해 분석하고 디지털 트윈으로 구현하여 가상 모니터링 · 컨트롤 등의 서비스를 제공한다.

산업장비에 장착한 센서와 구동기를 Digital Twin으로 연결하여, 가상의 환경에서 실시간으로 장비를 모니터 · 컨트롤할 수 있고, 장비 가동 상황 · 위치 · 서비스 기록 등의 정보 같은 정보를 축적 가능하다. GE의 Digital Twin은 인공지능 기술을 활용, 수집된 정보를 기반으로 엔지니어링 시뮬레이션이나 기계학습 등이 가능하다.

GE는 2020년에 1차적으로 자사가 제조하는 1만 개의 가스터빈 · 6만 개 이상의 제트엔진 · 1억 개 이상의 전구 · 1억 5천만 대 이상의 자동차에 센서 · 모니터링 장치 등을 장착하여 인터넷에 연결할 계획이다.

2) Siemens

Siemens는 '16년 기준 디지털 서비스 부문 매출 10억 유로, SW(MindSphere) 부문 매출 33억 유로 달성하였다. 제조 · 플랜트 · 조선산업 등의 설계/제조/유지보수에 활용되는 엔지니어링 SW들은 전통적 독립형 시스템에서 넘어서 클라우드 기반 시스템으로 전환 중이다.

기존에 쌓아온 HW 강점을 유지하면서 관련 SW 기업의 M&A, R&D를 통한 기술 보강하고, 인수한 기업의 제품을 지멘스 기존의 제품과 통합하는 전략을 통해 디지털 트윈 역량 강화한다. PLM SW · 서비스 기업인 UGS 인수('07), 시뮬 SW · 엔지니어링 서비스 기업인 LMS 인수('12), CD-adapco 및 Mentor Graphics 인수('16), 솔리도 디자인 오토메이션 인수('17) 등으로 기구 · SW · 전자 등 포괄적인 시뮬레이션 역량을 강화하고 자동차, 통신, 데이터센터 컴퓨팅, 네트워킹, 모바일, IoT용 반도체 설계 및 특징 분석 등 기술 보강하고 있다. 수집된 데이터를 바탕으로 디지털 트윈을 만들고 가상공간에서 제품 개발 공정을 다양하게 바꿔가며 실험하여 회적의 운영 환경을 구축한다. 암벡 공장에 디지털 트윈 기술을 적용하여 장비 · 시스템 모니터링, 변동사항 · 유지보수 시기 알림, 작업 및 공정 효율 개선 등에 활용한다.

암베르크 스마트팩토리는 IoT 플랫폼 '마인드 스피어'에 디지털 트윈을 접목하여 '불량률 제로'에 도전하고 있으며 빅데이터를 바탕으로 전체 공정의 75%가 자동화로 진행되며, 불량률 0.001% 수준에 불과하다.

2. 국내의 현황

디지털 트윈 기반의 공정운영 및 최적설계 도입 시도가 진행 중에 있으나, 기반 미비로 제한적으로 도입 · 적용 중이다.

1) 수요기업 측면

한국의 디지털 트윈 시장은 2023년까지 연평균 16.3%의 성장세를 보일 것으로 전망되나, 이는 세계 디지털 트윈 시장의 연평균 성장률의 약 2/3 수준에 불과하다.

우리나라 디지털 트윈 시장 규모(백만불, Infoholic Research) : ('17) 240.3 → ('19E)293.7 → ('21E)390.4 → ('23E)594.3, [연평균 성장률 16.3%]이다.

세계적으로 디지털 트윈에 대한 관심이 고조되는 가운데, 한국은 인력과 비용 투자 등의 문제로 일부 대기업만 도입을 시도 중이다.

글로벌 대기업들이 최근 디지털 트윈 기반의 설계-생산을 협력사에 요구, 국내 협력 기업들은 높은 구축비용 등 문제로 대응에 고심 중이다.

(例) 독일 폭스바겐은 A 차종에 대해 '18년부터 전세계 부품 협력사들에 디지털 트윈 기반 설계-생산에 대한 자료를 요청하겠다고 발표하였다.

2) 공급기업 측면

국내의 디지털 트윈 솔루션 개발은 초기단계이며, 시장지배력을 바탕으로 호환성을 확보 중인 글로벌 기업과의 기술 격차 존재한다. 해외 선도기업은 이미 디지털 트윈 관련 토탈 솔루션을 제공하고 있는 반면, 국내 기업은 부분적 시도에 머무르는 실정이다. 국내 공급기업은 제조전문 SI · 엔지니어링 · SW 기술, 인력 등 미비하다.

이런 환경에서 국내 공급기업은 제조설비를 디지털 트윈 환경에 신속하고 안정적으로 연동하는 것을 선결과제로 인식하고 있다. 해외 수준의 디지털 트윈 솔루션을 개발하는 것은 시장지배력, 투자비용, 기술수준의 관점에서 현실성이 없다는 것이 전문가 의견 다수 차지하고 있다. 동일한 장비라도 솔루션별로 별도의 연동작업이 요구되어, 적어도 국내 솔루션 간 호환이 가능한 표준 · 규격이 필요한 상황이다.

학습 7

7-4 제조업에서 디지털 트윈 전략

1. 디지털 트윈 가상화 규격 제정

특정 장비 제조사 · 솔루션에 종속되지 않는 디지털 트윈 지원 전용 '개방형 솔루션' 개발이 필요하다.

1) 업종별 표준 제조장비 가상화 규격 제정

업종별 주요 제조 장비에 대한 국제 표준(IEC 61131-10, IEC62714 등)에 부합되는 규격 정의(기능 규격, 통신, 시스템 안전 · 보안, 장비상태, 에너지 사용량 등)한다.

2) 솔루션 간 표준 연동 기술 개발

업종별 표준 제조장비 가상화 규격을 기반으로 국내외 디지털 트윈·CPS 솔루션과의 연동 기술 개발한다.

3) 디지털 트윈 부합성 검증 SW 등 개발

종별 동일 규격의 장비를 자동 디지털화하는 솔루션 및 디지털 트윈 표준 규격에 대한 검증 지원 SW를 개발한다.

2. 스마트 제조 핵심 기술 및 장비·솔루션 인증 지원

1) 데모 스마트공장과 TÜV SÜD간 협력 등 기반

스마트 공장 구성기술(디지털 트윈 및 IoT 등) 및 제품의 호환성 검증 체계 개발 지원해야 한다.

① TÜV SÜD(獨) : 국제 시험·인증·검사·교육 등 종합적인 기술서비스 제공하는 글로벌 1위 기술 솔루션社이다.

② KETI-스마트공장추진단-TÜV SÜD 간 MOU('17 체결) 바탕으로 디지털 트윈 구축방법 컨설팅 및 검증된 디지털 트윈 기술 적용 지원 협력 추진해야 한다.

2) 스마트 제조 장비·솔루션 성능 평가 및 인증 지원

스마트 제조 장비 상용화를 위한 성능평가 및 품질인증 지원해야한다. 글로벌 대기업 수준의 솔루션 사양에 대한 인증제도 도입해야한다. 삼성/LG/현대차 등 글로벌 입지를 지닌 국내 대기업의 니즈를 반영한 솔루션 신뢰성 검증 및 인증 시스템 도입해야한다. 개별 S/W의 신뢰성 뿐 아니라, S/W 연계 상호 호환성 및 통합 기능성까지 다차원의 검증 테스트 및 인증 실시((例) 데모공장 테스트베드 활용)해야 한다.

3) 국제표준 호환성 및 연결성이 검증된 기술·제품의 브랜드화 추진

국내의 경우, 스마트 공장의 중요성에 대해 업계가 인식하는 수준의 시장 형성 단계인 실정, 시장이 성숙되기 까지 시간 소요될 전망이다.

국제 호환성이 검증된 기술·제품을 브랜드화 하여, 글로벌 인지도가 미흡한 국내 중소·중견기업의 글로벌 스마트 제조 시장 진출 지원해야 한다.

3. SaaS 기능 플랫폼 표준화 지원

SaaS 클라우드 서비스 지원용 플랫폼 표준화 지원(플랫폼化 대응)해야 한다. 표준 플랫폼 개발(모듈 간 통신, SaaS 기반 스마트공장 구조 표준화 등) 및 지속적 표준 지원(산학연 연계 표준 플랫폼 지원 센터를 설립 등) 통한 상호호환성 기반 솔루션 고도화 촉진한다.

스마트공장 운영 수준 자가진단 서비스 플랫폼 개발한다. 운영수준 자가진단 및 적용사례(Use Case) 제공 플랫폼 개발·운영하고 안산 등 기존 스마트제조 테스트베드 연계 및 운영수준별 적용사례 개발한다.

학습 7

수행 내용

재료 · 자료

- 디지털 트윈과 제조업 관련 자료

기기(장비 · 공구)

- 컴퓨터, 프린터, 주변기기

안전 · 유의사항

- 컴퓨터 및 주변기기의 전원을 관리한다.

수행 순서

01 디지털 전환에 대한 정의를 제조업 관점에서 분석하라.

디지털 전환에 대한 정의는 다양하나, 제조 관점에서는 '디지털 新기술을 활용, 경영환경 변화에 선제적 대응 또는, 新제품 · 서비스 창출을 지속 추진하여 경쟁력을 높이는 프로세스'로 정의할 수 있다. 디지털화를 통한 기업의 전략 · 프로세스 변화부터 비즈니스 모델 · 커뮤니케이션 · 시스템 등에 이르기까지의 전체를 포괄한다.

〈표 7-5〉 디지털 전환(Transformation)의 정의

구 분	정 의
IDC	기업이 새로운 비즈니스 모델, 제품 및 서비스를 창출하기 위해 디지털 역량을 활용함으로써 고객 및 시장의 파괴적인 변화에 적응하는 지속적인 프로세스
IBM	기업이 디지털과 물리적인 요소를 통합하여 비즈니스 모델을 변화시키고 산업에 새로운 방향을 정립하는 전략
AT Kearney	디지털 신기술로 촉발되는 경영환경 상의 변화동인에 선제적으로 대응함으로써 현행 비즈니스 경쟁력을 획기적으로 높이거나 새로운 비즈니스를 통한 신규성장을 추구하는 기업활동

구 분	정 의
KISDI	기업을 전환의 주체로 보고, 최신 디지털 기술을 기반으로 변화하는 환경에 대응하여 경쟁력을 확보하려는 노력
WEF	디지털 기술 및 성과를 향상시킬 수 있는 비즈니스 모델을 활용하여 조직을 변화시키는 것임

02 디지털 전환에 따라 제조 혁신하는 5가지의 제조시스템에 대하여 분석하라.

디지털 전환에 따라 제조 혁신은 크게 ① 커넥티드, ② 고객맞춤형, ③ 협업형, ④ 친환경, ⑤ 인텔리전트의 방향으로 진행될 전망이다.

1. 커넥티드 제조(Connectivity)

① 기기間 연결 : 글로벌 산업용 IoT 표준(예 IIoT, OPC UA)에 맞게 이종 기기 간 상호 데이터 호환·제어가 가능한 제조 시스템

② 공장間 연결 : 공장 간 유기적 연결을 통해 전사적 경영효율화를 추진하고, 개별공장의 효율화 성과를 全 공장으로 신속히 확산

③ (例) 보쉬(獨) : '20년까지 250여개 자사 공장을 연결하여, 새로운 경영효율화 프랙티스를 함께 창조(Co-create)하고, 성공 사례의 상호복제(Copy) 추진

2. 고객맞춤형 제조(Customization)

개별 고객의 다양한 니즈에 신속하게 대응가능한 생산시스템 구현을 통해, 유연생산이 가능한 제조 시스템(예 아디다스 '스피드팩토리' - 신발 밑창 제작에 3D프린팅 기술을 적용, 연간 백만 켤레 생산 추진)

3. 협업형 제조(Collaboration)

사람 - 기계간 협업장비와 빅데이터, CPS 등을 연계, 공장전체의 생산성 증대가 가능한 고용친화형 제조 시스템(예 보쉬(獨) : MR 기반의 스마트 툴(Smart Tool)을 통해 중앙 서버에서 작업자의 업무를 인지, 지시하고 旣 세팅된 프로그램에 따라 툴을 실행)

4. 친환경 제조(Sustainability)

① 에너지 : 전력 · 에너지 사용량 절감을 위한 수요관리 및 신재생 에너지 사용 확대 등 에너지 효율형 제조 시스템(㉥ 제조 공정 전반의 에너지를 효율적으로 관리하는 시스템(FEMS))

② 산업폐기물 : 자원재활용 · 유해물질 누출방지 등 친환경 폐기물 관리 시스템

5. 인텔리전트 제조(Intelligence)

공장전체를 가상화한 디지털 트윈과, 인공지능 등을 활용한 빅데이터 분석을 통해 최적의 공정을 구현하는 지능형 제조 시스템(㉥ 파낙(獨) : 엣지컴퓨팅과 인공지능 결합 시스템인 FIELD를 통해 현장 데이터를 공장에서 즉시 분석 · 피드백하여 설비 지능화를 실시간 제고)

03 디지털 트윈의 잠재적 사업의 가치를 제조업 관점에서 분석하라.

디지털 트윈 도입 확산을 위해서는 인프라 구축에 따른 높은 비용의 부담 해소, 빅데이터 기반 조성, 데이터 보안 문제 등에 대한 방안 모색 필요하다.

〈표 7-6〉 디지털 트윈의 잠재적 사업 가치

구 분	잠재적 사업 가치의 내용
품 질	전반적 품질 향상/품질 경향 예측/신속한 결함 발견/품질기준 이탈 통제/품질 문제 시작 시점 파악 등
품질보증 비용 및 사후 서비스	효율적인 사후 서비스 제공/보증 · 불만 관련 문제의 정확한 파악/품질보증 비용 절감 및 고객 경험 개선 등
운영비용	제품 설계 및 엔지니어링 변경 실행 효율 개선/제조 장비 성능 개선/운영 및 공정의 변동성 축소 등
기록 보존 및 직렬화	부품 · 원재료의 디지털 기록 생성 · 관리로 품질보증 및 불만 제기에 효율적 대처 등
신제품 도입 비용 및 리드 타임	신제품 출시 기간 단축 및 전반적 제조비용 감소/긴 리드타임을 갖는 부품 및 공급사슬에 대한 영향을 효과적으로 인식 등

출처 : 딜로이트 애널리시스, 2017 재인용.

디지털 트윈 구축 범위 및 공정 정의, 필요한 데이터와 트래픽 양산에 따른 비용을 줄이기 위한 최적화된 공정의 분석 등이다.

제조 · 영업기밀 보호 방안 및 디지털 데이터의 보안이 기반되는 제조 빅데이터의 수집 인프라 및 활용 체계구축 등 필요하다.

04 디지털 제조 솔루션 관련 국내기업의 전반적인 기술수준에 대하여 분석하라.

글로벌 기업들은 통합 패키지 위주로 기술을 집적하여 사업을 영위하는 반면, 우리나라의 경우에는 특화된 기술 분야나 산업 분야 위주로 기술력을 확보하는데 그치는 수준이다. 따라서 디지털 제조혁신 전체로 보면, 글로벌 기업들은 수직-수평적으로 짜임새 있는 기술 포트폴리오를 갖춘 반면, 우리 기업은 중간 중간 비어있는 매우 불완전한 별개 기술로 존재하는 경향이다.

특히 디지털 트윈 솔루션 분야의 경우 국내에서는 초기단계이며, 해외 솔루션과 설비를 연동하는 문제도 해결이 어려운 수준이다.

디지털 트윈의 3단계인 ① 자산(Asset), ② 인력(Human), ③ 공정(Process) 중 3단계인 공정의 디지털 트윈화를 위한 솔루션 기술은 현재의 국내 수준으로는 단기간에 해외 솔루션을 따라잡기가 어려운 것으로 전문가들은 인식하고 있어 정부 차원에서 표준화 포맷의 제정을 추진하고 자산의 디지털 트윈화 솔루션 개발에 집중하는 것이 현실적이라는 의견이다.

05 제조업 기반의 디지털 트윈 시나리오 대하여 분석하라.

제조 산업에서 디지털 트윈의 실행은 다음과 같이 크게 네 단 계로 구성된다.

① 제품 제작 착수

② 제품 제작 계획 및 모니터링

③ 제품 테스트 및 검증

④ 제품 출하 및 유지보수

첫번째 단계는 제품 제작 착수 단계로서, 제품을 디자인하고 디지털 트윈을 생성하는 단계이다. 제품 트윈 모델을 통해 제품에 대한 기초 분석을 진행한다.

두번째 단계는 제품 제작 단계로서, 가상 제품 제작 프로세싱을 구현하여 제품 제작 방식을 검토 한다. 시뮬레이션 결과 분석을 통해 최적의 제품 제작 방식을 선택하고 제품을 제작한다.

세번째 단계는 제작된 제품을 검사하는 단계이다. 제품을 테스트하고 데이터를 검증하여 디지털 트윈 모델과 동기화한다.

마지막으로 제품 출하 및 유지보수 단계이다. 검증이 완료된 제품은 현장으로 출하된다. 출하된 제품은 IoT 기술을 통해 디지털 트윈 모델과 실시간으로 연결되어 사용률, 가용성 등에 대하여 모니터링된다.

06 제조업에서 디지털 트윈 기술을 적용하면 발생하는 장점에 대하여 분석하라.

제조 산업에서 디지털 트윈 기술을 적용하면 크게 세 가지 장점을 지닌다.

첫째로, 터빈, 엔진, 구조물 등 복잡한 대규모 장비 를 실제 생성 과정에 들어가기 전에 먼저 가상으로 장비를 설계하고 테스트할 수 있다. 테스트 결과를 활용하여 생산력을 향상하는 최적의 제조 프로세스를 선택할 수 있다.

둘째로, 지속적인 최적화를 통해 운영비용을 절감할 수 있다. 예로서, 유지보수 작업에 디지털 트윈 기술을 적용하면 효율적인 문제 해결 방안을 선택할 수 있다.

마지막으로 제품에 대한 유지보수 방법이 기존의 사후적 관리 시스템에서 예측적 관리 시스템으로 변화할 수 있다.

이로써 서비스를 가입한 고객에 대해서 해당 제품을 지속해서 사용할 수 있도록 지원할 수 있다. 하지만 현재 기술력에서 디지털 트윈을 구현하고 운영하는 것에는 상당한 시간과 비용이 발생한다. 또한, 물리적 세계의 디지털화에 따라 보안 측면의 리스크는 항상 존재하며 이에 대한 대응책도 필요하다. 따라서 향후 디지털 트윈 기술 연구에는 다양 한 요소 기술을 통합하기 위한 보안 기술, 프라이버시 데이터에 대한 보안 기술을 적용하여 보안성과 편의성 사이에 균형을 맞추는 방향으로 나아가야 한다.

07 제조 공정 디지털 트윈 기술동향에 대하여 분석하라.

국외에서는 이미 산업형 사물인터넷(IIoT) 플랫폼과 인공지능 모델을 연동하여 더욱 발전된 기술을 적용한 디지털 트윈 서비스를 진행 중이다.

제조 공정을 디지털 트윈으로 재구성함으로써 장소 제한 없이 공장의 진행 상황, 생산 및 재고 관리 등이 가능하게 되었다. 또한, 가상 시뮬레이션 기술을 사용하여 다양한 방법으로 공장 최적화를 시도하여 최적의 생산 환경을 구축하게 되었다.

그리고 디지털 트윈 요소 기술을 사용해 다양한 고객들의 제품 사용 데이터를 취합하여 문제점을 파악하고, 개선사항을 도출해 새로운 제품 제작에 적용하게 되었다. 제조 분야 세계적 선도기업인 미국 제너럴 일렉트릭사(GE)는 자사가 개발한 사물인터넷 클라우드 플랫폼인 PREDIX를 기반으로 자사 제품 55만 개 이상에 디지털 트윈을 구현하였다. 또한, 디지털 트윈 요소 기술인 사물인터넷 기술과 AR/VR을 사용 하여 문제에 대한 즉각적인 솔루션 적용 기능을 구현하였다.

또한, 세계 최대 공장자동화 기업인 독일 지멘스(SIEMENS)도 실시간으로 물리 시스템을 연동하는 IoT 운영 시스템인 마인드 스피어(MindSphere)를 구현하였다.

공장 내 모든 장비의 설계 · 생산 · 운영 · 유지 데이터를 분석하여 시뮬레이션을 구현함으로써 생산성과 품질을 극대화하는 데 활용하고 있다.

08 제조 산업 디지털 트윈 요소기술에 대하여 분석하라.

디지털 트윈은 산업용 사물인터넷(Industrial Internet of Things), 시뮬레이션, 빅데이터 분석, 인공지능(AI)과 같이 크게 4가지의 기반 기술로 구성되어 있다. 디지털 트윈에서 물리적 사물과 디지털 객체는 요소 기술을 바탕으로 밀접하게 연결(Pairing)되어 상호 작용을 한다.

제조공정에서 발생하는 데이터를 데이터 분석, 처리, 가공 등의 기능을 가지는 디지털 트윈 플랫폼과 연계하여 운영을 최적화하는 방안을 함께 도시하고 있다.

1. 산업용 사물인터넷

사물인터넷(Industrial IoT) 컨소시엄(IIC)에 따르면 산업용 사물인터넷이란, 사물인터넷 기술과 기계, 컴퓨터, 인간이 기업 성과 개선을 목적으로 최첨단 데이터 분석방법을 이용하여 지능적으로 산업을 운영하기 위한 IoT 플랫폼으로 정의한다.

미국 제너럴 일렉트릭사(GE)는 데이터와 효율성 개선, 생산성 가속화 및 운영비 분석으로 사람과 기계의 상호접속 방식을 개선하는 것으로 정의한다. 제조공정의 물리적 사물과 디지털 모델 간의 연결은 사물인터넷 기술을 기반으로 하여 이루어진다. 실제 사물의 지속적인 정보를 파악하기 위해 사물인터넷 기술을 적용하여 해당 기기로부터의 실시간 정보를 획득한다. 이 정보는 디지털 트윈의 시뮬레이션 기술을 통해 미래에 발생될 수 있는 문제를 예측할 수 있도록 지원한다.

생산 현장의 센서와 장비들을 네트워크로 연결하여, 자동적으로 제조 공정/환경의 정보가 계측 · 시스템에 보고되어 운영 효율성, 비용 및 시간 절감, 안전성 향상을 통한 생산성 증대가 가능하다. 기업의 IIoT에 대한 인식이 빠르게 확산되고 있으나, 적합한 비즈니스 모델의 부재와 투자자금 부담이 도입의 장애로 작용한다.

기업의 IIoT 도입 장애요인으로는 투자 자금 문제(32%) 〉 적합한 비즈니스 사례구축(30%) 〉 IIoT에 대한 이해 · 비즈니스 적용 문제(26%) 〉 보안 (25%) 〉 표준(22%) 등의 순으로 나타난다.

2. 시뮬레이션 기술

디지털 트윈의 시뮬레이션을 기반으로 생산량 증가를 위한 시뮬레이션 기술이 점차 중요해지고 있다. 전통적인 시뮬레이션은 표준화된 모델링 프로세스를 적용하여 표준화된 데이터로 진행한다. 그러나 사물인터넷 기술과 융합된 시뮬레이션 기술을 사용하면, 가상의 트윈 모델에 실시간으로 물리적 세계의 정보를 반영할 수 있다. 또한, 융합된 시뮬레이션 모델을 물리적 설계과정에서 즉각 실체화할 수 있다.

제조 산업 디지털 트윈에서 시뮬레이션은 제품 및 개발 작업에 사용된다. 하드웨어 변경은 소프트웨어 수정 비용에 비해 훨씬 비용이 많이 들지만, 시뮬레이션 기술을 사용하여 제품 생산 진행 단계에서 종종 발견되는 문제를 생산 전 단계인 가상 설계 단계에서 조기 발견할 수 있다.

또한 제조상의 오류는 시뮬레이션에서 해결하기가 더 쉽다. 현장과 동일한 가상의 제조 시스템 환경에서 시뮬레이션으로 문제를 재현한 후, 시뮬레이션 모델에서 문제 해결을 위한 변경사항을 구현하여 오류가 수정되었는지 확인할 수 있다.

디지털 트윈에서 사용되는 시뮬레이션 기술은 전통적인 CAD(Computer Aided Design)와는 다르며, 단순히 또 다른 사물인터넷 솔루션도 아니다.

디지털 트윈에서 시뮬레이션 기술은 실 시스템의 성질을 나타내는 디지털 모델을 구현하고, 이 모델을 사용하여 시스템 운영을 위한 다양한 전략을 평가하기 위해 실험을 수행하는 프로세스이다.

디지털 시뮬레이션 모델은 크게 이산 (Discrete) 모델, 연속(Continuous) 모델, 몬테카를로(MonteCarlo) 모델로 나누어진다. 시스템의 상태가 특정 시점에서만 변화가 발생할 경우 이산 모델(Discrete Model)에 해당한다.

제조 시스템을 예로 들면 특정 시간에서 부품의 도착과 출하, 기계의 중단 및 가동 등이 있다. 반면에 시스템의 상태가 시간에 따라 연속적으로 변한다면 연속 모델(Continuous Model)에 해당한다. 몬테카를로 모델(Monte-Carlo Model)은 수치(Numerical)로 일련의 난수(Random Number)를 반복적으로 발생시켜 시뮬레이션을 수행하고 해를 찾는 모델이다. 이산 모델(Discrete Model)은 다시 이벤트 기반 모델과 타임스텝 기반 모델로 나누어진다. 이벤트 기반 모델은 특정한 이벤트를 통해 서로 영향을 미치는 개체의 집합이다. 이벤트는 특정 시점에서 발생하며, 해당 시점에서 시스템 상태 변경을 일으킨다.

타임스텝 기반 모델은 관찰시간 간격을 지정하고, 특정 관찰 시점에서 개체 상태가 변경되었는지 확인하는 모델이다. 관찰시간 단위가 너무 작으면 시뮬레이션 모델의 실행 속도가 느리다. 반면에 관찰시간 단위가 너무 크면 중요한 변경 사항을 놓칠 위험이 있다.

한편, 시뮬레이션 모델은 모델 설계자가 대상 시스템을 이해하는 시각에 따라서 같은 시스템이어도 여러 형태의 모델로 모델링될 수 있다. 이러한 관점을 월드뷰(World View)라 한다. 시뮬레이션 모델링은 월드뷰에 의하여 이산형, 연속형, 혼합형 모델 링으로 나누어진다. 대부분의 시뮬레이션에서 시간이 주요한 독립변수이고, 시뮬 레이션에 포함되는 다른 변수들은 시간의 함수로 표현되며 종속 변수가 된다.

시뮬레이션 시간 구간에 따라 종속변수가 연속적으로 변화할 수 있으면 연속형 모델링이 된다. 반면에, 종속변수가 사건 발생 시간이라고 불리는 특정한 시간에만 변화가 일어난다면 이산형 모델링에 해당된다. 혼합형 모델링에서 종속변수는 이산적으로 변할 수도 있고, 연속적으로 변할 수도 있다. 혼합형 모델링에서 중요한 것은 이산적으로 변하는 변수들과 연속적으로 변하는 변수 간의 상호작용으로부터 발생하는 것이다.

3. 빅데이터 분석

제조 산업에서 빅데이터란 설계, 제작, MRO 등과 같이 제품 수명주기에서 생성된 데이터를 의미한다. 제조 공정 단계별로 수집된 빅데이터는 정제·분석 과정을 거친 후 실시간 공정현황으로 시각화된다. 또한, 실물과 연동된 디지털 트윈 모델에 대해 각각 분석 데이터를 생성하고 이에 따라 개별 제품의 상황을 파악할 수 있다. 나아가 디지털 트윈의 시뮬레이션 기술과 결합하면 분석 데이터로부터 가상의 시뮬레이션 결과를 도출하여 최적의 운영 방안을 선택할 수 있다.

빅데이터는 대용량(Volume), 다양한 형태(Variety), 고속생성 및 고속처리(Velocity), 가치(Value)라는 특성을 가지는 데이터이다.

빅데이터가 세계적으로 주목받는 배경에는 데이터의 폭발적 증가, 대용량 데이터의 처리·분석·활용을 가능하게 하는 기술의 발달, 데이터 활용을 통한 효율성 증대 및 리스크 감소에 대한 니즈 증가 등이 있다. 이에 따라 빅데이터의 범위도 대용량 데이터의 수집에서 분석·활용에 이르기까지의 전체를 포괄하는 방향으로 확장 중이다. 제조에서의 빅데이터는 공급사슬 및 물류, 설비의 예지보전, 고객 관리 및 소비자 기재 충족 등 폭넓게 활용되며 기업의 생산성 향상은 물론 비즈니스 모델의 변화까지 영향을 미치고 있다. 빅데이터 도입시, 중소기업의 업종별 생산성 증가는 제조업(4.7%) 〉 보험(4.1%) 〉 소매업(2.3%) 순으로 나타날 것으로 예측한다.

〈표 7-7〉 제조 현장 빅데이터 적용 사례

기 업	사 례
Siemens	• 암베르크 공장에서 설비 · 센서를 통해 수집된 빅데이터를 실시간으로 분석 • 제품 설계 · 생산 · 서비스를 일괄적으로 관리하는데 반영 • 신속 · 유연한 운영이 가능해지며 생산의 최적화 및 불량률 감소 달성
Mitsubishi	• IoT 기반의 빅 데이터 활용으로 스마트 팩토리 구현 • 인텔과 협업하여 구축한 FA+IT 시스템인 e-F@ctory는 생산 품질, 설비 가동 상황, 작업자의 동향 등을 실시간으로 파악이 가능 • 협력사 중심으로 실증 레퍼런스를 확대 중('16.末 130개사, 5,200건 가동 중)
Nova Chemicals	• 11가지 화학물질 및 플라스틱 제조설비에서 발생하는 연간 2만개 이상의 유지보수 스케쥴링을 개선하기 위하여, SAP와 공동으로 고급 데이터 분석 및 클라우드 컴퓨팅을 도입 • SAP사의 EAM 소프트웨어는 Nova Chemicals에서 계획된 유지보수 일정에 대한 통합 정보를 제공 • 사후대응 · 긴급작업 소요시간 47% 감축, 연간 유지관리 준수율이 22% 향상

4. 인공지능

제조 산업 디지털 트윈 기술에서는 인공지능(Artificial Intelligence) 기술을 활용해 실시간으로 결함이 있는 항목을 감지하고 이에 대한 조치를 취할 수 있다. 제조 산업 기반 디지털 트윈에서 인공지능 기술은 크게 2가지 기술이 사용되어진다.

① 컴퓨터 비전(Computer Vision)
② 패턴 인식(Pattern Recognition)

컴퓨터 비전(Computer Vision)은 기계에 시각적 인지능력을 부여하는 기술이다. 제조 산업 디지털 트윈에서 컴퓨터 비전 기술은 제조된 제품 품질 관리 및 검사, 로봇 제어 등에 적용된다. 또한, 디지털 트윈은 패턴 인식(Pattern Recognition) 기술을 이용해 제품 사용 패턴에 기반하여 최적의 제품 수명 모델이나 성능 모델을 생성할 수 있다.

5. 산업용 VR/AR

스마트 공장의 고도화를 위해 필수적인 물리 공간의 가상화 및 물리 공간과 가상공간 간의 연계, 디지털 트윈의 구현 등에 있어 산업용 VR/AR는 중요한 위치를 차지한다.

〈표 7-8〉 VR/AR 기술 제조 현장 적용 사례

구 분	기 업	사 례
제조 공정 설계 · 배치 검증	Ford	엔지니어가 가상 환경에서 자동차 생산의 전 과정(파워트레인부터 실내 장식까지) 설계 및 구축이 가능 CAD 설계를 가상 자동차로 변환, 엔지니어가 차량 구성 요소를 밀리미터 단위로 검사하고 차체 내부를 걸어서 살펴볼 수 있음 서로 다른 국가의 포드 설계자 간 협력이 가능한 시스템 구축
증강 현실 재고 관리	DHL	창고 효율성 향상을 위한 AR 프로그램을 '15년 시범운영 Google Glass 등 AR 헤드 장착 디스플레이를 사용, 작업자가 '비전 피킹'에 참여, H/W는 작업자에게 네비게이션 보조 기능을 제공하여 할당된 물품을 적합한 경로 · 위치로 직접 보내고, 각 물품은 디스플레이를 통해 창고 직원이 쉽고 빠르게 식별토록 지원 시범 운영 중 10명의 주문 피커가 총 2 만 개의 주문으로 구성된 9,000회의 주문을 수행
가상 현실 안전 교육	Gabler	VR 기술을 제조 공정에 도입, 헤드 장착형 디스플레이를 사용하여 가상 세계에서 제조 라인을 재생성하여 잠재적 안전 위험을 사전에 탐지 위치에 관계 없이 여러 작업자가 VR에서 장비를 탐색/상호 작용 고비용 · 고위험을 수발하는 라인의 설계 위험 발생 원인 탐색 개발시간 15 % 단축/협업 용이성/안전성/품질향상 달성
원격 유지 보수 · 검사	Gabler	전문가가 제조 시설을 가상으로 방문, 저비용으로 보다 쉽고 자주 안전검사 · 유지 보수 수행 가능

제조 공정에서의 설계 · 배치 검증, 재고 관리, 안전 교육, 원격 유지보수 · 검사 등 제조 현장에 활용 가능한 산업용 VR/AR 기술이 세계적으로 광범위하게 발전하는 추세이다.

IDC에 따르면, 세계 VR/AR 시장은 '21년까지 매년 두 배 증가하고, 이 중 대부분은 산업의 유지보수용 VR/AR일 것으로 전망이다.

09 GE Predix 적용 사례에 대하여 분석하라.

GE는 디지털 트윈 개념을 처음으로 표방하며 '16년 기준 551,000개의 디지털 트윈을 개발, 스마트팩토리 솔루션 'Predix'와 연계하였다.

GE는 디지털 트윈 개념을 처음으로 주창한 기업으로 디지털 트윈 이니셔티브를 통해 GE가 생산하는 모든 산업 기계의 디지털 프로필을 구축하고 기계에 대한 공학적 모델을 획득 중이다.

'스마트 공장'을 넘어서는 '브릴리언트 공장'을 표방하며 디지털 트윈을 포함한 클라우드 기반 개방형 SW 플랫폼 'Predix' 개발하였다.

GE의 Predix에 10억 달러(약 1조 900억 원)를 투자하여 개발 산업용 인텔리전스 플랫폼으로 비즈니스 운영의 모니터링 및 단순화하고 Edge-to-Cloud 플랫폼, 디지털 트윈, 분석 · 기계학습, 보안 솔루션 등의 기술을 제공한다.

에너지, 항공, 헬스케어, 자동차, 국방 등 여러 산업 분야에서 디지털 트윈을 이용하여 자산 최적화, 돌발사고 최소화, 생산성 증가 등의 효율을 향상시킨다.

디지털 트윈을 기반으로 비행기 엔진 · 기관차 · 가스 · 풍력 터빈의 마모와 손상을 실제 센서 데이터를 바탕으로 파악하며, 수리 시점을 예측하여 정비 스케줄을 결정한다. GE의 산업기기를 이용하는 고객사에 Predix를 통해 원격 자산 진단 · 관리, 프로세스 최적화, 에너지 관리 등의 '서비스'를 제공하여 고객사의 생산성 향상 등을 지원한다. GE가 제조 · 판매하는 모든 장비에 센서를 부착하고 여기에서 수집한 데이터를 모아 Predix를 통해 분석하고 디지털 트윈으로 구현하여 가상 모니터링 · 컨트롤 등의 서비스를 제공한다.

산업장비에 장착한 센서와 구동기를 Digital Twin으로 연결하여, 가상의 환경에서 실시간으로 장비를 모니터 · 컨트롤할 수 있고, 장비 가동 상황 · 위치 · 서비스 기록 등의 정보 같은 정보를 축적 가능하다.

GE의 Digital Twin은 인공지능 기술을 활용, 수집된 정보를 기반으로 엔지니어링 시뮬레이션이나 기계학습 등이 가능하다.

GE는 2020년까지 자사가 제조하는 1만 개의 가스터빈 · 6만 개 이상의 제트엔진 · 1억 개 이상의 전구 · 1억 5천만 대 이상의 자동차에 센서 · 모니터링 장치 등을 장착하여 인터넷에 연결할 계획이다.

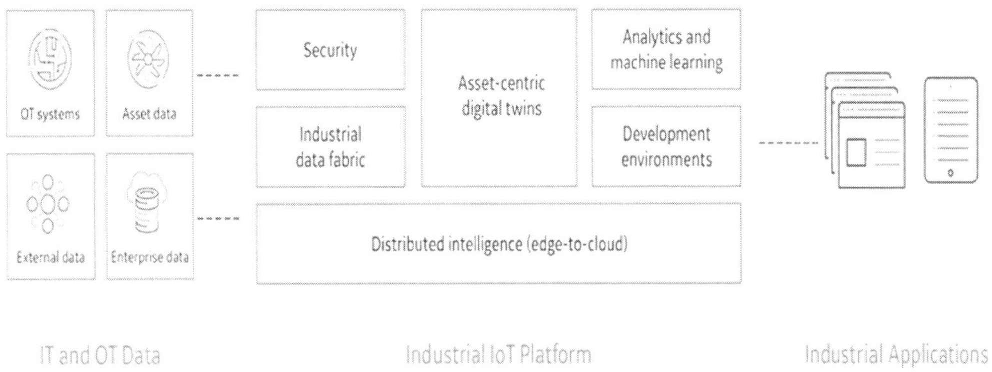

[그림 7-4] GE의 Predix구조

1. Case1 - GE Power

수작업으로 계산하여 절단되었던 변전소 부품용 알루미늄 파이프를, Predix를 활용하여 절단 패턴을 시뮬레이션 · 검토하여 파이프 절단에 적용한다.

기존에는 수 시간이 소요되던 절단 계산 작업이 불과 몇 초로 단축되었으며, 낭비되는 파이프도 10%에서 4%로 대폭 줄어, 연간 20만 불의 비용 절감한다.

2. Case2 - Toray Plastics

과자 등 음식용 봉지 제조업체로, Predix를 기반으로 생산설비와 클라우드를 연결하여, 생산라인부터 매니지먼트에 이르기까지 통합하여 조율이 가능해지고, 불량 원인 파악에 소요되는 시간을 줄여 불량률 감소 · 생산시간 단축 등의 효과를 얻는다.

3. Case3 - GE Power

발전터빈에 장착한 센서를 통해 터빈의 가동상황을 실시간으로 모니터링하고, 수집된 데이터를 해석하여 터빈을 구매한 전력회사에 더 효율적인 장비 운용 방법 · 수리 및 보수에 대한 자문을 제공한다.

바람의 변화에 따라 발전터빈을 최적화하고, 개별 디지털 트윈의 상호작용을 조정하는 등의 방법으로, 대대적인 변경 없이도 풍력발전소의 출력을 5% 향상시킨다.

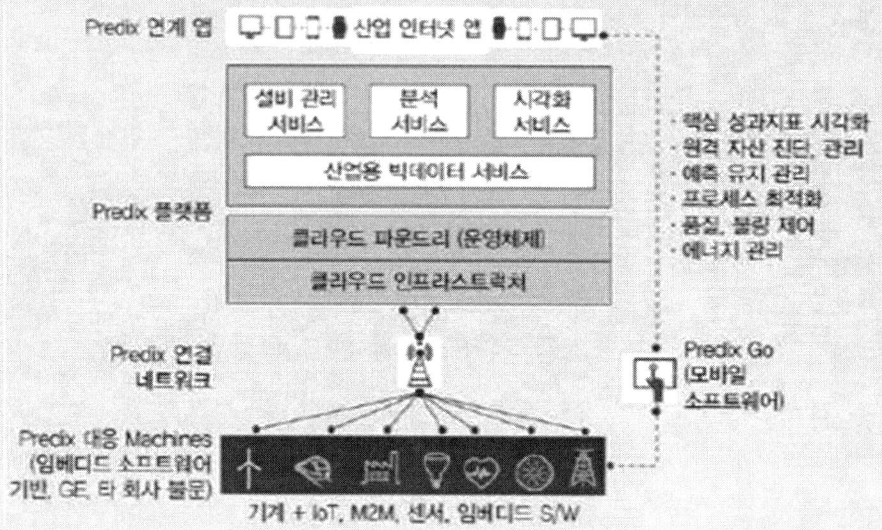

[그림 7-5] GE의 프레딕스 운영구조

애뉴틀랜타 소재 GE Power의 감시 · 진단(Monitoring & Diagnostics)에서는 세계 60여개국의 900여군데의 발전소에 설치된 가스터빈 · 발전기 등의 설비 가동 상황을 실시간으로 모니터링하는데, 100만 여개의 센서에서 매일 2천억 건에 달하는 데이터 포인트가 클라우드나 로컬의 엣지 컴퓨터로 전송되면, 실제 발전소를 본뜬 가상 발전소를 시뮬레이션하여 각각의 데이터 포인트에서 이상이 없는지를 분석 · 확인하고, 예상되는 문제를 미연에 방지하여 사업자의 운영 비용 절감에 도움을 준다.

10 Siemens 적용 사례에 대하여 분석하라.

Siemens은 기존에 쌓아온 HW 강점을 유지하면서 관련 SW 기업의 M&A, R&D를 통한 기술 보강하고, 인수한 기업의 제품을 지멘스 기존의 제품과 통합하는 전략을 통해 디지털 트윈 역량을 강화하였다.

지멘스는 PLM SW · 서비스 기업인 UGS 인수('07), 시뮬SW · 엔지니어링 서비스 기업인 LMS 인수('12), CD-adapco 및 Mentor Graphics 인수('16), 솔리도 디자인 오토메이션 인수('17) 등으로 기구 · SW · 전자 등 포괄적인 시뮬레이션 역량을 강화하고 자동차, 통신, 데이터센터 컴퓨팅, 네트워킹, 모바일, IoT용 반도체 설계 및 특징 분석 등 기술을 보강하였다.

수집된 데이터를 바탕으로 디지털 트윈을 만들고 가상공간에서 제품 개발 공정을 다양하게 바꿔가며 실험하여 최적의 운영 환경을 구축하였다.

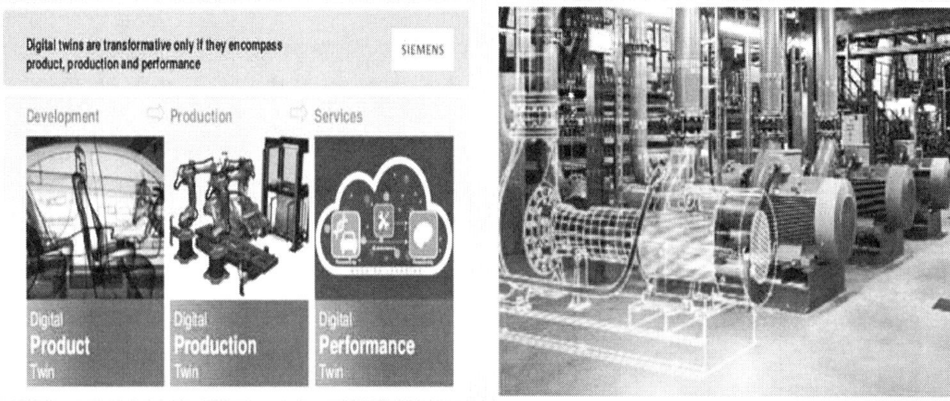

[그림 7-6] 지멘스의 디지털 트윈 적용사례

암벡 공장에 디지털 트윈 기술을 적용하여 장비 · 시스템 모니터링, 변동사항 · 유지보수 시기 알림, 작업 및 공정효율 개선 등에 활용한다.

암베르크 스마트팩토리는 IoT 플랫폼 '마인드 스피어'에 디지털 트윈을 접목하여 '불량률 제로'에 도전하고 있으며 빅데이터를 바탕으로 전체 공정의 75%가 자동화로 진행되며, 불량률 0.001% 수준에 불과하다.

학습활동.7 교수 · 학습 방법

교수 방법

- 디지털 트윈과 제조업에 대한 관련 용어, 구성, 방식 이해 정도를 파악한 후 수업을 진행한다.
- 교수자의 주도로 디지털 트윈과 제조업 등의 내용을 PPT 자료로 제시한 후 설명한다.
- 가능하면 사전에 개인별 학습 자료를 준비하여 모든 학생이 참여할 수 있는 문제 해결식 수업, 협력 수업이 가능하도록 한다.
- 디지털 트윈과 제조업 전 과정을 작업의 순서에 따라 단계적으로 실습이 이루어질 수 있도록 지도한다.
- 교재를 통해 수업을 준비하는데 있어서 필요한 모든 정보나 팁, 힌트 등 도움이 될 만한 내용들을 확인할 수 있다.
- 학생들이 만들게 될 각 모델들은 수업시간에 중점적으로 다뤄질 부분과 어휘, 질문, 답을 포함하고 있으며 또한 탐구할만한 추가적인 아이디어들도 포함하고 있다.

학습 방법

- 디지털 트윈과 제조업에 대한 관련 용어를 숙지하고, 디지털 트윈과 제조업에 대해 이해한다.
- 디지털 트윈과 제조업의 각 단계별 중점 사항을 체계적으로 학습한다.
- 디지털 트윈과 제조업의 수행순서의 전 과정을 실습한다.
- 디지털 트윈과 제조업의 내용을 이해한다.
- 디지털 트윈과 제조업을 이해하고 숙달이 될 때까지 학습한다.

학습활동.7 평가 및 피드백

평가 준거

- 평가자는 피평가자가 수행 준거 및 평가 내용에 제시되어 있는 내용을 성공적으로 수행할 수 있는 지를 평가해야 한다.

학습내용	평가항목	성취수준		
		상	중	하
디지털 트윈과 제조업	디지털 트윈과 제조업를 이해할 수 있다.			

평가 방법

• 작업 포트폴리오

학습내용	평가항목	성취수준		
		상	중	하
디지털 트윈과 제조업	디지털 트윈과 제조업를 이해할 수 있다.			

• 필기시험

학습내용	평가항목	성취수준		
		상	중	하
디지털 트윈과 제조업	디지털 트윈과 제조업를 이해할 수 있다.			

• 체크리스트를 통한 관찰

학습내용	평가항목	성취수준		
		상	중	하
디지털 트윈과 제조업	디지털 트윈과 제조업를 이해할 수 있다.			

• 피드백

1. 작업 포트폴리오
   - 제출한 보고서를 평가한 후 주요 사항에 대하여 표시하여 돌려준다.
2. 필기시험
   - 평가 결과 성적이 저조한 학생은 보고서 제출 기회를 부여한다.
3. 체크리스트를 통한 관찰
   - 실습 과정에서 평가한 후 개선해야 할 사항 등을 정리하여 돌려둔다.

참 | 고 | 문 | 헌

1. 4차산업혁명위원회. 2018. "스마트공장 확산 및 고도화 전략"
2. 4차산업혁명위원회. 2018. "데이터 산업 활성화 전략"
3. 국토연구원. 2018. "4차 산업혁명을 견인하는 '디지털 트윈 공간(DTS)' 구축 전략", 「국토정책Brief」, No.661
4. 곽기호 · 이하목. 2016. "제조업 빅데이터 활용 동향 분석과 시사점 - 기계산업을 중심으로 -", 「IITP 주간기술동향」
5. 김민규. 2018. 「4차 산업혁명 미래전략보고서」, BOOKSTAR, 파주
6. 김현 · 황승구. 2018. "IoT의 과거, 현재 그리고 미래", 전자통신동향분석, Vol. 33, No. 2.
7. 대외경제정책연구원. 2016. "디지털경제의 진전과 산업혁신정책의 과제 : 주요국 사례를 중심으로", KIEP 정책연구 브리핑
8. 대외경제정책연구원. 2017. "주요국의 4차 산업혁명과 한국의 성장전략 : 미국, 독일, 일본을 중심으로", KIEP 연구보고서 17-07
9. 대한무역투자진흥공사. 2018. "미국 스마트 제조기술 기업의 행보", http://news.kotra.or.kr/
10. 디지털리테일 컨설팅 그룹. 2017. "왜 지금 디지털 트랜스포메이션인가?", http://digitalretail.co.kr/
11. 산업연구원. 2017. "저출산고령화시대, 산업정책적 대응 강화 필요", 「i-KIET 산업경제이슈」 제 15호
12. 산업통상자원부. 2017. "4차 산업 혁명 시대 스마트공장 확산을 위한 핵심분야별 정책 방안 연구"
13. 삼정KPMG. 2018. "4차 산업혁명과 제조혁신 : 스마트 팩토리 도입과 제조업 패러다임 변화", 「Samjong Insight」 Issue 55
14. 융합연구정책센터. 2018. "협동로봇 산업 동향", 「융합 Weekly Tip」, vol.117
15. 엘지경제연구원. 2016. "미국 · 독일 · 일본의 스마트 팩토리 전략"
16. 엘지경제연구원. 2017. "스마트 팩토리 삼국지"
17. 이상진 · 임복규 · 박경록 · 박종찬. 2018. 「사람중심의 4차 산업혁명을 선도하는 스마트 팩토리 운영과 전략」, 한올, 서울
18. 조용주. 2017. "4차 산업혁명 시대에 국내 스마트팩토리 추진전략", 「정보과학회지」, Vol.35, Issue 6.
19. 전자신문. 2018. "2021년부터 산업용 VR이 엔터테인먼트 추월", http://www.etnews.com/20180327000262
20. 정보통신기술진흥센터(IITP), "엣지 컴퓨팅, 4차 산업혁명 시대 중요 인프라로 가치 배가", 「ICT Brief」, 2018-14
21. 조성준 · 신훈식 · 김성현. 2016. "제조 산업 빅데이터 도입 방안", 한국정보화진흥원 K-ICT빅데이터센터, 대구
22. 중소기업연구원. 2017. "제 4차 산업혁명과 중소기업 혁신과제"
23. 중소기업청. 2016. "중소 · 중견기업 기술로드맵"
24. 중기이코노미. 2017. "제조공정 개선 'VR · AR' 한 몫 하는데 국내 열악", http://www.junggi.co.kr/article/articleView.html?no=20259

학습 목표

1. 디지털 트윈과 물류을 이해할 수 있다.

학습 8

8-1 물류 4.0시대의 특징

1. 물류(Logistics) 4.0의 개요

ICT 기반의 4차산업혁명으로 물류공급체인에 큰 변화가 일어나고, 새로운 비즈니스모델이 창출되면서 물류비즈니스는 '특정 프로세스의 자동화'에서 벗어나 '전체 공급사슬의 통합화 및 고도화'하는 방향으로 변혁이 일어나고 있다. 그리고 맞춤형 제품을 더 저렴하고, 더 빠르게 공급할 수 있는 공급사슬 전체의 민첩(agile)성 확보에 대응하기 위해 제조/유통업에 물류 투자와 기술 개발이 급증하고 있다.

이에 따라 새로운 디지털 기술 적용은 상서래 관련된 비용 절감, 수급 행동, 제품 변화를 촉진하게 되며, WTO는 2030년까지 거래비용이 매년 1.8~2%포인트 더 절감될 것으로 전망이다. Logistics 4.0은 4차산업혁명 시대에 부응해 디지털로 연결, 통합돼 기존의 공급사슬 부분 최적화에서 확정되어 전체 최적화 구축이 최종 목표로 진행될 것이다.

초연결화로 특징지어지는 4차산업혁명시대가 성숙될수록 제품, 시장, 공급사슬, 운영기술 등 전반에 걸쳐 물류비즈니스에 대변혁을 초래할 것으로 전망했다.

Logistics 4.0이란 물류로봇, 자율운전 등에 의한 인력효율화와 전체 공급사슬의 물류 기능 표준화가 실현되는 것을 의미한다고 봤다. Logistics 4.0의 핵심 변화 방향은 ICT 적용으로 공급사슬 각 과정에서 사람 개입이 불필요한 완전지능화의 실현과 산업표준화에 의해 조달부터 생산, 택배까지 공급사슬 전체가 연결되면서 종합적인 판단하에 최적의 물류 프로세스를 구축하는 것이다.

핵심 기술로는 IoT, 빅데이터, 인공지능, 플록체인, 로봇, 자율주행차량 등의 게임 체인징 기술로 디지털 트랜스포메이션이 활발히 전개될 것으로 보인다. 최근 유통물류 선도기업을 중심을 물류 플랫폼 구축, 물류센터 등 건물 내 배송 자동화, 라스트 마일 배송 효율화 등의 3가지 디지털 트랜스포메이션이 가속화되고 있다.

2. 물류(Logistics) 4.0 시대의 대응책

Logistics 4.0 시대를 대비하기 위해서는 여러 가지 대응책이 필요하다고 봤다.

① 서비스 측면에서는 물품 자체의 운송서비스 제공에서 벗어나 배송 관련 솔루션을 제공할 수 있는 역량을 확보해야 한다.
기존 물류서비스는 주로 물품 자체의 배송 또는 이와 관련된 서비스 일체에 집중돼 있다. 앞으로는 여기에 더해 물류 비즈니스의 기반인 디지털 플랫폼, 운송수단, 운영기술을 융합한 솔루션을 저렴하게 공급하는게 관건이라는 것이 보고서의 설명이다.

② 목표시장과 공급사슬 측면에서는 주로 단일업체/업종 대상에서 벗어나 업종을 초월한 서비스가 가능하도록 역량을 강화해야 한다.
기존에는 특정업체 또는 업조엥 체화된 수직적 서비스 역량 확보에 집중하였으나, 앞으로는 복수 업체 나아가 업종과 무관한 수평 통합 서비스를 제공하는 역량이 요구된다. 단일 접종의 경우에도, 조달/생산, 국내외 운송, 보관/창고 등 공급사슬 활동 전체를 대상으로 통합관리하는 비즈니스 개발이 필요하다.

③ 전통적인 물류비즈니스 영역에서 벗어나 '물류+a'영역을 구축해야 한다. 물류 보관 및 배송서비스에 더해 조달 대행, 수요예측, 나아가 제품의 보수유지, 조립 등 새로운 부가가치 서비스를 창출해야 한다는 것이다. 3D 프린팅을 통한 수요업체의 보수유지부품 생산까지 확대하거나 축적된 방대한 물류데이터를 교통, 에너지 등 타 영역으로 활용을 확대하는 것이다.

④ 필요 기술 또는 역량 확보를 위해 M&A 또는 외부 제휴 네트워크를 확보해야 한다.
물류 변혁 핵심기술은 로봇/자동화기기, AI, 블록체인, 자율주행 차량이다. 선도업체는 M&A나 제휴를 통해 이들 기술을 확보하고 있는데, 이는 점점 ICT 기반의 업종 횡단적 프로세스 구축 필요성이 커지고 있기 때문이다.

8-2 디지털 트윈과 물류 관계

디지털 트윈은 물류 비즈니스 현장을 컴퓨터 모델로 변환하여 실시간 모니터링 및 이벤트 발생 시 대응하는 디지털 시스템을 의미하며, 과거 컴퓨터 시뮬레이션 및 수학적 모델에 의존하던 모니터링 시스템을 사물인터넷 센서 등을 활용하여 실시간으로 현장 정보를 디지털화하는 것이 핵심이다.

디지털 트윈 시뮬레이션을 통한 물류의 최적화와 위기관리 등으로 활용하기 위해서는 우선 IoT가 가능하도록 여러 고급 센서들의 가격하락 및 일반화가 우선이 되어야 한다. 또, 대부분의 시스템과 요소들이 인터넷과 연결되어 모든 수송차량, 선박, 항공기 등이 연결되고 각 자산들이 센서와 인터넷으로 연결되어 자료수집, 분석 및 해석이 즉시 가능해야 한다.

물류분야에서 디지털 트윈은 스마트공장, 또는 생각하는 공장의 연장선상에서 볼 수 있다. GE나 삼성에서 생산하는 3D 프린팅으로 생산되는 수십만 개의 부품과 이에 필요한 소재를 적재적소에 배치하여 공급망을 최적화시킬 수 있는 의사결정을 어떻게 자동화, 지능화해야할지 고민해볼 일이다.

물류 업계가 스마트 물류화를 효과적으로 진행하면 물류업무의 효율성이 높아지면서 급증하는 택배 배송량에 대한 대처가 가능할 전망으로, 여기에는 디지털 트윈과 디지털 트리플릿 기술이 중요한 역할을 수행할 것으로 예상된다.

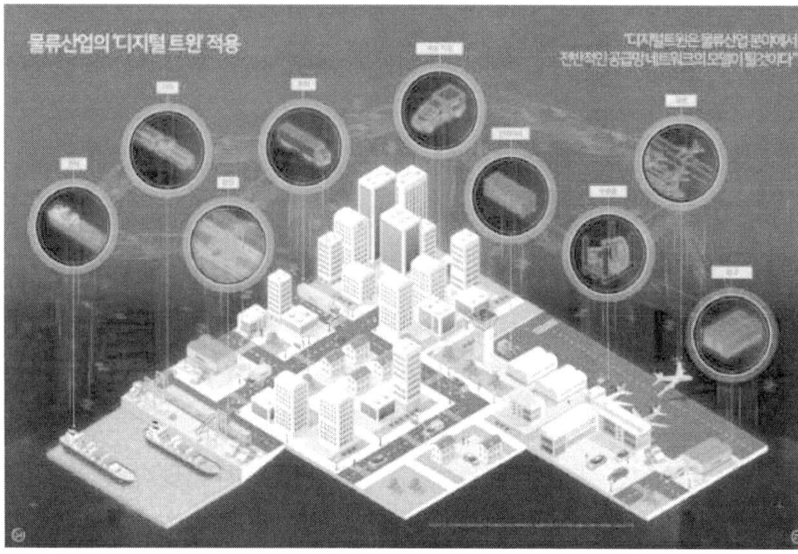

[그림 8-1] 문류산업의 디지털 트윈 적용

일본 물류 업계는 급증하는 택배 배송량에 대한 대책으로 스마트 물류를 통한 업무 효율화, 특히 '디지털 트윈'과 '디지털 트리플릿' 기술에 주목한다.

일본에서는 택배 물량이 급증하는 추세로, 온라인 쇼핑의 경우 택배 물량이 2017년 40억 개에서 2022년도에는 58억 개로 대폭 증가할 전망한다.

물류 업계에는 급증하는 택배 배송량에 대한 대처가 필요하나 사업자 노력만으로는 한계이다. 이런 상황에서 물류 업계는 IT 기술을 활용해 업무 효율화를 추구하는 스마트 물류, 특히 스마트 물류를 구축하는 '디지털 트윈'과 디지털 트리플릿' 기술에 주목한다.

'디지털 트윈(Digital Twin)'과 '디지털 트리플릿(Digital Triplet)'은 스마트 물류 구축에 필수적인 기술로, 다음과 같은 의미와 장점을 보유하고 있다.

디지털 트윈은 물리적 공간 정보를 사이버 공간에서 재현하는 기술로, 이전 시뮬레이션에서는 사이버 공간상의 모델이 업데이트되지 않았으나 디지털 트윈은 사이버 공간상의 모델이 항상 업데이트되기 때문에 최신 상태로 시뮬레이션 실행이 가능하다.

디지털 트리플릿은 디지털 트윈과 AI를 연결시킨 기술로, 물류업계가 구축한 노하우를 사이버 공간상에 축적한 뒤 노하우에 근거해 정밀한 작업을 수행하거나 지금까지의 경향을 토대로 AI가 향후 작업 방안을 제시한다.

이 외 디지털 트윈과 디지털 트리플릿은 창고 설립 시 생산 효율을 예측할 수 있고, 기기와 로봇 등 예방 보전이 가능하며 도입 후에는 효율화를 제고하는 등 기능을 수행한다.

1. 물류적용 5대 기능과 기술

디지털 트윈을 물류시스템에 적용하기 위한 5대 핵심 기능은 다음과 같다.

① 물리적 설비를 정확히 묘사한다.
② 물리적 설비와 1대1로 연결된다.
③ 센서를 통해 실시간으로 데이터를 수집한다.
④ 물리적 설비와 24시간/365일 끊김 없이 연결되어 실제 문제 발생 시 즉시 파악이 가능해야 한다.
⑤ 물리적 설비에 대한 모니터링/분석/예측/최적화 기능을 제공하는 기능이 포함되어야 한다.

디지털 트윈을 구현하기 위한 [그림 8-2]처럼 5대 기술로는 ① 증강현실/가상현실 기술, ② 클라우드 컴퓨팅 기술, ③ 사물인터넷 기술, ④ 인공지능 기술, ⑤ API/개방형 표준 기술이 있다.

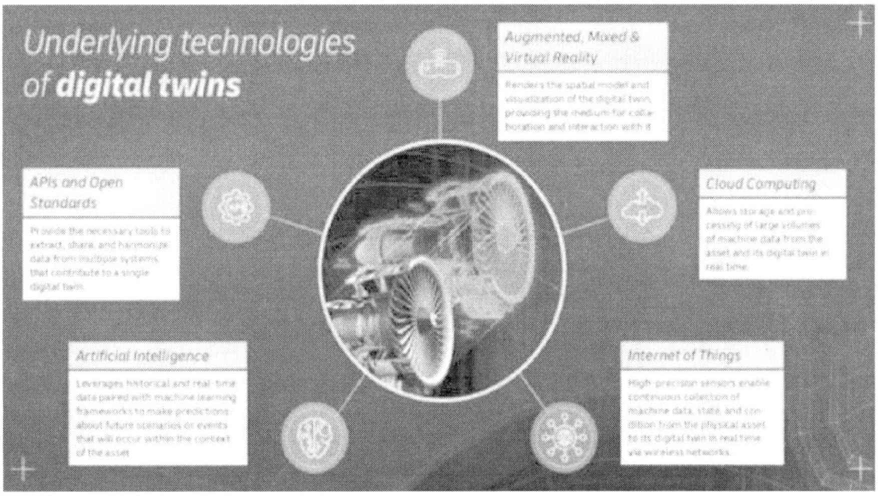

[그림 8-2] 디지털 트윈을 물류에 적용하는 5대 핵심기술

8-3 디지털 트윈과 물류 구축 사례

1. DHL 사례

DHL은 2019년 8월 Tetra Pak과 공동으로 Tetra Pak의 싱가포르 물류창고에 사물인터넷 기반 디지털 트윈 시스템을 구축하고 물류창고 관련 정보의 실시간 모니터링 및 최적 의사결정을 지원하는 프로젝트 추진 중이다.

① DHL은 스마트 물류 시스템 구축을 위해 디지털 기술 개발 및 실제 물류 현장 적용에 노력해왔으며, 물류창고 로봇, 증강현실 기반 피킹, 블록체인, 자율주행트럭 등 최신 기술에 기반한 혁신 사례를 발표해왔다.
② 스마트 물류 창고 구축을 위한 기반 인프라로 물류 창고 관련 정보를 실시간으로 파악하고, 이를 중앙 시스템에서 모니터링 및 실시간 대응하는 기능 구현은 매우 중요한 단계이다.
③ DHL은 디지털 트윈 시스템 개념 연구를 바탕으로 Tetra Pak의 싱가포르 물류창고에 실시간 모니터링 및 최적 대응 시스템인 디지털 트윈 시스템 구축하였다.

DHL과 Tetra Pak이 구현한 스마트 물류창고를 위한 디지털 트윈 시스템은 안전(Safety)을 중심으로 정보 가시성 확대, 최적 의사결정에 따른 운영 효율성 제고 등의 기대효과가 있는 것으로 분석되었다.

① 디지털 트윈 시스템 구축으로 물류 설비에 대한 정보를 실시간으로 파악하고, 이를 통해 설비별 최적 의사결정 등을 통해 16% 이상의 운영 효율성 향상이 예상된다.
② 제한 구역 내 이상 상황을 실시간으로 파악하여 물품 보관의 보안성 강화(외부 침입이나 상품의 제한 구역 이탈 등을 실시간으로 모니터링 가능)한다.
③ 온도 센서를 인터넷으로 연결하여 콜드체인 물류의 정확한 온도 관리가 가능하다.
④ 확보된 데이터를 활용하여 물품 보관 위치를 최적화하고, 이를 통해 운영 효율성 강화 및 완벽한 물류 흐름 제어에 기여한다.
⑤ 관리자에게 다양한 데이터를 실시간으로 제공함으로써 관리자의 최적 의사

결정에 기여한다.

⑥ 지게차 등에 센서를 설치하고 문제 발생 가능성을 미리 예측함으로써 물류창고 안전 강화한다.

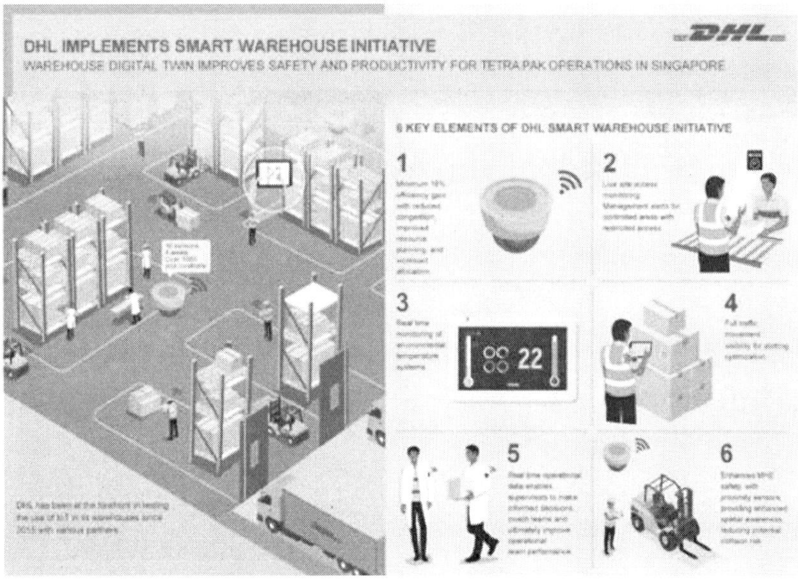

[그림 8-3] 스마트 물류창고 디지털 트윈 시스템 사례

학습 8

경영환경의 변화로 물류창고 고도화가 시급한 상황에서 스마트 물류의 기반 인프라로 디지털 트윈 시스템이 보급될 경우 최적 의사결정이 가능해지고 물류산업의 경쟁력이 크게 향상될 것으로 기대된다.

① 지금까지 물류창고는 수작업에 의존하여 대부분의 데이터가 시스템화되지 못하고 사라지고 있으며, 이에 따라 물류창고의 최적 제어가 어려운 현실이다.

② 스마트 물류창고를 구현하기 위해서는 물류창고 현장을 디지털화하는 것이 중요하며, 데이터를 확보하기 위한 기반으로 디지털 트윈 시스템 구축은 스마트 물류 구현을 위한 첫 발걸음이다.

③ 향후 디지털 트윈 구현을 위한 비용이 낮아질 경우 물류창고의 스마트화, 디지털화가 가속화될 것으로 기대된다.

2. PLUG Warehouse

PLUG Warehouse는 디지털 트윈 기반 물류센터 관제 솔루션으로 물류센터 내 인력, 장비, 설비에 대한 위치 및 운영 상황을 3D 기반으로 가시화하고, 실시간 모니터링 서비스를 제공한다.

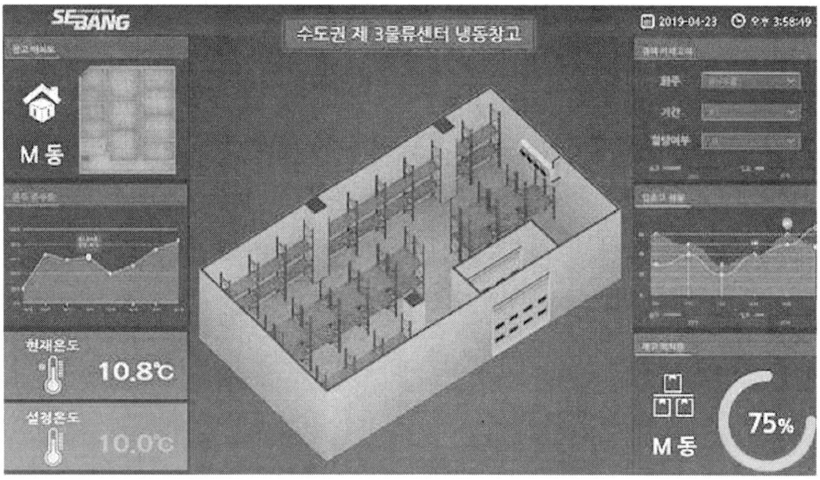

[그림 8-4] 디지털 트윈기반 물류선터 관제 솔루션 사례

이를 통해 물류센터 창고 면적 자동 계산 및 배치, 물류 입출고 및 재고 현황 가시화가 가능하며 효율적인 물류 관리를 가능하게 한다.

주요기능은 3D기반 물류센터 창고 배치 가시화, 물류센터 내 환경정보(온·습도 등) 가시화, 물류 입출고 및 재고 현황 가시화, 각 창고별 면적 자동 계산, 물류센터 내 창고 및 장비, 작업자 현황 가시화, 개별 물류 상태 및 상세 정보 가시화 등이다.

3. 디지털 트리플릿 기술 도입 사례

1) 도로와 건물 배치 등 도시정보를 디지털 트윈으로 재현

현재 일본 정부 주도로 고정밀 3D 지도인 '다이내믹 맵' 제작이 진행한다. 다이내믹 맵이 완성되면, 배송 계획을 디지털 트윈으로 재현하면서 각지의 이벤트 등 데이터와 각 사 배송 계획으로부터 정체도 예측할 수 있어 효율적이고 낭비가 없는 배송 계획을 수립할 수 있으며, AI와 연계한 디지털 트리플릿 상에서 배송 계획 방안을 제시받는 것도 가능하다.

2) 트럭 · 항공기 등 가상 기체 제작

디지털 트윈을 트럭과 항공기 등에 적용하면 가상 기체가 사이버 공간에 구현, 필요 정보의 실시간 수집이 가능하다. 기존의 일반 배송 트럭은 자차 주행정보를 사내 복수 시스템으로 보내 송신 효율이 떨어지는 경우가 빈번한데, 시스템에서 데이터가 필요한 경우에 디지털 트윈을 통해 수집하도록 하면 통신비가 절감될 뿐 아니라 송신 효율도 제고 디지털 트윈상의 정보를 이용하면 과거 추세로부터 다음 보수시기 예측도 가능, 예를 들어 디지털 트윈 상에서는 항공기에 설치한 센서로부터 수집할 수 있는 각종 데이터와 가상 데이터를 분석해 고가의 유지보수를 최소한으로 줄임으로써 비용을 절감한다.

3) 물류창고 사용 효율화

물류업계에서는 메이커나 물류업자가 자산으로서 창고를 보유하는 것이 아닌 부동산 회사 등이 개발 · 운용하고 있는 물류시설을 빌리는 방식의 창고임대 비즈니스가 확산한다. 이에 따라 부동산 회사 등이 개발 · 운용 중인 물류시설 내에서는 개개의 회사에서 개별적으로 시스템을 개발 · 운용하고 있으나, 이는 물류시설 사용 효율의 저하를 초래한다. 그러나 디지털 트윈을 이용해 공통 시스템으로 전환하면 물류창고 전체의 사용 효율을 높일 수 있고, AI와 연계해 디지털 트리플릿화하면 창고 사용 계획을 제안받는 것도 가능하다.

물류시설 설비도 공용으로 하면 업무의 시급성 정도에 따라 사용 비율을 조정할 수 있고, 디지털 트윈 기술을 이용하면 현실 세계를 그대로 사이버 세계로 옮길 수 있어, 전체 공급사슬 운용의 효율화가 가능하다.

4. 비추얼 터미널

국내 기업이 주도한 물류 분야 디지털 트윈 적용 사례로는 2016년 과학기술정보통신부가 주최하는 신SW상품대상을 수상한 녹원정보기술의 '버추얼 터미널(Virtual terminal)'이 있다. 버추얼 터미널은 각종 장비와 차량 위치, 상태 정보 등을 3D GIS 맵 위에 실시간으로 시각화하는 항만관제 모니터링 시스템이다.

학습 8

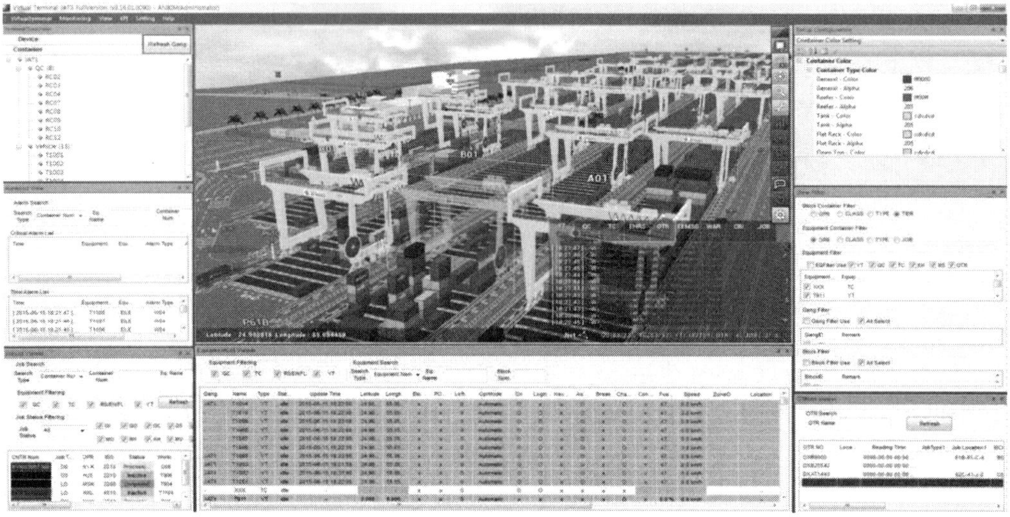

[그림 8-5] 비추얼 터미널 사례

버추얼 터미널은 [그림 8-5]처럼 3D 터미널과 CCTV 솔루션을 결합해 항만 내 현장 상황을 3차원 화면과 CCTV 화면에 동시 표출하는 구성이 다소 독특한 시스템이다. 이는 컨테이너나 크레인 위치 등을 실시간으로 확인하고 사람의 개입을 최소화한 자동화 항만 터미널을 목표로 하고 있다.

버추얼 터미널은 2013년 부산 신항만을 시작으로 사우디아라비아 킹압둘라 포트에 납품된 바 있으며, 아랍에미리트 DP&W 두바이 제브랄리 터미널3에서는 시범 적용 결과 항만 생산성이 65% 향상되는 효과를 거두는 성과를 올린 것으로 알려졌다.

수행 내용

재료 · 자료

- 디지털 트윈과 물류 관련 자료

기기(장비 · 공구)

- 컴퓨터, 프린터, 주변기기

안전 · 유의사항

- 컴퓨터 및 주변기기의 전원을 관리한다.

수행 순서

01 스마트 물류 서비스에 대하여 분석하라.

학습 8

〈표 8-1〉과 같은 서비스들이 디지털 트윈과 AI 알고리즘을 이용하여 제공되어 산업의 생산성 및 효율성이 개선될 것이다.

예를 들어, 유통 · 물류 차량들 사이의 정보 공유 서비스를 위한 디지털 트윈과 AI 알고리즘이 개발, 적용되어 수송 및 재고관리의 효율화와 물류비 감소가 가능해질 것이다.

그리고 고객으로부터 만들어지는 데이터 정보를 분석하여 사전에 고객 서비스의 변경 및 해지를 예측하고 이를 예방하기 위한 전략을 수립하여 고객의 충성도를 높이는 방안을 설계할 수 있을 것이다.

아울러, 운송 차량에 부착된 센서를 이용하여 교통 상황, 소음, 공해, 차량현황 등의 정보를 실시간으로 수집 · 분석하여 친환경적 차량관리와 함께 수송의 최적화 방안을 마련할 수 있다.

〈표 8-1〉 디지털 트윈과 인공지능 기술을 활용한 스마트 유통 · 물류 서비스

분 류	스마트 유통 물류 서비스 예
실시간 경로 최적화	배송 순서, 교통 상황, 수취인 상황을 기반으로 한 최적경로 설계
차량간 정보 활용	차량들 사이의 수송, 재고, 이동경로 등의 정보 공유 최적화
유통물류 수요예측	중장기적 관점에서의 고객 수요 및 수송 물량의 수요예측
자원 활용	인적 · 물적 자원의 최적 할당 계획 수립
고객관리	데이터 정보 분석을 통한 고객 충성도 제고 계획 수립 및 고객관리
제품 및 서비스 혁신	고객의 의견을 반영한 제품 · 서비스 포트폴리오 수립
서비스 고도화	유통 · 물류 서비스 제공시 발생하는 유해 요소 사전 방지
시장 정보 고도화	국내외 시장 상황을 반영한 공급망 체계 모니터링
수요와 공급망 관리	고객 수요와 유통 · 물류 공급 시스템 실시간 모니터링 및 개선
운송 차량관리	센서를 이용한 친환경적 차량 관리

스마트 물류 서비스는 [그림 8-6]처럼 하차 이슈를 해소하기 위한 무빙 라커, 스마트 라커, 스마트우체통, 클라우드 소싱 등 무인(로봇) 배송 솔루션을 도입해야 하고 인터넷과 통신기능이 연동되는 전자식 우편수취함, 소형소포(택배 포함), 등기우편물 등을 입주민과의 직접적인 대면 없이 안전하게 주고받을 수 있는 시스템 도입 및 이동식 무인 상점에 해당하는 모바일 리테일 등을 도입하여 서비스 한다.

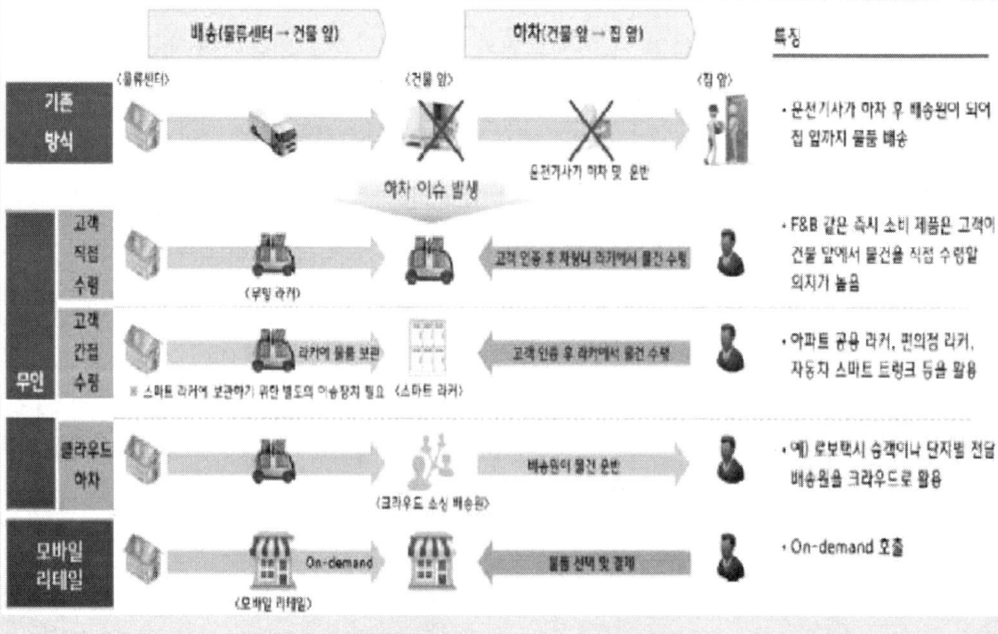

[그림 8-6] 물류의 현재와 미래 서비스

디지털 트윈과 인공지능을 유통·물류 분야에 본격적으로 적용할 때 예상되는 대표적인 서비스 시나리오를 소개한다.

① 물류 서비스 : A전자상거래 업체는 창고를 이용하여 물품을 보관, 포장, 발송하는 업무를 수행한다. A업체는 딥러닝 기술을 사용하여 적정 수준의 재고를 유지하고 창고 내 물품 이동을 위한 최적의 동선을 설계한다. 배송 차량도 최적의 경로와 배송 순서를 정하기 위해 머신러닝을 활용하며, 빠른 시간 내의 물품 배송을 위한 최적화 경로를 제안한다.

② 스마트 운송 로봇 : 인공지능 로봇을 이용하여 공장에 각 구성 요소에 필요한 부품과 장비를 운송하며, 상태 감시를 통해 스마트 센서로 프로세스의 전 과정 및 부품의 상태를 점검하고 사전에 손상될 가능성이 높은 부품을 식별하며, 교체 또는 부품 주문 여부를 확인한다.

③ 고객관리와 마케팅 : A업체는 머신러닝과 딥러닝 기술을 활용하여, 고객이 과거에 구매한 물품 정보를 토대로 추가 구매물품을 추천한다. 그리고 생활 필수품의 경우 고객이 부족한 시점을 사전에 인지하고 고객을 대신해 자동주문 한다. 아울러 고객이 즐기는 음악이나 영상 등과 같은 온라인 미디어 추천 서비스도 추가로 제공해 준다.

④ 스마트 챗봇 : 고객과의 친밀감 있는 대화를 통해 개인 성향에 맞는 상품을 추천해 주고 고객에게 원하는 상품의 판매 위치를 알려주며, 고객이 원하는 조건에 부합하는 상품의 세부 정보를 알려준다.

⑤ 택배기사의 비서 : 음성인식 기능이 탑재된 AI 비서는 택배차량의 배차 시스템에 있는 배송정보, 운송장 정보를 기반으로 택배기사에게 예상 배송완료시간을 알려주고 중앙시스템에 곧바로 배송완료 처리 작업을 수행한다.

⑥ 불량품 판단 : 사전에 상품 불량 검색 기준을 정해 놓고 인공지능의 시각적 인식 기능을 활용하여 배송 상품을 스캔하면서 불량품을 제거한다.

⑦ 데이터 변환 : 인공지능 기술을 활용하여 유통물류 업체에서 많이 사용되고 있는 비정형 데이터(제안서, 계약서 등)를 정형 데이터로 변환하여, 사용자의 검색 및 재활용에 도움이 되도록 데이터베이스를 재설계한다.

⑧ 가상증강현실 지원 : 유통 물류 관리 요원에게 가상증강현실 서비스를 제공하여 물류 프로세스를 이해하고 효율적인 물류 시스템 운영관리 방안을 체험하게 한다.

⑨ 그 외에도 화물을 스스로 인식하여 들어 올리는 AI 로봇, 알아서 이동하며 화물을 싣는 적재 자율운송 로봇, 무인 지게차, 드론을 활용한 유통물류 서비스 등 첨단

신기술 활용으로 가까운 시일 내 유통물류 산업이 고부가가치 산업으로 발전할 것으로 예견된다.

02 핵심 물류 트랜드에 대하여 분석하라.

1. 공급망의 통합

공급망의 통합(Supply Chain Collaboration)은 오늘날의 많은 기업의 주요 화두이다.

공급망의 통합을 위한 다양한 디지털 솔루션도 시장에 지속해서 등장하고 있다. 물류와 운송을 더욱 효율적으로 하기 위해선 효율적인 공급망의 관리가 필요하고, 공급망이 복잡하고 다양해질수록 통합 관리는 힘들어지는 것이 당연한 사실이다.

혁신적인 디지털 솔루션을 활용하여 공급망 전반에서 효과적으로 통합한 기업은 다음과 같은 이점을 누리고 있다.

① 최대 35%의 비용 절감
② 탄소 배출량을 최대 50% 절감
③ 예측 정확도 최대 25% 향상
④ 재고가 최대 20% 감소
⑤ 배송 제공 정확도 향상을 위한 SLA(Service-Level Agreement)개선(경우에 따라 최대 98% 이상)
⑥ 관리 인력을 최대 10% 절감

추가로 서비스 수준 및 고객 만족도 향상되었음을 확인할 수 있다. 고객에게 효율적인 서비스를 제공하기 위해서 첫 시작은 아마, 효율적인 공급망의 관리이며, 효율적인 관리를 위한 공급망의 통합이 중요해 지고 있다.

2. B2B 시장의 B2C의 경험 전환.

B2C(비즈니스 대 소비자) 물류와 B2B(비즈니스 대 기업) 물류는 현재까지 각 분리되고 구분되고 있다. 택배의 서비스와 기업화물 운송의 서비스는 분리되어 논의되고 있다.

하지만, 전자상거래의 지속적인 증가로 택배 시장은 지속해서 성장하고 있다. 또한, 택배의 이동 중에 발생할 수 있는 다양한 변화의 가능성에도 불구하고, 소비자는 상품의 이동에 대해 실시간으로 정보를 얻는 데 익숙해져 있다.

현재 나의 택배가 어디에 있는지 실시간으로 확인하는 과정은 더는 새롭고 신기하지 않은 당연한 서비스가 되었다.

이러한 새로운 경험의 트렌드가 비즈니스 시장에 유입되면서, 상품의 이동에 대한 정보 제공 요구는 증폭되고 있으며, B2B 물류 운영 측면에서도 새로운 요구 사항으로 등장하고 있다.

B2B2C 사업 모델의 확장은 투명성, 유연성, 지속 가능성 및 효율성이 함께 제공되는 새로운 비즈니스 모델의 트렌드가 되고 있다.

3. 지속가능한 물류

환경오염에 대한 경각심은 어느 산업에도 당연하게 등장한 이슈입니다. 환경을 생각한 물류는 그렇기에 물류 시장에서도 당연하게 받아들여지고 있다. 지속 가능한 물류(Green Logistics) 서비스를 목표를 다양한 물류 업체들이 새로운 서비스를 론칭하고, 비즈니스에 도입하는 사례가 전 세계적으로 늘어나고 있다.

운송과 공급과정에서 환경오염 요소의 감소를 목표로 업계는 지속가능한 물류 쪽으로 관심을 가지고 있다.

환경을 생각한 지속 가능한 공급망 관리 접근 방식을 도입했을 때의 장점은 다음과 같다.

① 회사의 평판 긍정적 강화
② 공급망 비용 절감
③ 향상된 프로세스 및 제품 혁신, 추가 수입 창출
④ 고객 충성도 향상

4. 유연성 있는 공급망 관리

유연성 있는 공급망 관리(Elastic Logistics)는 물류 환경에 새롭게 등장한 개념이다. 이는 물류 운영 내에서 주어진 상황의 요구 사항에 맞춰 물류 기능을 확장 및 축소할 수 있는 유연성을 의미한다. 즉 현재 시점의 수요를 기반으로 공급망을 필요에 따라 확장 축소할 수 있도록 관리하는 것을 의미한다. 유연성 있는 물류(Elastic Logistics)는 비용 통제에서 창고 관리, 납품까지 비즈니스의 모든 영역에 적용된다.

공급망 통합 및 가시성 확보를 위하여 클라우드 기반 솔루션을 통해 물류 회사는 시장 변화에 적응을 쉽고 빠르게 할 수 있다. 탄력적인 물류를 통해 기업은 수요 증가에도 불구하고 비용을 낮게 유지하면서 정시에 물품을 거래처에 제공할 수 있다. 이와 같은 시스템의 도입은 다음과 같은 이점을 가지고 있다.

① 고객 경험 향상
② 실시간 공급망 가시성 추가
③ 모든 비즈니스 프로세스 연결
④ 민첩성 및 확장성 제공

5. 디지털 물류

디지털 물류의 전환 없이는 '유연성 있는 물류'가 등장할 수 없다. 비효율성이 가득한 물류 산업의 현재와 미래는 디지털화가 결정하게 될 것이다.

디지털 물류(즉 종이 기반 프로세스와 기존의 수동적인 업무 방향에서의 전환)로의 추진은 2020년에도 계속될 것이며, 디지털화의 이점과 기회는 무궁무진하다.

① 신제품 개발
② 더 많은 혁신
③ 새로운 수입원 창출
④ 역동적이고 안전하며 상호 작용하는 공급망 관리
⑤ 실시간 데이터 및 정보에 대한 접근성 향상
⑥ 더 나은 의사 결정
⑦ 민첩하고 효율적인 프로세스 및 운영
⑧ 향상된 제어, 가시성 및 협업
⑨ 시장 상황에 대한 신속한 대응(유연성 있는 물류)
⑩ 신속한 계획 및 실행 기능
⑪ 시장 출시 시간 단축
⑫ 고객 서비스 개선 및 고객 만족도 향상

그리고 이것들 이외의 장점은 지속해서 등장하고 있다. 하지만 디지털화를 위해선 올바른 비즈니스 플랫폼이 중요하다.

상호 연결성과 기반으로서 정보의 디지털 전환 및 교환 없이는 디지털화가 진행 될 수 없다. 물류업계는 이미 클라우드 기반 애플리케이션 사용이 급증하고 있으며, 새로운 서비스도 새롭게 등장하고 있다.

물류 분야의 주요 동향을 파악할 때, 한 가지 확실한 현상은 디지털이 한창 진행 중이라는 것이다.

운송 및 물류 기술의 발전이 계속됨에 따라, 주요 공급망을 리딩하는 기업은 변화하는 상황에 따라, 오프라인 중심의 물류 네트워크에서 온라인 클라우드 환경으로 운영을 옮기고 있다.

이런 변화를 통해 고객의 기대치에 대한 만족 및 시장에서의 기업의 입지를 강화할 수 있다.

03 물류관련 기술에 대하여 분석하라.

1. 블록체인

물류 분야의 블록체인(Blockchain)의 역할을 ① 신속, 간결한 국제무역 물류, ② 공급사슬 내에서의 투명성과 추적가능성, ③ 스마트 계약으로 인한 물류업의 프로세스 자동화로 규정하고 있다.

〈표 8-2〉 블록체인과 물류기술

물류기술	내 용
국제무역기술	• 화물의 조달, 운송관리, 추적, 세관 및 무역금융의 시간, 비용 최적화 • (사례) 동아프리카 ↔ 유럽 간 냉장물품 수송 : 30개 기관, 200건 관련업무 • (적용기업) 머스크 및 IBM : 글로벌 블록체인 기반시스템 ZIM/Accenture : 선하증권(B/L) 디지털화
거래 투명화/추적 기술	• 물류공급 및 이력 상황의 추적과 모니터링 • (적용기업) Unilever, Wal-Mart : 제품 추적성, 안전성 확보
스마트 계약기술	• 불완전한 데이터 및 서류, 공정 비효율, 분쟁 방지 Ÿ디지털 문서 및 실시간 데이터 발송 • (적용기업) Accenture : 송장정확도 향상, 초과지불 감소(비용 5% 절감) • 쉽체인 : 공급망 실시간 제품추적 및 계약 블록체인시스템 구축(디지털 통화 '쉽토큰' 이용)

2. 인공지능(AI)

인공지능을 이용한 물류 분야 우수사례를 제시하고 있다. 보다 치열한 경쟁 속에서 글로벌 공급망을 운영하는 기업들은 더 낮은 비용으로 더 높은 수준의 서비스를 제공해야 하며 회계, 금융, 인적 자원, 법률, 정보 기술 등 기업 또한 방대한 양의 데이터와 반복적 작업에 비용을 낭비하고 있는 상황이다.

〈표 8-3〉 인공지능과 물류기술

물류기술	내 용
백오피스 AI 기술 (Back Office)	• 회계, 금융, 인적 자원, 법률, 정보 기술 등 부문에서 인지자동화(AI)를 통해 시간 및 비용을 절감 • 비즈니스 프로세스 자동화 : AI 및 로봇 프로세스 자동화(RPA)가 결합
예측물류기술	• AI 기반의 예측 정보를 이용하여 사전 예방적 물류운영을 수행 • (적용기업) DHL : 머신러닝 기반 항공화물 운송지연시간 예측시스템 Resilience360 platform(예측위험관리시스템)
보고 말하고 생각하는 물류기술	• AI를 통한 인력작업 지원, 노동편의성 확보 Ÿ지능형 로봇, 컴퓨터 비전, 대화형 UI, 자율차량 • (적용기업) (핀)젠로보틱스 : AI 기반(TX2로봇) 폐기물 분류시스템 (싱)그레이오렌지 : 자가탐색 AGV (프)Qopius : 컴퓨터 비전기반 AI 시스템(상품진열성능, 제품추적)
지능형 소비자 경험 기술	• AI 기반 음성 에이전트를 통해 물류 공급자와의 고객경험 개선, 개인화 • (적용기업) DHL : '알렉사'를 이용하여 소포추적 및 발송정보 관리 Package.ai : '제니'를 통한 고객과의 메신저/SNS 소통 (배송시간, 장소, 지침 등 협의)

이에 AI는 인지 자동화를 통해 시간을 절약하고 비용을 절감하며 생산성과 정확성을 높일 수 있는 기회를 제공할 수 있다. 미래에는 현재 사람이 수행하고 있는 일 가운데 반복적이고 단순한 작업을 로봇 혹은 인공지능이 대체할 경우 사람은 보다 복잡하고 창조적인 일에 매진할 수 있을 것이다.

예측물류는 물류산업에서 AI 기반의 예측 정보를 이용하여 사전 예방적 운영을 위한 물류활동이 가능하도록 하는 것이다. AI를 활용한 예측 네트워크 관리는 물류 운영효과를 크게 높일 수 있다. DHL에서는 항공 화물 항로와 네트워크는 수십 년의 산업 경험을 가진 전 문가들의 과거 데이터와 경험 그리고 전문 지식을 활용, AI를 이용한 머신러닝 기반의 예측시스템을 운용하고 있다.

AI는 현대 물류에서 육체적 노동 감소에 큰 기여를 할 것으로 예견되고 있다. 즉 AI와 인공 지능 로봇, 컴퓨터 비전 시스템, 대화형 인터페이스, 자율형 차량 등을 결합함으로써 물류작업에서 사람의 노동 편의성을 제공할 수 있다. 지능형 로봇 소터는 편지, 소포 및 팔레트 형태 발송화물을 효과적으로 신속하게 분류하게 되며, 기존 인력이 처리했던 수백만 건의 화물을 정렬, 스캔 등을 통해 효과적으로 분류한다.

핀란드 회사인 ZenRobotics는 2011년부터 지능형 로봇기반 폐기물 분류 시스템을 개발했으며, 동사의 TX2 로봇시스템은 컴퓨터 비전과 기계 학습을 사용하여 컨베이어에서 재활용 가능한 폐기물을 선정하고 정렬한다. 싱가포르의 자동화 로봇 회사인 GreyOrange 사는 스스로 탐색하는 AGV를 개발하였다. 컴퓨터비전 재고관리는 유통산업에서 현실화 되고 있다. 프랑스 스타트업 회사인 Qopius는 상품전시 진열대의 성능 측정, 제품 추적 등 소매점 효율적 운영을 위한 컴퓨터 비전기반 AI 시스템을 개발하고 있다.

소비자는 상품을 인터넷상에서 구입하는 것으로 시작하여 배송 받는 것 혹은 반품하는 것으로 물류활동이 이루어진다. 이 과정에서 AI 기반 음성 에이전트를 통해 물류 공급자와의 고객경험을 개선, 개인화하고 있다. DHL은 음성기반으로 소포 추적 및 아마존의 알렉사를 이용하여 발송정보를 제공하고 있다. 이스라엘의 스타트 업체인 Package.ai는 라스트 마일 배송을 하는 '제니'를 개발하여 소포 수령인에게 페이스북 메신저나 SMS를 통해 연락함으로써 배달 시간, 장소 및 기타 지침 등의 조정이 가능토록 하고 있다. 제니의 대화 능력 과 상황에 맞게 처리할 수 있는 기술로 인해 운영비용을 최대 70% 절감할 수 있는 것으로 나타났다.

3. 3D프린터

3D프린터는 널리 알려진 기술이며 물류/공급사슬 분야에서 미치는 영향이 매우 높다. 동 분야의 기술은 물류공급사슬 내 이동되거나 기 생산, 운용되는 제품의 예비부품, 맞춤형 부품 등에 사용되고 있다.

4. 로보틱스

DHL에서는 우선 가까운 미래에 로보틱스의 물류 분야 활용 사례 를 살펴보고 먼 미래에는 어떠한 비전을 가졌는지 분석하였다. 오늘날 물류 산업이 직면하고 있는 가장 큰 문제 중 하나는 노동력 가용성이며 고객까지 높은 서비스를 제공할 수 있는 물류인력 유무이다.

첫째, 전자상거래의 발전에 따라 배송물량이 증가하고 증가된 물량을 처리하기 위한 물류 근로자들에 대한 지속적 수요증가가 필요한 상황이다. Forrester Research에 따르면 유럽과 미국의 온라인 소매업이 전년 대비 10% 성장할 것으로 예상된다. 아시아의 온라인 쇼핑시장의 성장은 더욱 빨라서 2020년까지 중국의 온라인 소매 시장은 프랑스, 독일, 일본, 영국, 그리고 미국을 합친 것과 같은 규모로 예상된다.

둘째, 미래는 인구 감소로 인한 가용 노동 인구 규모 감소가 예견되고 있다. 이러한 문제를 효과적으로 타개할 대책으로서 로보틱스가 대두되고 있으며 물류를 보조하는 로봇은 '눈, 손, 발, 그리고 두 뇌'의 형태를 가지게 될 것이다 일반적으로 인식장치는 가격대가 높아서 로보틱스 발전의 장애요인으로 작용해 왔다. 2011년 마이크로소프트에서 개발한 Kinect는 저비용의 3D 카메라로, 실시간으로 사용자의 움직임을 인식할 수 있어서 다양한 게임에 활용되고 있다. 대부분의 사람들은 Kinect를 게임 도구로 바라보았지만 로보틱스 엔지니어들은 저렴한 센서로서의 가능성을 보았다. Kinect는 1cm 정확도로 사물의 깊이를 구분할 수 있으며 너비와 높이를 3mm 이내의 정확도로 구분할 수 있어서 질감 을 충분히 느낄 수 있을 만큼 민감하다. 소프트웨어를 사용하면 이 정보를 사용하여 로봇이 환경을 '확인' 하고 시야에 있는 개체를 찾을 수 있다.

Cobot이라고 불리는 협업이 가능한 로봇은 사람과 로봇이 공유된 작업공간에서 협업이 가능한 시스템이다. 기존의 로봇 특히 산업형 로봇은 별도의 공간에서 작업을 수행하고 사람과 접촉되면 안전을 위하여 정지하게 되어 있었다. Cobot은 안전성을 확보하여 사람과 동일한 공간에서 협업이 가능한 시스템이다. 기존의 산업형 로봇은 지면에 볼트로 고정되어 있었다. 이러한 형태의 로봇은 대량생산 체계에 적합하다. 그러나 물류업에서는 이동성이 중요한 개념이다.

차세대 물류 분야 로봇의 또 하나의 주요 개념은 계산 능력이다. 위에 열거한 다양한 기능을 성공적으로 수행하기 위해서는 강력한 계산능력이 필요하다.

1) AR 기반 물류관리/운영

증강 현실(AR)은 디지털 세계와 물리 세계의 경계를 융합하여 물류 계획, 프로세스 실행 및 운송에 대한 새로운 시각을 제공할 수 있다. AR은 헤드업 디스플레이나 다른 디지털 장치를 이용하여 상황별 정보를 제공할 수 있으며 정확한 정보(Right Information)를 적절한 시간(Right Time)에 적절한 장소(Right Place)에 제공함으로써 작업자의 역량을 강화한다. 주요 응용분야는 AR 기반 물류창고 운용, 보다 안전하고 스마트한 운전, 지능형 라스트 마일 운영 등이 있다.

2) 물류 빅데이터 분석

데이터기반 수집, 분석 및 예측을 통해 물류를 혁신할 수 있다. 방대한 디지털화는 방대한 양의 데이터가 물류공급망을 따라 수많은 물류과정에서 모여진다. 따라서 빅데이터를 활용하여 물류능력 의 최적화, 고객환경 개선, 위험감소 등을 기반으로 신규 물류비즈니스 모델을 이끌어 낼 수 있을 것이다. 주요 활용사례로서 실시간 경로 최적화, 스마트 예측, 예측 배송, 앤드투앤드(End-to-End) 공급망 위험관리 등이 있다.

3) 물류인력 생체개선

첨단 착용가능, 외골격 기술과 같은 생체 개선 기술은 현재 물리적 장벽의 경계를 확장할 수 있다. 스마트 의류, 생체 공학 무기, 심지어 미래의 뇌-컴퓨터 인터페이스도 훈련, 통신, 프로세스 실행과 같은 분야에서 물류 인력을 지원할 수 있다. 무엇보다도 이러한 기술은 공급망에서의 건강 및 안전 위험을 최소화할 수 있다.

4) 클라우드 물류

클라우드 컴퓨팅은 다양한 서비스로서의 물류(LaaS) 기반 비즈니스 모델을 지원한다. 물류 서비스제공자는 수요에 따라 사용량에 따른 결제 방식을 통해 맞춤형 모듈식 클라우드서비스를 제공하게 된다. 따라서 기존의 높은 투자 및 유지보수 비용이 소요되는 IT 인프라의 개발을 저비용으로 서비스 및 관리를 가능하게 한다.

5) IoT

사물 인터넷(IoT)은 모든 사물들을 인터넷에 연결, 데이터 기반 물류를 가속화할 수 있는 능력을 가지고 있다. 일상적인 객체들이 정보를 전송, 수신, 처리, 저장할 수 있게 되어 자율적이고 이벤트 중심적인 물류 프로세스에 적극 활용이 가능하다.

6) 센서기반 물류

센서 기술은 물류 업계에서 매우 중요한 부분으로 센서 솔루션은 디지털 방식으로서 복잡하고 수동적인 물류를 변화시킬 수 있다. 물류운영의 규격화, 품질 관리 및 시각화는 지능화, 안전성 및 효율성은 센서 정보의 활용에 기초하고 있어, 센서는 저비용으로 개발됨이 바람직하다.

7) 차세대 무선네트워크

차세대 네트워크 및 통신기술은 전반적인 물류환경에서 IoT 기술실현의 기반이 된다. 물류 분야에서, 차세대 지능형 네트워크는 물류비용 효율성, 내외부 연결성, 현지화를 가능하게 한다. 물류공급망에서 투명성과 추적성을 갖춘 물류가 현실화 되고 있으며, 차세대 통신기술로는 LPWANs(Low-Power Wide Area Networks), 5G, 저궤도 위성 등이 등장할 예정이다.

8) 자율주행차 기술

AI 기술 발전과 센서 · 비전 기술 개발로 자율주행차는 차량 조립, 운영, 활용, 서비스

학습 8

측면에서 변화가 예상된다. 트럭에서부터 라스트 마일 배송 로봇(Lastmile Robot)에 이르기까지 자율주행차는 새로운 차원의 안전성, 효율성, 품질을 확보함으로써 전반적인 운송 물류를 변화시킬 것이다.

9) 무인에어드론 기술

무인 항공기나 드론은 배송의 처음과 마지막을 담당할 뿐만 아니라 생산물류 및 감시 업무에도 활용된다. 무인 항공기는 기존의 육상 수송 수단을 대체하는 것이 아니라 접근이 위험한 곳이나 원격으로 배송이 필요한 곳에서 가치를 발휘할 것이다.

10) 가상현실 기술

물류에서 가상현실 기술은 제조, 유통, 공급망에서 발전해 왔다. 사용자가 3D로 환경을 설계, 시뮬레이션 및 평가할 수 있도록 함으로써 물류 공급업체는 물류흐름을 최적화하고 프로세스를 모니터링하기 위해 더 나은 정보에 입각한 결정을 내릴 수 있다.

학습활동.8 교수 · 학습 방법

교수 방법

- 디지털 트윈과 물류에 대한 관련 용어, 구성, 방식 이해 정도를 파악한 후 수업을 진행한다.
- 교수자의 주도로 디지털 트윈과 물류 등의 내용을 PPT 자료로 제시한 후 설명한다.
- 가능하면 사전에 개인별 학습 자료를 준비하여 모든 학생이 참여할 수 있는 문제 해결식 수업, 협력 수업이 가능하도록 한다.
- 디지털 트윈과 물류 전 과정을 작업의 순서에 따라 단계적으로 실습이 이루어질 수 있도록 지도한다.
- 교재를 통해 수업을 준비하는데 있어서 필요한 모든 정보나 팁, 힌트 등 도움이 될 만한 내용들을 확인할 수 있다.
- 학생들이 만들게 될 각 모델들은 수업시간에 중점적으로 다뤄질 부분과 어휘, 질문, 답을 포함하고 있으며 또한 탐구할만한 추가적인 아이디어들도 포함하고 있다.

학습 방법

- 디지털 트윈과 물류에 대한 관련 용어를 숙지하고, 디지털 트윈과 물류에 대해 이해한다.
- 디지털 트윈과 물류의 각 단계별 중점 사항을 체계적으로 학습한다.
- 디지털 트윈과 물류의 수행순서의 전 과정을 실습한다.
- 디지털 트윈과 물류의 내용을 이해한다.
- 디지털 트윈과 물류을 이해하고 숙달이 될 때까지 학습한다.

학습 8

학습활동.8 평가 및 피드백

평가 준거

- 평가자는 피평가자가 수행 준거 및 평가 내용에 제시되어 있는 내용을 성공적으로 수행할 수 있는 지를 평가해야 한다.

학습내용	평가항목	성취수준		
		상	중	하
디지털 트윈과 물류	디지털 트윈과 물류를 이해할 수 있다.			

평가 방법

• 작업 포트폴리오

학습내용	평가항목	성취수준		
		상	중	하
디지털 트윈과 물류	디지털 트윈과 물류를 이해할 수 있다.			

• 필기시험

학습내용	평가항목	성취수준		
		상	중	하
디지털 트윈과 물류	디지털 트윈과 물류를 이해할 수 있다.			

• 체크리스트를 통한 관찰

학습내용	평가항목	성취수준		
		상	중	하
디지털 트윈과 물류	디지털 트윈과 물류를 이해할 수 있다.			

• 피드백

1. 작업 포트폴리오
   - 제출한 보고서를 평가한 후 주요 사항에 대하여 표시하여 돌려준다.
2. 필기시험
   - 평가 결과 성적이 저조한 학생은 보고서 제출 기회를 부여한다.
3. 체크리스트를 통한 관찰
   - 실습 과정에서 평가한 후 개선해야 할 사항 등을 정리하여 돌려둔다.

참 | 고 | 문 | 헌

1. 송상화. https://www.lotis.or.kr/물류창고 디지털 트윈 시스템개발
2. https://www.parcelandpostaltechnologyinternational.com/news/operations/
3. https://www.logistics.dhl/content/dam/dhl/global/core/documents
4. https://logisticsinsider.in/
5. https://www.logistics.dhl/kr-en/home/press/press-archive/2019/
6. 김종경. 2016. https://www.klnews.co.kr : 448/news/스마트물류
7. https://www.pluxity.com/plug-driving
8. 한국교통연구원. 2020.1.23. 글로벌문류기술동향,
9. 테크월드(http://www.epnc.co.kr)
10. www.hellot.ne
11. 현대경제연구원. Logistics.4.0시대의 특징과 시사점

학습 8

학습 1	디지털 트윈의 개념
학습 2	디지털 트윈의 핵심기술
학습 3	디지털 트윈의 모델링 시뮬레이션
학습 4	디지털 트윈 플랫폼
학습 5	디지털 트윈과 디지털시티
학습 6	디지털 트윈과 스마트건설
학습 7	디지털 트윈과 제조업
학습 8	디지털 트윈과 물류
학습 9	**디지털 트윈과 헬스케어**
학습 10	디지털 트윈의 전략 및 정책
학습 11	디지털 트윈의 응용
학습 12	디지털 트윈의 시장동향
학습 13	디지털 트윈의 미래

학습 목표	1. 디지털 트윈과 헬스케어를 이해할 수 있다.

9-1 디지털 트윈과 헬스케어 서비스

1. 디지털 트윈 서비스의 개요

인간이 태어나자마자 피 한 방울로 그 사람이 앞으로 어떤 질병을 몇 퍼센트의 확률로 얻을지, 그리고 언제 죽을 지까지 한 번에 알아낸다.

또한 신체 데이터 정보를 기반으로 유전자를 변형해 완벽한 아이들을 출산할 수 있게 된다. 완벽한 신체를 가진 사람들은 복잡한 절차없이 유전자 정보만으로 우주비행사라는 꿈같은 직업을 쉽게 얻을 수 있게 된다.

이것은 1997년에 제작된 영화 '가타카'의 내용이다. 영화는 헬스케어 시장이 뛰어나게 발전한 미래 사회를 배경으로 진행된다. 영화가 만들어진 당시에는 영화 속 모든 것이 허무맹랑한 SF요소처럼 보였을지 모른다.

현재의 빠른 기술발전을 기준으로 바라본다면, 영화 속 배경이 머지않은 미래에 우리에게 현실로 다가올지 모른다.

디지털 트윈(Digital Twin) 및 3D 프린팅, 시뮬레이션 , 인공지능(AI)과 같은 기술들은 정밀 의학 혁명의 최전방에 있다.

현재 헬스케어 시장은 디지털 트윈(Digital Twin)이라는 기술에 집중하고 있다.

디지털 트윈이란 물리적 사물을 컴퓨터 속에 가상으로 모델링해 관찰, 시뮬레이션 함으로써 사물의 특성을 더 정확하게 파악할 수 있도록 하는 기술이다.

많은 해외 기업들이 디지털 트윈과 헬스케어 시장의 접목을 시작하고 있다.

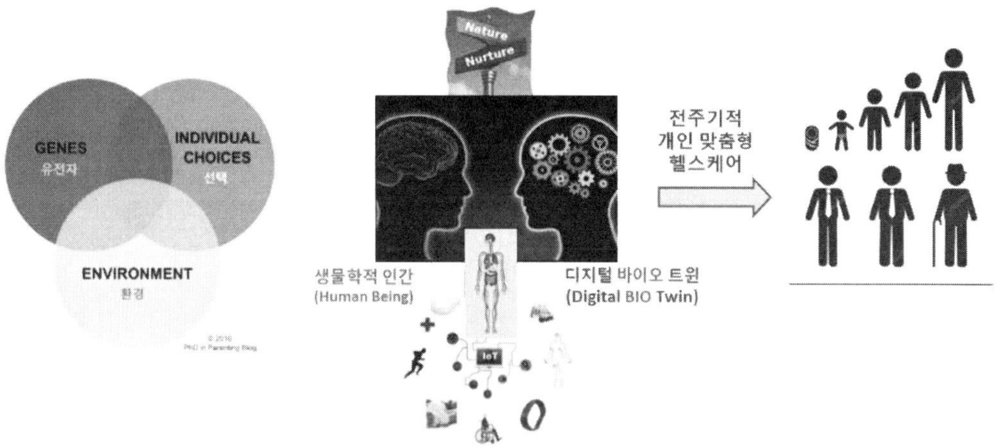

[그림 9-1] 디지털 트윈을 통한 전주기 맞춤형 헬스케어

2. 헬스케어 서비스의 정의

만성 합병증의 직접적, 간접적 원인으로 지목되는 비만과 대사질환 문제 해결을 위해서 [그림 9-2]와 같은 서비스를 정의한다. 우선, 급속히 발전하고 있는 유전정보 기술과 ICT 기술에 기반하여 일상생활 속에서 식음, 수면, 운동, 환경 등의 기본 생활습관 정보를 수집하고 관리하는 헬스 디지털 트윈 서비스를 구현한다.

헬스 디지털 트윈에서 제공되는 일상생활 속 건강관련 행위와 주변상황에 대한 컨텍스트(Context)를 인지하고 능동적으로 적응하는 비만 및 대사질환 예측, 예방 콘텐츠 중심 인공지능 주치의 서비스를 구현한다.

인공지능 주치의의 추천 콘텐츠에 기반하여 맞춤형 식이 공장 서비스를 구현하여, 비만으로 인한 사회경제적 비용을 줄임과 동시에 궁극적으로 국민의 건강한 삶을 연장시킬 수 있는 미래형 건강 토털케어 서비스를 구현한다.

사용자의 식습관, 생활, 경험, 병력 등 후천적 생활습관 정보를 종합적으로 취득하고 관리할 수 있는 디지털 트윈 시스템을 통하여 지능적으로 건강 관련 정보를 실시간 측정하고 수집하여 비만 중심의 생활습관병에 대해 복합적으로 인지하고 분석함으로써 이를 개선할 수 있는 개인별 상황에 맞는 건강 인지 · 케어 서비스를 제공한다. 이를 위해, 지능정보 기술을 활용하여 사용자의 생활 · 식이습관 · 욕구 · 경험 등의 복합상황인지 정보의 측정 및 효율적 정보 수집, 그리고 정보 인식을 위한 원천 기술 개발이 필요하고 생활습관 관리를 위한 융합 제품의 기술이다.

[그림 9-2] 비만 및 대사질환 중심 미래형 건강인지 케어 서비스 개념도

출처 : IITP, 미래 융합서비스혁신기술개발 예비타당성 보고서

9-2 디지털 트윈의 헬스케어 핵심기술

1. 디지털 헬스케어의 핵심기술

디지털 헬스케어의 주요 핵심기술은 비침습 무구속 무자작 건강정보 측정기술, 맞춤형 진단 및 현장진단 기술, 개방형 건강관리 플랫폼 기술, 맞춤형 건강관

리 서비스 기술로 구분이 가능하다.

디지털 헬스케어 국내 기술 수준은 세계 최고 기술 보유국인 미국 대비 약 80.9%로 기술 격차는 약 1년이다.

세부 기술별로 국내 기술 수준을 보면, 비침습 무구속 무자각 건강정보측정 기술 분야는 미국 대비 약 75%로 기술격차는 약 1.5년이며, 맞춤형 진단 및 현장 진단 기술분야는 미국 대비 약 75%로 기술격차는 약 1.5년이다.

개방형 건강관리 플랫폼 기술 분야는 미국 대비 약 85%, 맞춤형 원격 건강관리 서비스 기술 분야는 미국 대비 약 88.6%로 기술격차는 약 1년이다.

〈표 9-1〉 디지털 헬스케어의 핵심기술

핵심기술명	과제명	요소기술의 세부내용
비침습 무구속 무자각 건강정보 측정기술	비침습 자가건강진단 기술	• 비침습성 추출 생체시료(뇨, 머리카락, 타액, 눈물 등) 측정/분석기술 • 간소화 악침습성 생체치료(혈액, 뇌척수액) 추출 기술
	무구속 생체신호 측정 기술	• 전기적 비접속 생체 신호 측정 기술 • 신체 접촉용 임피던스 센서 • 활동 모니터링 및 일상성 추출기술
	무자각 생활정보 패턴 측정기술	• 웨어러블 디바이스(Wearable Device, 옷, 시계, 안경 등) • u-Health 기능성 생활용품(가전제품, 가구, 주택, 자동차 탑재 센서)
	인체 이식형 생체신호 측정 기술	• 생체적합 바이오칩/센서 • 무선 인체 삽입 센서 • 원격 신호 전달 장치 • 무전원 센서
맞춤형 진단 및 현장 진단 기술	유전정보 기반 맞춤형 진단 기술	맞춤형 질병진단이 가능한 DNA 유전정보 기반 질병 진단침/센서 기술
	현장 진단 바이오칩/센서 기술	혈액/소변/타액 등의 질병 바이오 마커 농도를 현장에서 바로 측정할 수 있는 바이오칩/센서 기술
개방형 건강관리 플랫폼 기술	개인 건강 레코드 구축/공유/활용 기술	개인 건강 정보를 레코드로 구축하고 공유하며 활용하기 위한 기술로 개인 건강 레코드의 표준화, 개인건강 레코드의 교류 등의 기술을 포함
	건강 빅데이터 분석 기술	• 건강관련 코호트 빅데이터 분석 기술 • 축적된 개인 건강정보의 빅데이터 분석을 통한 개인 건강 추이 예측 기술

핵심기술명	과제명	요소기술의 세부내용
	모바일 건강관리 서비스 플랫폼 기술	• 표준 기반 건강정보의 빅데이터 분석을 통한 개인 건강 추이 예측 기술 • 서비스를 위한 개방형 API 기술
맞춤형 원격건강관리 서비스 기술	원격 건강 모니터링 기술	• 원격시스템에 의한 환자의 실시간 모니터링 • 실시간 모니터링에 의한 실시간 진단
	맞춤형 원격진료 기술	• 생명-의료 빅데이터 기반 환자의 맞춤형 진단 • 원격의료시스템에 의한 환자의 원격진단-원격상담, 원격병리진단, 원격방사선진단 등 • 특히, 독일은 원격의료 및 모바일에 의한 연계기반의 헬스케어 디지털 진료체계 시스템 구축 및 활용기술 분야 진출이 활발하여 디지털 헬스케어 진료기술이 활성화
	맞춤형 원격치료 기술	• 원격시스템에 의한 환자의 실시간 관리-원격간호, 원격처방, 원격재활 등 • 원격 의료시스템에 의한 맞춤형 원격 치료-원격 심장치료, 원격 정신치료, 원격방사선치료, 원격 피부치료, 원격치과 질환 치료, 원격수술 등

2. 헬스케어 디지털 트랜스포메이션

디지털 헬스케어 산업의 확산과 더불어 디지털 환경하에서 디지털 트랜스포메이션(Digital Transformation)인 디지털 트윈은 의료서비스와 데이터의 지속적인 성장 발전과 확장을 가능하게 해주며, 환자로 하여금 새로운 수준의 정보 접근을 가능하게 해 준다.

환자로 하여금 웨어러블 웰니스 앱과 스마트폰을 진단도구로 활용하게 해 준다. 최근 글로벌 헬스케어 시장에서는 대형화를 통해 규모의 경제를 달성하고 다양한 서비스를 제공하기 위해 전략적 인수합병이 다수 발생하였다.

이와 함께 새로운 비즈니스 모델을 도입하기 위해 독립적 의료진 집단을 영입하는 경우도 다수 목격되었으며, 이러한 신규 영입 혹은 입수합병 후에는 통합 기술 플랫폼을 구축하는 경향이 글로벌 헬스케어 시장에서 존재하였다. 최근 글로벌 헬스케어 사업간 인수합병이 급격히 증가하였는데, 미국에서는 유나이티드 헬스그룹(UHCUnited Health Group)의 카타마란(Catamaran Corp)사 인수와 CVS 헬스(CVS Health Corp)사의 옴미케어(Omnicare Inc)사 인수) 등이 대표적인 사례이다.

디지털 헬스케어에 의한 병원과 환자와의 연결성 제고로 효율적인 병원경영과 규모의 경제 실현이 가능하게 된다.

헬스케어 수요는 특히 중국, 인도, 인도네시아, 말레이시아 등 아시아의 신흥국을 중심으로 한 인구 증가 및 고령층의 증가로 지속적인 성장세가 전망된다. 이들 국가들은 디지털 헬스케어 인프라가 아직 미비하지만, 경재성장과 더불어 디지털 헬스케어에 대한 슈요 증가와 이에 따른 관련 산업의 급속한 성장이 전망된다.

디지털 헬스케어 주요 수혜분야는 EMR, EHR, PHR, 원격진단, 원격의료, 모바일 헬스 응용 분야 등으로 정보의 지속성과 접근성, 예방 및 맞춤형 진료를 가능하게 해준다.

〈표 9-2〉 디지털 헬스케어 관계 당사자별 혜택

분 야	환 자	제공자	비용 지불자
EMR(Electronic Medical Records)	읽고 이해가 용이	저장 및 활용 용이, 효율성과 생산성 증가	-
EHR(Better diagnosis and treatment)	향상된 진단과 치료	조정과 정보 의사결정	신속한 결제 시스템
PHR(Personal Health Records)	개인 웰니스와 관리	정보의 지속성	헬스케어 연계 및 문제예방
Remote Diagnostics	중복 검사 감소	접근성 용이	저비용
Telecare	전문가 진료 접근성 증가	생산성 증가 및 헬스케어 자원 부담 감소	저비용
m-Health applications	더 많은 진료 및 시간 절약	선제적이고 맞춤형 진료 가능	-
Big Data/Analytics	정확한 진료, 향상된 진료	진단향상 및 치료 정확도 증가	저비용

9-3 디지털 트윈의 가상인체 기술

1. 가상인체 기술의 개요

물리적 사물인 인체를 컴퓨터 상에서 모델링하여 가상인체(Computer Virtual Human)는 인체 내에서 일어나는 분자, 세포, 조직, 장기 수준의 복잡한 생명현

학습 9

상을 컴퓨터 프로그램으로 표현하여 다양한 인체 생리적 현상을 분석할 수 있도록 하는 기술이다.

이러한 컴퓨터 가상인체 기술을 개발하면 질병의 발생이나 진행에 대해서 훨씬 자세하고 정확한 진단과 분석이 가능하고, 약물이 인체에 작용하는 원리를 미리 예측하고 분석할 수 있으며, 특히 약물의 효능이 사람마다 다르게 나타나게 되는 원인을 규명할 수 있게 되어, 인류의 오랜 숙원인 건강한 장수 사회의 실현이 한층 가까이 다가올 것이다.

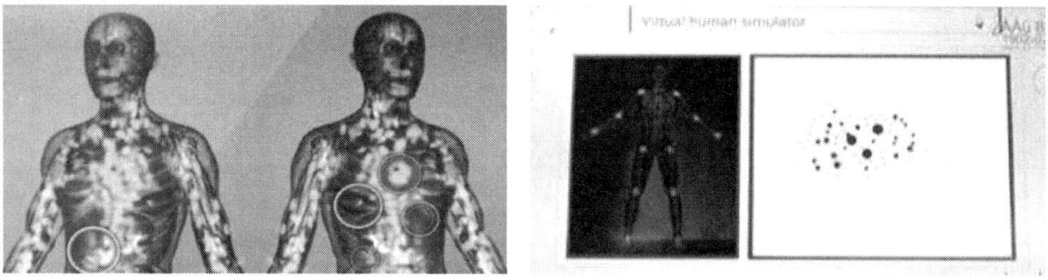

[그림 9-3] 가상 인체 컴퓨터 모델링(천연물 복합 성분 반응개념도;KAIST)

1990년대 중반에 병원성 박테리아의 일종인 마이코 플라즈마균의 생리현상을 분자수준까지 컴퓨터 프로그램으로 표현한 전자세포(E-Cell) 프로젝트를 일본의 연구자들이 발표한 이래 점점 복잡한 생명체, 궁극적으로 인체의 생명현상까지 컴퓨터 프로그램으로 표현하려고 하는 국제적인 연구가 계속돼왔다.

유럽에서는 가상 생리체(Virtual Physiome), 가상간 네트 워크(Virtual Liver Network), 바이오 모델(Bio model)과 같은 다국적 프로젝트가 진행돼 왔고, 일본에서는 전자세포 프로젝트에 이어 바이오 시뮬레이션과 같은 프로젝트가 진행되었다. 미국에서도 엔텔로스(Entelos), 인제뉴이티(Ingenuity), 셀벤타(Seleventa)와 같은 상용 시스템이 개발되었고 우리나라에서도 대장균을 프로그램화한 웹셀(WebCell)이나 효모의 유전자 회로를 프로그램화한 모네(mONET)와 같은 프로젝트가 수행되었다.

인체의 생리현상은 그 규모나 복잡도 면에서 박테리아나 효모와는 비교할 수 없을 정도로 복잡하기 때문에 인체 생리를 몸 전체 수준에서 컴퓨터 프로그램으로 표현하는 것은 매우 큰 기술적인 도전이라고 할 수 있다.

현재까지 개발된 대부분의 기술이 세포 수준이나 인체의 특정 부위, 혹은 특정 생리현상에 국한되고 있는 것이 바로 이러한 규모와 복잡도 때문이라고 할 수 있다. 하지만, 최근 눈부시게 발전하고 있는 바이오 기술 (BT)에 힘입어 생명현상의 핵심 인자인 유전자, 단백질, 세포, 조직, 질환, 약물 등에 관한 엄청난 정보가 매우 빠른 속도로 축적되고 있으며, 인류의 공통 문명자산으로서 인터넷을 통해 공유되고 있다. 따라서 혁신적인 정보기술(IT)을 개발하여 이런 방대한 정보를 체계적으로 조직화하고 시스템 수준으로 분석할 수 있도록 한다면 바야흐로 컴퓨터 가상인체 개발이 가능한 시점에 와 있다고 할 수 있다.

2. 컴퓨터 가상인체 시스템 구현

KAIST의 코다(CODA : Context-Oriented Directed Association) 시스템은 다양한 상용 및 공용 데이터베이스, 방대한 문헌정보 등, 자체적으로 확보한 세포실험, 동물실험, 임상실험 정보로부터 방대한 생명정보를 수집하여, 수학적 관계(Relation) 형식으로 표현하고 조직화한 컴퓨터 시뮬에이션 가상인체 시스템이다.

다양한 원천정보로 추출한 생명정보는 각각 서로 다른 데이터 표현형식과 의미체계를 갖고 있기 때문에, 통합된 생물학적 관계정보를 조직화하기 위해서는 표준화된 데이타 표현형식과 표준 코드체계가 필요하다. 생물학적 관계정보는 세포, 조직, 질병 상태 등 상황에 따라 서로 다르게 나타난다. 또한 인체 수준의 생물학적 관계정보를 표현하기 위해서는 세포, 조직, 질병 상황마다 어떤 관계정보가 존재하는지에 해당하는 상황 정보를 표현할 수 있어야 한다. [그림 9-3]처럼 코다 시스템은 서로 다른 표현 형식의 데이터를 통합할 수 있고, 다양한 상황정보를 표현할 수 있는 표준 데이터 표현형식인 BSmL(Bio-Synergy Modeling Language)를 기반으로 하고 있다.

또한 자연언어 혹은 서로 다른 코드체계로 표현되어있는 생명정보를 통합하기 위하여 meSH, UmLS, InChI와 같은 국제 표준코드를 활용하여 통합 표준 코드체계를 구축하였다.

인체의 모든 세포들은 동일한 유전자집합을 가지고 있다고 알려져 있지만 조직이나 장기별, 상황별로 서로 다른 유전자가 발현된다. 조직특이적인 특징을 가지는 인체를 모사하기 위해 코다(CODA) 시스템을 개발하기 위해서 조직 특이적인 생물학적 관계정보를 수집하였다. 기존 데이터베이스와 문헌정보로부터 유전자 조절 회로, 신호전달 회로, 대사 반응, 단백질 상호 작용, 인산화 등과 같은 다양한 분자 수준의 관계를 수집하였다. 또한 생물학적 프로세스, 질병상황과 같은 분자 수준 이상의 생물학적인 관계들을 수집하였다. 기존의 인체 내 생물학적

학습 9

관계들을 모아놓은 데이터 베이스에서는 상황정보가 명시적으로 나타나지 않는 경우가 많기 때문에 전사체, 단백질체와 문헌 정보를 이용하여 유전자-생물학적 프로세스, 유전자-질병 간의 관계를 조직 및 세포 특이적으로 생성하였다. 또 한 기존의 조직 특이적인 네트워크를 구축하는 연구들은 조직 간의 생물학적인 정보를 포함하지 않고 있는데, 조직 간의 생물학적인 관계들도 코다(CODA)시스템에 추가하여 가상 인체 모델을 구축하였다

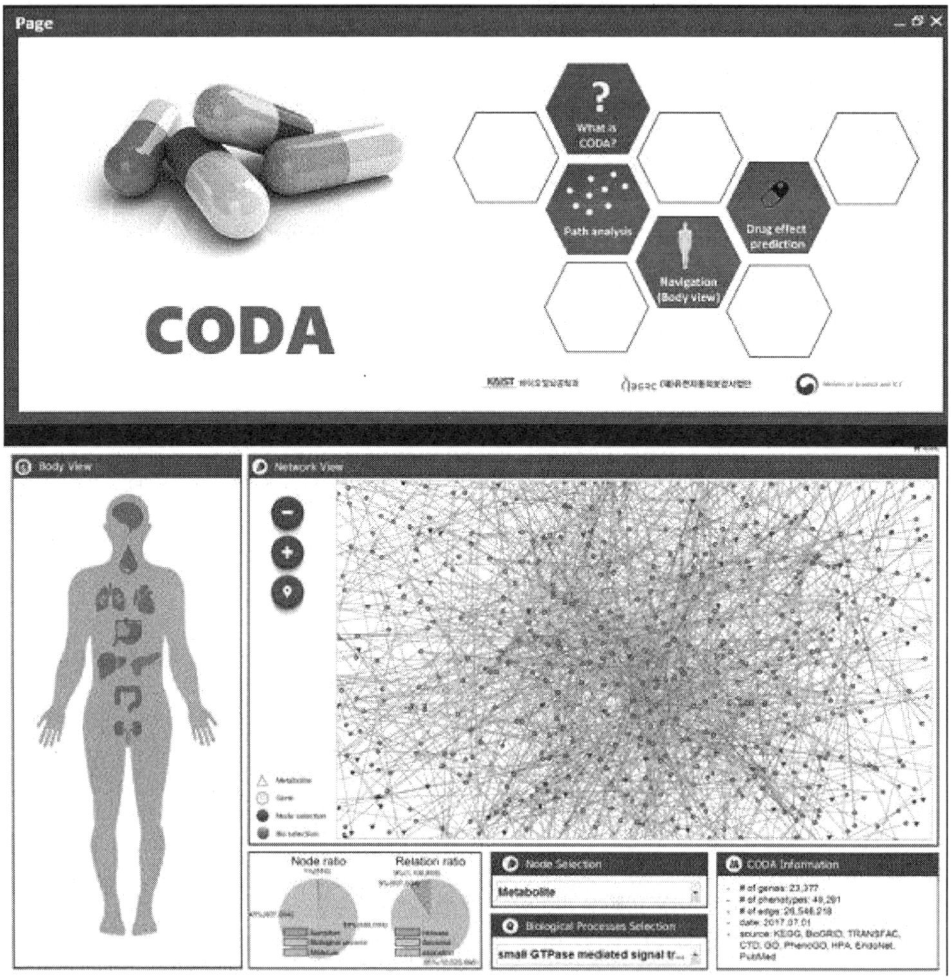

[그림 9-4] CODA 가상인체 시스템

9-4 디지털 트윈의 헬스케어 구현사례

디지털 트윈 기술이 어떻게 헬스케어와 접목될 수 있을까?

1. '필립스의 가상 신체 구현'의 사례

2018년 필립스(Philips)는 디지털 트윈 기술을 헬스케어 시장에서 어떻게 활용할 수 있을지에 관한 콘셉트 영상을 발표했다.

필립스는 환자 개인의 신체 정보를 종합하고 디지털 트윈 기술을 활용해 '디지털 환자'라는 가상 신체를 구현하고, 이를 활용할 수 있는 방향을 제시했다.

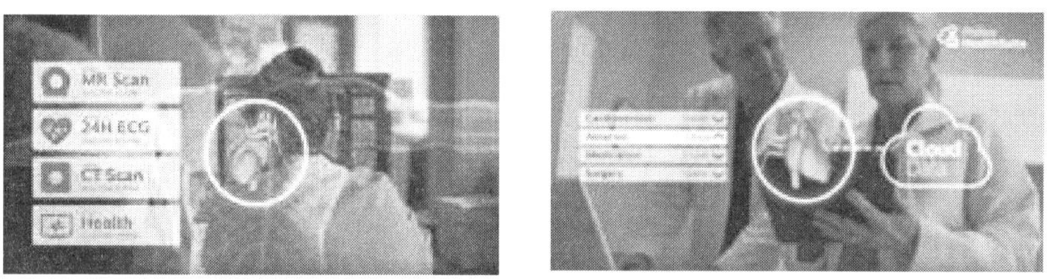

[그림 9-5] 필립스 디지털 트윈 콘셉트

출처 : 유튜브

예를 들어 가상 신체를 구현한 환자는 질병이 발생했을 때, 필립스가 보유한 클라우드 데이터를 활용해 치료를 진행한다. 클라우드 데이터 속에는 수많은 '디지털 환자'들의 가상 신체 정보가 저장되어 있다.

의사는 자신의 환자와 가장 유사한 '디지털 환자' 정보를 통해 어떤 치료가 효과적이고, 또 어떤 치료를 피해야하는지 쉽게 파악해 선택할 수 있다. 이는 질병에 빠르게 대처할 수 있도록 도와준다.

또한 통합적인 데이터 활용을 기반으로 한 치료방법 선택을 통해 효과적인 치료를 가능하게 한다. 기존의 치료 방법은 환자의 증상을 부분적으로 판단해 진단을 내리고 치료를 진행했다. 이는 환자의 세밀한 건강 상태와 육안으로 관찰하기 어려운 작은 증상들을 종합적으로 파악하는데 어려움이 있다. 따라서 심부전증과 같이 전조증상이 작은 질병의 경우 올바르게 대처하기 어려웠다.

'디지털 환자(Digital Patient)'의 경우 신체 상태와 증상의 작은 부분까지 모두 통합적으로 확인이 가능하기 때문에 정확한 진단을 가능하게 해준다.

'디지털 환자'의 가상 신체를 통해 육안으로 파악하기 어려운 콩팥 기능 문제, 심장의 크기, 불규칙적인 심박수 등을 종합적으로 파악해 심부전증의 진단을 빠르게 내리고 치료를 진행할 수 있게 된다.

디지털 트윈을 활용한 가상 신체 구현은 헬스케어 시장의 빠른 발전을 일으킬 수 있지만 현재의 발전단계는 미비하다. 대부분의 의료 정보가 비구조화되어 있기 때문이다. 가상 신체를 구현하기 위해서는 많은 양의 데이터가 필요하다. 그러나 현재는 약 75%라는 많은 비중의 의료 정보가 여러 곳에 분산되어 있고 구조화되어 있지 않다. 필립스는 컴퓨팅 기술과 데이터 처리 방법의 빠른 발전 속도가 이를 해결해 줄 것이라 생각한다.

2. 심앤큐어의 수술 시뮬레이션의 사례

프랑스 회사인 심앤큐어(Sim&Cure)는 디지털 트윈 기술을 활용해 뇌동맥류(Aneurysms) 수술에 사용하는 상품을 제공한다. 먼저 환자의 뇌동맥류 발생 상태와 주위 혈관을 3D 모델링해 정보를 파악한다. 이는 의사가 환자의 상태를 더 잘 파악할 수 있도록 돕는다. 또한 이러한 3D 모델링을 기반으로 다양한 시뮬레이션을 시스템 스스로 진행해 수술에 적합한 수술 도구와 이식물(Implant) 사이즈 정보를 제공한다.

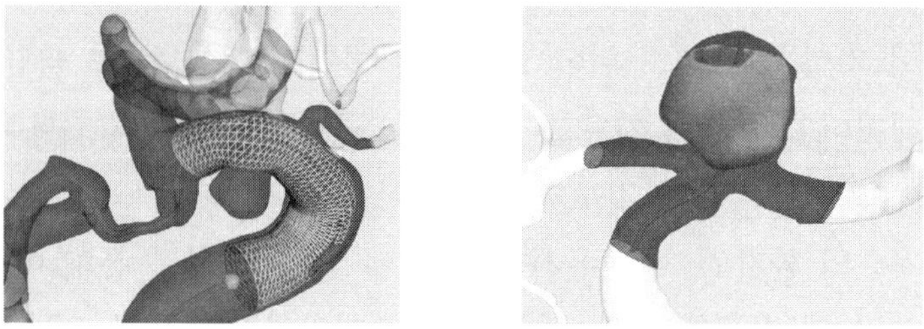

[그림 9-6] 심앤큐어의 뇌동맥류 스탠트 사례

기존의 뇌동맥류 수술은 동맥류가 발생한 위치를 찾기 어려워 상당히 까다로웠다. 뿐만 아니라, 위치를 발견했다 하더라도 적절한 크기의 이식물을 사용하는 것이 중요했다. 심앤큐어는 3D 모델링을 통해 뇌동맥류 발생 위치를 정확하게 제공하고, 또한 수많은 시뮬레이션을 통해 적절한 이식물 크기를 추천한다. 이러한 시뮬레이션은 사람이 고려하지 못하는 부분을 포함해 많은 경우의 수를 짧은 시간 안에 진행한다. 이는 수술 시간을 크게 단축시키고 정확한 수술을 가능하게 함으로써, 수술 성공 확률을 크게 높인다.

3. 디지털 트윈을 통한 의료 행위의 어두운 면

그렇다면 질병을 예측하고 치료 가능성을 높여주는 디지털 트윈 기술은 과연 좋은 것일까? 이는 생각해볼 필요가 있다.

영화 '가타카'를 다시 한번 생각해보면, 신체 데이터는 그 사람이 죽을 때까지 따라다니며 학교에 들어갈 때, 취직할 때 평가 항목으로 이용된다. 상류층은 열성 유전자에 대한 차별을 피하기 위해 유전자 조작을 통한 완벽한 아이를 출생하고 기득권을 유지한다. 유전자 조작을 하지 못하는 빈곤층은 평생 그들의 영역을 벗어나지 못한다는 어두운 측면 또한 영화에 나타난다.

가상 신체를 구현하고 데이터를 통해 질병을 예측한다는 것은 디지털 트윈 기술의 밝은 면이다. 그러나 개인의 신체 정보가 데이터화되어 저장되기 때문에 악용될 수 있다.

예를 들면 입학과 취직 등 개인의 능력을 기반으로 평가가 이뤄져야 하는 상황에서 신체 데이터가 평가 기준이 될 수 있다. 이는 또 다른 차별을 야기할 수 있다. 또한 클라우드 해킹을 통해 신체 정보가 유출될 수 있다. 개인의 신체 정보는 변화하지 않기 때문에 데이터의 가치가 높으며 유출됐을 때의 문제가 더욱 심각하다.

고급화된 의료 기술로 인한 사회 양극화 현상이 나타날 수 있다. 기술이 발전된다 하더라도 초기의 디지털 트윈을 활용한 헬스케어 서비스는 고비용일 것이다. 의료 서비스 이용이 가능한 부유층은 기술의 덕으로 삶이 질이 빠르게 향상하겠지만, 빈곤층은 더욱 의료 서비스에서 소외될 가능성이 높다.

병원들은 수익성을 위해 디지털 트윈 기술을 활용한 헬스케어 서비스에 집중할 것이다. 기존의 의료 서비스들을 디지털 트윈을 활용한 기술들로 대체할 것이고 이는 의료 비용의 상향 편준화를 일으킨다. 이를 통해 빈곤층은 더욱 의료 사각지대로 몰리게 될 것이다.

기술의 발전을 통한 헬스케어 서비스 향상은 사람들 삶의 질을 높이는데 중요한 역할을 할 것임은 분명하다. 그러나 앞서 본 것처럼 여기에는 다양한 사회적 문제들이 공존하고 있다. 이를 해결하기 위한 방안의 논의가 함께 이뤄지지 않는다면, 많은 영화 속에서 보던 미래 사회의 디스토피아가 현실로 다가올 것이다. 기술의 무조건적 발전을 응원할 것이 아니라, 이를 사회가 감당할 수 있도록 윤리적 사고 발달과 제도적 조치가 선행되어야 한다.

수행 내용

재료 · 자료

• 디지털 트윈과 헬스케어 관련 자료

기기(장비 · 공구)

• 컴퓨터, 프린터, 주변기기

안전 · 유의사항

• 컴퓨터 및 주변기기의 전원을 관리한다.

수행 순서

01 헬스케어의 추진목적과 서비스에 대하여 분석하라.

헬스케어의 목표는 잘 짜여진 의료 네트워크 환경을 통해 도시가 하나의 거대한 병원처럼 시민들의 건강, 생명, 안전을 선제적이고(예방), 신속하게(응급) 대응(치료)하는데 목적이 있다.

헬스케어의 추진배경은 〈표 9-3〉처럼 응급, 진료, 예방, 안전으로 구분하여 추진한다.

〈표 9-3〉 헬스케어의 추진 배경

추진 구분	추진 내용
응 급	종합병원 응급실 상황에 대한 정보 부족으로 "골든 아워"를 놓치고 있으며 도시내 개인병원에 대한 통합정보 미비
진 료	긴 대기자수 , 비효율적인 예약시스템 , 정확도와 성공율이 높은 진단 및 치료 시스템 필요. 맞춤형 헬스케어 서비스를 위한 선진 주치의 시스템 도입 필요. 빠르고 효율적인 진료를 위한 병원 정보 공유 필요.
예 방	평상시 시민들의 의료데이터 측정 및 축적 미비, 주기적인 병원 방문 및 간단한 주치의 상담 시스템 부족
안 전	다양한 재난 및 위급 상황에서 대처와 해결까지 오랜 시간이 소요

헬스케어의 서비스는 〈표 9-4〉처럼 스마트 응급, 의료, 건강 및 안정으로 구분한다.

〈표 9-4〉 스마트 헬스케어 서비스

구 분	상세내용
스마트 응 급	• 시민건강관리 토탈 어플리케이션을 통한 응급차 스마트 호출 • 응급상황대비 신속대응 서비스 제공 • 응급차 안에서 화상으로 환자 상태 제공 서비스 • 주변차량에게 응급차량 위치 알림이 가능한 응급차 도입
스마트 의 료	• 개별 병원을 네트워크로 연결해 유용한 의료정보 제공 • 스마트 진단 및 치료 시스템 적용 • 만성질환자에 대한 지속적 관리 프로그램 개발 • 소아청소년특화 의료 서비스 제공
스마트 건 강	• 시민건강관리 토탈 어플리케이션으로 개인의료기록 축적 • AI를 이용한 사전 가능질병 예측 및 최적병원 간단 접수 서비스 ③ 스마트홈 시스템 도입 아파트 단지 운영을 통한 의료데이터 축적 • 건강한 식재료 제공을 위한 스마트팜/마켓 제공 • 광역복지지원센터 운영
스마트 안 전	• 빅데이터와 AI를 통한 단지별 스마트 치안 및 안전 시스템 구축 • 구조물 내 재난 전조현상 감지기술 적용 • 미세먼지 저감 기술 도입 • 도로위험 기상정보 제공

〈표 9-5〉 스마트 헬스산업의 국내 주요 기업

구 분	중분류	소분류	주요기업
하드 웨어	〈개인건강기기〉 건강관리를 위해 건강상 태, 생체신호를 측정하는 (의료)기기 - 식약처 승인 필요	혈당계, 혈압계, 심전도계, 체온계, 요화학(소변) 분석계, 체성분/체지 방 측정계 등	아이센스, 인다비, 더 바이오, 인포피아, 자원메디칼, 휴비딕, 메디칼드림, 인바디, 바이오닉스 등
	〈웰니스기기〉 건강 증진·개선을 위해 신 체에 착용하여 생체신호를 측정·모니터링하는 기기	웨어러블 단말(스마트밴드), 산 소포화도 모니터(운동용/레저 용), 심(맥)박수 모니터(운동용/ 레저용) 등	삼성전자, LG전자, 직토, 키위플러스, 젤 리코스터, 스마트사 운드 등
소프트 웨어	〈통신기기〉 개인건강기기와 웰니스기기 의 정보전송과 원격의료 서 비스를 제공하기 위한 기기	게이트웨이 , AP, 셋톱 , 서버 등	H3 System, 씨어스 테크놀로지, 인성정 보 등

학습 9

구 분	중분류	소분류	주요기업
	〈의료정보 솔루션〉 의료기관 의료정보를 통합 저장 · 관리하는 시스템	의료정보 플랫폼(EMR, EHR)	이지케어텍, 유비케어, 비트컴퓨터, 인성정보, 유라클, 라이프시맨틱 스, 소프트넷 등
	〈개인건강기록 솔루션〉 개인 건강기기와 웰니스기 기를 통해 취득한 건강정 보와 의료정보를 통합저장 · 관리하는 시스템	개인건강관리 플랫폼 (PHR)	유라클, 라이프시맨틱스, 소프트넷 등
서비스	〈건강정보 서비스〉 일반적 의학정보, 운동정보, 영양정보 등 건강에 대한 정보를 제공하는 서비스	웰니스 정보(휴식방법, 영양관리, 뷰티팁 등) 및 의학적 정보 (질병, 복약 등) 제공 서비스, 운동 활용 정보서비스 등	망고앱스, 엘로우토오, 버드뷰 등
	〈개인맞춤형 건강관리 서비스〉 개인의 건강정보를 수집하 여 맞춤형 건강관리를 제공하는 서비스	개인건강정보(PHR) 관리 서비스, 병원기록 개인정보 관리 서비스, 피트니스 · 운동 관리 서비스, 건강검진 사후 관리 서비스, 기능성 게임(재활, 치매 예방) 서비스, 유전자 분석 서비스, 원격상담, 원격모니터링 서비스 등	헬스커넥트, 코어메드, 눔코리아, 미라콤아 이앤씨, 네오팩트, 마크로젠, DNA링크, 에임에드, 오픈잇 등

02 디지털 트윈을 통하여 초기진단 및 혁신적 치료 질병의 예측 및 통제에 대하여 분석하라.

1. 질병의 예측 및 통제

질병의 예측 및 통제 부분에서 전염병의 발생을 막기 위해 지리적 및 교통 정보 등을 결합하여 활동과 관계 패턴을 매핑하는 디지털 트윈와 결합하여 확산을 정확하게 예측함으로써 사이버 공간에서 가상 사회를 만들 수 있다.

교통 및 인간의 흐름을 제어하고 학교 또는 원격 학습에서 클래스 폐쇄에 대한 결정을 내리고 가장 적합한 병원의 자동 검색 및 예약을 가능하게 하여 감염의 발생을 실시간으로 능동적으로 제어할 수 있다.

2. 핵심 5가지 기술

디지털 트윈 기술은 환자와 의사에게 조기 진단을 위한 통찰력과 혁신적인 치료 옵션을 제공함으로써 개개인의 건강에 대한 통제력을 높이고 있다. 인간 생리학의 3D 모델링에서부터, 연구를 개념화하고 치료하기 위한 혁신 플랫폼에 이르기까지 개인화된 헬스케어의 추세를 주도하는 Top 5가지 핵심 기술에는 3D 모델링과 3D 프린팅, AI(인공 지능), 병용 요법(Combination Therapy) 및 혁신 플랫폼을 사례별로 분석한다.

1) 3D 모델링

뇌동맥류, 뇌의 동맥류 파열은 생명이 매우 위태로운 상태로, 파열 자체는 혈관 조영술을 통해 볼 수 있지만, 외과의사는 수술이 시작되기 전까지 무슨 일이 일어나고 있는지 정확히 알 수 없다. 하지만, 인간 신체의 디지털 모델인 "디지털 트윈(digital twin)"을 통한 혁신 덕분에 이러한 상황이 개선되고 있다.

프랑스계 미국 기반 의료기술 기업인 Biomodex는 소프트웨어를 사용하여 CT, MRI 및 에코 스캔과 같은 의료 이미징들을 정확한 디지털 모델로 변환시킨다.

이 소프트웨어는 환자 혈관의 정확한 꼬임과 회전을 모델링 한 다음 환자의 생체 역학 특성을 디지털 모델에 추가하여 외과의사가 정확한 수술 계획을 세울 수 있도록 돕는다.

인체 스캔 이미지 파일을 디지털 모델로 변환하는 것 외에도, Biomodex는 동맥류의 정확한 복제본을 3D 프린팅할 수 있다. Biomodex는 환자의 복잡한 뇌혈관을 파악할 수 있는 맞춤형 가상 모델을 제작하여, 외과 의사가 수술 전에도 수술에서 무엇을 해야 하는지 정확하게 파악하고, 미리 연습해 볼 수 있다.

Biomodex는 환자의 수술 중에 급하게 내리는 결정보다 수술 전에 안전하고 반복 가능한 환경에서 치료에 관한 더 많은 중요한 결정들을 내리도록 돕는 것이다.

Biomodex가 하고 있는 일은 실제 세계의 증거들을 디지털 트윈에 입력하면 양자역학에서 인체 장기에 대한 시뮬레이션까지 헬스케어와 관련한 모든 시나리오들을 분석해 볼 수 있으며, 현실에서는 테스트가 불가능한 헬스 모델링을 만들어 낼 수 있게 된다.

가치 있는 의료 서비스를 지원하기 위해 디지털 트윈과 가상 인간 모델을 사용한다는 것이 과학 소설처럼 들릴 수 있다. Biomodex와 같은 기업은 대세를 바꾸는 진보한 과학기술을 적극 활용하여 현실과학으로 만들어 놓고 있다.

2) 3D 프린팅

3D 프린팅은 또 다른 획기적인 기술로서 각 환자의 필요에 따라 맞춤화된 경량의 저렴한 보철물을 생산할 수 있다.

Unlimited Tomorrow는 의수로 사용할 수 있는 매우 사실적인 3D 프린팅 로봇 손 전문이다. 이 기업은 의수가 필요한 환자의 가족들에게 휴대용 3D 스캐너를 제공하여, 아직 남아있는 팔의 디지털 모델을 스캔해 보내도록 한다. Unlimited Tomorrow는 이 데이터를 사용하여, 매우 정확한 마치 거울에 비친 듯 똑같은 의수를 들어 낸다. 이 의수에는 피부의 반점들도 표현되어 있고, 페인트 칠이 가능한 손톱도 가지고 있다.

전산화 된 센서와 제어 장치와 함께 의수는 몸짓을 할 수도 있다. 보통 기존의 의수들은 미화 10만 달러 이상의 가격을 가지고 있어, 많은 사람들이 쉽게 접하지 못하였으며, 특히 빠르게 성장하는 어린이들에게는 비실용적이었다. 하지만, Unlimited Tomorrow의 의수들은 약 5천달러 정도의 가격이다. 맞춤형 3D 모델 생성을 자동화 하고, 개인화된 의수를 3D 프린팅할 수 있게 한 소프트웨어 덕분이다.

한국의 SG 로보틱스는 하반신 완전 마비 환자가 다시 걸어 다닐 수 있게 해주는 웨어러블 로봇을 맞춤형 설계하는데 유사한 기술을 적용하고 있다. SG 로보틱스는 실제 모형을 만드는 데는 시간이 많이 걸리는데 물리적으로 조립하기 전에 소프트웨어를 사용하여 부품을 시각적으로 프로토타입 한다.

3) 인공 지능

인공 지능(AI)은 맞춤형 헬스케어의 또 다른 트렌드이다. Frost & Sullivan은 최근세계 AI 시장 규모는 약 100억 달러 시장으로 성장할 것으로 예상하여 복합 연평균 성장률 40%를 달성할 것으로 전망했다.

캐나다 기업 Meta는 AI를 사용하여 매주 발행되는 수천 개의 과학 논문을 읽고 분석한 후 연구원들에게 통찰력을 제공한다.

한편 영국의 제약 회사 글락소 스미스 클라인(GSK)은 AI의 전문화 된 형태인 머신러닝 기술을 이용해 보다 신속한 개발을 실현하고 있다.

영국 바이오 뱅크에 DNA를 기증한 50만 명의 지원자들의 유전 정보를 이용해 GSK는 모든 유전자의 질병에 대한 영향을 모델링하고 예측하기 위해 인공 지능을 사용하고 있다. 특정 조건을 가진 사람의 유전자 패턴을 확인하면 GSK가 신약을 보다 빨리 개발할 수 있도록 어떤 유전자를 조정할지에 대한 로드맵을 제공받을 수 있다.

GSK은 머신 러닝을 통해 신약 개발 시간을 약 5년에서 1년으로 단축 가능하다고 예측했다.

Axendia의 연구는 생명과학 기업들이 의미 없는 데이터들에 시달리고 있음을 보여준다. 업계는 법적 및 규제 요구 사항을 충족시키기 위해 데이터를 수집, 보관하는 데 집착하고 있다. 하지만 안타깝게도 대부분의 회사들은 이를 이용하지 않는다. GSK가 추구하는 것은 AI가 신약의 품질과 효과를 개선함과 동시에 시장 출시 시간을 단축시키기 위해 이러한 데이터의 가치를 높이는 데 기여할 수 있다.

4) 병용 요법

때로는 약물이 다른 물질과 결합하여 더 잘 듣거나, 독창적인 장치 또는 포장으로 전달될 때 복용하기가 더 쉽다. 예를 들어, 아스피린, 혈압 강하제 및 스타틴을 하나의 알약으로 병용하는 치료법은 환자의 복용 일정을 준수하면서 심장 질환의 위험 요소를 줄이는 것으로 나타났다. 병용 요법은 두 가지 이상의 약물, 생물학적 제제 또는 의료 기기를 결합하는 등 다양한 형태로 제공될 수 있다.

미국 메사추세츠 주 캠브리지에 본사를 둔 의료기기 회사인 Portal Instruments는 대형 분자 치료를 위한 신기술을 개발했다. 정밀 고압 기술을 이용하여 바늘 없이도 피부를 직접 관통하여 머리카락보다 가는 주사액을 주입하는 주사기이다.

일본의 Takeda Pharmaceutical Company는 Portal과 제휴하여 궤양성 대장염을 앓고 있는 성인을 위한 단일 클론 항체인 Entyvio를 투여하기 위해 해당 주사기를 사용했다.

5) 혁신 플랫폼

자동차 공유 예약 서비스나 음원 다운로드를 위한 수단으로는 잘 알려져 있는 플랫폼 방식은 이제 여러 맞춤형 헬스 혁신 솔루션 개발을 촉진하는 수단으로도 사용된다. 예를 들어, 클라우드 기반 플랫폼은 개별 시스템 간을 연결하여 작동될 수 있기 때문에 정보 교류를 가로막았던 장벽을 제거하여 문제해결을 촉진한다.

클라우드 기반 혁신 플랫폼은 인증된 사용자들이 인터넷에 연결된 웹 브라우저를 통해 간단히 접속할 수 있기 때문에 조직 내에서뿐만 아니라 여러 외부 파트너와의 공동작업도 가능하게 한다.

예를 들어, 뇌동맥류 수술을 계획할 때, 환자의 손상된 뇌동맥을 모델링하는 것은 Biomodex만으로는 충분하지 않다. 파열된 동맥을 치료하기 가이드하기 위해 Biomodex는 동맥이 실제로 어떻게 움직이는지를 알 수 있는 방법을 개발해야 했다.

Biomodex는 환자의 정보와 진단 데이터 및 의사 입력을 결합하여 Invivotech라는 알고리즘을 개발했으며, 모든 필요 정보는 회사의 협업 플랫폼에서 자동으로 수집되고 구성, 분석 및 모델링 된다. 그 결과, 몇 주 또는 몇 달이 아니라 몇 시간 만에 유기 조직의 생체 내 역학을 모방한 3D 프린팅 모델을 만들어 낼 수 있다.

이것은 헬스케어 분야의 긍정적 의미의 파괴적 혁신이다. 혁신 기술이 정밀의학 분야의 혁명을 가능하게 하여, 결과적으로 우리 모두의 건강을 증진한다.

03 디지털 의료(Digital Medicine)의 바이오 핵심기술과 개발현황에 대하여 분석하라.

1. 핵심기술

1) 유전체 기술

오늘날 유전체(Genome) 배열을 찾는 게놈시퀀싱은 수시간 내에 가능하다. 인간게놈 프로젝트는 10년 이상 27억 유로 이상 소요되었다.

2) 합성 생물학(Synthetic Biology)

DNA배열을 작성함으로써 맞춤형 유기체를 생성하는 기술이다.

3) 3D 바이오 프린팅

세포를 증식하여 제조한 소위 바이오잉크(Bioink)을 활용하여 조직 유사 구조를 생성하는 적층제조 기술이다.

4) 표적 치료(Targeted Therapy)

정상적인 세포에 영향을 최소화하기 위해 암세포와 같은 표적을 추적하고 치료하는 정밀도를 향상시키는 기술이다.

2. 개발현황

임상 및 헬스케어에서 IT융합은 센서기술, 무선 기술, 전자정보의 증가 및 디지털 분석 등을 통해 질병예방, 추적, 치료 및 모니터링까지 전방위로 활용되고 있다.

① 구글, 애플, MS 등에서 헬스 데이터 취합을 위한 플랫폼 개발에 비중 있게 투자하고 있다. 이들 플랫폼 등은 센서가 부착된 웨어러블 장치를 통해 움직임, 심장과 근육 활동 및 체온, 수분, 포도당 및 산소레벨, 호흡, 가스, 및 수면사이클 등을 기록한다.

② Otsuka(일본제약사, 2002년)와 Proteus Digital Health(센서 개발사, 2012년) 합작 의약품으로 디지털 치료제 최초로 FDA 승인 받았다(2017.11월).

정신분열증, 조울증, 우울증 환자들이 정확한 약 복용을 하고 있는지 추적 관리할 수 있도록 디지털 치료제로 신경정신과에서 사용된다. 부적절, 불필요한 약사용 비용이 미국에서만 2천억 불 이상으로 추정한다.

③ Abilify MyCite System 구성

소화 가능한 이벤트 마커(IEM) 센서 : Aripiprazole tablet MyCite 패치(IEM센서) : 신호를 추적하며 스마트폰에 정보를 보낸다.

MyCite App & 웹기반 포탈 : 헬스케어 의료기관 및 의료진용

원리는 센서가 위 속 액체와 접촉할 때 신호를 보내면 웨어러블 패치에 신호를 추적하고 그 신호를 스마트폰 앱을 통해 의료진과 가족들에게 공유한다.

④ 전자약(Electronic Pill) : 2013년 카네기멜론대학의 연구와 함께 임상장면 디지털 치료제 개발 실험 중이다. 건강을 모니터링하고 환자를 케어할 수 있는 먹을 수 있는 전자장치 연구로써 전자약은 특정 암을 위한 투약, 손상된 피부조직 자극, 생물지표 측정 혹은 위 문제 모니터링 등의 기능 수행으로 개발 착수됨

⑤ 당뇨환자가 집에서 혈당 상황을 모니터링하고 스마트폰을 통해 의료진의 데이터 베이스로 자동 전송하여 체계적 관리로 치료하는 실시간 혈당모니터링 시스템이다.

⑥ 모바일 앱 Glooko로 모니터링된 데이터는 diasend® 클라우드 DB시스템으로 관리된다.

⑦ 옥스퍼드대학 연구팀이 수면장애 개선을 위해 개발한 수면제없이 잠들 수 있게 하는 온라인 프로그램으로 임상검증 완료이다.

04 디지털 트윈 기반 스마트 헬스케어의 해외 기술 동향에 대하여 분석하라.

1. 스마트 헬스케어

1) 슈나이더일렉트릭과 소트와이어사

에너지관리 및 자동화분야 디지털혁신을 선도하고 있는 글로벌기업 슈나이더일렉트릭(www.se.com/kr)은 효과적으로 운영되는 스마트한 의료환경을 만들기 위해 디지털 트윈 선두업체 '소트와이어(ThoughtWire)'와 전략적 파트너십을 체결했다.

슈나이더일렉트릭과 소트와이어는 환자중심의 스마트한 디지털병원을 구현한다. 오늘날 의료 시스템이 직면한 과제인 시설관리와 임상운영 사이의 연결성 부재를 해결하고

환자와 의료인의 만족도를 개선하며 운영효율성을 높인다.

이번 전략적 파트너십을 통해 슈나이더일렉트릭과 소트와이어는 운영기술(OT: Operation Technology)과 사물인터넷 IoT(Internet of Tings)의 원활한 데이터관리가 가능한 실시간 디지털 트윈(Digital Twin)을 구축했다. 이를 통해 의료인의 업무생산성을 높인 병원환경을 구현함과 동시에 병원건물 및 IT시스템, OT시스템, IoT 장치 등 의료인프라의 안전성을 개선해 양질의 진료를 환자에게 제공할 수 있다.

이처럼 스마트병원을 위한 슈나이더일렉트릭의 디지털혁신 기술과 소트와이어의 디지털 트윈 기술은 에너지 효율성을 높이고 환자와 의료진에게 최상의 병원환경을 제공해 만족도를 느낄 수 있도록 한다.

병원에서 이뤄지는 의료행위는 환자의 생명과 직결된다. 환자를 진단하고 치료하고 수술하는 다양한 의료행위부터 모니터링 시스템, 의료정보 데이터관리 시스템 등 양질의 의료서비스를 위한 IT인프라가 필수이다. 또한 운영효율성을 높이고 안정적이고 신뢰성을 보장하는 최적의 전력 네트워크를 구축해야 한다.

슈나이더일렉트릭은 에코스트럭처 포 헬스케어(Ecostruxure for Healthcare) 솔루션을 통해 의료시설 전력운영 효율성을 향상시키고 있다.

슈나이더일렉트릭의 에코스트럭처 포 헬스케어는 병원의 디지털 트랜스포메이션을 위한 의료시설용 IoT 솔루션 아키텍처로서 응급실부터 진료실 대형병원까지 모든 규모의 병원에 운영효율성을 높이고 신뢰성을 보장한다.

병원의 안전성과 효율성을 최대화시키는 슈나이더일렉트릭의 에너지관리 솔루션과 소트와이어의 디지털 트윈 기술은 병원의 의료서비스와 에너지 효율성을 개선하고 환자만족도 향상에 도움이 될 것이다.

슈나이더일렉트릭은 기술의 집약체로 불리는 의료영역의 디지털 트랜스포메이션과 환자 및 의료진의 삶의 개선을 위해 노력중이다.

2) GE 커맨드 컨트론 시스템

GE의 헬스케어 주요 시스템인 커맨드 컨트롤 센터(Command Control Center)를 이대서울병원 스마트병원 실현하였다.

이 커맨드 컨트롤 시스템은 효율적인 병원 경영 및 환자 안전을 위해 택하였다.

병원 내 커맨드 컨트롤 시스템은 나사, 항공사, 핵발전소와 같이 전문가들이 모여 일하는 장소의 공통점에서 착안했다. 이들의 공통점은 한 장소에서 모니터링과 커뮤니케이션, 의사결정이 이뤄지는 것이다.

시스템 백본으로는 항공기 엔진으로 지난 2000년대부터 활용된 디지털 트윈(Digital

Twin)이 사용됐다. 디지털 트윈은 24시간 병원을 모니터링하며 컴퓨터 시뮬레이션과 빅데이터 분석으로 원인을 파악하고 인공지능으로 해결책을 제시한다.

최근 항공기 엔진이 고장 나 사고가 났다는 소식을 들어본 적이 없을 것처럼 디지털 트윈은 항공기에 활용될 시 엔진 기능 이상을 미리 감지하고 가까운 공항으로 회항하거나 그대로 운행하는 등 효율적인 해결책을 제시하는 역할을 한다.

이를 병원에 적용 시 우선 6개월에서 2년치 병원 데이터를 시뮬레이션하는 기간을 최대 10일까지 가진다. 데이터 시뮬레이션에는 최소 3000개의 케어 패스웨이와 100종류의 환자데이터가 이용된다.

여기서 병원 데이터는 환자가 내원했을 때부터 치료 및 시술을 받고 대기하고 병동에 이동 후 퇴원 수속을 밟는 절차까지 모두 해당된다. 시스템은 환자별 상태를 분류하고 병동 가동률 데이터를 날짜 및 시간별로 나눠 도출한다.

이를 통해 어느 병동에 환자가 얼마만큼 들어왔을 때 특정 상황이 발생하는 지, 내일 환자가 들어오면 어떤 문제가 생길 수 있는지 미리 알 수 있어 인력 배치나 문제상황 대처에 유용하다.

예를 들어 시술 혹은 수술이 예정돼있는 어떤 환자가 내일이나 모레 당장 수술을 받지 못할 가능성이 큰 경우 다른 환자와 병원인력 배치를 어떻게 해야할지에 대해서도 디지털 트윈 내 인공지능이 해결책을 제시할 수 있다.

GE헬스케어의 커맨드 컨트롤 센터 개설 후 경영 및 환자 안전 개선 효과를 본 미국의 존스홉킨스 대학교병원의 응급 및 외래환자 대기시간 줄고 사용가능 병상 늘은 사례가 있다. 시스템 도입 전(前) 존스홉킨스대병원에는 응급실에서 환자 대기시간이 길고, 외부에서 들어오는 급성기 환자를 제대로 받아들이지 못한다는 문제를 겪고 있었다. 또 환자들이 수술실이나 마취 후 회복실에 묶여있고 퇴원 절차가 늦어지며, 병원의 상황 인식률이 떨어져 환자 위험이 증가하는 경우도 발생했다.

하지만 커맨드 컨트롤 센터 개설 후 존스홉킨스대병원에서는 응급실 대기시간 30%, 외래환자 대기 시간이 20% 감소했다.

수술실을 떠나는 데 드는 시간은 20%, 환자가 수술실에 묶여있는 시간은 70% 감소했다. 입원율은 6%, 환자 전달률(Transfer Acceptance)은 65% 증가했다.

커맨드 컨드롤 시스템의 효과를 본 다른 예시인 험버리버병원은 시스템 도입 전 병상 부족 문제로 고민했으나 도입 후 수용 가능 병상이 56병상 증가했다. 해결 가능한 급성 상황 발생일수도 52% 줄일 수 있었다.

이대의료원이 국내에서는 처음 도입한 시스템인 만큼 효용성이 있고 경영 및 의학적 측면에서 도움을 받을 수 있을 것이다.

학습 9

[그림 9-7] GE 커맨드 센터

3) GE 임상 커맨드 센터

임상 커맨드 센터(Clinical Command Centers)는 실시간 병원 운영 의사 결정 지원 솔루션과 환자들의 동선을 디지털 환경에서 구현한 '디지털 트윈(Digital Twin)'을 활용, 프로세스 개선을 통해 결과와 효율성을 증대하도록 고안되었다.

각 임상 커맨드 센터는 5개에서 20개의 의사 결정 지원 어플리케이션 또는 타일(Tiles)을 활용해 환자들의 대기시간을 줄이고 영상 장비를 효율적으로 운영해 병목현상 등 병원 내 발생할 수 있는 문제들을 사전에 방지하거나 실시간으로 해결한다. 영상의학에서의 이미징 익스페디터 타일(Imaging Expediter Tile)은 촬영의 우선순위 결정이나 입퇴원 환자의 원활한 플로우를 방해할 수 있는 다양한 문제를 확인함으로써 영상 활용의 효율적 관리를 가능하게 한다.

캐나다 토론토에 위치한 험버리버병원(Humber River Hospital)은 이미징 익스페디터 타일을 도입해, 입원환자들이 영상 검사에 걸리는 시간을 16%~27%까지 줄이고, 초과 입원 일수를 52%까지 감소시키는 성과를 이루었다. 클리니컬 커맨드 센터(Clinical Command Centers)는 도입 4년만에 미국, 캐나다, 영국의 여러 병원에 지속가능하며 측정 가능한 성과를 내도록 지원하고 있다.

4) 튜브워치

튜브워치(Tube Watch)는 디지털 트윈 기술이 적용된 전산화단층촬영장치(CT)의 X선 튜브 전용 예측 시스템이다. 실제 튜브와 동일한 가상의 모델을 만들어 튜브에 문제가 생기기 전에 미리 조치할 수 있다.

5) 이미징 인사이트

인공지능 플랫폼 기반인 이미징 인사이트(Imaging Insights)는 영상의학과 장비의 효율을 극대화할 수 있는 장비 통합 분석 시스템이다. 여러 장비들의 사용 현황들을 한 눈에 확인할 수 있어 병원 내 워크 플로우를 조정하고 환자의 대기시간을 줄일 수 있다.

6) 비비드 E95

비비드 E95(Vivid E95)는 인공지능 기술을 바탕으로 심장 자동 도플러, 심근 장축 병형률 자동 산출, 심박출량 산출을 탑재해 검사단계를 간소화했다. 또 CT 이미지와 심초음파 3D 이미지를 융합해 의료진에게 보여주는 기능인 CT 퓨전 기능을 탑재함으로써 심장중재시술 시행 시 심장의 해부학적인 구조에 대한 이해를 높일 수 있게 도와준다.

7) Withings사

Withings사는 대표적인 웨어러블 및 스마트 헬스 디바이스 제조업체로서 가장 많은 이용자를 확보하고 있으며, 이를 기반으로 여러 디바이스 데이터를 통합하여 Health Mate 서비스를 통해 개인별 건강관리 정보를 제공하고 있다.

8) 애 플

애플은 자사의 스마트폰인 아이폰을 통해 개인의 건강 관련 데이터를 통합하기 위한 애플워치를 기반으로 플랫폼 사업인 HealthKit을 보급하고 있다.

9) 구 글

구글은 Google Fit 서비스를 통해 주로 피트니스 기반의 개인운동/건강관리 데이터를 클라우드 기반으로 통합하기 위한 서비스를 운영하고 있다. Google Fit은 개인의 건강 정보들을 받아 공유할 수 있는 중앙 저장소의 역할을 하며, 애플리케이션과 디바이스들이 결합할 수 있는 토대를 제공하여 기존의 애플리케이션과 디바이스의 조합에 따라 여러 가지 새로운 형태의 서비스들이 등장할 수 있는 것이다.

특히, 구글은 AI 기술을 통해 100만 명 이상의 유전자 데이터와 700만 개 이상의 가계도를 활용하여 유전 패턴을 분석과 이를 활용하여 난치병 연구를 진행 중이다. 이 밖에 스마트폰과 연계한 수면 질 모니터링, 치매환자 케어, 일상 운동 관리 등의 분야에서도 제품들이 상당수 출시되었다.

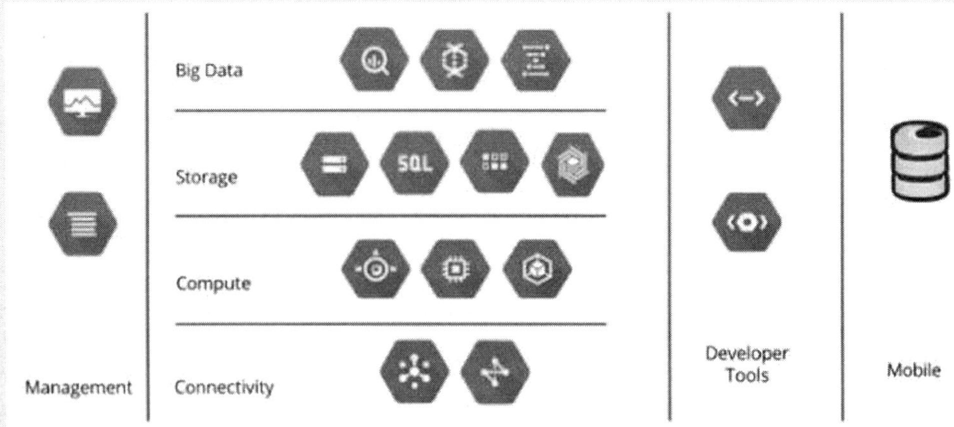

[그림 9-8] 구글 클라우드 플랫폼(Google Fit 서비스)

10) Itamar Medical사와 Embletta사

수면 분야에 있어서는, Itamar Medical사가 토노메트리 방식으로 혈압을 연속적으로 모니터 링하는 수면 검사도구(Watch PAT)를 개발하였고, Embletta사는 휴대용 무호흡 측정 모니터를 상용화하여 가정용 무호흡 알람 서비스에 활용 중이다.

11) IBM

디지털 시뮬레이션인 헬스케어 서비스의 인체 데이터 센싱 기반 건강관리 서비스 분야에 있어서는, IBM이 인공지능 기술인 Watson을 활용한 질병 치료를 위해 세계 각국의 의료기관과 실행하고 고도화를 추진 중에 있다.

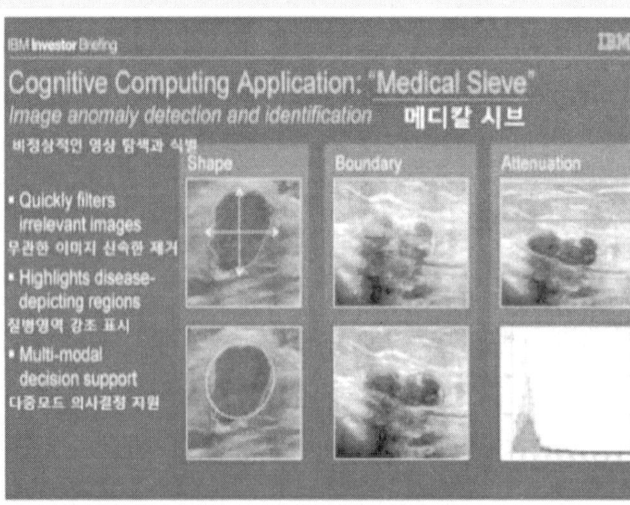

[그림 9-9] IBM의 딥러닝 의료 이미징 분석; 메디컬 시브

IBM의 인공지능 진단시스템인 왓슨은 클라우드를 기반으로 헬스케어 데이터를 실시간으로 통합하여 개개인에 대한 맞춤형 건강 조언 등의 인사이트를 끌어내고, 각종기기들로부터 수집되고 생산된 건강관리 데이터, 병원과 의료기기들에서 추출된 의료데이터를 기반으로 차별화된 서비스를 제공한다.

[그림 9-9]는 IBM의 딥러닝 의료 이미지 분석하는 메디컬 시브를 통한 구현예시이다.

2. 유전자 분석

21세기의 생명공학기술에 의해 다양한 생명체에서 새로운 기술혁신이 이루어지고 있으며 천연물 연구에 있어서도 패러다임의 급속한 변화를 맞이하고 있다.

특히, Human genóme project 이후로 빠르게 유전자 시퀀싱 기술이 발달하여 미국을 중심으로 개인 유전자 분석과 유전적 변이를 찾아내는 기술이 발달하고 있는데, 최근 개발된 Next Generation Sequencing(NGS) 방식은 빠른 시간 내에 많은 DNA 시퀀스를 분석할 수 있어 개인 유전체 분석에 활용되고 있다. 유전체 정보에 따라 식이법을 결정하려는 연구는 아직 초기단계이기 때문에 계속 진행되고 있으며, 2017년에는 초파리를 대상으로 유전체 정보에 맞춰 아미노산 함량을 조정한 연구사례가 보고되었다

학습활동.9 교수 · 학습 방법

교수 방법

- 디지털 트윈과 헬스케어에 대한 관련 용어, 구성, 방식 이해 정도를 파악한 후 수업을 진행한다.
- 교수자의 주도로 디지털 트윈과 헬스케어 등의 내용을 PPT 자료로 제시한 후 설명한다.
- 가능하면 사전에 개인별 학습 자료를 준비하여 모든 학생이 참여할 수 있는 문제 해결식 수업, 협력 수업이 가능하도록 한다.
- 디지털 트윈과 헬스케어 전 과정을 작업의 순서에 따라 단계적으로 실습이 이루어질 수 있도록 지도한다.
- 교재를 통해 수업을 준비하는데 있어서 필요한 모든 정보나 팁, 힌트 등 도움이 될 만한 내용들을 확인할 수 있다.
- 학생들이 만들게 될 각 모델들은 수업시간에 중점적으로 다뤄질 부분과 어휘, 질문, 답을 포함하고 있으며 또한 탐구할만한 추가적인 아이디어들도 포함하고 있다.

학습 방법

- 디지털 트윈과 헬스케어에 대한 관련 용어를 숙지하고, 디지털 트윈과 헬스케어에 대해 이해한다.
- 디지털 트윈과 헬스케어의 각 단계별 중점 사항을 체계적으로 학습한다.
- 디지털 트윈과 헬스케어의 수행순서의 전 과정을 실습한다.
- 디지털 트윈과 헬스케어의 내용을 이해한다.
- 디지털 트윈과 헬스케어을 이해하고 숙달이 될 때까지 학습한다.

학습활동.9 평가 및 피드백

평가 준거

- 평가자는 피평가자가 수행 준거 및 평가 내용에 제시되어 있는 내용을 성공적으로 수행할 수 있는 지를 평가해야 한다.

학습내용	평가항목	성취수준		
		상	중	하
디지털 트윈과 헬스케어	디지털 트윈과 헬스케어를 이해할 수 있다.			

평가 방법

• 작업 포트폴리오

학습내용	평가항목	성취수준		
		상	중	하
디지털 트윈과 헬스케어	디지털 트윈과 헬스케어를 이해할 수 있다.			

• 필기시험

학습내용	평가항목	성취수준		
		상	중	하
디지털 트윈과 헬스케어	디지털 트윈과 헬스케어를 이해할 수 있다.			

• 체크리스트를 통한 관찰

학습내용	평가항목	성취수준		
		상	중	하
디지털 트윈과 헬스케어	디지털 트윈과 헬스케어를 이해할 수 있다.			

• 피드백

1. 작업 포트폴리오
   - 제출한 보고서를 평가한 후 주요 사항에 대하여 표시하여 돌려준다.
2. 필기시험
   - 평가 결과 성적이 저조한 학생은 보고서 제출 기회를 부여한다.
3. 체크리스트를 통한 관찰
   - 실습 과정에서 평가한 후 개선해야 할 사항 등을 정리하여 돌려둔다.

참 | 고 | 문 | 헌

1. 2017 MEDICA CONNECTED HEALTHCARE FORUM, 2017.11.13./KIST, 15대 국가 융합기술 수준조사, 2014.
2. 이승관. 2017. 글로벌 디지털 헬스케어 기술 동향과 과제. IITP.
3. CISCO, "The Digitation of the Healthcare Industry: Using Technology to Transform Care.", 2017. pp.6-7
4. KOTRA, 2015.스마트헬스케어 유망시장 동향 및 진출전략,
5. 김재욱 외. 2019.7.03. 미래형 건강인지 케어 서비스 개발 방향, 정보통신기획평가원,
6. IITP, 2019. 5. "ICT 기반의 미래 융합서비스 개발 방향".
7. 정기철 외. 2018. 12. 20. "수요자 중심의 헬스케어 산업 전망과 대응전략," 과학기술정책연구원 정책연구,
8. 질병관리본부. "2018 만성질환 현황과 이슈,"
9. 관계부처 합동. 2018. 7. "국가 비만관리 종합대책,"
10. 건강보험공단. 2017. 건강수명 향상을 위한 보험자 비만관리사업 개선방안 연구
11. Stolk et al., Validity and reproducibility of ultrasonography for the measurement of intra-abdominal adipose tissue, Int. J. of Obesity, 2001.
12. Glucotrack, http://www.integrity-app.com/the-glucotrack, accessed by 2019. 5. 10
13. Luciane de Souza, MSc et. al., "Further Validation of Actigraphy for Sleep Studies", Sleep,
14. Anand Chandrasekhar et al. "Smartphone-based blood pressure monitoring via the oscillometric finger-pressing method," Science Translational Medicine, 2018.
15. 강민영 · 박도휘 · 김광석. 2018. 1. "스마트 헬스케어의 현재와 미래," 삼정KPMG 경제연구원,
16. 김지섭. 2016. 5. 22. "스마트헬스 데이터," 디지털타임즈,
17. 홍윤정 · 김무웅. 2014. 10. "글로벌 유전체 시장 및 산업동향," 생명공학정책연구센터,
18. 김보림. 2016. "농업과 ICT의 융합-스마트팜," 융합정책연구센터
19. 농림수산식품기술기획평가원. 2015. 1. "종자산업지원 효율성 제고 전략수립"
20. 동아 비즈N. 2017. 보건산업진흥원 자료 재구성
21. KISTI 마켓리포트. 2017. 4. "정밀의료 서비스"
22. IITP. 2019. 2. 14. 미래융합서비스혁신기술개발 예비타당성 보고서

학습 목표

1. 디지털 트윈의 전략 및 정책을 이해할 수 있다.

10-1 디지털 트윈 추진 전략의 개요

디지털 트윈은 데이터 모델링을 통해 구현되며, 데이터를 기반으로 운영되기 때문에 데이터가 가장 중요한 요소이다. 다음으로는 디지털 트윈의 구축 및 갱신, 데이터 분석, 현실세계 와 연계 등을 위한 기술이 중요하다. 그리고 누가 어떤 용도로 활용할 것인지를 정해야 디지털 트윈의 유용성과 지속가능성을 담보할 수 있다. 그 외에도 표준, 인력양성, 법제도 등 다양한 기반요소가 있다.

종합하면 디지털 트윈을 구현하기 위해서 관련 데이터와 기술개발 그리고 서비스 부문에 대한 추진전략을 마련해야 한다. 데이터, 기술, 서비스 각 부문을 좀 더 세분하면 다음과 같다.

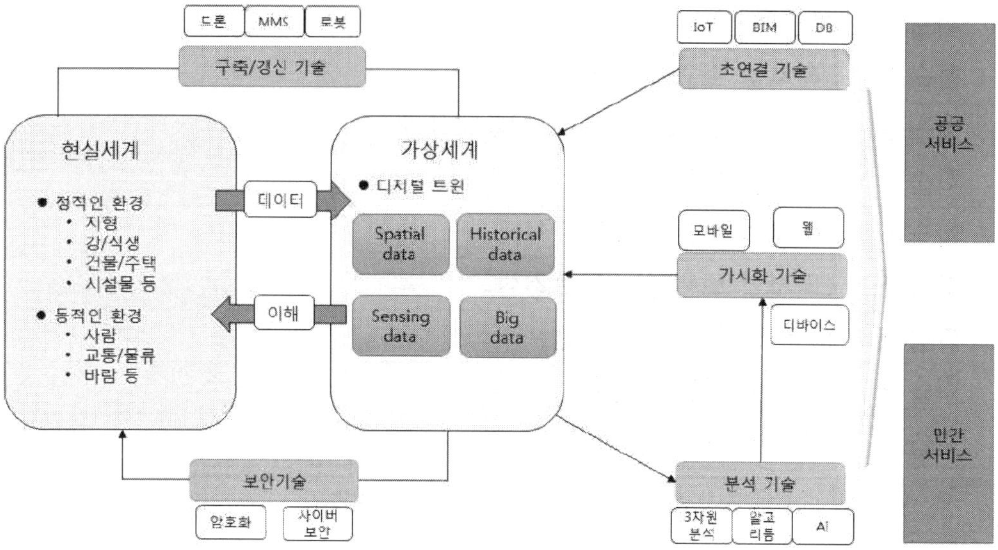

[그림 10-1] 디지털 트윈의 구성요소

디지털 트윈에서 필요한 데이터는 공간데이터(Spatial Data), 센싱데이터(Sensing Data), 이력데이터(Historical Data), 빅데이터(Big Data)이다. 기술 부분에서는 구축 및 갱신 기술(Construction Technology), 분석기술(Analysis Technology), 가시화 기술(Visualization Technology), 초연결 기술(Hyper-connection Technology), 보안기술(Security Technology)이 필요하다. 서비스 부분에서는 공공 및 행정 서비스(Public & Administrative Service)와 민간을 위한 플랫폼 서비스(Platform Service for Private Sector)로 구분된다. 이를 그림으로 표현하면 [그림 10-1]과 같다.

우선 현실세계의 정적인 환경은 가상세계의 공간데이터로 구성된다. 이러한 가상세계를 구축 및 갱신하기 위해 드론, MMS, 로봇 등을 비롯한 구축/갱신기술이 고려되어야 한다.

현실세계의 사람의 움직임, 바람 등의 동적인 환경은 센서데이터로 가상세계에 제공된다. 즉 현실세계의 정보와 가상세계를 연결할 수 있는 초연결 기술이 고려되어야 한다. 가상세계를 구성하는 이력데이터, 빅데이터를 위해서 마찬가지로 외부와 연결될 수 있는 초연결 기술이 중요하다. 이렇게 구성된 디지털 트윈에서는 3차원 분석, AI 등을 활용한 분석이 가능하다.

이러한 분석은 데이터가 지식 및 정보, 솔루션이 되는 기반이 된다. 따라서 분석기술 역시 디지털 트윈 전략에서 고려되어야만 한다.

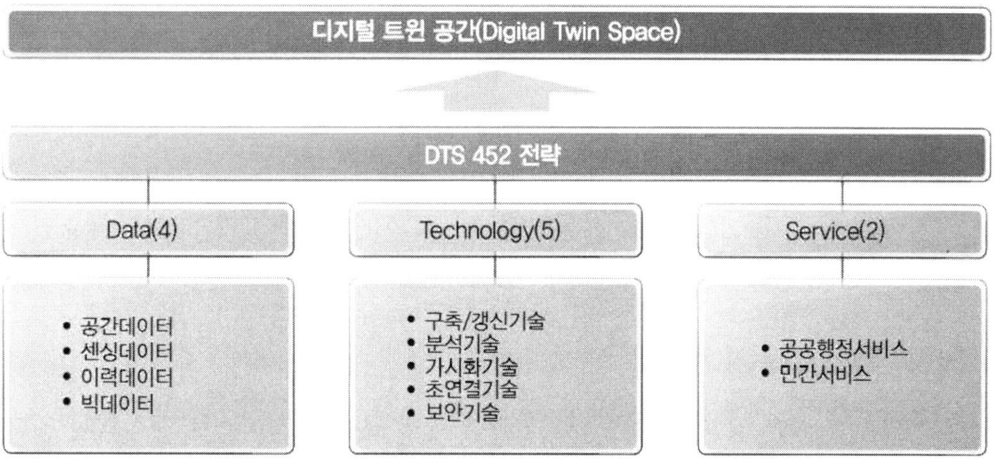

[그림 10-2] 디지털 트윈 공간 452 개요

가상공간 그 자체 뿐 아니라 분석의 결과는 가시화 기술을 통해 모바일, 웹, 디바이스 등으로 제공된다. 이 때 AR/VR을 적용하면 보다 생동감있는 정보의 제공이 가능하다. 이러한 관점에서 가시화 기술 역시 디지털 트윈 전략의 고려 대상이다. 마지막으로 디지털 트윈의 원활한 운영을 위해서는 가상세계, 현실과 가상세계의 연계 부분에 대한 보안기술 역시 디지털 트윈 전략의 중요 요소이다. 이렇게 제공되는 정보들은 공공부문의 서비스와 민간부분에서의 서비스로 활용될 수 있다.

특히, 클라우드화나 플랫폼화를 통해 공공 및 민간의 자유로운 참여를 유도하고 새로운 서비스를 제공할 수 있다. 특히 민간부분은 디지털 트윈 공간을 플랫폼으로 다양한 아이디어를 실현할 수 있을 것으로 기대된다. 이를 종합하면 [그림 10-2]와 같이 정리할 수 있으며, 이를 이해하기 쉽도록 'DTS 452 전략'이라고 이름을 붙였다.

10-2 디지털 트윈 추진 전략

1. 디지털 트윈 추진을 위한 'DTS 452' 전략

디지털 트윈 공간은 다양한 구성요소가 있지만 가장 중요한 요소로 판단되는 데이터, 기술, 서비스(활용)의 각 부문의 구성요소를 고려하여 이해하기 쉽게 'DTS(Digital Twin Space) 452'로 칭한다.

1) 데이터(4)

데이터는 공간데이터, 센싱데이터, 이력데이터, 빅데이터로 구성되어 있다.

2) 기술개발(5)

기술은 구축 및 갱신기술, 분석기술, 가시화기술, 초연결기술, 보안기술fh 구성되어 있다.

3) 서비스/활용(2)

서비스는 공공 및 행정서비스와 민간을 위한 플랫폼 서비스로 구성되어 있다.

2. 디지털 트윈 성공을 위한 정책방안

1) 거버넌스

중앙정부 주도의 방식에서 벗어나 중앙부처, 지방자치단체, 경찰청, 소방방재청 등 관계기관 간 합의에 의한 협력적 거버넌스 체계 필요하다.

2) 생태계

국가가 모든 데이터를 구축·제공하던 종전의 방식으로는 디지털 트윈을 효과적으로 구축, 유지관리, 갱신할 수 없으므로 민간과 시민이 적극적 참여할 수 있도록 개방적 생태계를 조성한다.

3) 스마트시티

인구감소, 기후변화, 재난재해 등 도시가 안고 있는 다양하고 복잡한 문제에 효과적으로 대응할 수 있는 스마트시티 추진사업의 플랫폼으로 활용한다(예 싱가포르 Virtual City).

4) 통합적 추진

4차 산업혁명에 대응한 국토교통 R&D 기획, 국가공간정보 정책 기본계획 및 시행계획에 디지털 트윈 공간 구축과 운영을 위한 실천과제를 지속적으로 발굴하고 상호 조율과 협력 추진한다.

3. '디지털 트윈 공간 452' 세부 추진전략

부 문	세부요소	추진전략
데이터 (4)	공간데이터	기 구축 데이터의 최대한 활용, 신기술 적극 도입, 객체 기반의 3차원 데이터 구축, 사용자 참여형 구축/갱신
	센싱데이터	실시간 센싱데이터의 수집 · 관리 방안, 이종 센싱데이터 통합 방안, 센싱정보의 무결성 보장 방안, 센서-통신 연결성 확보
	이력데이터	시간을 포함하는 동적인 데이터 구성, 객체별 데이터 이력관리, 객체별 이력을 관리
	빅데이터	빅데이터의 공간데이터화, 빅데이터 분류체계 마련, DB연계 등을 통한 빅데이터 확보
기술 개발 (5)	구축/갱신기술	데이터 정밀도 제고기술, 기존 데이터 통합기술, 자동 인식 및 인공지능기술, 실시간 갱신기술
	분석기술	3차원 환경에 적합한 분석기술, 알고리즘 중심 분석기술, 빅데이터 분석 및 AI 활용 등의 선도적 기술, 다이내믹(Dynamic)한 시공간 분석기술
	가시화기술	다양한 기기에 적용이 가능한 기술, AR/VR 중심의 가시화기술, 게임의 빠른 영상처리기술과 같은 데이터의 압축/검색/ 운용 기술
	초연결기술	데이터와 가상객체의 연결 기술, Geo-IoT 관련 기술, 유관분야 데이터와 연계/융합 기술
	보안기술	공간데이터에 대한 암호화 기술, 데이터 보안 및 사이버보안 기술
서비스 (2)	공공 및 행정	업무통합, 데이터공유, 협업, 스마트 시티를 위한 플랫폼으로 활용, 중앙부처 간, 중앙부처와 지자체 간 합의에 의한 역할분담 등의 거버넌스
	민간 서비스	사용자 개방정책, 민간 기업 및 시민 참여, 사용자 피드백 체계, 민간자본 활용 및 민간 참여 유도를 위한 인센티브 제공

4. 디지털 트윈 추진 로드맵

1) 기반 조성기('18~'20)

거버넌스 구축, 디지털 트윈 기획 연구, 시범사업 수행 등 추진체계 구성 및 추진방안 마련을 위한 연구, 시범사업 추진 및 디지털 트윈 효용성 검증, 디지털 트윈 요구사항. 사용자 협의체 운영한다.

2) 성숙기('21~'25)

시범사업 확대, R&D 수행, DTS 성공사례 확보, R&D 성과의 적용, 제도/지원방안 마련, 등 스마트시티와 연계 시범사업을 통해 모델과 표준, 기술수요, 추진절차, 법제도 등 마련한다.

3) 확산기('26~'30)

디지털 트윈 공간 확장, 디지털 트윈 공간 간 연계, 디지털 트윈 인력 양성, 디지털 트윈 생태계 지원, 등 R&D를 통해 확보한 첨단기술을 활용하여 본격적으로 구축 및 활용한다.

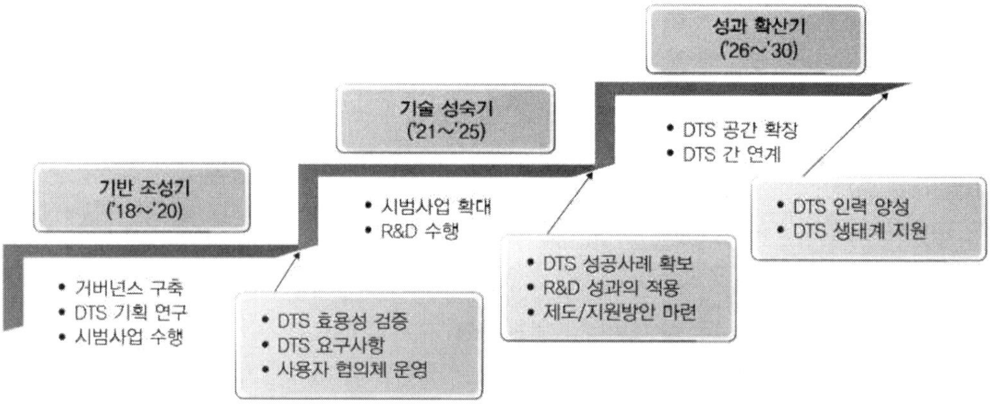

[그림 10-3] 디지털 트윈 전략 추진 로드맵

10-3 디지털 트윈 기술의 추진전략

디지털 트윈 관련기술은 가상공간을 구축하고 갱신하는 기술, 데이터로부터 정보를 얻는데 필요한 분석기술, 분석한 결과를 이해하기 쉽고 명료하게 표현하는 가시화 기술, 센서들과 가상공간의 안정적 연결을 보장하는 초연결 기술, 각종 데이터와 정보를 외부침입으로부터 막을 수 있는 보안기술 등으로 구성된다.

디지털 트윈 기술을 효과적으로 개발하기 위해서는 몇 가지 전략이 필요하다.

1. 국가의 선도적 투자

영국과 싱가폴 등은 이미 디지털 트윈을 기반으로 국가 및 도시관리를 추진하고 있다. 디지털 트윈은 미래의 국가 경쟁력에 영향을 미치는 스마트 플랫폼이기 때문에 국가 차원에서 R&D 사업으로 추진하는 것이 가장 바람직하며, 국가 간 기술경쟁력을 감안할 때 글로벌 수준의 기술력을 확보해야 한다.

2. 기술의 융합을 고려

디지털 트윈의 구현을 위해서는 공간정보 기술뿐 아니라 다양한 센서기술, ICT기술, 로봇기술 등이 서로 융합해야 하므로, 기술간 융합의 특성을 고려하여 개발해야 한다. 이를 위해서 국제 표준을 준수하거나 필요한 경우 국내의 표준을 제정할 수도 있다. 기술의 연계와 통합·활용을 위해서 종합적인 기획 하에 R&D를 수행하고, 성과물을 하나로 통합할 수 있어야 한다.

3. 개방적 접근이 고려

디지털 트윈은 복합적이고 융합적인 기능을 가지고 있기 때문에 특정 분야의 지식만으로는 개발 및 적용에 한계가 있다. 따라서 공간정보, 컴퓨터 과학, ICT 등 다학제(Multi Disciplinary)적 접근이 중요하다. 또한 다수의 참여와 기술의 공유를 위해서 오픈소스를 활용하는 방안도 모색해야 한다.

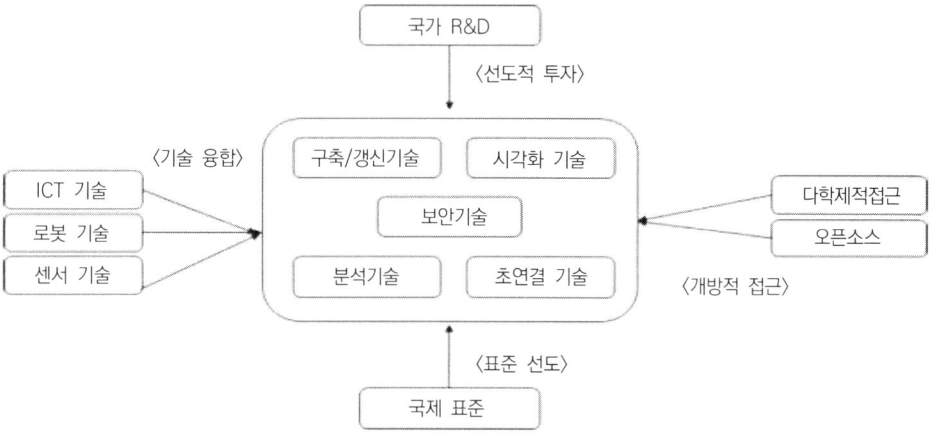

[그림 10-4] 디지털 트윈기술 개발 추진전략

학습 10

10-4 디지털 트윈 서비스/활용의 추진전략

디지털 트윈의 서비스/활용은 크게 공공부문과 민간부문으로 구분할 수 있다. 국가공간정보사업은 공공과 민간 부문에서 모두 활용할 수 있는 공간정보 인프라를 제공하지만 직접적인 활용대상은 중앙정부와 지방자치단체 등 공공기관이다.

1. 공공부문

디지털 트윈은 사용자와 사용목적이 분명하지 않으면 지속가능성을 담보할 수 없다. 지금까지 공간데이터는 누군가가 활용할 것이라는 가정하에서 정부가 일방적으로 제공해 왔다.

국가기본도는 공간정보의 기준을 제공하기 때문에 정부가 제공하는 것이 옳다. 그러나 실내공간정보, 3차원 공간정보 등은 이러한 공간정보의 공급자와 사용자 간 불일치 문제를 해소하기 위해서 사용 주체가 주도하고 정부가 지원하는 형태로 정책방향이 바뀌어야 한다.

디지털 트윈은 중앙정부와 지방정부가 행정업무와 대국민 서비스를 시행하는 협업의 플랫폼 기능이 우선되어야 한다. 스마트 시티가 가장 좋은 사례다. 스마트 시티는 지자체가 주도하고 정부가 지원을 한다.

디지털 트윈도 지방자치단체가 운영주체가 되어서 구축·운용하는 것이 가장 바람직하다. 다만 전국적으로 일관된 디지털 트윈을 구축하기 위해서 이해관계 부처, 중앙정부와 지방정부간 협력적 거버넌스 체계를 마련해야 한다.

2. 민간부문

민간부문은 정부가 공개하는 디지털 트윈을 활용해서 새로운 비즈니스와 서비스를 개발할 수 있다. 공공에서 개방하는 데이터가 민간의 요구수준에 미치지 못할 경우, 정보를 추가하거나 세도를 높이는 등 추가적인 공정이 필요할 수도 있다. 그러나 디지털 트윈은 기업들의 부담을 크게 덜어줄 뿐 아니라 적은 비용으로 아이디어를 사업화할 수 있는 기회를 제공하게 될 것이다.

공공은 민간에게 최대한 디지털 트윈을 공개하고 민간은 디지털 트윈의 구축과 갱신에 적극 참여함으로써 서로에게 경제적 이익을 줄 수가 있다. 특히 민간은 사용자로서 디지털 트윈의 문제점을 피드백하고, 공공부문에서는 이를 즉시 반영함으로써 디지털 트윈의 신뢰도를 제고할 수 있다.

디지털 트윈은 구축하는데도 상당한 예산이 소요될 뿐 아니라 유지 · 관리 · 갱신하는데도 지속적으로 예산이 투입된다. 따라서 공공의 예산부담을 줄이기 위해서 민간의 자본을 활용하는 방안도 모색해야 한다.

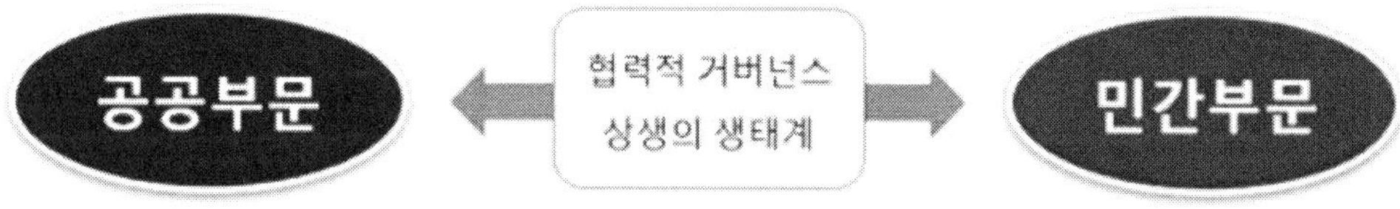

- 중앙정부, 지자체, 기타 공공기관에서 활용
- 관련 기관의 참여 및 역할분담 합의 및 거버넌스
- 가능한 활용기관과 구축 및 운용기관 일치
- 업무통합, 데이터 공유, 협업을 위한 플랫폼
- 스마트시티 플랫폼으로 활용
- 국가공간정보시스템과 연계활용
- 디지털 트윈 운용 지원 및 가이드라인 제공
- 법제도 정비 등

- 민간의 개방수준 정책결정
- 비지니스 플랫폼으로 활용
- 민간기업 및 시민참여(구축, 갱신, 활용)
- 의견수렴 및 반영을 위한 Feedback체계
- 사용자 요구사항 수집 및 지속적 모니터링
- 민간 자본의 활용, 민간 참여 유도를 위한 인센티브 제공 등

[그림 10-5] 디지털 트윈 서비스 구성과 추진전략

10-5 디지털 트윈 도입의 장 · 단점

모든 것에는 양면성이 있듯이 디지털 트윈을 도입하는데도 장 · 단점이 존재한다.

제조분야를 예를 들면 제품의 품질향상, 개발비용 절감과 단축효과가 있다. 운영단계에서의 지속적인 최적화를 통해 운영비용을 점감할 수 있다. 디지털 스레드를 통한 정보의 보존과 연속성 확보 또한 장점이다.

[그림 10-6] 디지털 트윈 도입의 장 · 단점

기업 측면에서는 생산과 서비스의 지속해서 최적화함으로써 궁극적으로 매출 증대의 효과를 기대할 수 있다.

하지만 기술적으로 초기 단계인 현재로는 디지털 트윈을 구현하고 운영하는데 상당한 비용이 발생하는 단점이 있다. 또한 사이버상에 대량의 정보를 담기 때문에 보안 측면의 리스크는 항상 존재하며 이에 대한 대응책이 필요하다.

수행 내용

재료 · 자료

- 디지털 트윈의 전략 및 정책 관련 자료

기기(장비 · 공구)

- 컴퓨터, 프린터, 주변기기

안전 · 유의사항

- 컴퓨터 및 주변기기의 전원을 관리한다.

수행 순서

01 디지털 트윈 구축의 기본방향에 대하여 분석하라.

1. 경제성과 활용효과를 고려

경제성과 활용효과를 고려해서 디지털 트윈의 정도를 단계적으로 높여 나가야 한다. 2차원 데이터를 이용하여 2.5차원을 만들고, 이를 기반으로 3차원과 4차원의 단계 로 점차 높여가는 것이 바람직하다.

객체의 상세도(LOD)도 낮은 수준에서 높은 수준으로 높여가는 것이 효과적이다. 객체의 묘사 대상도 처음에는 대형건물, 시설물, 소형 건물, 주택, 가로등, 가로수, 보도블록, 간판 등으로 점차 디테일을 높여 나가야 한다.

건물에 대한 상세도는 국내외적으로 규정되어 있으나 복합 공간에 대한 상세도는 아직 정해진 바 없다. 따라서 복합공간에 대한 상세도를 정립한 후 추진하는 것이 바람직하다.

2. 디지털 트윈의 구축 범위와 정도는 운영주체가 결정

디지털 트윈의 구축 범위와 정도는 운영주체가 결정해야 한다. 지금까지 공간정보를

학습 10

구축해 온 것처럼 중앙정부가 국토 전체를 대상으로 디지털 트윈을 구현하는 것이 일관성과 상호운용성에서 가장 바람직하다. 그러나 이 방식은 운용주체가 빠져 있어서 활용효과 가 미진하고 갱신이 제때 이루어지지 않는 문제가 있다.

디지털 트윈은 활용주체가 있어야 지속적으로 실효성을 거둘 수 있다. 이러한 점을 고려한다면 지자체 중심으로 디지털 트윈을 구축·운용하는 것이 가장 현실적 대안이다. 중앙정부는 지자체가 해당지역의 디지털 트윈을 구축하도록 지원하고 공유·활용할 수 있도록 기준과 표준 그리고 예산 등을 지원하는 것이 바람직하다.

3. 스마트 시티를 구현하는 플랫폼

디지털 트윈은 스마트 시티를 구현하는 플랫폼이 되어야 한다. 스마트 시티는 지자체가 시민의 안전과 편의 등을 위해서 교통, 물류, 환경, 재난재해, 의료, 에너지 등 각 부문에 ICT 및 지능기술을 적용하여 스마트한 환경을 만드는데 목적이 있다. 도시 전체가 스마트하게 되기 위해서는 각 부문에 디비털 트윈의 사이버물리시스템의 개념이 적용되어야 한다. 즉 부문별로 하드웨어와 소프트웨어를 융합하고 각 부분을 연계하여 하나의 큰 시스템을 구성해야 한다. 이때 각 도시의 각 부문을 통합하는 플랫폼이 바로 디지털 트윈이다.

빅데이터는 시간과 장소를 매개로 통합이 가능하며 부문별 도시정보는 위치를 기반으로 통합하는 것이 가장 효과적이다. 따라서 디지털 트윈은 스마트 시티의 모든 분야를 통합하고 협업할 수 있는 플랫폼으로 가장 적합하다.

02 디지털 트윈의 사회변혁 기대효과에 대하여 분석하라.

1. 정보의 통합·연계를 통한 스마트한 사회 구현에 일조

지도가 서비스 플랫폼이 된 이유는 사람들의 생활과 관련이 있는 대부분의 공간을 담고 있기 때문이다. 디지털 트윈은 모든 분야의 데이터와 정보시스템을 통합하고 연결하는 '통합 플랫폼'의 역할을 한다. 교통정보와 물류정보, 기상정보, 의료정보, 에너지 정보 등 각 분야의 정보를 가상공간에서 통합하고, 이를 융합·활용한다면 보다 효과적인 정보를 얻을 수 있다. 그 이유는 각 부문이 매우 유기적으로 연결되어 있기 때문이다. 날씨는 교통에 영향을 미치고 교통은 환경에 미치는 영향이 크다. 환경은 건강과 직결되며, 건강은 의료에 영향을 미친다. 이처럼 우리 사회의 모든 분야는 직간접적으로 연결되어 있기 때문에 상관관계와 전후방 효과를 분석해야 정확한 정보를 얻을 수 있다.

2. 실시간 공간 모니터링을 통한 사회 안전 및 편리성 제고

디지털 트윈은 현실공간과 네트워크로 연결되어 있으며, 실시간으로 들어오는 데이터를 이용하여 상황을 효과적으로 모니터링할 수 있다. 데이터를 분석하여 도시 전체의 교통 흐름과 전력소모량 등을 실시간으로 모니터링할 수 있을 뿐만 아니라 미리 입력한 알고리즘에 의해 이상 징후가 발견되면 즉시 알 수 있다.

미국의 GE는 디지털 트윈을 이용하여 설비의 이상 유무를 발견하는 것은 물론 문제를 해결하는 대안까지 모색하는 기술을 보유하고 있다. 같은 맥락에서 디지털 트윈에서 현실공간의 상황을 실시간 모니터링하고 문제의 진단과 해결방안을 마련하여 신속하게 대처할 수 있다. 또한 시뮬레이션을 통해서 호우, 태풍, 폭설 등 예고된 재난에 효과적으로 대응할 수 있다. 가상공간은 우리 사회를 보다 안전하고 편리하게 만들어 줄 것이다.

3. 가상공간 활용의 보편화를 통해 민주적 시민사회 문화 조성

누구나 쉽게 활용할 수 있는 공간데이터가 공급되면 이를 활용하는 다양한 커뮤니티가 생겨날 것으로 예상된다. 예를 들면 '대학로'라는 특정 공간에서 활동하거나 이용하는 사람들의 커뮤니티가 생겨날 수 있다. 이들은 가상공간에서 정보를 공유하거나 광고를 하고, 특정 공간을 개발하거나 개선할 수 있는 대안을 제안하고 토론할 수도 있다. 아파트 단지는 가상공간을 이용하여 단지 내 정보를 공유하기도 하고, 센서와 연결하여 상황을 모니터링할 수 있다. 현재는 CCTV 모니터만 수십대 연결되어 있는 상황실을 운영하고 있지만 공간정보가 제공된다면 지도위에 모니터를 연결하여 어디에서 어떤 일이 벌어지고 있는지를 공간적으로 쉽게 인지할 수 있게 될 것이다. 이처럼 가상공간을 중심으로 이해 관계자가 모여서 다양한 활동을 하게 되면 사회적 민주화와 시민참여 의식이 더 늘어날 것이다.

학습 10

4. 현실과 가상공간이 융합으로 사회문제 해결능력 향상

공간정보의 장점은 문제의 진단과 해결을 공간적 접근방식으로 가능하게 한다는 것이다. 1954년 런던에서 콜레라가 창궐했을 때 존 스노우라는 의사가 사망자의 위치를 지도에 표기하여 물에 의해서 전염된다는 사실을 밝힌 것은 의학계나 지리학계에서 널리 알려진 사실이다. 공간적 사고와 접근방식으로 사회적 문제를 효과적으로 해결할 수 있다.

예를 들면 어린이 유치원과 유아원의 분포와 8세 미만 어린이가 살고 있는 위치를 지도에 표기하면 시설의 위치가 적정한지를 판단할 수 있다. 마찬가지로 노인 이 거주하는 지역과 병원의 위치를 지도에 표기하면 의료서비스의 불균형 정도를 평가 할 수 있다. 마찬가지로 대안도 마련할 수 있다. 공간적 접근은 데이터를 기반으로 하며 현황이나 분석결과를 눈으로 쉽게 인지할 수 있도록 가사화함으로써 명료할 뿐 아니라 설득력이 매우 높다. 현실공간과 가상공간이 긴히 연결된다면 사회의 복잡한 문제를 가상공간에서 해결할 수 있는 전략을 모색할 수 있다.

5. 데이터와 기술융합 플랫폼 제공으로 산업이 혁신성장 촉진

3차원 공간정보를 기반으로 새로운 서비스와 비즈니스가 창출될 것이다. 현재 완성도가 낮은 브이월드도 124개의 공공 및 민간기관이 활용하고 있으며 활용기관이 점차 늘어나고 있는 추세다.

완성도가 높은 디지털 트윈을 개방하면 공공은 물론 민간부문의 상업적 활용이 크게 늘어날 것으로 예상된다. 예를 들면 상가나 공공시설 등의 실내공간이 개 방되면 부동산, 소매점 등 상업적 용도의 온오프라인 서비스와 위치기반 서비스가 더 늘어날 것이다. 또한 가상공간을 통해서 무인 이동체의 경로가 확보되면 배달서비스와 장애인 서비스, 심지어 무인택시 서비스 등이 생겨날 것이다. 가상공간과 실제공간을 연결하는 IoT산업과 원격제어 서비스 관련 기술 등이 발전하는 등 새로운 산업생태계 가 생겨날 수도 있다.

디지털 트윈은 빅데이터, 사물인터넷, 클라우드, 인공지능과 같은 다양한 기술이 융합·활용되기 때문에 융합산업의 생태계가 생겨날 가능성이 매우 크다. 또한 3차원 공간정보는 가상현실과 증강현실 기술을 구현할 수 있는 가장 좋은 재료이기 때 문에 스키를 타고 도로를 질주하거나 드론택시를 몰고 건물사이로 경주를 하는 가상체 험을 할 수도 있다. 존재하지 않는 가상공간과 실제로 내가 살고 있는 가상의 공간을 체험하는 것은 완전히 다르다.

03 디지털 트윈의 데이터 구성요소에 대하여 분석하라.

디지털 트윈에는 다양한 데이터가 존재하지만 중요도와 우선순위를 고려하여 [그림 13-7]처럼 대략 공간데이터, 센싱데이터, 이력데이터, 빅데이터로 구성된다.

공간데이터는 현실세계를 디지털로 구현하는 데이터로써 위치정보, 도형정보, 속성정보 등으로 구성된다.

센싱데이터는 정적인 사이버공간에 생명을 불어넣는 역할을 한다. 온도, 습도, 풍향, 풍속, 차량이동, 사람의 움직임 등 센서가 수집한 데이터를 디지털 트윈에 연결함으로써 지도 같은 기존의 정적인 공간이 동적으로 살아 움직이는 공간이 된다. 또한 디지털 트윈에서는 시간과 공간의 이동이 자유로운 것이 특징이다.

현실공간에서는 지나간 상황을 재현하거나 미래의 상황을 예견할 수 없다. 그래서 이력데이터의 역할이 중요하다.

이력데이터는 단순히 과거의 이력을 보여주는데 그치지 않고 건물이나 시설물, 장소 등에 대한 역사와 스토리를 제공함으로써 사람이 살아가는 공간을 만든다.

이를 통해 과거를 재현하고 미래의 모습을 예측할 수 있게 된다.

마지막으로 소셜네트워크와 같은 비정형 데이터를 포함하는 빅데이터와 디지털 트윈이 연결됨으로써 상상할 수 있는 그 이상의 정보를 얻을 수 있다.

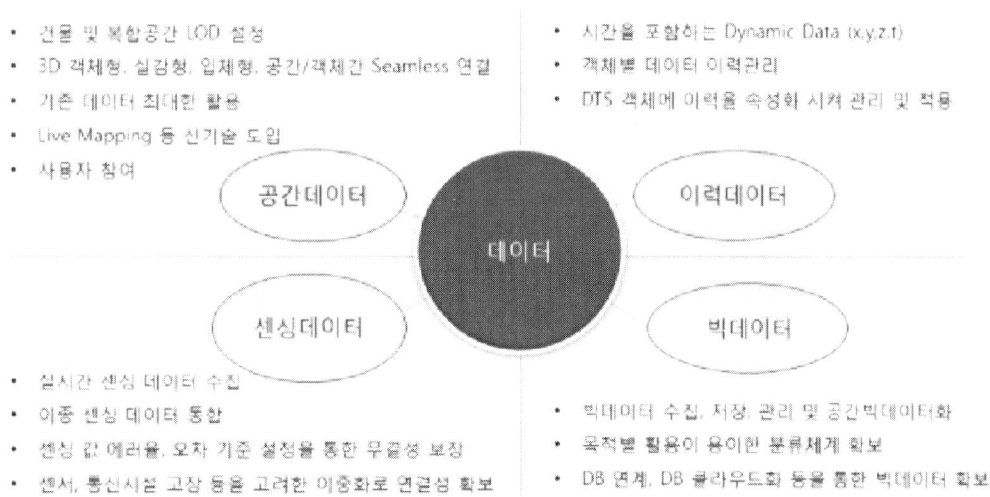

[그림 10-7] 데이터의 구성요소

학습 10

04 디지털 트윈의 데이터 구성 요소 중 공간데이터에 대하여 분석하라.

1. 공간데이터 구축 및 갱신

공간데이터는 현실세계의 정적 환경을 모두 담아야 한다. 뿐만 아니라 현실세계의 동적환경의 센서데이터가 공간데이터와 연결되어야 기존과 다른 살아있는 공간이 될 수 있다.

또한 공간데이터에 이력데이터, 빅데이터를 연결하여 역사와 히스토리, 다양한 분석의 기반을 마련할 수 있어야 한다. 이러한 관점에서 본다면 디지털 트윈의 공간데이터 구축 및 갱신에 대해서는 기존의 공간정보의 구축과 다른 관점의 전략을 고려하는 것이 중요하다.

첫째, 기 구축한 데이터를 최대한 활용하는 것이 중요하다. 국가공간정보 사업을 통해서 구축한 2차원 또는 3차원의 실내외, 지하 공간데이터를 통합·활용함으로써 디지털 트윈 구축 및 갱신의 비용과 시간을 절감할 수 있다.

지금까지 구축한 공간데이터는 브이월드에 통합되어 있고, 앞으로도 브이월드에 통합될 예정이다. 따라서 브이월드를 디지털 트윈의 기반으로 활용하는 전략이 가장 현실적이다.

둘째, 새로운 장비와 소프트웨어 등 신기술을 적극 도입하는 것도 중요하다. 공간데이터를 수집하는 센서와 모바일 장비의 성능이 하루가 다르게 발전하고 있다. 신기술이나 장비를 이용하면 기존의 방식보다 더 빠르고 저렴하게 데이터를 획득할 수 있다. 드론이나 로봇 등과 같은 새로운 시스템을 적극적으로 활용하기 위해서는 기술 검증뿐 만 아니라 이를 수용할 수 있는 제도적 장치가 신속하게 마련되어야 한다.

셋째, 객체기반의 3차원 데이터를 구축할 필요가 있다. 위성영상이나 항공사진과 같은 이미지 데이터는 시각적 효과가 큰 반면 입체적 공간분석이나 객체단위별 현실세계와 연계 등이 불가능하다. 디지털 트윈은 현실세계와 1:1로 연결되고, 객체단위로 갱신되며, 3차원 공간분석을 통해 정보를 추출해야 하므로 객체단위로 공간데이터를 구축하는 것이 무엇보다 중요하다.

마지막으로, 원활한 데이터 구축과 갱신을 위해서 사용자의 참여가 중요하다. 디지털 트윈은 공간을 구성하는 객체의 수가 많고, 정한 정도도 무한하므로 최상의 정 데이터를 국가 차원에서 모두 구축하는 것은 예산의 제약으로 불가능하다. 따라서 사용자가 직접 참여하여 필요한 데이터를 추가적으로 구축하거나 갱신함으로써 정도와 최신성을 유지할 수 있을 것이다. 또한 사용자 참여를 통해 새로운 기술의 적용과 활용에 대한 아이디어도 얻을 수 있다.

2. 데이터의 생애주기 관리

객체의 특성을 고려하여 공간데이터를 정의하는 것이 시발점이다. 디지털 트윈은 다양한 형태와 수준의 객체들로 구성되고 객체별 특성이 각기 다르기 때문에 이들 객체를 구조화하고 객체 간 연관성을 고려하는 데이터 정의가 중요할 것이다. 객체 데이터는 사용자의 요구에 따라 다양한 포맷으로 변환이 가능해야 하고 관련 데이터들과 호환성을 유지할 수 있어야 한다.

또한, 국제표준이나 이기종(異機種) 표준간의 연계를 고려하여 데이터 표준을 제정하는 것도 중요하다. 디지털 트윈의 공간데이터, 센싱데이터, 이력데이터, 빅데이터는 각각의 표준이 이미 존재한다. 다만 디지털 트윈에서는 이들 데이터가 통합 · 활용되어야 하므로 기존 표준들을 통합 또는 연계하거나 디지털 트윈과 관련된 표준을 새로 제정할 수도 있다.

객체화된 공간데이터는 그 종류가 매우 많아지고, 복잡하게 연계되어 제공될 것이다. 그런 관점에서 보면 데이터 생명주기 전반에 걸쳐 품질을 보증할 수 있는 방안이 고려되어야 한다. 이를 위해서는 데이터의 품질을 관리하기 위한 '데이터 거버넌스 체계'가 필요하다. 데이터가 생성되어 소멸할 때까지 지속적으로 품질을 점검하고 보증함으로써 사용자들이 데이터를 신뢰할 수 있는 환경을 조성해야 한다. 데이터의 품질이 보증되면 사용자가 늘어날 것이며, 사용자의 품질관리에 대한 요구사항을 데이터에 반영함으로써 디지털 트윈 전체의 품질을 제고할 수 있다.

마지막으로 빠르게 발전하는 기술을 반영하기 위해서는 성과 중심의 데이터 검증이 필요하다. 예를 들면, "25cm 해상도의 영상 데이터가 필요하다"는 요구사항보다 "차선이나 연석을 구별할 수 있어야 한다"와 같이 성과 중심적인 데이터 검증으로 바뀌어야 한다. 현재와 같이 생산과정을 지정하는 방식은 전체 공정에 소요되는 시간을 길게 만들고, 새로운 기술의 도입을 규제하는 요인이 되기도 한다.

3. 복합공간에 대한 세밀도(LOD)의 기준 설정

기존의 LOD(Level of Detail)는 평면부터 실내까지로, 생산자 입장에서 설정되었다. 또한 건물을 중심으로 LOD가 설정되어 있어, 다양한 객체로 구성되어 있는 현실세계를 디지털 트윈으로 구현하는데 한계가 있다. 따라서 활용의 관점에서 LOD를 재설계하는 것도 중요하다.

예를 들면 다음과 같은 접근이 가능하다. 디지털 트윈의 LOD0은 현재 표현 가능한 수준으로 설정한다. 즉 현 체계의 LOD1인 박스형태의 건물과 지형을 합쳐 디지털 트윈의 LOD0으로 설정한다. 이렇게 하면 디지털 트윈의 LOD0은 기존 데이터의 조합을 통해 구현할 수 있으며 기존처럼 활용할 수 있다. 디지털 트윈의 LOD1은 활용도를 높이기 위해 기존보다 상세한 수준으로 설정한다. 박스형 태의 건물이 아닌 건물을 층별로 상세화하고, 관련된 지형지물을 표현하는 수준으로 설정한다. 디지털 트윈의 LOD1은 기존에 불가능했던 객체에 대한 접근을 가능하게 하여 기존에는 할 수 없었던 활용을 유도한다. 디지털 트윈의 LOD2는 현재 LOD3수준인 건물의 외벽을 구분하고, 실내공간을 연계하는 것으로 설정한다. 이는 구축된 고정의 3차원 공간정보, 지하공간정보, 실내공간정보를 상호 연계하는 수준으로 달성될 수 있다. 디지털 트윈의 LOD3는 LOD2에서 표현되는 건물, 시설물, 실내공간 등을 보다 구조화하여 상호 연관성을 부여하는 단계로 설정한다. 특히 기존 고정 공간정보와 다르게 건물의 층, 실내공간의 부속물 등을 객체화함으로써 보다 많은 활용 가능성을 부여한다. 디지털 트윈의 LOD4는 건물의 구조를 세분화하고, 관련된 시설물 및 설비, 목적에 따라 부품 수준까지를 구현하는 것으로 설정할 수 있다. 적절한 LOD를 설정하기 위해서는 디지털 트윈의 활용목적을 기준으로 추가적인 연구가 필요하다. 디지털 트윈의 LOD는 건물 등 단일객체뿐 아니라 지형지물, 건물, 시설물 등을 포함 하는 복합공간에 대해서도 설정할 수 있어야 한다.

〈표 10-1〉 LOD별 활용분야

LOD구분	LOD구성	활용분야	비 고
LOD0	 DTM+영상	• 위치 조회 • DATA MASH-UP • 영상 기반 변화 분석 • 스마트 통업 • 기상 표현 • 지형 관련 분석(경사도, 경사향 등)	위치/지형 기반 분석
LOD1	 건물 외곽	• 도시계획 • 일조권 분석 • 전파 분석 • 바람 시뮬레이션 • 비행 시뮬레이션 • 재난 시뮬레이션(침수, 위험물 확산 등)	광역도시단위 분석시작 건물단위 분석 계정보 표출

LOD구분	LOD구성	활용분야	비 고
LOD2	 건물 상세	• LOD1 분석 정밀도 증가 • 도시 설계 • 도심 관제 • 도심 열 분석 • 일조건 분석 • 전파 분석 • 3차원 내비게이션	현실세계 기반 도시설계, 관제분야증가 분석 정확도 증가
LOD3	 창문표현	• LOD2 분석 정밀도 증가 • 세무 서비스 • 태양전지 에너지 효율 분석 • 창문 객체 활용 일조, 소음분석 • AR용 모델 데이터	일조관련 기능 강화, 현실성 강화 정밀도 증가
LOD4	 실내표현	• LOD3 분석 정밀도 증가 • 사람 시야 기반 관련 서비스(게임, 조망, 사생활 침해) • VR/AR(문화재, 관광 등 디지털 문화 공간 지원) • 시설물 단위 재난(지진, 화재, 대피 시뮬레이션 등) 재해 시뮬레이션 • 거주 공간 기반 분석(일조, 소음, 창 에너지 분석 등) • 3D 지적 및 부동산 관련 서비스 • 무인 이동체(자율주행, 드론, 이동형 로봇, 물류) 지원 • 실내 및 지하 내비게이션 • 보행 환경 분석(휠체어, 유모차 등) • ICT 공간 인프라 • GEO-IOT • 스마트 빌딩, 스마트 제조 분야	개인생활공간 응용 서비스 영역 증가

출처 : Open Geospatial Consortium. 2012. OGC City Geography Markup Language(CityGML) En-coding Standard.

학습 10

4. 객체기반 공간데이터 구축

현재와 같이 소위 '통판'으로 건물 등을 표현할 경우 데이터가 매우 커지고 데이터의 수정과 검색, 추출 등에 어려움이 생긴다. 따라서 대상을 객체화하여 필요한 부분만을 활용할 수 있어야 한다. 객체기반 데이터는 현실 공간에 있는 물체들을 세분화하여 표현할 수 있으므로 공간의 입체화와 실감효과와도 관련이 있다. 디지털 트윈의 효용성을 높이기 위해서는 사용자가 필요로 하는 정보만을 선택적으로 제공하는 방안이 필요하며,

이를 위해서는 대상을 객체화하는 것이 중요하다. 대상의 객체화가 이루어지면 다음으로 이 객체를 전체 공간에 연결해야 한다. 예를 들면 10층 건물을 구축한다면 각층별로 객체화가 되어야 하고, 각 층은 실내공간정보와 연결되어야 활용성이 높아진다. 사용자는 건물의 외벽에서 각 층을 개별적으로 선택할 수 있어야 하며 선택된 각 층의 내부를 보고자 할 때는 이에 적합한 실내공간정보가 제공되어야 한다.

5. 실행전략

디지털 트윈 구축 및 활용의 실효성을 확보하기 위해서는 국가차원에서 기초연구, 시범사업, 실증사업 등이 순차적이고 다양한 형태로 진행되어야 한다. 시범사업은 공공과 민간이 디지털 트윈을 통해 해결하고자 하는 문제를 정의하는 것으로부터 시작할 수 있다. 또한 다양한 사용자를 참여시키고 새로운 기술을 적용하는 것을 적극적으로 고려해야 한다. 시범사업을 통해 목적별, 공간 범위별로 대상을 객체화하고 데이터 관련 표준을 정의할 필요가 있다. 데이터와 표준을 정한 후 단위 공간별 디지털 트윈을 서로 연계함으로써 공간적인 영역을 확장할 수 있으며, 서로 다른 부문이 복합적으로 작용하는 문제도 해결할 수 있는 능력을 가지게 된다. 디지털 트윈을 지속 가능하게 운영하기 위해서는 민간자본을 활용하거나 민간의 참여를 적극적으로 유도하는 것도 중요하다.

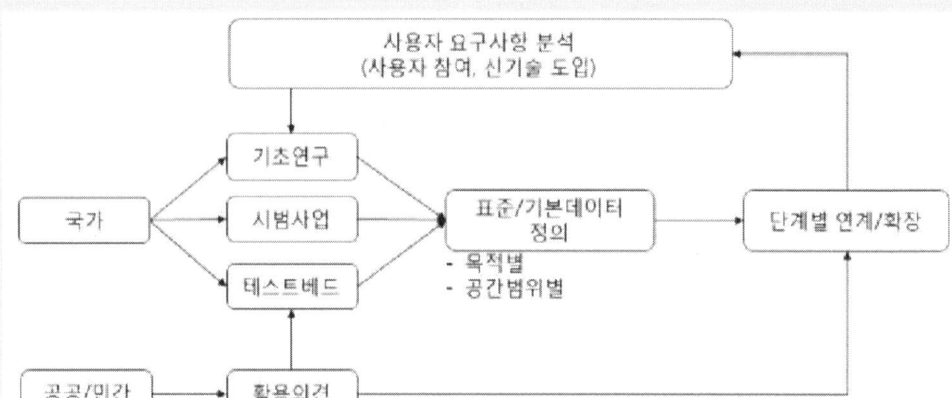

[그림 10-8] 데이터 추진전략

05 디지털 트윈의 데이터 구성 요소 중 센싱데이터에 대하여 분석하라.

최근 센서를 통해 수집한 데이터를 지도 위에 표출하거나 분석하는 사례가 점점 늘어나고 있다. 2016년 국립재난연구원에서 'IoT 기술 기반 위험확산 예측 및 상황관리 기술개발' 연구 사업에서는 재난 유형별로 필요한 센서를 정의하고 유해물질간의 매트릭스 분석을 수행하였다. 또한 대기 및 기상에 관련한 센서와 CCTV 정보를 기반으로 재난 모니터링 기술을 개발하고 이를 공간상에 표출하였다.

이와 같이 디지털 트윈에 센싱 데이터를 연계하기 위해서는 실시간으로 데이터를 수집하고 관리하는 방안이 마련되어야 한다. 활용목적에 따라 필요한 센서가 다양하기 때문에 이에 대한 정의가 필요하다. 또한 센서로 부터 유의미한 값을 측정하기 위해서는 센서의 설치장소와 위치도 중요하다. 센서로 부터 데이터를 수집하는 주기와 전송방식 그리고 저장 및 보관하는 방식도 설정되어야 한다. 단일 센싱데이터를 사용할 수도 있지만 대부분은 다수의 센싱데이터를 연계하거나 통합하여 활용할 가능성이 크다.

예를 들어 출입자를 관리하는 시스템이라면 단순 적외선 센서로도 가능하지만 CCTV를 추가하여 적외선 센서의 정보를 보완하는 역할이 필요할 수 있다. 이처럼 서로 다른 센서의 데이터를 통합할 수 있어야 한다. 아울러, 센서를 관리하는 주체도 매우 다양하다. 도로의 센서는 경찰청, 소방센서는 소방방재청, CCTV는 지방자치단체가 관리한다. 운영주체가 다른 센싱데이터를 통합·활용할 수 있는 제도적 장치도 마련되어야 한다.

센서가 수집한 데이터의 오차기준을 설정하여 무결성을 보장하는 방안도 마련되어야 한다. 센서는 설치환경, 주변의 전파 환경, 센서 자체의 결함, 측정오차 등으로 인해 우리가 예상하는 정확한 값을 계측하지 못할 수 있다. 특히 야외에 설치되는 경우 기온, 습도의 변화 등으로 인해 오작동을 일으킬 수 있으며, 부정확한 값을 전달할 수도 있다. 이러한 가능성을 염두에 두고 센싱 값을 보정하거나 오차의 기준을 설정함으로써 데이터의 무결성을 보장하는 방안을 마련해야 한다. 센서와 통신시설의 고장을 고려하여 이중화하는 등의 연결성 확보 방안도 미리 마련해야 한다. 디지털 트윈에서 센싱데이터는 현재의 상태를 알려주는 것이므로 데이터의 단절은 현재의 정보가 없는 상태를 의미한다. 이 경우 디지털 트윈은 단순한 지도의 역할만 수행하게 된다. 특히 도심지의 경우, 전파간 간섭, 전파의 왜곡으로 인한 정보 오류 등이 발생할 수 있으므로 이를 해결할 수 있는 방안을 마련해야 한다.

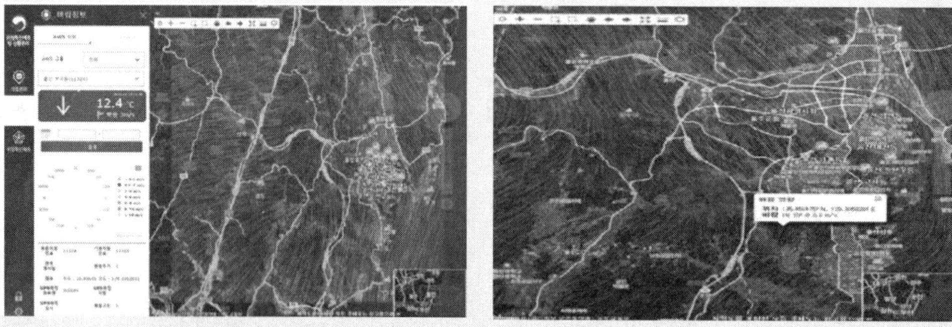

[그림 10-9] 실시간 센서 데이터 연동사례

출처 : 국립재난연구원 이지스

06 디지털 트윈의 데이터 구성 요소 중 이력데이터에 대하여 분석하라.

일반적으로 통계 데이터는 시계열적으로 기록되기 때문에 변화의 특성을 분석하거나 미래를 예측하는데 활용된다. 마찬가지로 공간의 변화를 분석하고 미래의 상황을 예측하기 위해서는 공간데이터의 이력이 필요할 것이다. 그러나 현재 공간데이터의 대부분이 객체화 되어 있지 않을 뿐 아니라 객체화되어 있다고 해도 시간을 기록하는 기준과 방법이 마련되어 있지 않다.

시공간이 자유로운 디지털 트윈에서는 시간과 공간의 변화를 기록한 이력데이터가 매우 중요하다. 이력데이터는 과거의 상태를 재현할 수 있을 뿐 아니라 미래의 변화를 예측하는데 반드시 필요하다. 속성에 관한 이력은 통계나 행정정보를 통해서 대부분 관리되고 있으며, 이를 객체의 속성으로 연계 · 활용할 수 있다. 그러나 건물의 소실과 생성 그리고 형태의 변화와 같은 객체에 대한 이력관리는 전무한 상태다. 디지털 트윈은 객체단위로 구성되고 갱신되어야 효과적으로 유지될 수 있다. 그래야 갱신에 소요되는 시간과 비용을 줄일 수 있을 뿐만 아니라 과거의 공간을 재현할 수 있다. 시설물 관리 분야에서는 이미 객체단위로 이력관리를 하고 있다. 부품의 수가 많고 복잡한 플랜트 분야에서는 공간정보를 기반으로 시설물을 관리하고 있다. 즉 시설물을 구성하고 있는 각각의 요소를 객체화하고, 객체별로 고장, 수리, 교체 등의 이력사항을 기록함으로써 시설물을 효과적으로 관리하고 있다. 시공간 분석을 위해서는 시간의 변화에 따른 공간의 변화를 동시에 기록해야 한다.

예를 들면, 시간대별로 사람의 움직임을 기록하는 개인 이동정보는 시간과 위치를 동시에 기록한다. 이 데이터를 이용하면 시간대별로 사람들이 공간을 어떻게 이동하는지를 분석할 수 있다. 이와 같이 시간을 포함하는 동적 데이터(x,y,z,t) 모델이 있어야만 한다. 물론 모든 데이터가 이력을 가져야 할 필요는 없다. 시공간 분석이 필요한 경우는 이력데이터가 중요하지만 단순히 위치와 형상이 필요한 경우는 이력을 관리하지 않아도 된다. 따라서 활용목적과 용도에 따라 이력의 관리 유무를 결정해야 한다. 이력데이터는 시간에 따라서 지속적으로 쌓이기 때문에 유지 및 관리를 위한 추가적인 조치가 있어야 한다.

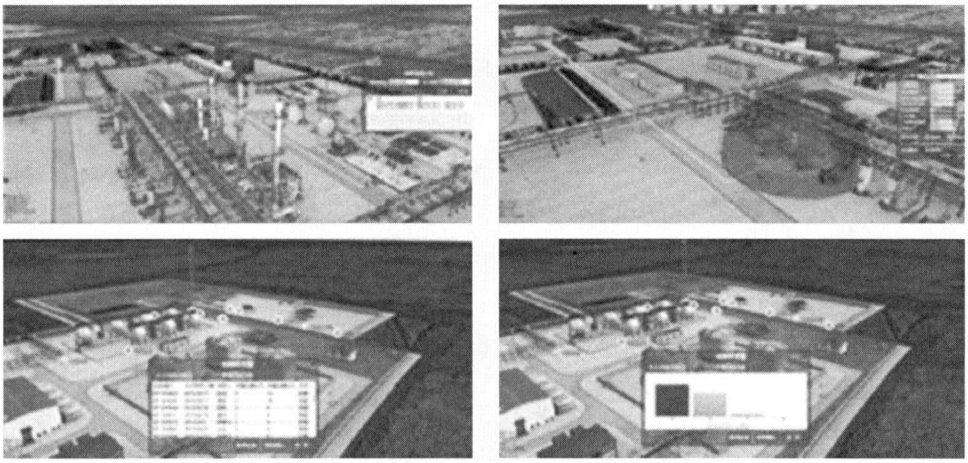

[그림 10-10] 슈퍼맵 플랜트 관리

출처 : SuperMap 홈페이지(supermap.co.kr)

07 디지털 트윈의 데이터 구성 요소 중 빅데이터에 대하여 분석하라.

디지털 트윈의 원활한 운영을 위해서는 직접적으로 연관되는 데이터 외에도 운용 및 활용을 위해 가상공간에서 표현이 가능한 다양한 빅데이터들이 중요하다. 공간정보는 지도에 위치를 표현하는 단순한 기능이 아니라 수많은 데이터 간 의미 있는 상관관계를 발견하고 이를 의사결정에 활용하는 데이터마이닝의 역할을 하기 때문에 공간정보의 미래인 디지털 트윈에 빅데이터는 필수 요소라 할 수 있다. 공간데이터와 빅데이터의 결합을 통해 다양한 지식과 정보를 얻는 노력이 지속되고 있다.

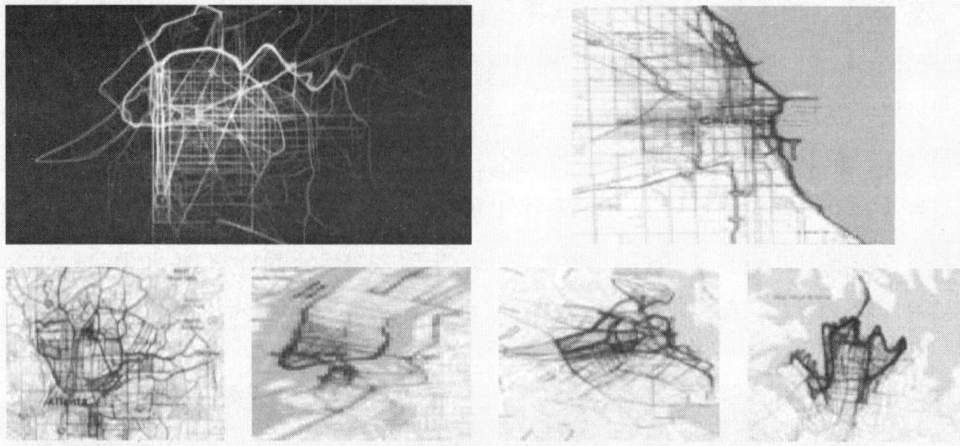

[그림 10-11] 나이키 러닝 정보(주요 도시에 사람들의 러닝 장소)

출처 : flowingdata.com

예를 들어 [그림 10-11]처럼 나이키는 사용자의 러닝 경로 정보를 빅데이터로 분석하여 사람들이 가장 많이 이동하는 경로에 광고판을 설치하는 비즈니스에 활용하고 있다. 따라서 빅데이터의 유형, 빅데이터의 표준, 빅데이터 융합 방식 등에 관한 연구가 있어야만 실질적인 효과를 기대할 수 있다. 빅데이터는 디지털 트윈을 구축한 후 운영의 과정에서 수집될 것이다. 따라서 사전에 빅데이터의 수집과 저장 그리고 활용을 위한 연계방안 등을 마련해야 한다.

디지털 트윈에서 빅데이터를 활용하기 위해서는 먼저 수집한 데이터를 공간데이터로 변환하는 작업을 해야 한다. 빅데이터는 수집하는 과정에서 위치좌표와 같은 공간적 요소를 포함할 수도 있지만 그렇지 않은 경우도 있다. 위치가 주소나 장소 등으로 기록된 경우는 지오코딩이나 경위도 좌표로 변환을 해야 한다. 가끔 특정한 장소나 위치가 사회적 관심사로 부상하는 경우 SNS상에는 특정지역이 나 장소를 지칭하는 단어의 사용이 급격하게 늘어나게 된다.

예를 들면, 포항에 지진이 발생한 이후에 '포항'이라는 단어가 급격히 늘어났다. 이러한 현상을 디지털 트윈에 반영하기 위해서는 특정 단어를 위치 값으로 신속하게 변환하는 장치가 있어야 한다. 빅데이터는 매우 다양한 종류와 형식으로 존재하기 때문에 목적별로 활용이 용이한 분류체계를 확보하는 것이 중요하다. 만약 활용목적에 부합하는 데이터를 추천해 주거나 활용사례를 제공할 수 있다면 디지털 트윈에서 빅데이터 활용이 더욱 활발해 질 것이다.

마지막으로 DB의 연계, DB의 클라우드화 등을 통해 활용 가능한 빅데이터를 확보해야 한다. 객체화 수준과 세도에 따라 다르겠지만 디지털 트윈은 그 자체로 대용량의 데이터일 가능성이 크다. 디지털 트윈을 원활하게 운용하기 위해서 빅데이터를 디지털 트윈에 포함하기 보다는 DB 연계를 통해 활용하는 것이 바람직하다. 이 경우 접근의 용이성, 저장 공간의 활용 등을 고려하면 DB의 클라우드화가 가장 바람직하다.

08 디지털 트윈의 공공서비스 부문 전략에 대하여 분석하라.

국민들이 체감하는 공공행정 서비스의 대부분은 지방자치단체가 담당한다. 공공행정 업무의 약 80%는 공간데이터를 활용하고 있다. 교통, 환경, 수자원, 상하수도, 시설물관리 등의 분야에서는 공간정보 기반 정보시스템을 구축 · 운용하고 있다.

국토교통부는 지자체의 각 분야별 공간정보를 효과적으로 공유 · 활용하기 위하여 국가공간정보통합 시스템을 구축한 바 있다.

현재는 2차원 벡터 데이터로 구성되어 있지만 미래에는 실제 공간과 거의 유사한 3차원 사이버 공간에서 모든 데이터를 융합 · 활용하는 디지털 트윈으로 발전하게 될 것이다. 디지털 트윈은 도시계획, 교통계획, 토지이용계획, 인구계획, 환경계획, 수자원 및 하천관리 계획 등 모든 분야의 계획을 수립하고 상황을 모니터링하는 플랫폼이 될 것이다.

디지털 트윈을 통해서 상태를 모니터링하고 문제점을 진단하며 개선방안을 모색할 수 있다. 디지털 트윈은 모든 부문의 데이터를 통합 · 저장 · 공유 · 활용할 수 있는 통합 플랫폼이 되고, 이 위에서 부서간 협업이 이루어지게 된다.

디지털 트윈은 지자체 행정업무에 대한 사이버 물리시스템구현의 기반이다.

디지털 트윈을 통해서 스마트한 행정과 공공서비스를 제공함으로써 시민들은 보다 안전하고 편리하며 쾌적한 삶을 즐길 수 있다. 이것이 스마트 시티이며, 스마트한 사회이다. 디지털 트윈은 소방, 재난안전, 경찰 등 공공서비스의 플랫폼으로 활용될 것이다.

예를 들면, 건물의 설계도면이나 BIM을 이용하여 공공시설이나 건물의 3차원 객체정보를 구축하고 VR기술을 활용하여 가상의 소방훈련을 실시할 수 있다.

실제로 화재가 났을 때 소방관들이 AR기술을 이용하여 건물에 진입하고 연기로 가득한 실내공간의 출입구를 찾는 등 소방업무를 효율적으로 수행할 수 있다.

현재 국토교통부, 행정안전부, 산업자원부 등 3개 부처가 공동으로 3차원 공간정보를 활용하여 각 부서에서 필요로 하는 서비스를 개발하는 다부처 공동 R&D 사업을 추진하고 있다. 해당사업에서 국토교통부는 활용부처가 필요로 하는 3차원 공간데이터를 제공한다. 행정안전부는 실내공간정보를 기반으로 소방과 재난안전을 위한 소방시설관리시스템을 개발하고, 산업자원부는 3차원 공간정보를 활용하여 기차운행과 항공기의 비행훈련을 위한 시뮬레이터를 개발하는 사업이다.

이처럼 디지털 트윈은 모든 공공기관의 협업 플랫폼이 될 것이다. 기본적으로 국토교통부와 같은 특정 부처에서 국가 전체의 디지털 트윈을 구축·제공하는 것이 바람직하다.

그러나 광범위한 지역의 디지털 트윈을 구축하는 데는 시간이 오래 걸릴 뿐 아니라 수시로 변하는 지형지물을 특정부처가 주관하여 갱신하는 것은 불가능하다.

따라서 지자체가 해당지역의 디지털 트윈을 구축·운영·갱신하고 전담기관에서 각 지자체의 디지털 트윈을 통합하여 제공하는 것이 현실적인 대안이다.

이 경우, 디지털 트윈을 구축하고 활용하는 기관 즉, 중앙부처간, 중앙부처와 지자체간 합의에 의한 역할분담 등 거버넌스 체계가 필요하다.

09 디지털 트윈의 민간서비스 부문 전략에 대하여 분석하라.

정부 3.0정책에 의거, 공공기관이 보유하고 있는 공간데이터를 적극적으로 개방하고 있지만 보안문제, 데이터 변환문제 등으로 인하여 기대했던 만큼 활용빈도나 효과가 크지 않다는 의견이 제기되고 있다.

이러한 비판은 데이터의 품질 자체에 대한 문제라기보다는 수요자가 원하는 정보를 찾을 수 없거나 원하는 수준으로 제공되지 않고 있기 때문이다. 이 문제를 해결하기 위해서는 무엇보다 수요자와 그들의 요구사항을 지속적으로 파악하여 반영해야 한다.

그러나 민간의 요구사항은 매우 다양한 범위와 수준으로 발생하기 때문에, 이를 모두 다 만족시키는 것은 불가능하다. 따라서 국가는 적정한 수준을 설정하고 민간 자본을 활용하여 디지털 트윈을 공동으로 구축하는 방안을 모색해야 한다. 더불어 활용을 유도하기 위한 다양한 제도적 지원 및 인센티브, 규제 완화 등을 적극적으로 검토하고, 디지털 트윈에 민간의 참여를 독려할 수 있는 방안을 마련해야 한다. 디지털 트윈의 개방수준을 설정하는 데 있어 민간의 참여가 중요하다. 이는 사용자가 필요로 하는 데이터를 개방, 제공하는 것이 활용을 위한 첫걸음이기 때문이다.

다음으로 디지털 트윈의 구축, 갱신, 활용에 걸쳐 민간기업 및 시민의 참여를 유도해야 한다. 또한 이 과정에서 다양한 의견을 수렴하고 반영할 수 있는 피드백 체계가 형성되어야 한다. 이를 통해 사용자의 요구사항을 수집하고 지속적으로 모니터링하여 디지털 트윈을 발전시켜야 한다.

마지막으로 디지털 트윈이 비즈니스 플랫폼으로 활용될 수 있음을 인식하여 새로운 시장을 형성하고 가치를 창출할 수 있는 기반이 될 수 있음을 강조해야 한다.

10 디지털 트윈의 거버넌스에 대하여 분석하라.

디지털 트윈은 다양한 데이터를 수집하고 관련 기술을 개발하며 다양한 사용기관과 시민이 참여하기 때문에 특정 부처를 중심으로 추진하는 데는 한계가 있다. 따라서 범부처가 협력할 수 있는 거버넌스 체계를 마련하는 것이 매우 중요하다. 디지털 트윈 거버넌스 체계의 핵심은 역할의 분담과 협력이다.

참여자들에게 적절한 역할을 배분하고 각 참여자가 충실히 역할을 수행하며 그 과정에서 발생할 수 있는 문제들에 대해 다양한 채널을 통해 협력적으로 해결하는 것이 중요하다. 이를 위해 필요한 것은 참여자들의 적극적인 의지이다. 모든 참여자들이 디지털 트윈가 미래임을 인식하고 이를 능동적으로 추진해야 한다.

[그림 10-12] 디지털 트윈 거버넌스

학습 10

그러나 실제로는 부처 이기주의, 예산확보, 수익성 등 현실적 문제로 인하여 자발적인 참여나 협력이 어려울 수 있다. 따라서 지속적인 홍보와 동시에 제도적 장치를 통해서 참여를 이끌어 낼 수 있는 방안이 마련되어야 하다.

디지털 트윈추진을 위한 범국가 차원의 거버넌스를 [그림 10-12]와 같다.

국토교통부는 현재와 같이 공간데이터를 담당하고, 과학기술정보통신부는 디지털 트윈 관련 기술개발을 담당한다. 행정안전부는 지자체의 디지털 트윈 참여와 활용을 담당하고 환경부, 산업자원부, 문화관광체육부 등 여타 부처는 디지털 트윈 활용부처로써 의견을 개진하고 의사결정에 참여하며 예산을 분담한다. 부처의 협력과 역할분담은 국무총리가 총괄한다. 중앙부처와 함께 전문기관도 참여해야 한다.

국토지리정보원은 공간데이터, 국토 교통과학기술진흥원은 기술 R&D를 담당한다. 지방정부는 중앙정부가 법제도를 마련하고 예산을 지원할 때 추진력을 갖기 때문에 중앙정부와 지방정부간 협의체를 구성하여 협의를 지속해야 한다.

공공기관간 거버넌스 체계는 제도가 수반되어야 한다. 제도화되지 않는 정책이나 규정은 제약으로 작용할 수 있다.

특히 의사결정권자의 잦은 변경, 지속적 예산확보의 어려움 등은 지속적이고 안정적인 사업 추진의 저해요인이 된다. 따라서 거버넌스 체계를 제도화함으로써 정책 환경의 변화에도 흔들리지 않는 지속적인 추진 동력을 마련해야 한다.

거버넌스 참여자 모두에게 이익이 될 수 있는 구조를 제시해야 한다. 어느 한쪽으로 치우치지 않게 책임과 권리를 적절하게 배분해야 한다. 중앙부처가 주도한 공간정보 구축사업의 경우, 지방자치단체에게 예산을 지원하는 등 이득을 제공한 부분도 있으나 시스템의 유지보수 비용을 지방정부가 부담하게 됨으로써 해당사업이 부실하게 운영되었던 사례도 있다.

따라서 거버넌스 체계에는 참여자들의 이익과 책임, 권리 등을 명확하게 설정하고, 참여자들의 의견을 반영하여 지속적으로 관리하는 것이 중요하다.

마지막으로 사용자들의 의견을 체계적으로 수집하고 반영할 수 있는 '사용자 협력체'를 만들 필요가 있다. 사용자의 요구사항이 디지털 트윈에 지속적으로 반영되어야 바람직한 방향을 발전할 수 있다.

학습활동.10 교수 · 학습 방법

교수 방법

- 디지털 트윈의 추진전략 및 정책에 대한 관련 용어, 구성, 방식 이해 정도를 파악한 후 수업을 진행한다.
- 교수자의 주도로 디지털 트윈의 추진전략 및 정책 등의 내용을 PPT 자료로 제시한 후 설명한다.
- 가능하면 사전에 개인별 학습 자료를 준비하여 모든 학생이 참여할 수 있는 문제 해결식 수업, 협력 수업이 가능하도록 한다.
- 디지털 트윈의 추진전략 및 정책 전 과정을 작업의 순서에 따라 단계적으로 실습이 이루어질 수 있도록 지도한다.
- 교재를 통해 수업을 준비하는데 있어서 필요한 모든 정보나 팁, 힌트 등 도움이 될 만한 내용들을 확인할 수 있다.
- 학생들이 만들게 될 각 모델들은 수업시간에 중점적으로 다뤄질 부분과 어휘, 질문, 답을 포함하고 있으며 또한 탐구할만한 추가적인 아이디어들도 포함하고 있다.

학습 방법

- 디지털 트윈의 추진전략 및 정책에 대한 관련 용어를 숙지하고, 디지털 트윈의 추진전략 및 정책에 대해 이해한다.
- 디지털 트윈의 추진전략 및 정책의 각 단계별 중점 사항을 체계적으로 학습한다.
- 디지털 트윈의 추진전략 및 정책의 수행순서의 전 과정을 실습한다.
- 디지털 트윈의 추진전략 및 정책의 내용을 이해한다.
- 디지털 트윈의 추진전략 및 정책을 이해하고 숙달이 될 때까지 학습한다.

학습활동.10 평가 및 피드백

평가 준거

- 평가자는 피평가자가 수행 준거 및 평가 내용에 제시되어 있는 내용을 성공적으로 수행할 수 있는 지를 평가해야 한다.

학습내용	평가항목	성취수준		
		상	중	하
디지털 트윈의 전략 및 정책	디지털 트윈의 전략 및 정책를 이해할 수 있다.			

평가 방법

• 작업 포트폴리오

학습내용	평가항목	성취수준		
		상	중	하
디지털 트윈의 전략 및 정책	디지털 트윈의 전략 및 정책를 이해할 수 있다.			

• 필기시험

학습내용	평가항목	성취수준		
		상	중	하
디지털 트윈의 전략 및 정책	디지털 트윈의 전략 및 정책를 이해할 수 있다.			

• 체크리스트를 통한 관찰

학습내용	평가항목	성취수준		
		상	중	하
디지털 트윈의 전략 및 정책	디지털 트윈의 전략 및 정책를 이해할 수 있다.			

• 피드백

1. 작업 포트폴리오
   - 제출한 보고서를 평가한 후 주요 사항에 대하여 표시하여 돌려준다.
2. 필기시험
   - 평가 결과 성적이 저조한 학생은 보고서 제출 기회를 부여한다.
3. 체크리스트를 통한 관찰
   - 실습 과정에서 평가한 후 개선해야 할 사항 등을 정리하여 돌려둔다.

참 | 고 | 문 | 헌

1. https://www.khidi.or.kr/board/view?linkId=48754471&menuId=MENU01523
2. 김완재. 2018. 디지털 트윈 개념 적용한 가스터빈 발전소 운영관리시스템 기술, Electric Power, 12(1), 58-59.
3. 사공호상 외. 2017. 지능정보사회에 대응한 차세대 국가공간정보 전략연구, 국토연구원

학습 10

학습 1	디지털 트윈의 개념
학습 2	디지털 트윈의 핵심기술
학습 3	디지털 트윈의 모델링 시뮬레이션
학습 4	디지털 트윈 플랫폼
학습 5	디지털 트윈과 스마트시티
학습 6	디지털 트윈과 스마트건설
학습 7	디지털 트윈과 제조업
학습 8	디지털 트윈과 물류
학습 9	디지털 트윈과 헬스케어
학습 10	디지털 트윈의 전략 및 정책
학습 11	**디지털 트윈의 응용**
학습 12	디지털 트윈의 시장동향
학습 13	디지털 트윈의 미래

학습 목표

1. 디지털 트윈의 응용을 이해할 수 있다.

11-1 디지털 트윈 응용의 개요

실제 물리적인 자산 대신 소프트웨어로 가상화한 자산의 디지털 복제품을 만들어 다양한 목적으로 사용하는 것을 디지털 트윈(Digital Twin)이다,

산업분야에서 사업의 가치 창출 등 긍정적인 효과를 기대할 수 있는 디지털 트윈의 응용 범위는 매우 다양하다. 즉 설계, 제조(생산), 판매, 운영 및 유지보수 등의 단계에서 최적화, 성능관리, 고장진단, 예지정비 등의 응용 목적으로 적용할 수 있고 관심 대상에 따라 부품, 제품, 시스템, 공정, 공장 또는 공급망 전체를 범위로 디지털 트윈이 구축되어 활용될 수 있다.

디지털 트윈은 제조, 전력, 의료, 항공, 자동차, 스마트 도시 등 산업 전반에 걸쳐 사용된다.

제조 부문에서는 제품 설계에서부터 플랜트 운영 감시, 작업량/로드 예측, 생산 손실 예측, 고장 진단/예측 등 제조 공정의 효율성 제고 및 최적화를 위해 널

리 사용되고 항공 및 전력 산업에서는 프로펠러, 터빈 등 기계의 고장 진단, 예측 등의 목적으로 사용된다.

〈표 11-1〉 응용 분야별 디지털 트윈 도입 및 활용 현황

분 야	디지털 트윈 활용 현황
제조업	• 공장의 건설뿐 아니라 공장 프로세스의 시뮬레이션에 디지털 트윈을 사용 중 • 제조업은 현재 디지털 트윈의 보급이 가장 진전되어 있는 산업
자동차 산업	• 자동차에 원격 측정 센서를 탑재하여 디지털 트윈이 가능한 환경을 구축하고 있음 • 자율주행자동차의 상용화가 시작됨에 따라 디지털 트윈 기술의 향상이 중요해 짐
건강관리 및 의료	• 반창고 크기의 부착 센서로 취득한 건강 정보 데이터를 디지털 트윈으로 보내 현재의 건강 상태를 파악하거나 앞으로의 상태 변화를 예측 • 신체 내에 센서를 삽입하여 데이터의 정확도를 높이려는 기술이 연구되고 있음

자동차 분야에서 가상 모델은 차량의 성능을 분석하고 고객에게 맞춤식 경험을 제공하여 설계, 판매 등에 도움이 되고 의료 분야에서 IoT 플랫폼의 데이터를 활용한 개인화된 의료 서비스 제공 및 효율적인 환자 모니터링을 가능하게 한다.

스마트 도시에서는 해당 도시에 대한 교통, 에너지, 환경 등의 새로운 정책을 가상 도시(모델)를 통해 사전 검증할 수 있다.

[그림 11-1] 디지털 트윈의 스마트 펙토리 적용

[그림 11-1]처럼 3D Animation이 가능한 가상화 환경을 이용한 시스템을 산업현장에 적용하여, 보다 직관적이고 현장과 같은 제어와 통제 환경을 제공하고 생산 현장의 생산성 향상과 관리성을 확보한다.

디지털 트윈 유형으로는 부품 트윈, 제품 트윈, 공정(프로세스) 트윈, 그리고 시스템 트윈으로 구분할 수 있으며 이들 중에서 공정 및 시스템 트윈은 넓은 기능성으로 인해 여러 산업분야에서 많이 사용될 수 있다.

디지털 트윈에 관심이 높아진 것은 어떠한 사물로부터도 데이터를 얻을 수 있는 환경이 도래함에 따라 IoT, AI, 데이터 분석의 세계가 융합되고 있기 때문. 클라우드 서비스를 통해 디지털 트윈을 도입할 수 있게 되는 등 기술 접근성이 향상됨에 따라 디지털 트윈은 기업의 새로운 기간 시스템으로 자리 잡아 갈 가능성을 보여주고 있다.

11-2 디지털 트윈 응용 형태

1. 디지털 스레드 기술의 활용

디지털 트윈은 물리적 대상의 설계, 제작, 운영, 폐기에 이르기까지의 전 주기에 걸쳐 트윈이 생성된다.

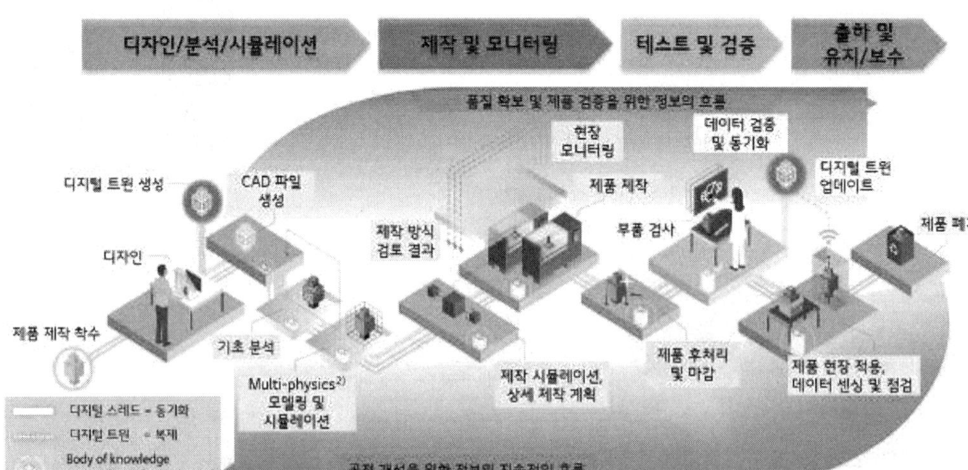

[그림 11-2] 제조분야의 디지털 트윈과 디지털 스레드 관계

[그림 11-2]처럼 단계별로 생성되는 트윈의 형상과 속성, 상태는 다를 수 있다. 하지만 디지털 트윈이 궁극적으로 지향하는 물리적 요소와 디지털 요소의 융합이 이루어지기 위해서 전 주기에 걸친 정보가 누락되지 않고 이어져야 한다. 이렇게 정보가 한 가닥의 실처럼 꿰어지는 것을 디지털 스레드(Digital Thread)라 부르고 디지털 트윈을 활용하는 데 있어 중요한 기술 중 하나이다.

2. 디지털 트윈의 응용영역

디지털 트윈(Digital Twin)은 다양한 분야에서 사용될 수 있으나, 최근 논의와 도입이 주로 언급되는 영역은 〈표 11-2〉과 같다.

〈표 11-2〉 디지털 트윈의 활용영역

구 분	내 용
가상제조	(Virtual Manufacturing) 디지털 협업도구를 활용하여 아날로그 적업을 줄일수 있음. 전화하는 3D제품 모델을 신속하고 반복적으로 만들어 낼 수 있음
첨단기술	(Advanced Technologies) 레이저를 활용한 3D프린터로 새로운 솔루션의 시작품을 빠르게 제작가능
센서를 활용한 자동화	(Sensor-Enabled Automation) 공장 전체의 장비에 센서가 데이터를 수집하고 돌발적인 가동중지를 예방하고 생산성을 제고
공장 최적화	(Factory Optimization) 생산성과 효율성의 극대화를 위해 데이터를 기반으로 사람의 작업 프로세스, 로봇을 활용한 업무, 기타 작업 등을 실시간으로 최적화 수행
공급망 최적화	(Supply Chain Optimization) 사업부문을 넘나드는 통합도구로 공급망과 공장 운영을 재구성

디지털 트윈은 향후 장밋빛 기술이 아니라 이미 적용되고 있는 기술이다. GE는 세계적인 발전기 생산업체이다. 현재 전 세계에 공급되어 있는 모든 발전기에 센스를 부착하고 이를 주기적으로 데이터를 수집한 후 디지털 트윈 기술을 활용하여 가동중지 예정 등을 식별하고, 이를 고객사에 통지해주고 있다. 이를 통해 막대한 서비스 비용을 받고 있다. 얼마 전 GE의 회장이 앞으로 GE는 Software 업체로 탈바꿈할 것이라고 선언하였는데, 그 핵심 기술에 바로 디지털 트윈이 있다.

결국 디지털 트윈은 제조와 소프트웨어가 결합한 융합(Convergence) 모델로서 Software-Defined Society(소프트웨어 정의 사회) 化의 핵심 사례로 부상할 것이다.

11-3 디지털 트윈 응용의 기술

1. 실제 공정을, 모니터링/제어할 수 있는 가상 공장 구축

1) 제어할 수 있는 가상 공장 구축(One View)

① 설비 및 제품의 상황을 실제로 보는 것과 같은 환경에서 감시와 운전을 할 수 있는 가상 환경의 유저 인터페이스 제공
② 시뮬레이션을 통한 공정 개선, 설비 배치, 야드 적재 효율화에 적용
③ 실시간 데이터 연동으로 물리적 생산 현장의 모습을 Animation, 세계 어디서나 인터넷이 연결된 곳에서 모니터링하는 것이 가능
④ PC, Mobile, Web 등 다양한 플랫폼 제공
⑤ 사용자가 설비를 회전, 확대뿐만 아니라 직접 클릭하여 제어
⑥ 시스템 상에서 실제 공장과 동일하게 동작되며 IP Camera 연동으로 검증, 확인

[그림 11-3] 가상 공장 구축

2) 실제 공정을 모니터링

① 문제 발생 시 설비위치를 직접 볼 수 있어 해당설비 위치 파악 및 정보 검색 소요시간 단축, 연계설비(유틸리티)와 같이 모니터링
② 정비, 도면, 안전, 보안, MES, 설비 Data 등 다양한 콘텐츠를 하나의 화면에서 확인할 수 있어, 타부서간 업무협조 원할
③ 벡터 방식의 3D Engine 사용으로 다양한 정보의 표현에 한계가 없음, 물리적 흐름, 다차원 데이터, 설비의 실제 동작 등
④ 정비메뉴얼, 운전메뉴얼, 교육메뉴얼로 활용 시 빠른 학습 효과 제공
⑤ POSCO, 현대제철, SK텔레콤 및 POSCO 계열사들의 스마트 팩토리 사업에 도입, 개발 중
⑥ 두산중공업, 산차, 국가연구소(자산관리), 인천공항 등에 접목 중

[그림 11-4] 실제 공정을 모니터링

11-4 디지털 트윈 응용 사례

학습 11

1. POSCO Smart Factory – 포항 2열연 설비상태에 따른 품질분석

① Data 기반 전체 공정의 디지털 트윈
② Bigdata 분석을 통한 설비상태에 따른 품질인자 결함 요소 분석
③ 개발된 모델 적용 시뮬레이션
④ 소재의 정확한 위치 Tracking 요구

⑤ 정확한 모니터링과 정확한 Alarm 요구
⑥ 소재의 폭, 두께, 길이 정보 실시간 제공
⑦ 연동설비(Utility)상태 제공
⑧ 에너지(전기, 가스 등)의 공급상태 및 상태 모니터링
⑨ IP 카메라의 연동
⑩ Alarm 위치 신속 제공
⑪ 교체품, 순환품에 대한 Active Alarm
⑫ 실시간 Data의 표현 정합성 확보
⑬ 초창기 Version(IBM, DB2 환경)

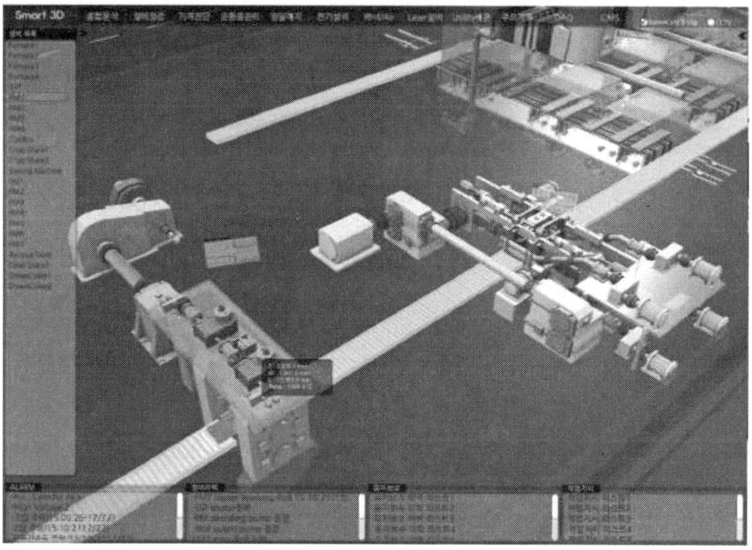

[그림 11-5] 포스코의 포항 2열연 설비상태에 따른 품질분석

2. POSCO Smart Factory - 광양 2후판 설비 모니터링(Big data 분석을 통한 상세 설비 상태/알람 모니터링)

① 포스코 스마트팩토리 시범 공장
② Bigdata, VR, Analysis, IoT Sensor 도입
③ 다양한 사용자의 요구사항에 적합한 Data 표현의 요구
④ 설비, 품질, 안전, 공정관리 등 전반적인 IT System 고도화
⑤ 정비시점 및 설비 이상 예측(머신러닝)

⑥ 스마트팩토리 Portal, Smart 3D 구축
⑦ 품질측정 Data 분석을 통한 제품 절단 구간 Feedback System 구축
⑧ 압연기, 변압기 등 핵심 설비 Bigdata 분석을 통한 이상예측 시스템 개발
⑨ POSCOICT → POSFrame 개발
⑩ POSCOICT → Workbench 분석툴 제공

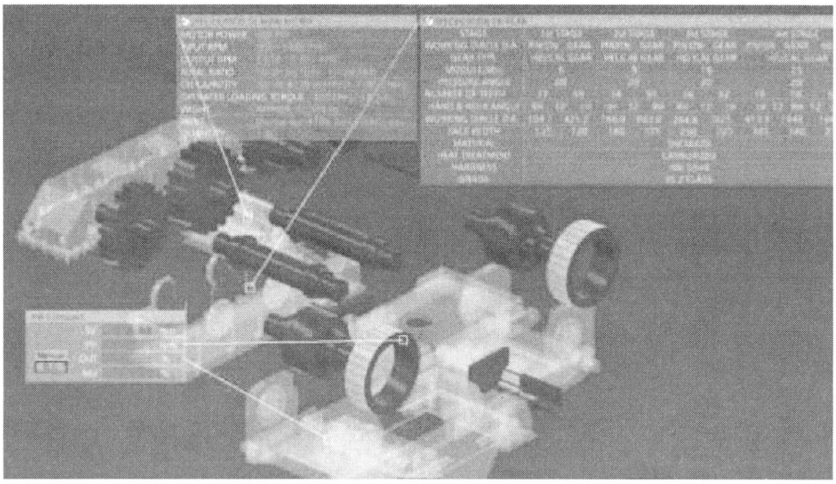

[그림 11-6] 포스코의 광양 2후판 설비 모니터링

3. POSCO Smart Factory -3D UST, SDD 고도화

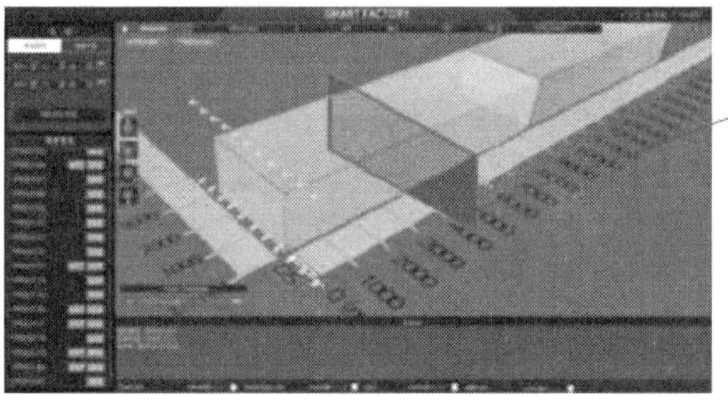

Smart Factory Platform의 전장길이 정렬 데이터
설비의 마이크로 데이터를 소재의 길이방향 좌표에 매칭.
(현재) 품질측정 결함위치를 파악 불가

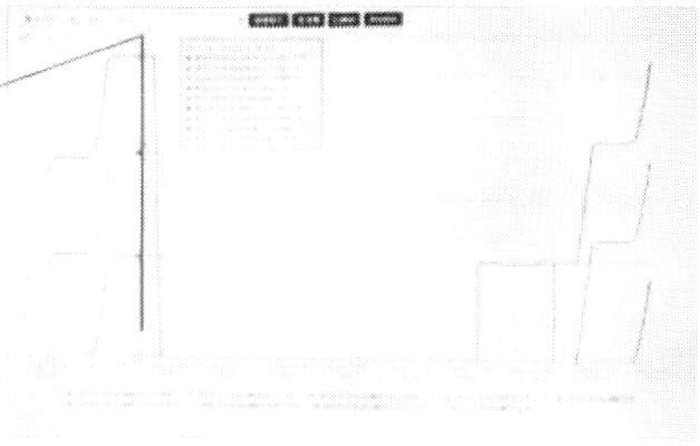

품질측정 데이터와 전장 길이 정렬 데이터 연동
3D 소재 상에의 결함의 종류와 위치 형상화
(현재) 설비상태 Micro Data 파악 불가

[그림 11-7] 포스코의 3D UST, SDD 고도화

1) 품질 측정 데이터의 다양화

① 형상 데이터의 적용 : 형상품질 측정데이터의 미적용으로 정방형만으로 표현되는 현 시스템의 단점

학습 11

② 소재 평탄도 등의 형상측정 데이터의 적용 필요.

2) 설비 데이터와의 연동 필요

품질 결함 요인의 원인분석을 위하여 현재 Smart Factory Platform의 Micro Data와의 연동 및 절단 시뮬레이션 필요.

4. POSCO ChemtechSmart Factory – 3D Smart HMI, 공정 시뮬레이션, 빅데이터 분석으로 통한 정비시점 예측

① 실제 설비와 동일한 형태로 공정을 모니터링하고 제어할 수 있는 시스템 구축
② 정확한 센서의 위치 파악 및 Data 연동
③ 공정 시뮬레이션을 통한 공장 증설 시 시행착오 감소
④ 핵심 구동기의 이상 분석
⑤ 빠르고 직관적인 이상 구동기 위치 파악
⑥ 터치 제스처 기능 개발로 현장에서 사용하기 편리하도록 제작
⑦ 정확한 Alarm 위치 파악을 통한 신속한 정비 대응
⑧ 다양한 Data(Text, Chart 등)의 표현
⑨ 사용자 환경 제공

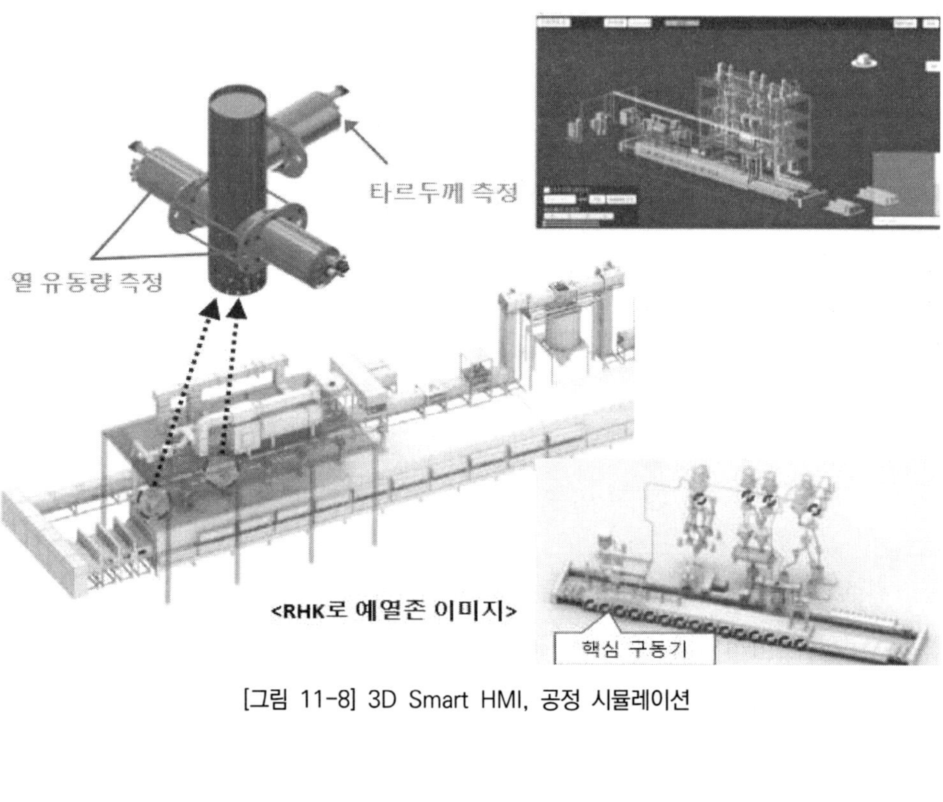

[그림 11-8] 3D Smart HMI, 공정 시뮬레이션

5. 울진, 고리 원자력 발전소 – 실별 방사선 위험감지, 출입문 계폐현황, 방사선 폐기물 모니터링

① 신고리 원자력 발전소의 각 실에 대한 방사선 Alarm System 구축
② 출입문 관리시스템 구축
③ 방사선 폐기물 야드 모니터링
④ 방사선 구역 출입관리 시스템
⑤ 반입반출 관리 시스템
⑥ 유해물질 관리 시스템
⑦ 원자력 발전소의 특성상 복잡한 설비로 구성되어 3D형태의 관리 시스템이 요구됨
⑧ 울진 원자력 발전소 수처리 공장(10개소) 에서는 단순 아날로그 계측장치를 모니터링 하는 요원이 개소당 2명씩 3교대 근무 관제실에서 통합관제 필요
⑨ 오래된 발전소의 단일계측기 및 노후 계측기 교체 필요

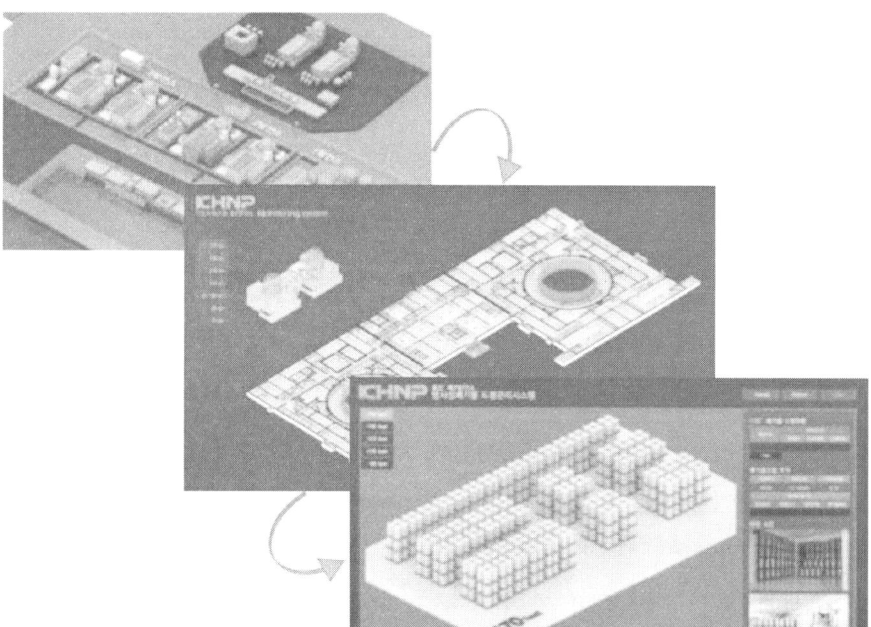

[그림 11-9] 방사선 폐기물 모니터링

학습 11

6. 동국제강 – 수처리 시설 통합 관제 시스템, 소방시설 관리 시스템

① PLC Room에 모니터링 요원 2명(3교대)배치 단순 모니터링
② 아날로그 모니터링 장치를 Digital 모니터링 장치 자체 개발 적용
③ 통합 관제를 통한 작업 효율화
④ 수처리 시설 및 저장소 VR
⑤ 수처리에 관련된 센서 고장은 대형 사고로 이어짐으로 센서 이중화
⑥ 소방시설 모니터링
⑦ 소방점검을 위한 장비들의 교체시기 알림
⑧ 화재발생 시 대피 안내도 제공

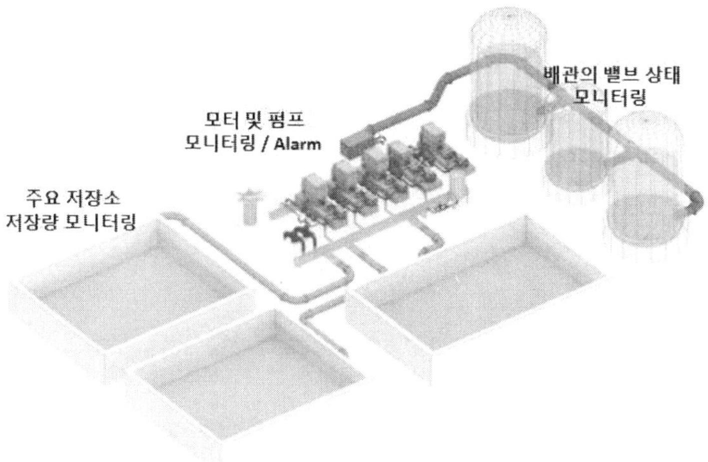

[그림 11-10] 수처리 시설 통합 관제 시스템

7. SK Telecom – 3D 빌딩 설비관리 시스템

① SK Telecom은 통신 문제 발생 시 정비 시간의 단축이 가장 중요한 업무임
② 정비자들이 통신 설비의 상태나 위치, 연계 설비의 위치, 선로 계통의 파악 불가
③ VIP 고객(에버랜드, 스포츠경기장, 지하철, 백화점, 국회의사당, 공항 등)의 시설에 통신설비 정비 가이드 구축 요구
④ 인빌딩 DB 구축
⑤ 사용자가 직접 통신 설비 및 계통도를 입력할 수 있는 Tool 제공
⑥ 인빌딩 Navigation 개발, 추후 T-map연동 계획 수립 중
⑦ 정비 시점 관리시스템 연동

⑧ 통신 품질 시스템 연동
⑨ 통신 설비 GIS System 연동 계획 중

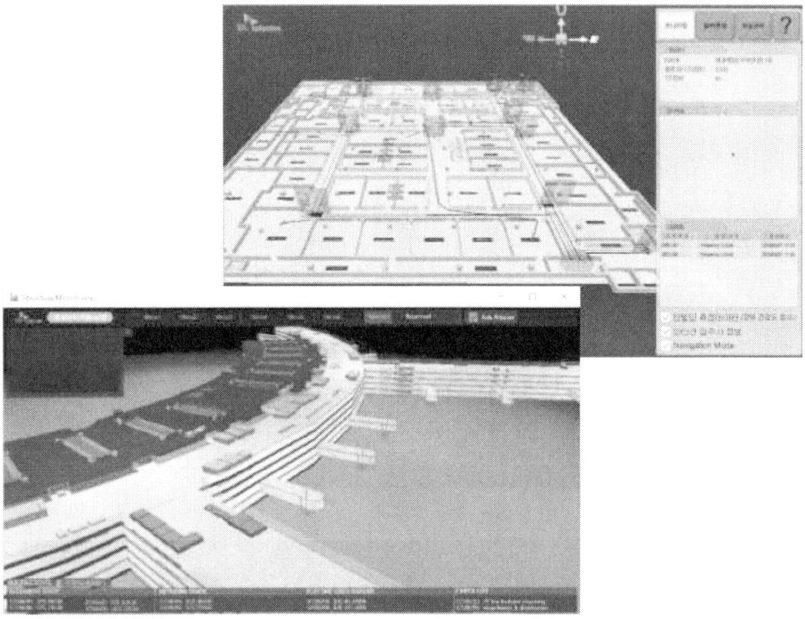

[그림 11-11] 3D 빌딩 설비관리 시스템

8. 두산중공업 단조 공장 - Smart 3D HMI

① 단조공장의 제조 현장 인원(현재 47명) 감원(약20%)을 위한 정확한 모니터링, 제어, Alarm 시스템 구축 요구
② 정비 시간 단축 및 설비정보 공유를 위한 이상 설비 Navigation제공, PLC 제어 프로그램 및 Data 수집을 위한 인프라 구축
③ 가열로 인고트 인입을 위한 시뮬레이션, 향후 18,000t Press 시뮬레이션(지멘스) 결과 적용

9. 당진 현대제철 - 무인 크레인 시뮬레이션 개발

① 무인 크레인 설치 시 현장 인원이 조작하는 유인크레인에 비해 적재 속도가 느려 생산성 저하
② 작업 예상 Data의 Fast Animation(물리엔진 적용)을 통한 무인크레인 적재용량 예측 후 작업 지시

③ 무인크레인의 동작 Algorithm(Path)의 개선으로 이동속도 및 적재 속도 개선

10. 포항 가속기 연구소 - 3D 설비상태 모니터링 시스템, 설비 증설을 위한 시뮬레이터, 자산관리 시스템

① 핵심 가속설비는 운전 시 방사선이 유출 됨, Digital Twin을 통한 상시 모니터링 체계 구축

② 연구 설비 증설 및 개선 시 시뮬레이션 도구 필요

③ 실물 자산관리를 통한 국가 연구시설 자산 이력 관리 강화(분실 및 개인이 소지하는 문제 발생)

10. 가스터빈 발전소

디지털 트윈 개념을 적용한 가스터빈 발전소 운영관리시스템은 운전 데이터 분석, 통계처리, 자가학습, 수치모델링 기법 등을 활용해 실제 시스템의 현재와 향후 상태를 예측하기 위하여 센서, 데이터 정보, 예측모델을 활용해 구축한 멀티피직스(Multi_physics), 멀티 스케일(Multi_scale)의 구동을 근사할 수 있도록 구축된 가상의 복제 시스템으로 실제 시스템의 구성 정보와 실제 시스템의 신호 정보를 활용해 시스템의 상태를 분석하고 예측한다.

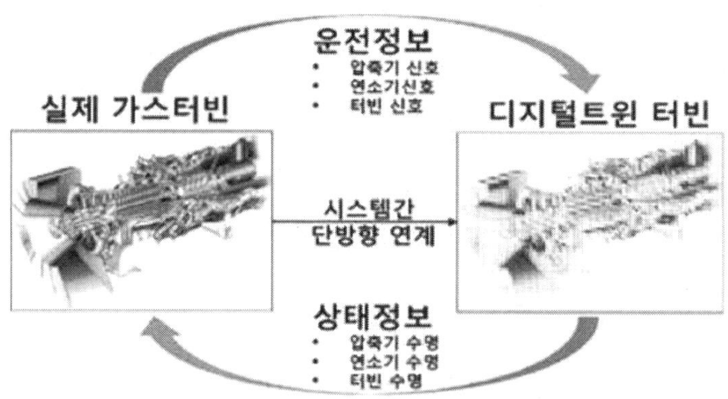

[그림 11-12] 가스터빈 디지털 트윈 시스템의 개념도

실제 시스템의 상태를 진단하고 예측하기 위해 디지털 트윈 시스템이 갖춰야 할 조건은 첫째, 실제 시스템에 대한 물리정보를 담고 있어야 한다. 둘째, 트윈 시스템의 예측 모델은 실제 시스템의 변화를 처리할 수 있는 동적 알고리즘으로

구성돼야 한다. 셋째, 실제 시스템의 미래 상태를 예측할 수 있어야 한다. 이런 특징을 갖는 트윈 시스템의 구현을 위해선 우선 실제 시스템의 거동을 모사할 수 있는 물리모델을 개발해야 한다. 다음으로 개발된 물리모델을 적용해 시스템을 구성하고 있는 각 하위 시스템을 대상으로 상세한 시뮬레이션을 수행하고 그 결과로부터 하위 시스템 및 전체 시스템의 거동을 예측할 수 있는 저차 알고리즘을 개발해야 한다. 마지막으로 시스템에 설치된 다양한 센서로부터 얻은 데이터를 실시간으로 처리해 시스템의 이상상태를 감지하고 그 영향을 가늠할 수 있는 알고리즘 개발이 필요하다.

기존 예측진단 시스템과 비교해 이런 디지털 트윈 시스템이 갖는 차별성은 크게 예측의 정확도 향상과 알고리즘이 갖는 유연성으로 요약할 수 있다. 예측모델은 시스템의 물리 모델을 기반으로 개발되므로 정밀한 물리 모델을 활용할수록 시스템 예측의 정확도는 향상될 수밖에 없다.

국내에서는 가스터빈 설비를 운영하고 있는 발전사를 중심으로 설비 운영의 효율성을 높여 운영비를 절감하고자 하는 노력의 일환으로 가스터빈 주요 부품의 국산화, 최적 가스터빈 운영시스템 개발 등의 연구에 지속적으로 투자하고 있다. 특히 한국서부발전의 경우 설비 운영비를 절감하고, 독자적인 설비운영 능력을 확보하고자 전력연구원과 함께 최신 가스터빈에 적용할 수 있는 가스터빈 디지털 트윈 시스템 개발하고 있다.

미국 전력연구소(EPRI)에서는 가스터빈 설비 중 터빈 회전익, 고정익, 연소기 등 고온부품 대상으로 부품의 수명 을 예측하고 관리할 수 있는 고온유로 수명관리 프로그램을 개발한 바 있다. 최근에는 기존 개발품을 기반으로 디지털 트윈 개념을 적용한 신개념 가스터빈 운영시스템을 개발하고자 하는 움직임이 관측되고 있다. 또 지난 2016년 전력연구원과 가스터빈 분야 연구협력을 위해 양해각서를 체결한 미국 플로리다 소재의 가스터빈 연구소 CATER는 연구소 내 디지털 트윈 혁신클러스터(DTIC : Digital Twin Innovation Cluster)를 구축하고 가스터빈 분야뿐 아니라 전산, 데이터처리 전문가 등을 채용해 가스터빈 디지털 트윈 기술 개발에 박차를 가하고 있다. 디지털 트윈 시스템 구축의 근간이 되는 신호 처리, 기계학습, 대규모 전산해석 기술 등을 내재화 할 필요가 있다는 분석이다.

수행 내용

재료 · 자료

- 디지털 트윈의 응용 관련 자료

기기(장비 · 공구)

- 컴퓨터, 프린터, 주변기기

안전 · 유의사항

- 컴퓨터 및 주변기기의 전원을 관리한다.

수행 순서

01 디지털 트윈의 응용분야별 적용 필요기술에 대하여 분석하라.

응용 분야별 필요한 기술이 실현된다면 더욱 다양한 분야에서 디지털 트윈 적용이 가능하다.

〈표 11-3〉 응용 분야별 디지털 트윈을 적용하기 위한 필요기술

응용 분야	필요 기술
교통 디지털 트윈 분야	교통 상황에 따른 경로 산정 등 교통제어의 복잡한 알고리즘으로 인하여 디지털 트윈 구축에 있어 더 강력한 컴퓨터 능력을 요구
환경 디지털 트윈 분야	광범위한 지리적 영역의 모니터링을 위해서 디지털 트윈 시스템이 인간의 물리적 간섭을 최소화하고 저전력 유지 체계를 구축해야 한다. 긴급한 데이터를 수집하기 위한 저전력 네트워크를 가능하게 하는 정밀한 디지털 트윈의 구축이 연구이슈로 진행중이다.
항공 디지털 트윈 분야	항공 관련 디지털 트윈 구축을 위해서는 저전력 컴퓨팅 및 고도의 보안성과 정밀성을 갖춘 컨트롤 시스템, 그리고 보안프로토콜의 개발 등이 필요하다.
에너지 디지털 트윈 분야	수자원 관리 및 에너지 제어 시스템이 스마트 그리드 디지털 트윈 구축에 있어 필수적이며 관련 서비스의 품질이 보증되는 응용 소프트웨어의 연구도 필요하다.

02 디지털 트윈 응용사례에 대하여 분석하라.

1. 영국의 Digital Twin City Project

1) 배경 및 목적

① 5G 통신은 주변에 벽이나 건물, 수목 등의 장애물이 있거나 심지어 사람의 위치와 날씨 등에 따라 전파간섭, 데이터 전송지연 및 단절, 음영지역 발생하여 사전에 정밀한 영향분석이 필요함

② 영국정부는 차세대 무선통신 5G의 성공적인 추진과 자율주행자동차 등에 활용하기 위하여 디지털 트윈 시티 구축사업을 시범적으로 추진

2) 주요내용

① 영국지리원을 중심으로 R&D사업 콘소시엄을 구성하고, 남부 해안도시 Bournemouth 타운의 모든 지형지물을 상세하게 3D로 디지털화

② 영국 디지털문화부는 5G 매핑 시범사업 추진을 위해 1,600만 파운드(약 2380억원)의 예산을 지원

③ 디지털 트윈을 통해 5G 네트워크 무선기지국 위치 설정을 위한 시뮬레이션을 실시하고 가상현실(VR)을 이용해 영향요인을 분석

[그림 11-13] 영국의 디지털 트윈 시티 (Bournemouth 타운)

출처 : https://www.youtube.com/watch?time_continue=19&v=X1h1jBsEqx8

2. 버츄얼 싱가포르

1) 배경 및 목적

① 2014년 11월 리셴룽(李顯龍) 싱가포르 총리가 싱가포르의 미래 10년 비전으로 선포한 '스마트 네이션(Smart Nation)'의 구현으로 추진

② 기술과 데이터, 네트워크를 효율적이고 지능적으로 활용해 싱가포르 국민의 삶의 질을 향상시키는데 목적을 둠

2) 주요내용

① 싱가포르 총리실 산하 싱가포르 국립연구재단(NRF)은 R&D사업으로서 버츄얼 싱가포르 프로젝트 개발사업을 관리

② 싱가포르 국토청은 3D 지형데이터를 제공하고 기술청은 버츄얼 싱가포르 구축관리의 각 단계에서 필요한 정보통신◦기술부문 전문지식을 제공

③ 3차원 공간정보 도시모델이자 협업적 데이터 플랫폼을 기반으로 하여 싱가포르 전 국토를 가상현실(VR : Virtual Reality)로 구현

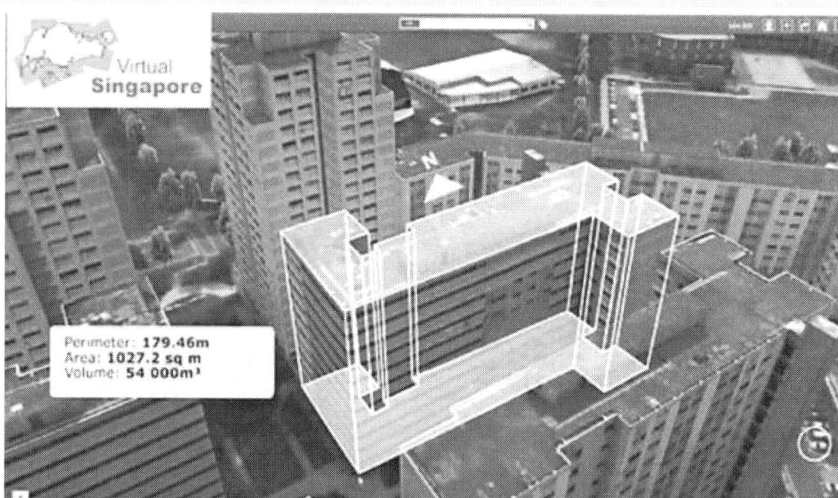

[그림 11-14] 버츄얼 싱가포르(Virtual Singapore)

출처 : https://asia.nikkei.com/Tech-Science/Tech/Virtual-Singapore-offers-tools-for-urban-planners

03 디지털 트윈의 응용에서 2가지 적용사례 비교에 대하여 분석하라.

1. GE의 파워플랜트 구현

[그림 11-15]처럼 GE에서 디지털 트윈을 이용해 파워플랜트를 구현함으로써 얻은 이점은 1.5% 능률 향상, 5% 과부화 상태 감소, 3% CO2 배출량 감소, 67000ton 석탄 절약/연 등이다.

[그림 11-15] GE의 디지털 트윈을 이용해 파워플랜트

1) IOT, 데이터 동기화

압력, 온도, 진동, 환경변수 등 다양한 상황을 측정할 수 있는 센서 구축

2) 모델링, 시뮬레이션

데이터 분석을 통해 발전시설 최적화, 문제 발생 전 예측 및 대응

3) 모니터링, 어플리케이션

발전시설 내 독자적인 어플리케이션 개발, 시설 모니터링 및 제어

2. 디지털 트윈을 인공장기에 적용

[그림 11-16]처럼 디지털 트윈을 적용하여 인공 장기를 구현하는 단계이다.

데이터 측정을 하기 위한 데이터 측정기술을 적용하기 위해 실시간 측정값 데이터 동기화를 하고 모델링 및 시뮬레이션을 통하여 업데이트 및 모델 개선하고 다양한 환경별 조건에 맞는 심화된 연구 및 실험을 통하여 모니터링 및 어플리케이션 개발하면 되는 과정이다.

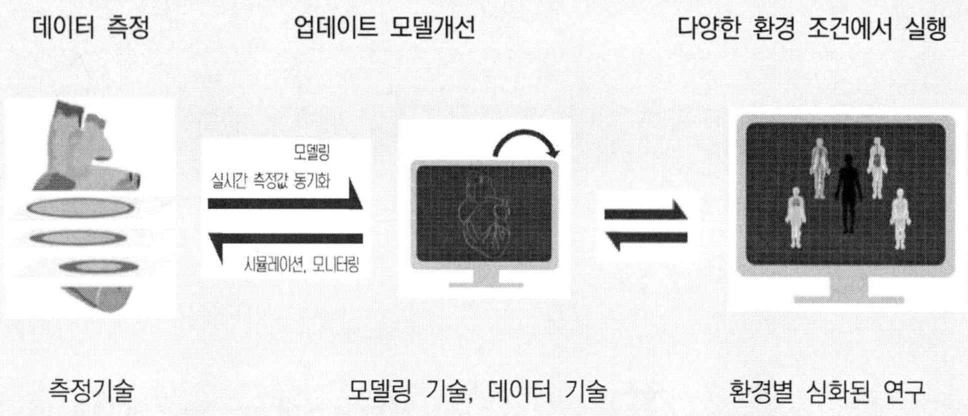

[그림 11-16] 디지털 트윈을 인공장기에 적용

04 디지털 트윈의 응용이 여러 분야로 확산될 수 있는 배경 중의 하나인 IoT(사물인터넷) 센서의 폭발적인 증가에 대하여 분석하라.

① IoT 디바이스가 진화하면서 이전에는 대상이 되지 못했던 보다 작고 간단한 물체도 디지털 트윈의 활용 시나리오에 추가됨에 따라 기업이 얻는 혜택이 많아지고 있다.

② 디지털 트윈은 가변 데이터에 따라 변화하는 결과의 예측에 사용할 수 있어, 향후 일어날 법한 상황 전개를 디지털 환경에서 분석하는 시뮬레이션 시나리오와 비슷하기 때문이다.

③ 추가적인 소프트웨어나 데이터 분석을 사용하여 디지털 트윈으로 IoT 환경을 최적화하고 효율성을 극대화할 수 있는 분야는 많으며, 또한 설계자가 어디에 무엇을 배치하고 어떻게 운용해야 하는가에 대한 답을 실제로 배포하기 전에 찾아내는 데에도 도움을 줄 수 있다.

④ 디지털 트윈과 현실의 물체가 똑같아질수록 효율화 등의 이점을 얻기가 쉬워지는데, 가령 제조업의 경우 장치에 대한 측정이 정교해질수록 장기간의 성능 기록을 디지털 트윈으로 정밀하게 시뮬레이션할 수 있으며 향후 퍼포먼스 및 장해 가능성을 예측하기가 쉬워진다.

05 디지털 트윈의 제조업과 의료분야의 응용에 적용방법의 차이점 대하여 분석하라.

〈표 11-4〉처럼 제조업과 의료분야에서 디지털 트윈 적용 차이점을 분석하였다.

〈표 11-4〉 제조업과 의료분야에서 디지털 트윈의 적용 차이점

제조업분야	의료분야
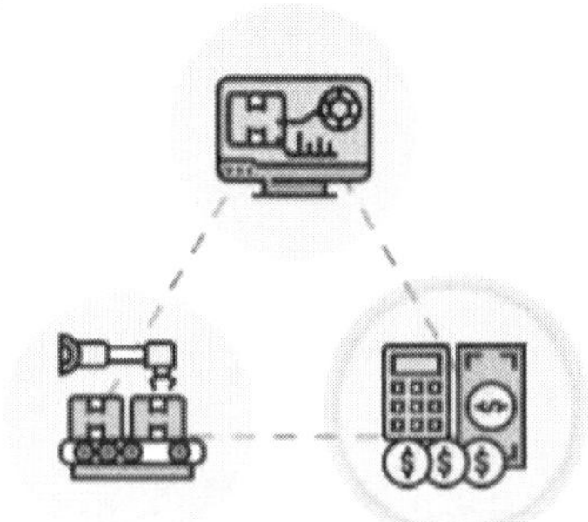	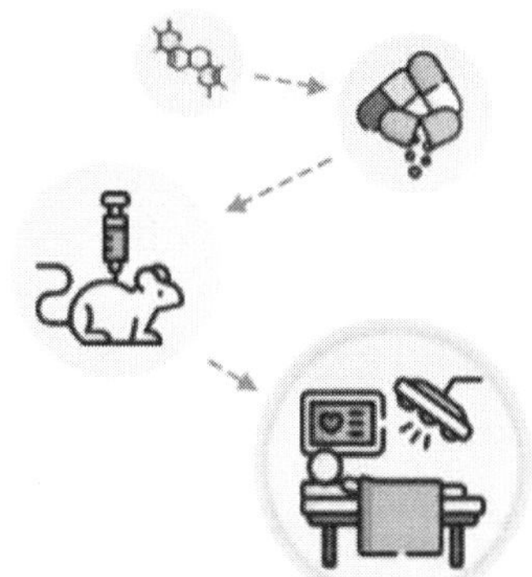
다양한 동작 변수 존재	다양한 생체 변수 존재
분석과 예측을 위해 제조 환경(㉠ 전력 소비량, 습도, 온도)과 축적 데이터(㉠ 생산량과 판매량, 불량률) 관련 다양한 동작 변수가 필요하다.	기술 개발과 임상을 위해 유전 정보, 면역력, 호르몬 수치 등 개체의 다양한 생체 변수가 필요하다.
오류가 경제적 손실로 직결	오류가 생명의 문제로 직결
기획 단계부터 생산 및 검사까지 제조업의 전체 과정에서 발생하는 오류는 경제적 손실로 직결된다.	개발 과정부터 임상을 거쳐 실제 수술이 이루어지는 의료 과정에서 발생하는 오류는 생명 문제로 직결된다.
기획 → 개발 → 시험 → 생산 → 검사	탐색 → 연구 → 전임상 → 임상 → 적용

1. 시스템 복잡도

시스템이 비교적 단순한 제조업과는 달리, 생체는 시스템은 현재 기술로 완벽히 이해할 수 없을 정도로 복잡하다.

2. 데이터 수집

제조업에 비하여 데이터 수집은 의료분야에서는 생체변수는 시간에 따른 변화량이 크고, 개체마다 다르기 때문에 측정 및 수집이 어렵다.

3. 가이드라인의 부족

이미 디지털 트윈의 적용이 보편화된 제조업과는 달리, 선행 연구가 부족해 즉각적인 적용이 어렵다. 제조업에서는 이미 구축된 기술 디지털 트윈(Digital Twin) 을 이용하여 의료분야중 하나 예제인 인공 장기의 문제점을 해결할 수 있을 것이다. 즉 바이오메디컬 엔지니어링과 디지털 트윈의 시뮬레이션을 융합하여 발전 모델을 만들 수 있다.

06 디지털 트윈의 모델링 응용별 분야 대하여 분석하라.

디지털 트윈을 생성하여 사용하면 운용 중인 시스템의 일부로서 인텔리전스가 향상된다. 운용 중인 실제 자산의 최신 표현을 확보하면 자산을 비롯한 전체 시스템을 제어하거나 최적화할 수 있다. 이러한 표현은 최신 상태뿐 아니라 자산의 운용 이력까지도 캡처한다. 디지털 트윈을 사용하면 미래 성능을 최적화하고, 효율을 높이고, 자동화하고, 평가할 수 있다. 가상 시운전을 위해 또는 다음 세대 설계에 영향을 주기 위한 용도와 같은 다른 목적으로도 모델을 사용할 수 있다.

디지털 트윈 모델은 다음과 같은 다양한 분야에서 널리 사용된다.

1. 운용 최적화

날씨, 규모, 에너지 비용, 성능 인자와 같은 변수를 사용하여, 수백, 수천 가지의 가정(what-if) 시나리오를 실행하여 준비도를 평가하거나 기존 시스템의 설정값에 필요한 조정을 확인하도록 모델이 트리거 된다.

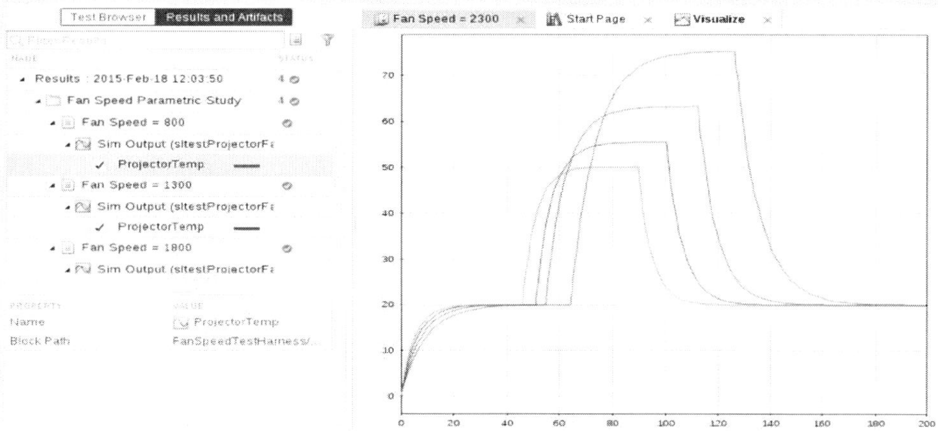

[그림 11-17] 가능한 동작을 평가하는 Monte Carlo 시뮬레이션

이를 통해 자동 중에 시스템 운용을 최적화 또는 제어하여 위험을 줄이고, 비용을 절감하고, 각종 시스템 효율을 개선할 수 있다.

2. 건전성 예측관리

Industry 4.0 활용 분야에서는 모델을 사용하여 잔여 수명을 확인함으로써 서비스나 장비 교체를 위한 최적의 시점을 예측할 수 있다. [그림 11-13]은 Baker Hughes의 MATLAB에 기반한 건전성 예측관리경보 시스템의 사례이다.

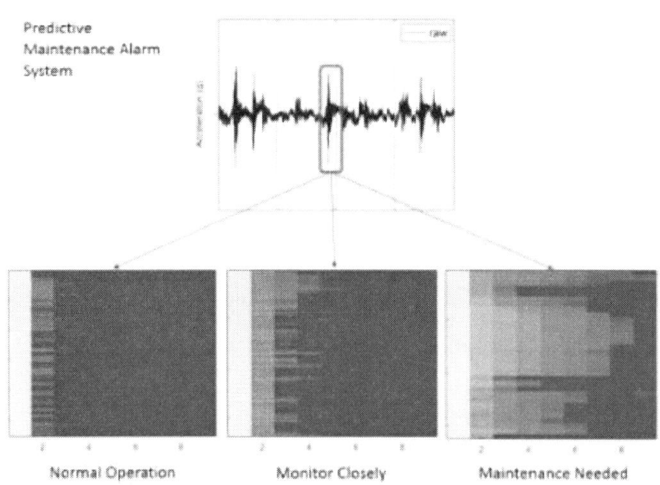

[그림 11-18] Baker Hughes의 MATLAB에 기반한 건전성 예측관리경보 시스템

MATLAB 및 Simulink를 사용하여 IT 및 OT 시스템에 대한 상태 모니터링과 건전성 예측관리 소프트웨어를 개발하고 배포한다.

내장형 인터페이스와 REST, MQTT, OPC UA 등의 프로토콜을 이용하여 클라우드 저장소, 관계형 데이터베이스, 비관계형 데이터베이스에 있는 스트리밍 데이터와 아카이브 데이터에 액세스한다.

신호처리 앱과 통계 기법을 활용하여 데이터에 전처리 작업을 수행하고 특징을 추출함으로써 장비 상태를 모니터링한다.

머신 러닝 모델을 구축하여 고장요인을 추출하고 고장 수명(time-to-failure)과 잔여 수명(RUL)을 예측한다.

C/C++, Python, HDL, PLC, GPU, .NET 또는 Java® 기반 소프트웨어 구성요소를 자동으로 생성하여, 임베디드 시스템, 에지(edge)디바이스, 클라우드 등 현재 운영 중인 시스템에 알고리즘과 모델을 배포한다.

3. 이상 탐지

모델은 실제 자산과 병렬로 실행되며, (시뮬레이션된) 예상 동작에서 벗어난 운용 동작에 즉시 플래그를 지정한다.

[그림 11-19] Simulink Real-Time을 사용하여 석유 굴착기에 구축한 산업용 IoT 프로토타입

이미지 제공 : National Oilwell Varco.

[그림 11-14]처럼 석유 회사에서 연속 운용 중인 해외 석유 굴착기로부터 센서 데이터를 스트리밍하는 경우, 디지털 트윈 모델이 운용 동작에서 이상 동작을 찾아서 재해성 손상을 방지한다.

4. 고장 분리

이상이 발생할 경우, 엔지니어나 시스템이 적절한 조치를 취할 수 있도록 일군의 시뮬레이션이 트리거되어 고장을 분리하고 근본 원인을 파악한다.

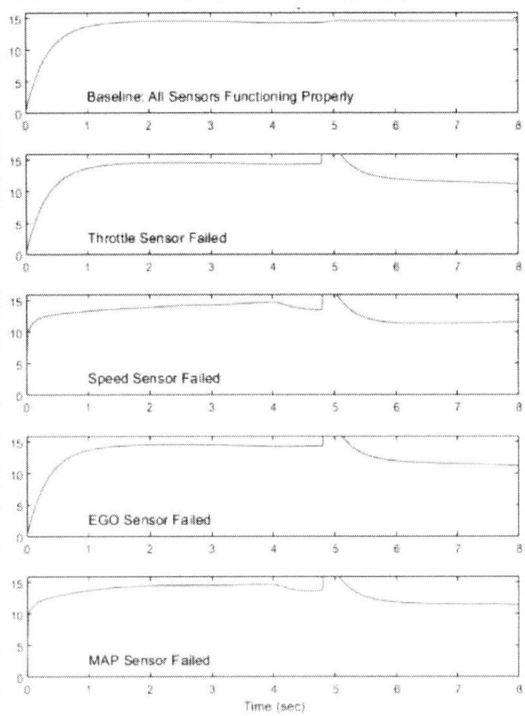

[그림 11-20] 연료 제어 시스템의 고장 분리

학습활동.11 교수 · 학습 방법

교수 방법

- 디지털 트윈의 응용에 대한 관련 용어, 구성, 방식 이해 정도를 파악한 후 수업을 진행한다.
- 교수자의 주도로 디지털 트윈의 응용 등의 내용을 PPT 자료로 제시한 후 설명한다.
- 가능하면 사전에 개인별 학습 자료를 준비하여 모든 학생이 참여할 수 있는 문제 해결식 수업, 협력 수업이 가능하도록 한다.
- 디지털 트윈의 응용 전 과정을 작업의 순서에 따라 단계적으로 실습이 이루어질 수 있도록 지도한다.
- 교재를 통해 수업을 준비하는데 있어서 필요한 모든 정보나 팁, 힌트 등 도움이 될 만한 내용들을 확인할 수 있다.
- 학생들이 만들게 될 각 모델들은 수업시간에 중점적으로 다뤄질 부분과 어휘, 질문, 답을 포함하고 있으며 또한 탐구할만한 추가적인 아이디어들도 포함하고 있다.

학습 방법

- 디지털 트윈의 응용에 대한 관련 용어를 숙지하고, 디지털 트윈의 응용에 대해 이해한다.
- 디지털 트윈의 응용의 각 단계별 중점 사항을 체계적으로 학습한다.
- 디지털 트윈의 응용의 수행순서의 전 과정을 실습한다.
- 디지털 트윈의 응용의 내용을 이해한다.
- 디지털 트윈의 응용을 이해하고 숙달이 될 때까지 학습한다.

학습활동.11 평가 및 피드백

평가 준거

- 평가자는 피평가자가 수행 준거 및 평가 내용에 제시되어 있는 내용을 성공적으로 수행할 수 있는 지를 평가해야 한다.

학습내용	평가항목	성취수준		
		상	중	하
디지털 트윈의 응용	디지털 트윈의 응용을 이해할 수 있다.			

평가 방법

- 작업 포트폴리오

학습내용	평가항목	성취수준		
		상	중	하
디지털 트윈의 응용	디지털 트윈의 응용을 이해할 수 있다.			

- 필기시험

학습내용	평가항목	성취수준		
		상	중	하
디지털 트윈의 응용	디지털 트윈의 응용을 이해할 수 있다.			

- 체크리스트를 통한 관찰

학습내용	평가항목	성취수준		
		상	중	하
디지털 트윈의 응용	디지털 트윈의 응용을 이해할 수 있다.			

- 피드백

1. 작업 포트폴리오
   - 제출한 보고서를 평가한 후 주요 사항에 대하여 표시하여 돌려준다.
2. 필기시험
   - 평가 결과 성적이 저조한 학생은 보고서 제출 기회를 부여한다.
3. 체크리스트를 통한 관찰
   - 실습 과정에서 평가한 후 개선해야 할 사항 등을 정리하여 돌려둔다.

참 | 고 | 문 | 헌

1. https://www.khidi.or.kr/board/view?linkId=48754471&menuId=MENU01523
2. 김완재. 2018. 디지털 트윈 개념 적용한 가스터빈 발전소 운영관리시스템 기술, Electric Power, 12(1), 58-59
3. 방유진외, 디지털 트윈을 이용한 인공장기 커스터마이징 프로젝트.
4. 과학기술정보통신부. 2017. "바이오 인공장기의 미래", 한국과학기술기획평가.
5. 김탁곤 · 이광기. 2018. "디지털 트윈 기술 발전방향", 『KEIT PD Issue Report』, 한국산업기술평가관리원, pp. 75-97.
6. 데일리 메디, 2005.11.03. "인공장기 면역거부 걱정마세요",
7. YTN. 2018.12.27. "국민 3명 중 2명 장기기증 의사 있다…실제 서약률 2.6%"
8. 교육부 공식 블로그. 2009.08.31. "2019년, 복제인간은 사람인가 제품인가?",
9. GE, Siemens Healthineers, Philips Healthcare, Dassault Systems, Alacris Theranostics 홈페이지 설명자료
10. 안지현 · 안상진. 2018. "국가별 환경비교를 통한 바이오 인공장기 관련 정책방향 설정", 한국과학기술기획평가원
11. 김탁곤. 2018. "국방 모델링 시뮬레이션", 한티미디어
12. 미래유망기술 프로그램. 2017. "인공 장기 바이오", 한국연구재단.
13. Kye Rok Jun, Yeong Rak Seong, Tag Gon Kim, "A Cellular Automata Model of Activation Process in Ventricular Muscle", 1994
14. 조광현. 2013. "시스템 생물학", 홍릉과학출판사, 2013
15. Shin, D.K. & Cho, K.-H. Recurrent connections form a phase-locking neuronal tuner for frequency-dependent selective communication. Sci. Rep.3, 2519; DOI:10.1038/srep02519 (2013).
16. Sang-Mok Choo, Byunghyun Ban, Jae Il Joo and Kwang-Hyun Cho. The phenotype control kernel of a biomolecular regulatory network. SChoo et al. BMC Systems Biology (2018).
17. TechZiffy, "Digital Twin Market Competitive Analysis, Growth Factors & Development Status By 2026", 2019. 3. 14.
18. Building Design + Construction, "What is your firm's innovation 'hit rate'?", 2019. 3. 10.
19. Networkworld, "What is a digital twin? [And how it's changing IoT, AI and more]", 2019. 1. 31.
20. Ian Skerrett@medium, "Defining a Digital Twin Platform", 2018. 3. 1.
21, 이상법 외. 2018.9.17. 4차산업혁명 대응을 위한 디지털 제조혁신 정책연구 보고서, KETI

학습 1	디지털 트윈의 개념
학습 2	디지털 트윈의 핵심기술
학습 3	디지털 트윈의 모델링 시뮬레이션
학습 4	디지털 트윈 플랫폼
학습 5	디지털 트윈과 스마트시티
학습 6	디지털 트윈과 스마트건설
학습 7	디지털 트윈과 제조업
학습 8	디지털 트윈과 물류
학습 9	디지털 트윈과 헬스케어
학습 11	디지털 트윈의 응용
학습 12	**디지털 트윈의 시장동향**
학습 13	디지털 트윈의 미래

학습 목표

1.디지털 트윈의 시장동향을 이해할 수 있다.

12-1 국내 추진 및 시장동향

1. 국내 추진동향

앤시스는 자율주행 차량부터 스마트 디바이스에 이르는 상업용 제품의 생산성 향상과 출시 비용 및 시간을 획기적으로 줄여주는 '앤시스 19.1'를 18일 출시했다.

'앤시스 19.1'은 단일 워크플로 안에서 시뮬레이션 기반의 디지털 트윈을 구축해 검증, 배치할 수 있는 '앤시스 트윈 빌더(Twin Builder)를 탑재한 것이 특징이다. 디지털 트윈(Digital Twin)은 물리적인 제품이 디지털상에 그대로 재현하는 컨셉이다.

산업용 사물 인터넷(IIoT) 연결 플랫폼을 통해 수집된 데이터와 결합해 산업 자산에 대한 불필요한 유지보수 비용을 크게 낮출 수 있다. 또 이러한 데이터를 통해 얻은 인사이트를 기반으로 엔지니어는 실제 운영 환경에서 스마트 기계를 분석해 운영 중인 제품 동작에 대한 정확한 피드백을 얻는다. 예기치 않은 중단

학습 12

과 같은 위험을 줄이고 제품 개발을 위한 내실화를 높일 수 있다.

앤시스 트윈 빌더는 엔지니어가 물리적 제품의 디지털화 빠르게 구축, 검증하고 배치할 수 있도록 지원한다. 모든 IIoT 플랫폼과 통합 가능하며 런타임 배치 옵션을 갖춰 운영 중인 모든 제품을 상시 모니터링할 수 있다.

이밖에 앤시스 19.1에는 3차원 금속 적층 제조 솔루션(Additive Suite)이 탑재돼 중량과 격자 밀도 최적화, CAD 지오메트리의 생성과 수정, 적층 공정 시뮬레이션, 데이터 검증을 위한 구조 분석 및 열분석이 가능하다.

이밖에 그란타(Granta)의 100여가지 메커니컬(Mechanical) 제품을 포함해 새 기능과 리소스도 다수 탑재됐다. 유체(Fluid) 제품군에선 하이드로 펌프부터 로켓 연료 시스템까지 다양한 응용 분야에 캐비테이션(Cavitation) 모델링에 대한 새로운 접근 방식을 엔지니어에게 제공한다.

2. 국내 시장동향

국내에서도 급성장 중인 매력적인 시장이다. 한국에서 디지털 트윈 시장은 '23년까지 연평균 16.3%의 성장세를 보일 것으로 전망이다. 다만 세계 디지털 트윈 시장의 연평균 성장률의 약 2/3수준에 불과하는 점을 고려하여 국내시장 확산이 시급하다.

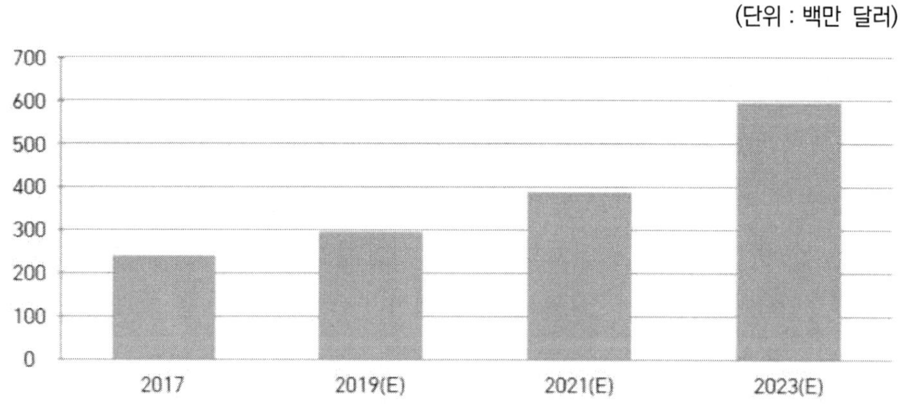

[그림 12-1] 국내 디지털 트윈 시장 전망

12-2 해외 추진 및 시장동향

1. 해외 추진현황

1) 미 국

새로운 가치와 일자리 창출을 위한 국민생활 밀착형 대규모 가상물리시스템(CPS) 융합 프로그램 추진한다.

대기업 주도로 산업인터넷시스템 이슈 해결을 위한 요구사항·권장사항의 정의 및 개발, 디지털 트윈 상호운용성 정의 등 활동하는 IIC(Industry Internet Consortium)는 14.3월에 GE, AT&T, Cisco, IBM, Intel 등 5개사가 중심이 되어 설립하였다.

'18.10월에 국가과학기술위원회(National Science and Technology Council)는 미국 첨단 제조업 리더십 확보 전략을 통해 빅데이터 분석, 첨단 센서 및 제어기술, 모델링 및 시뮬레이션 등의 디지털 트윈 관련 스마트 제조를 포함한 5대 전략 목표를 광범위한 여론수렴을 통해 전략 마련 및 발표를 추진하고 있다.

미국 도시의 교통망 관리를 위해 디지털 트윈을 활용하고자 출범된 민간·지자체 협력 재단(Open Mobility Foundation)은 디지털 트윈을 이용하여 실시간 관리 및 안전하고 효율적인 도시 교통 시스템 구축 및 시뮬레이션 계획하고 있다.

Smart America는 도시의 도로 교통 시스템을 디지털 트윈화하여 여정 시간·안전 개선, 도로 혼잡 감소, 도로 시스템의 성능 개선을 통한 경제적 이익 변환을 위해 노력하고 있다.

미시간주의 Ontwa는 폐수 파열 등 하수관 유지보수를 위해 디지털 트윈 활용, 정보 업데이트를 통한 작업흐름 투명성을 강화하고 있다.

2) 독 일

디지털전략 2025(Digital Strategy 2025)를 통해 CPS 기반 스마트 팩토리 구축으로 개인 맞춤형 제품 기반의 비즈니스 모델 혁신을 통하여 새로운 시장 창출 및 매출 증대와 스마트 팩토리 상품화를 통해 세계 제조장비 시장 주도권 확대 추진하고 있다.

'15.4월 RAMI4.0(Reference Architecture Model Industrie 4.0) 공개하였다.

RAMI 4.0은 3개의 요소를 3차원 모델을 통해 동시에 제시하며 I4.0을 구성하는 모든 요소를 포함한다. 디지털 트윈의 경우 Information 레이어의 제품수명주기 축과 계층레벨 축을 거의 커버하고 디지털 트윈을 Asset Administration Shell(AAS)로 정의하였다.

프라운호퍼는 '19.10에 다양한 그룹들이 여러 독일 기업(지멘스, 보쉬 등)과 협업을 통해 제조에 알맞은 디지털 트윈 구현 노력 및 AI 데이터 인프라 플랫폼 구축 결정하였다.

3) 영 국

영국은 국가 인프라를 디지털 트윈으로 구현 추진 중이다.

(1) Data for the Public Good

2017년 영국 국가 인프라위원회(British National Infrastructure Commission)는 데이터 공유의 중요성과 디지털 트윈의 필요성을 강조하며 '국가 디지털 트윈(National Digital Twin)' 권고하였다. 국가 디지털 트윈으로 영국 인프라가 제공하는 성능 · 서비스 · 가치의 향상과 사회 · 기업 · 환경 · 경제에 혜택 제공을 목표로 하고 있다. 2018년 7월, 국가 디지털 트윈 구축을 위해 CDBB(Centre for Digital Built Britain)내에 DFTG(Digital Framework Task Group, 공익을 위한 데이터 사용 보장 단체) 발족하였다.

〈표 12-1〉 CDBB의 DFTG(Digital Framework Task Group) 활동

활 동	내 용
제미니 원칙 (Gemini Principles)	**디지털 트윈의 발전을 위한 공통된 정의와 원칙** ① 목적성 - 공공성 : 영구적으로 진정한 공공의 이익을 제공하기 위해 사용할 것, - 가치창출 : 가치창출과 성능향상을 실현할 것, - 통찰력 : 구축된 환경에 대한 확실한 통찰력을 제공할 것 ② 신뢰성 - 안정 : 보안을 활성화하고, 스스로 안전할 것, - 개방 : 가능한 개방되어 있을 것, - 품질 : 적절한 품질의 데이터를 기반으로 구축될 것 ③ 기능성 - 연합 : 표준연결 환경에 기초할 것, △(큐레이션) 명확한 소유권 · 통치권 · 규정이 있을 것, - 진화 : 기술과 사회의 발전에 따라 적응할 수 있을 것

활 동	내 용
디지털 트윈 허브 (DT Hub)	**디지털 트윈을 소유하거나 개발 중인 사람들을 위한 공동 웹 지원 커뮤니티** [주요목표] ① 디지털 트윈에 대해 배우고 경험을 공유 ② 디지털 트윈 혁신 추진, 전문성 개발 ③ 모범사례 식별을 위한 디지털 쌍둥이 표준 작성 ④ 비즈니스 사례 연구 ⑤ 과제 해결을 위한 네트워크 형성 ⑥ 디지털 트윈 작업 목록 제공 ⑦ 국가 디지털 트윈으로 만들 때 해결과제 식별 및 정의 ⑧ 정보 관리 프레임 워크의 채택 촉진
로드맵	National Digital Twin 개발을 가능하게 할 기본 정보 관리 프레임워크에 대한 로드맵을 발표

(2) VU. CITY 프로젝트

런던, 맨체스터 등 영국의 도시들을 3D 모델로 구축, 교통, 날씨, 환경정보 등 실시간 데이터를 연동하여 도시 운영 효율화를 위하여 도시개발 회사와 3D 컨텐츠 제작 전문 기업의 합작으로 도시 플랫폼 구축하였다.

3) 싱가포르

싱가포르는 14년 말부터 '18년까지 약 7300만 달러 투입한 Virtual Singapore는 도시의 모든 구조물과 맵핑된 디지털 트윈을 구현하여 도시계획 · 교통 · 환경 등 다양한 분야의 가상 플랫폼으로 활용하였다.

건물이나 공원 건설 등의 프로젝트를 계획 시, 버추얼 싱가포르 플랫폼 내에서 주변 경관과의 조화, 교통에 미치는 영향, 일조권 침해 여부 등의 사전 조사 항목을 빠르고 정교하게 파악하였다.

차량 흐름이나 통행에 불편을 야기할 시, 최소화하기 위한 보완 통로 구축에 대한 추가 시뮬레이션을 진행, 더 나은 설계로 변경하기 위한 여러 테스트를 큰 비용 소모 없이 수월하게 검토하였다.

긴급 상황 발생 시, 건물 내 다양한 변수에 대해 시뮬레이션하여 직관적 시각화를 제공하였다.

〈표 12-2〉 버추얼 싱가포르의 4가지 주요기능

활 동	내 용
가상실험	3G/4G 네트워크 커버리지 영역 검사, 열악한 커버리지 영역의 현실적인 시각화 제공, 3D 도시모델에서 개선할 수 있는 영역 강조 시 사용
가상테스트베딩	서비스 제공을 검증하는 플랫폼으로 활용, 군중 분산을 모델링 및 시뮬레이션하여 비상 시 대피 절차 수립 지원
계획 및 의사결정	교통 흐름이나 보행자 이동 패턴을 분석하는 앱 개발 등 통합된 도시 플랫폼 지원
연구개발	풍부한 데이터를 연구자들에게 제공하여 새로운 기술이나 능력을 혁신 및 개발 지원

2. 국외 시장동향

글로벌 시장은 IoT, 클라우드 등 신기술의 채택 확대가 디지털 트윈 수요 주도하고 있고 높은 성장세가 예상된다.

최근 발행한 마켓 앤 마켓의 디지털 트윈 보고서에서 폭발적 성장을 예상하며 세계 디지털 트윈 시장을 긍정적으로 전망한다. 세계 디지털 트윈 시장의 규모(십억 달러)는 2025년(35.8) (연평균 성장률 37.8%) 예상하고 있다. '17년 기준 '23년까지 연평균 성장률은 24.7% 전망한다. '21년에는 대기업 중 잘반이 디지털 트윈을 사용하며, 수십억 개의 디지털 트윈의 시장을 생성하여 조직의 효율성이 10% 이상 향상될 것으로 분석한다.

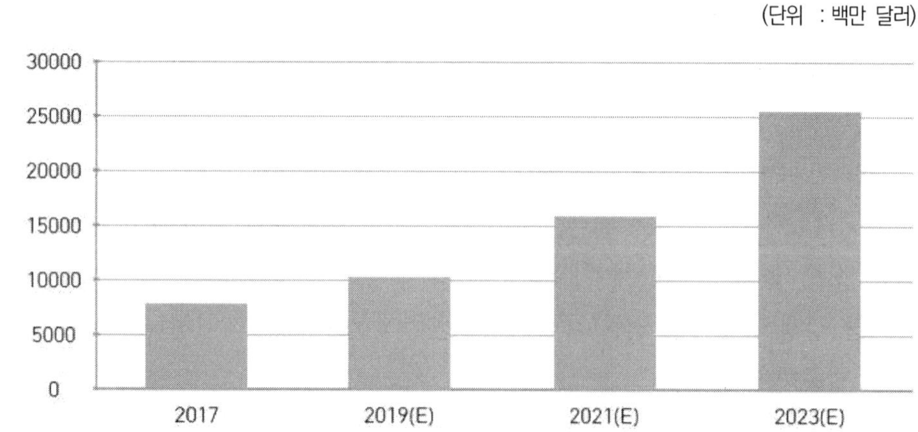

[그림 12-2] 세계 디지털 트윈 시장의 규모

'20년까지 글로벌 2,000대 기업의 30%가 운영 프로세스에 있어 고도화된 디지털 트윈 모델을 구현하여 기업 조직의 수평화와 지식 근로자의 생산성 제고를 가져올 것으로 예상한다.

가트너는 디지털 트윈 전략 보고서에서 '23년까지 글로벌 주요기업의 50%가 디지털 트윈을 활용한다는 것을 전제로 모든 예측 데이터를 산출한다.

'22년까지 1조 달러의 고객 자산관리 비용 절감 효과를 얻을 것이며, 산업설비의 디지털 트윈은 2020년까지 고객 소모비용의 25%를 조달과 유지보수에서 서비스로 이동시킬 것으로 예측한다.

3. 국외 디지털 트윈 활용과 개발사례

1) 싱가포르의 비추얼 싱가포르

싱가포르는 스마트 국가사업 목적으로 '버추얼 싱가포르(Virtual Singapore)'를 추진하고 있다. 이 사업은 국가 전체 모습을 3차원으로 표현하는 사업이다. 약 700억 원을 투자했고, 2018년 중에 구축을 완료하였다. 추진 목적은 정보 공유로 국가 개선 방안 의견을 좀 더 효율적으로 모으기 위함이다.

2) 팔콘 4.0 게임

게임에서도 디지털 트윈 사례를 찾을 수 있다. 대표적으로 '팔콘 4.0'이라는 게임이 있다. 팔콘 4.0은 비행기 시뮬레이션 게임이다. 가상으로 실제 조종 환경과 유사하게 구현돼 있어, 사용자는 게임 플레이로 비행기 조종을 체험할 수 있다. 이를 통해 비행기 훈련도 가능하다.

3) GE의 프레딕스(Predix)

2016년 GE는 기계에서 발생하는 대규모의 데이터를 분석 수집하고 사물인터넷으로 연결해 디지털 트윈을 구현해주는 통합 IIoT(Industrial Internet of Things) 플랫폼 프레딕스(Predix) 공개하였다. GE가 제조 · 판매하는 모든 장비에 센서에서 수집한 데이터를 모아 분석하고, 디지털 트윈으로 구현하여 가상 모니터링 · 컨트롤 등의 서비스 제공한다. 사례는 미국 네바다주에 위치한 자사 공장의 프로세스와 공급사슬의 디지털 트윈 모델을 생성해 경영진이 데이터에 기반을 둔 수천 건의 의사결정에 도움이 되었다.

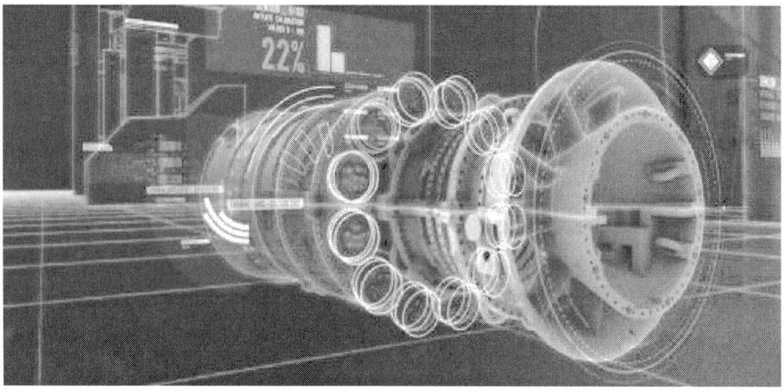

[그림 12-3] GE의 디지털 트윈

4) Siemens의 마인드스피어

지멘스는 공장 자동화 IoT 플랫폼인 마인드스피어를 구축하여 공장 내 각 설비에 부착된 센서를 통해 데이터를 받아들이고 공장의 설비를 실시간으로 디지털 트윈과 연결하여 피드백 후 생산성이 증가하였다. 사례는 지멘스 암베르크 공장은 1,000종이 넘는 제품을 연 1,200만개 이상 생산하는데, 한 라인에서 동시에 여러 제품을 생산 가능하다.

[그림 12-4] Siemens의 디지털 트윈

5) Microsoft

2018년 공개된 클라우드 컴퓨팅 Azure에서 디지털 트윈을 만드는 IoT 솔루션 빌드인 Azure Digital Twins 제공한다. 가상 표현인 공간 인텔리전스 그래프에서 빠르고 간편하게 물리적 세계의 사람, 장소 및 디바이스 간 관계를 모델링하여 모니터링과 조건적 예측을 통해 물리적 환경 개선과 효율적 기회를 제공한다.

6) IBM

Watson IoT 플랫폼의 강력한 데이터 모델링 기능을 통해 장치(Device)트윈과 자산(Asset) 트윈을 사용하여 데이터를 디지털 스레드의 근간을 구성할 수 있는 모델로 통합한다. 광범위한 현장 지식을 담은 플랫폼과 각 업체의 내부 시스템, 장비 등을 통합하여 각 업체에 맞춤형 솔루션을 제공한다.

[그림 12-5] IBM의 디지털 트윈

7) ANSYS

앤시스 19.1은 단일 워크플로 안에서 시뮬레이션 기반의 디지털 트윈을 구축해 검증, 배치할 수 있는 '앤시스 트윈 빌더(ANSYS Twin Builder)'를 탑재하였다.

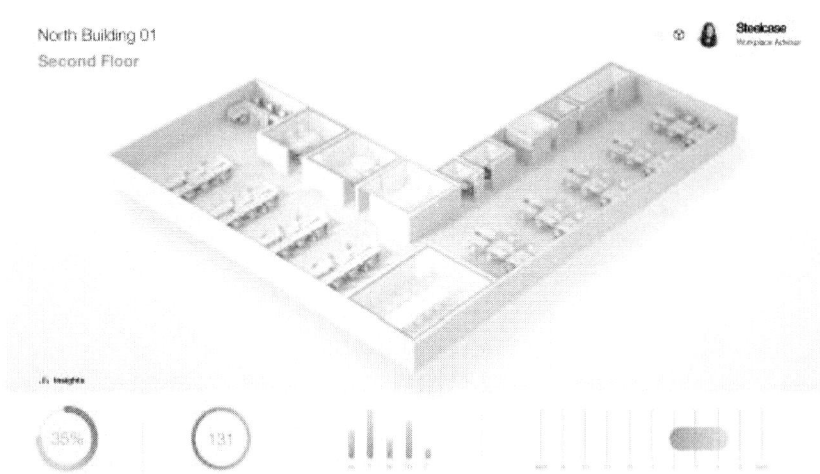

[그림 12-6] ANSYS의 디지털 트윈

엔지니어가 물리적 제품의 디지털 트윈을 빠르게 구축, 검증하고 배치할 수 있도록 지원한다. 트윈 빌더 사용 시 다양한 IIoT(Industrial Internet of Things) 플랫폼에 디지털 트윈 연결을 통해 테스트 및 실시간 데이터에 접속을 지원한다. 트윈 빌더의 내장 API는 PTC ThingWorx, GE Predix, SAP Leonardo와의 매끄러운 연결 제공하여 물리적 자산에 대한 예측 정비 수행이 가능하다.

8) SAP

SAP Leonardo IoT는 디지털 트윈 모델 기반 서비스 제공, 규칙 및 이벤트 관리, 액션 중심 비즈니스 통합, IoT 강화 분석, IoT 데이터 액세스 제어, IoT 응용프로그램 개발 등 지원한다.

9) Dassault Systems

다쏘시스템의 단일 플랫폼 기반의 '3D 익스피리언스 트윈(3D EXPERIENCE Twin)'은 현실 세계에서 존재하거나 존재할 수 있는 제품, 시스템, 시설 또는 환경을 표현하며, 제품의 생애주기의 모든 단계에서 동적 3D 모델로 제품과 프로세스, 공장·설비 운영을 복제한다. 설계 및 생산/제조, 운영에 영향을 미치는 규제, 요구 사항 및 재료에서 고객의 경험에 이르기까지 모든 단계를 모델링, 시뮬레이션하고 테스트해 검증한다.

[그림 12-7] Dassault Systems의 디지털 트윈

10) PTC

기업이 산업 혁신을 추진하는 데 필요한 기능, 유연성 및 확장성을 제공하는 산업용 IoT 플랫폼인 Thingworx에서 3D CAD 소프트웨어 크레오를 사용하여 디지털 트윈 구축을 통해 물리적 세계와 디지털 세계를 연결한다.

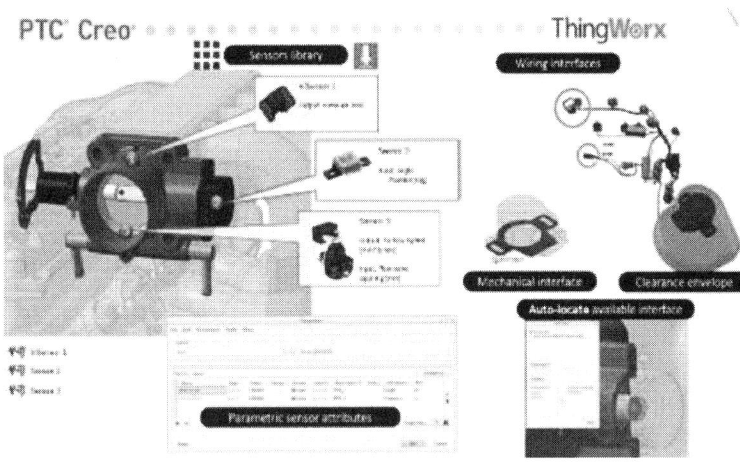

[그림 12-8] PTC의 디지털 트윈

11) Altair

알테어의 HyperWorks는 포괄적인 개방형 아키텍처 시뮬레이션 플랫폼으로, 고성능, 효율적이고 혁신적인 제품을 설계하고 최적화하기 위한 최상의 기술을 제공한다.

12-3 국내외 시장분석 및 전망

1. 2023년까지 연평균 37%의 높은 성장세 예측

IDC는 2020년까지 글로벌 2000대 기업의 30%가 운영 프로세스에 있어 고도화된 디지털 트윈(Digital Twin) 모델을 구현하는 가운데, 기업 조직의 수평화와 지식 근로자의 생산성 제고를 가져올 것이라고 예측했다.

또한 가트너는 2017년부터 2019년까지 3년 연속으로 디지털 트윈을 그 해의 '10대 주요 전략적 기술 동향'으로 꼽으면서 디지털 트윈의 성장에 주목해 왔다.

2016년 당시 가트너는 3~5년 내에 수십억 개의 사물이 실제 사물이나 시스템의 동적 소프트웨어 모델인 디지털 트윈으로 표현될 것이라고 예측하면서 디지털 트윈을 사용함으로써 실제 세계의 조건을 분석하고 시뮬레이션 할 뿐 아니라 변화에 대응하고 운영을 개선하고 가치를 추가할 수 있다.

이후 2017년에는 2020년까지 약 210억 개의 센서와 엔드 포인트가 연결될 것이며, 가까운 미래에 수십억 개의 디지털 트윈이 등장할 것이다.

[그림 12-9]처럼 마켓리서치퓨처(Market Research Future)의 예측에 의하면 전세계 디지털 트윈 시장은 2016년부터 2023년까지 연평균 37%씩 성장해 150억 달러의 시장을 형성할 것이라고 예측하고 있다.

또 다른 시장조사기관인 마켓앤마켓(Markets and Markets)에 따르면 디지털 트윈 시장은 2016년의 2조 원 규모에서 2023년에는 18조 원 규모로 급격한 성장을 이룰 것이며, 이 기간 동안 연평균성장률 37.87%라는 높은 성장세를 유지할 것이라고 전망함으로써, 마켓리서리퓨처와 크게 다르지 않은 예측치를 선보이고 있다.

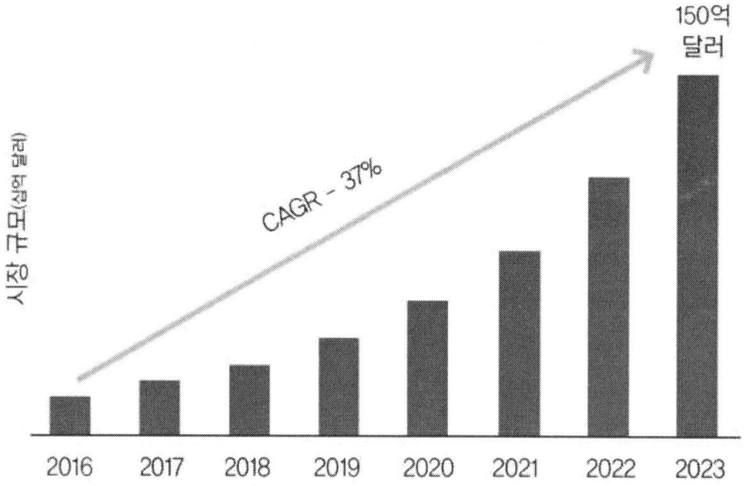

[그림 12-9] 글로벌 디지털 트윈 시장 전망(마켓 리서치 퓨처)

2. 스마트팩토리, 스마트시티 등 적용 분야의 확대

이런 디지털 트윈은 일하는 방식, 시공간의 한계 극복, 제품개발 효율화와 제조업의 서비스화 등 새로운 패러다임을 이끌 것으로 기대 받고 있다. 특히 향후 제조뿐 아니라 도시계획이나 부동산, 헬스케어 등 다양한 분야에서 활용이 예상되고 있다.

디지털 트윈의 개념을 처음 만들어 낸 GE는 물론이고, 이전의 CPS(Cyber Physical System)을 주창했던 지멘스, 그리고 이제는 마이크로소프트나 오라클과 같은 IT 기업, 그리고 다쏘시스템, 벤틀리시스템즈, PTC, 슈나이더일렉트릭 등의 많은 업체들이 제조, 건축 등의 다양한 분야에 대한 디지털 트윈 전략과 솔루션을 선보이고 있다.

물론 인공지능이나 IoT, 빅데이터, 클라우드와 같은 최신 IT 기술의 총 집합이라 할 수 있는 디지털 트윈은 현재 상황에서 과도한 기술이라는 지적도 있다.

가트너는 디지털 트윈이 항상 필요하지는 않으며, 불필요한 복잡성을 증가시킬 수 있다고 경고한 바 있다. 또한 이런 과정에서 비용과 보안, 개인정보, 통합 등의 문제가 대두될 수 있다고 지적했다.

3. 디지털 트윈과 조선업의 만남

디지털 기술을 건조과정과 선박, 해양플랜트에 적극적으로 이식하던 조선업계에도 혁신 과제가 주어졌다. 바로 디지털 트윈이다. 디지털 트윈은 말 그대로 가상의 공간에 실물을 재현한 사본을 말한다. 미국의 IT 리서치 기업인 가트너가 2018년에 이어 올해까지 2년 연속 선정한 주요 10대 전략 기술 트렌드 중 하나이다. 디지털 트윈의 가장 정확한 예시는 아마 영화 속에서 자주 접하고 있는 기술이다. 바로 마블의 [아이언맨]이 대표적이다. 주인공 토니 스타크의 사물인터넷(IoT)기술을 활용한 인공지능 '자비스'는 아이언맨 슈트의 운용 전 과정에 대한 정보를 제공함은 물론 생산 과정에서 가상의 테스트까지 진행했다.

디지털 트윈 선박(해양플랜트)의 개념은 아이언맨의 예시와 비슷하다.

먼저 조선소에서 설계, 생성되어 운항 과정에서 생애주기 동안 IoT를 활용해 빅데이터를 수집할 수 있는 실제 선박이 있어야 한다.

둘째, 지속적으로 업데이트 및 관리되는 클라우드 플랫폼 기반의 3D 통합정보로 구현된 디지털 선박이 있어야 한다.

디지털 트윈 기술은 선박을 '요람에서 무덤까지' 가장 효율적이고 안전하게 운용할 수 있게 한다. 3D 통합정보로 구현된 디지털 선박에 다양한 데이터가 입력되고 시뮬레이션 모델은 결과와 영향 또는 문제점을 도출한다. 조선사는 이를 토대로 실제 선박을 건조하거나 건조 전 여러 가지 테스트를 수행할 수 있다. 배를 운영하는 주체인 선사는 디지털 선박을 활용한 VR 선원 교육프로그램을 운영할 수 있고 운항데이터를 디지털 선박에 대입해 최적화된 유지보수 기간과 절차를 확보할 수 있다. 디지털 트윈 기술이 스마트 선박 구현에 폭넓게 활용될 수 있음을 짐작할 수 있는 대목이다. 기자재 업체들은 디지털 선박을 통해 장비의 상태를 모니터링하고 정비 계획을 수립할 수 있다.

프로세스 플랜트 분야 글로벌 선도기업인 에머슨은 업계 최초의 통합 제어 및 시뮬레이션 플랫폼을 사용하여 가동 중인 플랜트의 정확한 디지털 복제본을 만들 수 있도록 솔루션을 구축했다. 디지털 트윈 솔루션을 통해 구축된 이 고충실도 시뮬레이터는 플랜트 및 조선에서의 방대한 제조 현장에서 실제 제어 시스템과 나란히 실행되므로 변경 사항이 전기 공급에 영향을 미치지 않도록 고급 테스트가 가능하다.

에머슨은 디지털 트윈 기술은 단순히 제품이나 구성 요소를 테스트하는 것이 아니라고 강조한다. "디지털 트윈은 실제 환경에서 센서가 제공하는 데이터로 보강된 시스템 부품이 환경에서 어떻게 작동하고 반응하는지에 대한 연구 데이터를 사용하여 실제 조건을 분석하고 시뮬레이션하며 운영 변화에 대응할 수 있다."고 밝혔다. 디지털 트윈은 전문가와 모니터링 장치 및 센서와 같은 제어기기의 실제 조합을 위한 프록시 역할을 담당한다는 설명이다. 플랜트 및 선박 제조 현장에서 디지털 트윈 기술을 통해 분산된 각각의 설비와 솔루션들을 동시다발적으로 공사하고 만드는 것이 가능한 것이다. 디지털 트윈이 실제적인 운영에 대한 위험없이 각각으로 만들어지는 부품과 솔루션들을 효과적으로 병합할 수 있는 방법을 즉각적으로 시험해 볼 수 있도록 하기 때문이다.

1) 국내 조선업계의 디지털 트윈 도입

국내 조선업계는 디지털 트윈에 대한 빠른 기술 도입에 나서고 있다. 삼성중공업은 설계단계에서 2D 종이도면을 완전히 배제했다. 태블릿을 활용해 3D 작업 정보를 통합, 무도면 조선소로 전환 중이다.

대우조선해양은 3D 정보를 기반으로 조선소 작업 현장의 다양한 공정·생산 정보를 휴대폰으로 활용할 수 있는 시스템을 통해 가상현실 장비와 함께 직원들의 안전교육 수단으로도 활용하고 있다. 현대중공업은 영국 롤스로이스, 노르웨이.독일 연합 선급협회와 함께 디지털 트윈 기술을 적용한 디지털 플랫폼(OSP : Open Simulation Platform) 프로젝트를 진행 중이다.

빅3 조선사와 달리 중소조선사들은 회사 자체에서 디지털 트윈 기술을 적극적으로 도입하기가 어려운 실정이다. 빅3 조선사는 고부가가치 선박과 플랜트에 집중해 중국 조선사와의 경쟁에서 앞서나갈 수 있었지만 중소 조선사들은 중국발 저가입찰에 큰 타격을 입고 있기 때문이다. 이에 정부가 나서서 사물인터넷(IoT)기술과 인공지능(AI)기술을 활용한 한국형 스마트야드(K-Yard) 개발을 결정했다. 총 예산이 4,000억원에 달하는 대규모 사업이다.

정부는 2025년까지 두 곳의 중소조선사에서 시범 운영을 거친 후 모든 중소조선사에 K-yard를 도입하겠다는 방침이다. 정부의 계획대로라면 스마트야드 도입을 통해 중국에 밀린 가격경쟁력을 회복함으로써 그동안 미진했던 중형 벌크선과 탱커선의 수주량을 회복할 것으로 기대할 수 있다.

학습 12

수행 내용

재료 · 자료

• 디지털 트윈의 시장동향 관련 자료

기기(장비 · 공구)

• 컴퓨터, 프린터, 주변기기

안전 · 유의사항

• 컴퓨터 및 주변기기의 전원을 관리한다.

수행 순서

01 디지털 트윈의 경제적 파급효과에 대하여 분석하라.

디지털 트윈의 경제적 파급 효과는 결론부터 말하면, 수요산업은 부가가치가 향상될 것이며, 특히 향후 10년 동안은 팩토리 분야에서 가장 큰 수혜가 예상된다.

글로벌 컨설팅사 맥킨지의 보수적 전망을 보더라도 3.9조 달러에 달하는 경제적 부가가치 중 팩토리에서 30%가 발생한다.

그 이유는 산업에서 저성장 위기를 절실하게 느끼는 분야가 팩토리이기 때문이다.

기업들은 생산성 향상을 위한 대안으로 디지털 트윈에 주목하고 있다. 따라서 대응하지 못한 기업 간에는 통폐합 압력이 점증하고 있으며, 도입기업 중심으로 산업재편 및 시장 주도가 예상된다. 또한, 규제 강도가 상대적으로 낮기 때문이다.

휴먼 헬스 시장과 비교해 팩토리는 데이터를 활용하고 유통하고 분석하는 데 규제가 상대적으로 낮다. 그리고 디지털 트윈의 의사결정에 대한 수용성도 점증하고 있다. 자율주행의 경우 운전자 주권을 뺏기는 것에 대한 거부감이 있으며, 의료기기도 치료 중심의 업계 보수성 때문에 예방 및 진단 시장으로 확산까지는 오랜 기간이 소요될 것으로 보이지만, 팩토리는 오너가 원가절감 차원으로 접근하기 때문에 수용성이 높다.

1. 팩토리만 디지털 트윈을 할 것인가?

기술적으로 2025년 이후에는 자율주행 및 헬스케어 등으로 확산이 가속할 것으로 본다. 사람의 생명과 직결되는 분야는 디지털 트윈 의사결정에 대한 신뢰성 확보 기간이 필요하다.

실제로 자율주행 신차가 나오는 시점을 2025년으로 보고 있다. 운전자를 보조하는 시스템으로 디지털 트윈이 확산되는 데는 시간이 걸리듯이 IoT 속도와 비교해 IoMT(Internet of Medical Things) 확산되는 속도를 보면 의료 업계가 매우 보수적이기 때문에 상당한 시차를 두고 확산되고 있다.

또 다른 파급 효과로는 개인화 시대의 가속을 들 수 있다. 디지털 트윈은 제조업의 기본 콘셉트를 다품종 소량생산으로 회귀시킬 것이기 때문이다. 대량생산이 오기 전에는 제품별 다양했지만, 양이 많지 않은 수공업 시대였고, 그 후 이것을 대량생산으로 제조업이 재편됐다. 이런 대량생산 체제가 점차 커스터마이제이션 시대가 되면서 맞춤생산을 하기 시작했다. 2025년에는 개인화 생산 시대가 올 것으로 예상된다. 개인화 시대가 가속되면서 고객 요구 수준이 다양해질 수밖에 없는데, 디지털 트윈으로 다양한 고객 주문에 대한 시뮬레이션, 생산라인 가변화에 따른 원가절감이 가능해지고, 이것을 통해 극단적 유연생산 또는 대량 맞춤생산이 가능하게 될 것으로 보인다.

2. 부가가치 중심축이 제품에서 서비스로의 이동

제조업이 생산 현장에서 얻은 데이터 분석을 기반으로 고객사들에게 다양한 서비스를 제공하는 시대가 오고 있다. 하드웨어는 범용화로 가속되고 있고 데이터 분석 소프트웨어 위상이 강화되면서 사용량에 비례하여 과금하는 모델이 도입되고 있는 것이다. 이런 서비스가 도입되면, 고객사는 사전에 유지보수를 위한 서비스를 받기 때문에 비용절감 차원에서 효율적이게 되고, 제조사는 제품 판매 후 실시간 모니터링, 상태점검 및 교체 등 서비스 제공으로 안정적인 매출을 유지할 수 있다.

또 하나의 예로, 제조업의 부가가치는 30%를 피크로 점점 떨어진다고 한다. 제조업체들은 데이터 분석을 기반으로 한 제조 서비스 모델이 확산되면 제조업과 서비스 중간 단계 영역에서 고부가적인 서비스가 발생할 것으로 보고 있으며, 30% 피크에서 떨어진다는 부가가치의 불문율을 극복할 것으로 기대한다.

인력파견에 의한 설비 관리보다 글로벌 원격 기반 서비스 모델도 확대될 것으로 보인다. GE의 경우, 해외 공장을 하나의 시스템으로 통합하고 본사에서 원격 관리한다. 인도 뭄바이에 있는 GE Multi Modal 팩토리는 본사에서 원격 관리하며 자회사 복수 핵심

제품을 동일 공장에서 생산 테스트를 하고 있다.

3. 디지털 트윈의 또 하나 파급 효과로는 세계화의 패러다임 변화

개도국은 GDP에서 큰 차이가 있기 때문에 국가와 국가 간 대등한 협력을 하기 어렵다. 그러나 도시와 도시 간 협력은 가능하다. 미국은 NIST를 중심으로 도시 간 제휴를 기반으로 한 스마트 시티 플랫폼 전략을 추진하고 있다. 개도국 또한 스마트 시티 분야에서 주도권을 확보하기 위해 노력하고 있으며, 선진국과 개도국 간 스마트 시티 제휴가 확산될 전망이다.

4. 가장 중요한 파급 효과라고 할 수 있는 데이터 자산 가치 급증

과거에는 외부에서 설비를 들여오게 되면 설비 제작사가 데이터를 실질적으로 소유했는데, 그때는 데이터가 중요하지 않았을 때 일이다. 지금은 설비 사용자들이 데이터 소유권을 주장하면서 데이터를 분석하는 외부 소프트웨어 업체들과 제휴하여 다양한 서비스 모델을 개발하고 있다.

이렇게 되면 특별하게 데이터 말고는 기회가 없어 보이는데, 관점을 달리하면 새로운 시장의 기회도 있다. 디지털 트윈으로 수요산업은 일자리 감소가 불가피할 것이다. 왜냐하면 디지털 트윈 개념 자체가 인구 감소 변화에 대응하기도 하지만 일자리 감소에 영향을 미칠 것으로 보기 때문이다. 수요산업에서 발생하는 일자리 감소 문제를 공급기업 육성으로 해소할 필요가 있다. 그동안 진입장벽이 높았던 로보틱스, 센서, VR/AR, 3D프린팅, 머신러닝, MEMS 등 하드웨어 공급시장이 급격히 커지게 되면 어느 정도는 시장 진입 기회가 열릴 것이다. 대표적인 공급산업인 센서의 경우, 매년 150% 성장하여 2020년에는 연간 1조개 이상 생산하는 시대가 올 것으로 내다보고 있다

우리의 대응은 이러한 상황에서 우리는 어떻게 대응해야 할 것인가.

① 디지털 트윈의 긍정적인 영향에 대해서는 어느 정도 공감대가 형성되어 있다고 본다. 다만, 산업별 확산에는 시차가 존재하기 때문에 차별적인 진입 전략이 필요하다. 팩토리와 자율주행/헬스케어를 놓고 볼 때, 자율주행/헬스케어는 시간이 걸릴 것이고 지금 당장은 팩토리에 기회가 있을 것을 보인다.

따라서 향후 10년 후에는 확산되는 시장이 공급산업 관점에서 중장기적인 육성전략을 설계할 필요가 있다.

② 공격적인 정책수단이기는 하지만, 디지털 트윈에 대한 투자를 국내 수요산업 구조

조정의 트리거로 활용도 고민해야 한다. 즉 생태계 관점에서 투자는 수요, 공급에 속한 모든 기업이 해야 한다.

③ 세계화 패러다임 변화에서 데이터는 강력한 무기 역할을 하게 될 것이며, 오픈 이노베이션을 통해 데이터 기반 다양한 소프트웨어 경쟁력을 보유하고 이를 기반으로 개도국과 대등한 위치에서 상생하는 모델을 확대해야 할 것이다.

02 디지털 트윈 기술 시장동향에 대하여 분석하라.

세계시장 조사 보고서에서 언급되는 디지털 트윈의 주요업체로 제너럴 일렉트릭(GE), 다쏘(Dassault), PTC, Ansys, 지멘스(Siemens), SAP, Sight Machine, TIBCO Software, AT&T, Infosys, TwinThread, Prodea System, Cosmo Company Sas, Autodesk, SimScale, DIGITAL TWIN, Concirrus, Computer Science Corporation, Bosch 등이 있으며 국내업체는 전무한 실정이다.

국내의 경우는 소수의 대기업 플랜트 운영사를 중심으로 디지털 트윈 기술 적용 타당성을 검토하거나 외산 제품을 기반으로 특정 분야/응용에 대한 디지털 트윈(또는 플랫폼) 개발 초기단계에 있는 것으로 판단된다. 제조 엔지니어링 및 디지털 트윈 SW 전문기업/도구, 인력 및 관련 데이터 기반 미비로 디지털 트윈 기술의 부분적인 적용으로 제한되고 있다.

항공기 엔진 및 발전기 제조 분야의 세계적인 선도 업체들이 자사 제품에 대한 디지털 트윈 제작의 경험/노하우를 바탕으로 디지털 트윈 관련 기술 및 플랫폼 솔루션 분야에서도 시장을 확대하고 있다. 미국 GE사의 Predix, 독일 Siemens사의 MindSphere는 발전기 중심의 디지털 트윈 플랫폼으로 시장 확대하고 정유/석유화학 플랜트의 디지털 트윈을 위해 GE(Predix), Siemens(MindSphere) 외에도 미국 Honeywell사의 Uniformance, 프랑스 Total사의 TrendMiner 제품 출시하고 노르웨이 DNV-GL사의 Veracity 플랫폼은 선박 및 해양플랜트 중심의 디지털 트윈 구축에 적용했다.

3D CAD/CAE 전문기업들이 3D 모델링 기능에 디지털 정보관리 및 시뮬레이션 기능을 확장하여 PLM 기반의 디지털 트윈 소프트웨어 시장을 선도하고 있다.

미국 Ansys사, 독일 Siemens사, 프랑스 Dassault사는 CAD/CAE/Simulation 솔루션들을 망라하는 제품수명주기관리(PLM) 솔루션 포트폴리오 보유하고 있고 미국 PTC사는

3D CAD/CAE 기반의 PLM 소프트웨어 제품 및 서비스, IoT 플랫폼 솔루션을 판매하고 있고 미국의 다국적 소프트웨어 회사인 AutoDesk는 건축, 엔지니어링, 건설, 제도 등 다양한 분야의 소프트웨어를 제공하며 CAD 기반의 3D 솔루션을 보유하고 있고 미국의 의료장비 제조사인 iCAD는 실제 물리적 장치를 가상 3D 모델로 구성하여 예상 동작을 검증하고, 다른 제조 기계들과 통합한 대규모 제조라인 구축을 지원하다.

세계적 선도 회사들은 디지털 트윈 소프트웨어 플랫폼 판매만으로도 상당한 수익을 창출하고 있다. 미국 GE사의 소프트웨어(Predix) 서비스 연매출 규모는 2016년에 60억 달러로 2020년까지 150억 달러 달성을 목표로 하고 있고 독일 Siemens사는 2016년의 디지털 서비스 매출액이 10억 유로인데 비해 소프트웨어(MindSphere) 매출액은 33억 유로이다.

국내에서는 ICT 선진국으로서 여러 업체/기관에서 디지털 트윈 제작 및 운용에 필요한 기본적인 SW 및 HW는 다수 보유하고 있으나, 특정 부분에 특화되어 있으며 제품의 수명주기 전체를 아우르는 디지털 트윈의 통합솔루션은 부재한 실정이다.

① CAD/CAE 및 시뮬레이션 기술/솔루션 분야에 상당한 역량을 보유하고 있으나 핵심기술 부분은 외국 글로벌 기업의 기술에 많이 의존하고 있는 편이다.
② 사물인터넷(IoT), 빅데이터, 인공지능(머신러닝) 등 디지털 트윈의 요소기술 관련 프레임워크 또는 플랫폼 도구의 연구개발 노력도 활발히 진행되고 있다.
③ 요소기술 관련 역량을 디지털 트윈 제작/운용을 위한 통합기술로의 융합 활용사례는 찾아보기 어렵다.
④ 디지털 트윈과 연계한 최적화, 수명예측, 예지정비 등을 위한 국내의 응용 소프트웨어 역량도 매우 미흡한 수준으로 판단된다.

학습활동.12 교수 · 학습 방법

교수 방법

- 디지털 트윈의 시장동향에 대한 관련 용어, 구성, 방식 이해 정도를 파악한 후 수업을 진행한다.
- 교수자의 주도로 디지털 트윈의 시장동향 등의 내용을 PPT 자료로 제시한 후 설명한다.
- 가능하면 사전에 개인별 학습 자료를 준비하여 모든 학생이 참여할 수 있는 문제 해결식 수업, 협력 수업이 가능하도록 한다.
- 디지털 트윈의 시장동향 전 과정을 작업의 순서에 따라 단계적으로 실습이 이루어질 수 있도록 지도한다.
- 교재를 통해 수업을 준비하는데 있어서 필요한 모든 정보나 팁, 힌트 등 도움이 될 만한 내용들을 확인할 수 있다.
- 학생들이 만들게 될 각 모델들은 수업시간에 중점적으로 다뤄질 부분과 어휘, 질문, 답을 포함하고 있으며 또한 탐구할만한 추가적인 아이디어들도 포함하고 있다.

학습 방법

- 디지털 트윈의 시장동향에 대한 관련 용어를 숙지하고, 디지털 트윈의 시장동향에 대해 이해한다.
- 디지털 트윈의 시장동향의 각 단계별 중점 사항을 체계적으로 학습한다.
- 디지털 트윈의 시장동향의 수행순서의 전 과정을 실습한다.
- 디지털 트윈의 시장동향의 내용을 이해한다.
- 디지털 트윈의 시장동향을 이해하고 숙달이 될 때까지 학습한다.

학습활동.12 평가 및 피드백

평가 준거

- 평가자는 피평가자가 수행 준거 및 평가 내용에 제시되어 있는 내용을 성공적으로 수행할 수 있는 지를 평가해야 한다.

학습내용	평가항목	성취수준		
		상	중	하
디지털 트윈의 시장동향	디지털 트윈의 시장동향를 이해할 수 있다.			

학습 12

평가 방법

• 작업 포트폴리오

학습내용	평가항목	성취수준		
		상	중	하
디지털 트윈의 시장동향	디지털 트윈의 시장동향을 이해할 수 있다.			

• 필기시험

학습내용	평가항목	성취수준		
		상	중	하
디지털 트윈의 시장동향	디지털 트윈의 시장동향을 이해할 수 있다.			

• 체크리스트를 통한 관찰

학습내용	평가항목	성취수준		
		상	중	하
디지털 트윈의 시장동향	디지털 트윈의 시장동향을 이해할 수 있다.			

• 피드백

1. 작업 포트폴리오
   - 제출한 보고서를 평가한 후 주요 사항에 대하여 표시하여 돌려준다.
2. 필기시험
   - 평가 결과 성적이 저조한 학생은 보고서 제출 기회를 부여한다.
3. 체크리스트를 통한 관찰
   - 실습 과정에서 평가한 후 개선해야 할 사항 등을 정리하여 돌려둔다.

참 | 고 | 문 | 헌

1. 테크월드(http://www.epnc.co.kr)
2. 이광기 외. 디지털 트윈 기술 발전방향, KETI
3. 김탁곤. 2018.3.2. "국방 모델링 시뮬레이션", 한티미디어
4. 월간 HRD. 2018.2.2. "Digital Twin: 물리적 세계와 디지털 세계를 잇는 교량", 한국HRD협회,
5. "디지털 트윈과 CAE의 미래", RecurDyn Technical Support, FunctionBay, 2018.6.4.(검색일자)
6. "인더스트리 4.0과 디지털 트윈", A. Parrott & L. Warshaw, Deloitte Anjin Review, No. 9.
7. "스마트 공장에서의 디지털 트윈(上)", 산업일보, 2018.1.28.
8. "스마트공장 성공을 위한 소프트웨어의 역할과 과제", 진회승, SPRI Issue Report, 2007-007호, 소프트웨어정책연구소, 2018.1.5.
9. "Simcenter 3D: 3D 시뮬레이션을 통한 혁신 실현", Siemens 코리아 홈페이지, 다운로드 파일, 2018.7.22.
10. "Digital twin", Wikipedia, 2018.
11. "GE Technology Story for Disruptive Innovation", GE Korea Communication, 2016.4.
12. "Modeling and Simulation (M&S) Technology Landscape", Ernest H. Page, Chapter 2, Book - Guide to Simulation-Based Disciplines Advancing Our Computational Future, Springer, 2017.
13. "The Gartner Top 10 Strategic Technology Trends for 2017, 2018", Gartner, 2016 & 2017.
14. GE, Siemens, 다쏘시스템, Ansys, PTC 및 AutoDesk 社 홈페이지 제품설명자료
15. 다수의 '세계 디지털 트윈 시장' 연구보고서 판매 홍보자료(인터넷 검색), 조사기관: Markets and markets, TechSci Research, Market Research Future, Infoholic Research, Future Market Insights & IT Security
16. 장예지. 2019.12.17. 디지털 전환의 핵심, 디지털 트윈, IITP
17. 장혁 외. 2017.2. ICT산업 중장기 전망 및 대응전략, IITP

학습 12

학습 1	디지털 트윈의 개념
학습 2	디지털 트윈의 핵심기술
학습 3	디지털 트윈의 모델링 시뮬레이션
학습 4	디지털 트윈 플랫폼
학습 5	디지털 트윈과 스마트시티
학습 6	디지털 트윈과 스마트건설
학습 7	디지털 트윈과 제조업
학습 8	디지털 트윈과 물류
학습 9	디지털 트윈과 헬스케어
학습 11	디지털 트윈의 응용
학습 12	디지털 트윈의 시장동향

학습 13 디지털 트윈의 미래

학습 목표

1. 디지털 트윈의 미래를 이해할 수 있다.

13-1 디지털 트윈의 미래전망

디지털 트윈의 미래는 생산성 개선을 위해 물룩 다양한 사회문제까지 해결할 것으로 기대되면서 제조 이외에 소매 · 교통 · 도시분야까지 적용분야 확대될 것으로 전망하고 있다.

향후 10년 동안은 스마트 팩토리 분야에서 가장 큰 수혜가 예상되며, 2025년 이후에는 자율주행 및 헬스케어 등 보수적인 산업까지 도입이 확산될 것으로 전망한다. 특히 제조분야는 기술도입에 대한 수용성이 높고 관련 규제가 약하기 때문에 상대적으로 빠른 도입이 가능한 것이다.

개인 맞춤 생산이라는 트렌드에 대응하기 위해 생산라인 가변화 및 공장 간 이동이 용이한 모듈러 무빙(Modular and Moving) 팩토리가 크게 시장이부상할 것이다. 화학 · 제약 등 고정설비로 모듈러 방식 생산이 어렵다고 생각했던 산업에서도 고가제품을 중심으로 도입을 검토하고 있다.

디지털 트윈 확산으로 데이터의 시장가치가 상승할 전망이며, 데이터 거래 시장도 형성되면서 업계의 재편이 예상되고 있다. 제품 제조업체들은 Domain Knowledge와 데이터 소유권을 레버리지로 전문 SW업체들과 연합하고 자체 솔루션 개발을 통해 시장 개척을 시도하고 있다.

디지털 트윈에 대한 시장의 기대는 현장 정점에 도달, 향후 5~10년 동안 기술보다는 시장구조 및 비즈니스 모델을 이해하는 것이 중요하다.

우리나라 기업들은 실패사례에 흔들리지 말고 시장구조에 대한 이해를 바탕으로 성공기업에 집중하면서 명확한 사업화 전략을 준비할 필요가 있다.

디지털 트윈 미래에 부상하는 이유는 다음과 같다.

① 혁신의 정체로써 ICT 단독에 의한 혁신 및 생산성 향상이 둔화
② 초연결 생태계를 구축함으로써 생산성 및 사회문제 해결 기대
즉 다양한 주체가 보유한 유무형 자원을 효율적으로 연결하고 디지털 트윈 생태계로 교통/주택/환경 등 사회문제를 저비용으로 새로운 가치 창출
③ 노동력 감소로써 인구구조 변화에 따른 생산성 한계를 근본적으로 극복, 즉 개도국 공장이전 모델 한계 봉착, 디지털 트윈을 통해 공장이전 없이 생산성 향상
④ 도시화 가속으로써 다양한 수용 및 사회적 난제를 해결하는 복합솔루션 요구, 즉 고령화 가속, 1인가구 증가, 이민 확대 등 도시로 인구유입은 증가하면서 다양성은 점증하고 디지털 트윈의 고객맞춤 솔루션을 통해 도시화에 따른 다양한 난제를 해결.
⑤ 기술 대중화로써 센서, 로봇 등 관련 요소기술 가격이 동시 다발적으로 하락하면서 디지털 트윈 구현 비용이 감소

13-2 모듈러 무빙 팩토리 확산

향후 10년 동안은 팩토리 분야에서는 디지털 트윈으로 생산방식의 근본적인 변화를 꾀해 개인맞춤이라는 신규 트렌드에 대응하려는 시도가 부상 중이다. 항공엔진과 용광로 사례는 기존 제품과 설비의 디지털 트윈 전환으로 생산성 향상은 이루었지만 개인맞춤 수준까지 소비자 만족도가 향상된 것은 아니다. 특히 MEMS(초소형 정밀 센서) 가격의 하락은 디지털 트윈의 접목 영역을 확대함으로써 1조 개 이상의 센서가 존재하는 '트릴리언 센서 시대'에 제조업과 ICT의 융합

학습 13

을 가속하는 단초로 작용할 것으로 본다.

레고블록을 쌓듯이 생산라인을 조합하여 고객주문 다변화에 대응하는 모듈러(Modular) 팩토리 연구가 사업화 초입 단계이다.

독인의 인공지능 연구소(DFKI)를 중심으로 '인더스트리 4.0' 구상하에 5년 넘게 추진되어 왔고, 조만간 가시적인 성과가 예상된다. 주문에 따라 실시간으로 설비를 대체(Hot Swap)하고 실시간 업무를 변경(Plug and Produce)할 수 있는 새로운 개념이 적용된 팩토리이다.

생산라인의 잦은 변화에 따른 원가상승 부담을 기술 표준화 및 시뮬레이션 등을 통해 극복한다. 맞춤제품에 대해 소비자가 평균 20% 정도의 높은 가격을 지불할 의사가 있음을 감안할 때 충분히 시장이 형성될 수 있는 구조이다.

표준 콘테이너 사이즈로 제작되고 무빙(Moving) 팩토리가 용이해지면서 공장 밖에 협업제조가 활성화될 것이다.

고객주문에 따라 인근 공장의 유휴설비를 이동시켜 새로운 생산라인을 신속히 조립하는 체계가 검토 중이다.

화학 · 제약 등 고정설비로 모듈러 방식 생산이 어렵다고 생각했던 산업에서도 고가제품을 중심으로 도입 검토하고 있다.

연간 생산 0.1천~1천톤 규모, 10~20단계 멀리공정, 평균 판매가격이 kg당 U$100천 이상인 시장에서는 가능하다.

유럽의 F3(Fast, Flexible and Future) Factory 및 ENPRO(Energy Efficiency and Process Intensification) 프로젝트 등 다양한 사업을 추진한다. 특히 개인맞춤 의료시장이 확대되면서 제약분야에서 도입을 가속화하고 있다.

GE 헬스케어의 Flex Factory-KUBio 사업에서 중소 제약업체를 대상으로 상위 공정(세포 배양)에서 하위 공정(단백질 정제)까지 생산공정 맞춤 디자인, 컨테이너 사이즈로 제작되어 주문 - 이동 - 설치가 용이하다.

모듈러 무빙 팩토리가 확산될 경우, 고부가가치 틈새시장을 목표로 하는 혁신 제조벤처들의 수혜가 예상된다.

디지털 트윈 기술이 접목된다면 맞춤공정 디자인, 신제품 시장 출시, 에너지 소비 측면에서 25~50% 비용 절감이 가능하다. 특히 설비를 직접 구매하지 않고 필요할 때마다 단기임대가 용이하기 때문에 초기 고정비 부담이 줄어 자금여력이 부족한 혁신 제조벤처에 유익하다.

저성장 위기 극복의 대안으로 환영한다. 즉 디지털 트윈 도입으로 생산성 향상, 대응하지 못하는 기업간 통폐합 압력 가중, 도입기업 중심으로 산업재편 및 시장주도 예상이 된다.

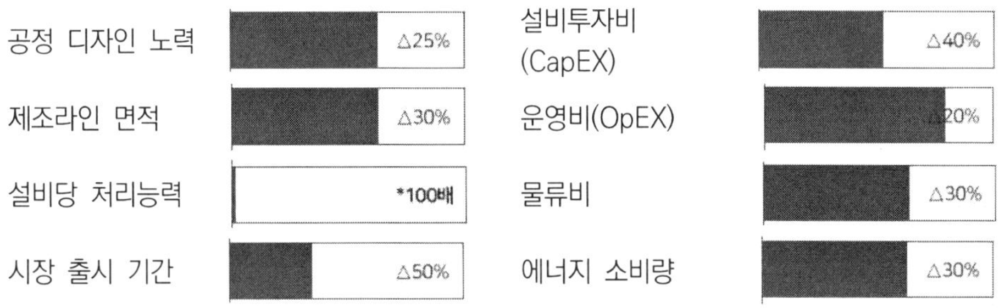

[그림 13-1] 무빙 팩토리 도입에 따른 효과

13-3 서비스로 부가가치 데이터 거래 시장의 형성

디지털 트윈으로 데이터의 자산가치가 상승하면서, HW 제작업체가 데이터를 실질적으로 소유했던 것이 최근 사용자들이 데이터 소유권을 주장하여 데이터 시장에 균열이 발생하여 데이터 분석을 기반으로 한 제조 서비스 모델이 확산되고 있다. 즉 서비스업 비중이 높아지면서 부가가치 중심축이 이동하여 데이터 분석 SW 위상이 강화되고 사용량에 비례하여 과금 등 다양한 모델이 도입되고 있다.

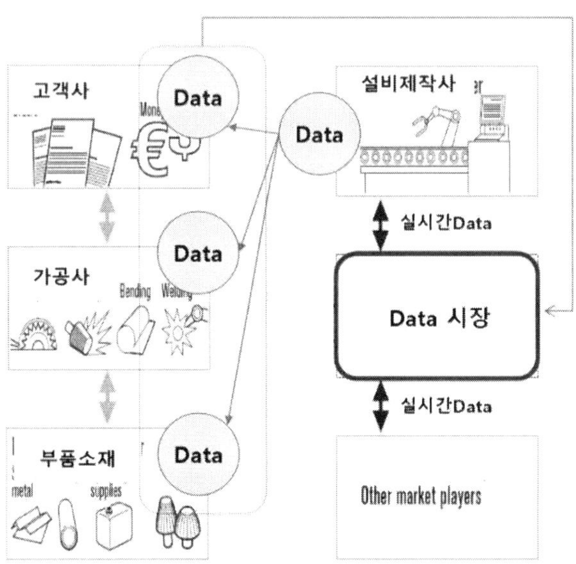

[그림 13-2] 데이터 시장 형성

과거에는 데이터를 생산공정의 결과(Process Outcome)로만 인식, 제품 제조업체들은 설비 HW 제작사에 데이터 분석 권한을 양보하기 시작한다. 그동안 설비 제작사는 확보한 데이터로 SW를 개발하고 설비 안에 블랙박스로 저장함으로써 진입장벽을 구축하고 시장을 장악하였다.

현장 데이터는 프로세스 개선(Process Enabler) 및 제품 판매(Product Enabler)를 위한 중요 자산으로 인식되고 있고, 제품 생산자들이 스스로 활용하여 새로운 부가가치를 만들기 위해 노력한다.

향후에는 데이터가 하나의 상품(Product)으로 취급되면서 전용 거래시장에 유통되고 새로운 업계 질서가 형성되기 시작한다. 설비 HW 제작업체들은 SW 투자 확대를 통해 주도권 유지에 총력을 다한다.

제품 제조업체들은 Domain Knowledge와 데이터 소유권을 레버리지로 전문 SW업체들과 연합하고 자체 솔루션 개발을 통해 시장 개척을 시도하고 있다.

독일 · 일본 등 전통 제조강국들은 이미 산업용 데이터에 특화된 마켓 플레이스를 조성하고 시장 선점을 위해 노력하고 있다.

독일은 데이터에 초점을 맞춘 산업혁신 플랫폼인 'Industrial Data Space' 사업을 추진하고 있다. 'Industry 4.0'이 제조업 전 밸류체인의 혁신과 연결을 강조했다면 'Industrial Data Space'는 산업용 데이터의 수집-분석-활용-확산에 초점을 맞추고 있다. 88개 회원사가 제조업 외 보험 · 소매 등의 분야에서 14개 테스트베드 가동하고 있다.

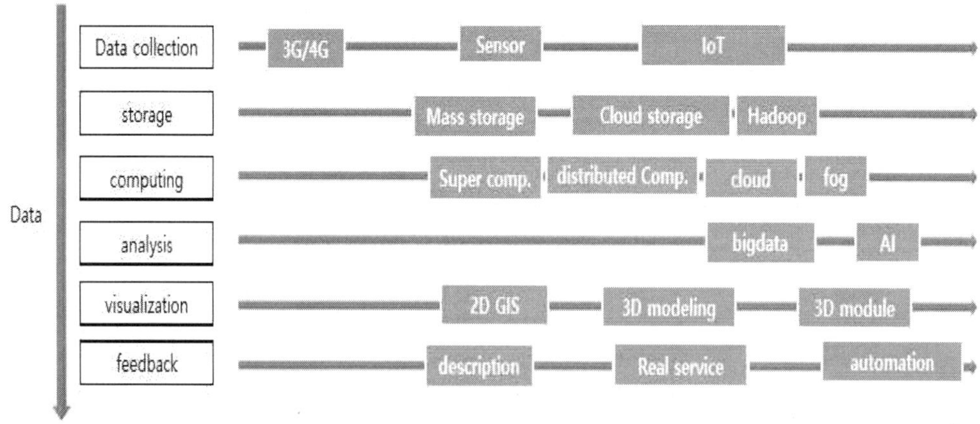

[그림 13-3] 디지털 트윈의 데이터 처리

일본은 2020년까지 'IoT 데이터를 거래하기 위한 시스템' 구축을 발표하고 데이터 전용 거래 플랫폼 모델이 협회 중심에서 국가 전략산업으로 강화하고 있고 해운협회(ClassNK)는 Ship Data Center를 구축하고 선박 운항 데이터 공유 및 최적 운항경로 분석 등 다양한 서비스 모델을 실현한다.

데이터 브로커 시장 확대, 전용 가상화폐 개발 등 데이터 시장이 형성될 수 있는 분위기가 조성되고 있기 때문에 주목할 필요가 있다.

미국에서만 300여 데이터 브로커 회사가 활동하는 등 시장을 확대하는 추세이고 현재는 개인 및 공공 데이터 중심이지만 3D 프린팅, 디지털 B2B 플랫폼 확산으로 산업용 데이터를 전용으로 취급하는 브로커도 증가를 예상한다.

산업용 데이터 거래에 특화된 다양한 암호화폐(IOTA 등)가 개발되고 있으며 현장까지 시장의 반응은 긍정적이다. 비트코인, 이더리움 등과 비교했을 때, 거래수수료가 없고 많은 양의 트랜잭션을 빠르게 처리해서 산업 인터넷 거래통화로 적합하다는 평이다.

[그림 13-4] 데이터 경제의 가치 창출 체계

13-4 디지털 트윈의 응용분야별 미래

1. 자동차/제조분야의 미래

1) 자동차 산업

자동차 산업의 경우 기본적인 제조 현장(공장) 효율화 및 생산 장비 관리 최적화 외에도, 자율 주행 기술의 완성도를 향상시키기 위해 디지털 트윈 기술이 활용되고 있는 상황이다.

디지털 기술을 통해 자동차를 가상공간에 구성하고, 자동차의 특성을 입력하

학습 13

여 자동차가 실제 공간에서 주행하는 것처럼 가상공간에서도 움직임을 구현 리튬-이온(Lithium-Ion) 배터리는 1970년대부터 사용되었다.

하지만, 배터리 충전과 방전 중 일어나는 화학 반응과 셀의 물리학 관련 연구는 여전히 현재진행형이다. 일반적으로 자동차 배터리는 온도, 잔류, 전압 등을 측정하는 기본적인 센서를 포함한다. 하지만 GE는 미시간 대학의 물리-기반 모델을 응용하여 새로운 측정 방식을 개발했다. 디지털 트윈으로 셀의 복잡한 전기화학적 변화와 기계적, 열적 거동을 추적하는 것이다.

디지털 트윈은 다양한 작동 환경에서 배터리 상태를 심도 있게 분석할 수 있다. 예를 들어, 배터리는 내부에 얼마나 많은 전기가 충전되었는지에 따라 부풀거나 수축한다. 배터리의 부푼 정도와 충전 상태 사이의 상호연관성을 찾았고, 덕분에 특정 작동 환경에서 사용 가능한 전력량에 관해 더 깊은 이해가 가능했다.

이에 대해 충전 상태를 좀 더 정확히 알면 배터리 잔량이 얼마나 되는지 판단할 수 있다. 이는 배터리를 좀 더 능동적으로 사용할 수 있다는 의미에서 아주 값진 결과이다. 게다가 전체 배터리 용량에서 더 많은 부분을 사용할 수 있기 때문에 배터리 크기를 줄일 수도 있다.

이 배터리팩에는 GE의 센서가 장착되었고, 모델 및 제어 알고리즘을 구동한다. 양산용 배터리팩을 사용했을 때와 연구용 배터리팩을 사용했을 때의 결과를 비교하여, 센서, 디지털 모델, 알고리즘을 이용하여 얻는 이득을 정량화했다.

이 실험용 배터리팩을 거대한 오븐 안에 설치했는데, 오븐 내부의 온도는 계절에 맞춰 조절된다. 예를 들어 겨울에는 섭씨 영하 5도 정도로 맞춘다. 배터리는 배터리 수명 측정 장비인 '사이클러'와 연결되어, 다양한 동력 요구 조건이나 도심과 고속도로와 같이 상이한 주행환경을 시뮬레이션 한다.

모델과 센서 덕분에 다양한 환경에서 배터리를 더 효과적으로 사용할 수 있는 방법을 이해할 수 있다. 구동을 시작하면 셀의 온도가 올라가는데, 이때 온도가 빠르게 상승할수록 배터리 팩의 성능이 향상된다. 결과적으로 차량의 성능도 좋아지는 것이다.

이 모니터링 기술이 셀의 특성과 무관하며, 다른 화학 반응을 기반으로 하는 셀에도 사용될 수 있다.

새로운 데이터를 활용하여 디지털 모델을 업그레이드한다. 이게 바로 디지털 트윈 기술이 미래에 나아갈 방향이다. 필요한 핵심 측정 변수(key measurements)에 대해 말해주며, 올바른 질문을 하고 올바른 대답을 얻음으로써, 우리가 어떻게 모델을 향상시킬 수 있는지 알려준다.

2) 제조업 분야

제조업은 '비용중심' 성장이라는 기존 패러다임의 한계에 직면, '가치중심', '수요중심' 성장으로 전환 중이다.

현재는 인건비 등 생산비용 중심으로 제조경쟁력이 결정되었으나, 향후 '인력' 의존적 성장전략은 한계에 봉착할 것으로 예상된다.

디지털 트윈은 디지털 기반의 신기술을 적용한 지능화된 공장인 스마트 팩토리(Smart Factory) 가동에 필요한 핵심 기술중 하나로, 디지털 트윈 기술을 통해 실제 공정을 모니터링/제어할 수 있는 가상 공장 구축 가능하다.

공장 현장에서 실제로 무엇이 일어나고 있는지를 거의 실시간으로 알려주는 디지털 공장 구현을 통해, 즉 물리적 제조공정 전반에 걸쳐 배치된 수천여개의 센서가 다양한 차원에서 종합적으로 데이터를 포착하여, 실시간에 가까운 분석을 수행해 제조공정의 프로세스 최적화할 것이다.

향후 미래에는 시장수요가 '제품 구매의 이유(Why-behind-Buy)' 중심으로 바뀜에 따라, '고객 맞춤형 가치'가 핵심 경쟁력이 될 것으로 전망한다.

BMW(獨)는 뮌헨(獨)과 스파턴버그(美) 공장에서는 소비자가 직접 선택한 색상·인테리어·인포테인먼트 시스템에 따라 개별 고객 맞춤형 차량 생산할 계획이다.

이에 따라, 제조혁신도 '디지털 트윈을 통한 디지털 전환(Digital Transformation)'을 통한 맞춤형 유연 생산시스템 구현으로 진화할 전망이다. 생산방식도 '규모의 경제'에서 '범위의 경제'로 전환을 예상된다. 여러 산업으로 기업의 생산범위를 넓힐 때 비용이 절감되는 구조(규격화, 표준화 등을 통해 효율성 확대)이다.

〈표 13-1〉 제조업 패러다임의 변화

구 분	기 존	방향성
생산방식	소품종 대량생산, 규모의 경제를 통한 수익 확대	수요 맞춤형 유연생산 기반으로 '범위의 경제' 지향
제품 및 서비스	제품 고유기능에 집중, 가격 및 품질 경쟁	지능화 등을 통한 부가가치 기반으로 경쟁
비즈니스	대형수요처 확보에 의해 수익률 결정	틈새 또는 중간 수요를 통한 수익 창출(3D 프린팅, 온라인 유통 등)

디지털 트윈의 최종 목표는 제품개발 - 부품조달 - 생산 - 유통 - 고객 사용 - 폐기의 제품 생애 전주기를 포괄하여 가상화와 현실화를 제로로 만드는 것이다. 디지털 트윈의 구현을 위해서는 미래에는 전체 제품 가치 사슬의 참여, 표준화된 모델링, 다양한 소스의 데이터 포함, 긴 수명주기를 위한 독점적 SW 지양이 중요하며, 이는 IIoT, 제조 빅데이터, 산업용 VR/AR, 협업 로봇 등 다른 디지털 기술의 발전과 함께 융합하여 진행되어야 한다.

결국, 미래의 디지털 트윈은 IoT, 빅데이터, 인공지능 등을 통해 누적된 대규모의 실시간·실세계 데이터 측정 값에 기반하여 조기경보, 예측, 동적 최적화의 기회·효과를 최적화의 데이터를 제공한다.

디지털 트윈은 주로 제조 분야를 중심으로 적용되고 있으나 IoT(센서 및 네트워크), AR/VR, 인공지능 기술의 발전에 힘입어 다양한 산업으로 활용 범위가 확대되고 있다.

2. 건축/스마트시티 분야의 미래

1) 건축분야

건축분야에서도 실제 건축할 건축물에 대하여 미리 가상으로 만들어 최적의 건축물을 짓는 혁신적인 아이디어를 제공하고 있다.

2022년 월드컵을 유치한 카타르는 디지털 트윈 기술인 가상현실(VR)기술을 적용해 실제 경기장 건설을 시작한 것이다.

[그림 13-5] 디지털 트윈의 VR를 적용한 카타르경기장

건물에너지 관리시스템(BEMS : Building Energy Management System)은 건물 스스로 에너지 사용을 통제하고 에너지 소비를 절감시켜주는 역할을 하고 있다.

이 시스템은 조명은 물론 냉·난방 설비, 환기 설비, 콘센트 등에 센서와 계측 장비를 통신망과 연결해 에너지별·용도별 사용량을 실시간 모니터링하고 수집된 에너지 사용 정보를 분석해 에너지 사용을 최적화할 수 있다.

(1) 계획, 설계 단계

정보취득에서 현재는 사람이 측량장비로 측정하고, 이를 바탕으로 2D 지형도 작성하여 시간 인력이 많이 소요되며, 정확한 토공사 물량산정이 어려움이 있다.

미래에는 카메라 탑재 드론이 지형 촬영 후, 3차원 지형데이터 도출하고 넓은 현장의 지형정보를 신속·정확하게 구축, 설계 생산성 향상하고 사람이 접근하기 어려운 지역(극한지, 재난지역 등) 현장조사가 용이해진다.

설계부문에서 현재는 설계자가 대량의 2D CAD 도면(평면도 단면도 입면도 등) 작성하고 결과의 직관적 확인이 어려워 설계오류 및 변경 빈번, 작업 과다하고 시설물 형태만 제시되어 있어 유지관리 단계에서의 활용이 제한적이다.

미래에는 목적물과 같은 3차원 모델(BIM) 구축, AI를 통해 설계 자동화하고 설계오류로 인한 시공 시행착오 감소, 공사비 감축 및 품질 향상되고 엔지니어링 지식이 포함된 설계 자동화로 설계 생산성 향상하고 형상에 다양한 정보들을 입력하여 건설 全단계 플랫폼으로 활용한다.

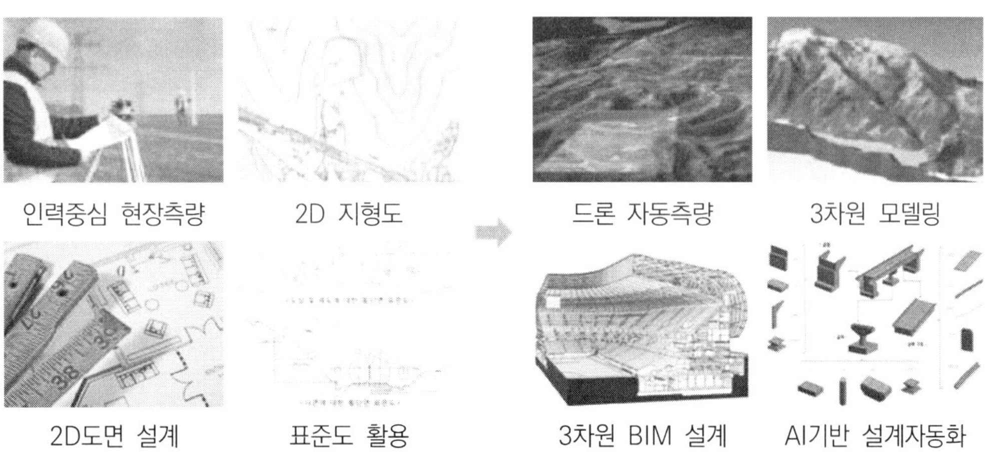

[그림 13-6] 스마트 트윈을 통한 정보획득 및 설계

(2) 시공 단계

건설기계 운용측면에서 현재는 건설기계 운전자가 육안 관측하고, 개별 기계를 수동 조작하고 운전자 숙련도 부족, 장비간 연계미흡으로 과다투입 안전사고 발생한다.

미래에는 자동화 건설기계가 AI의 관제에 따라 자율 주행 · 시공하고 작업 최적화로 생산성 향상되고, 인적 위험요인 최소화로 안전성이 향상된다.

시설 구축 측면에서 현재)에서 현장에서 거푸집 · 동바리를 설치하고 콘크리트 타설 · 양생한다.

미래에서 공장 모듈 생산 → 현장 조립, 비정형모듈은 3D프린터 출력하고 공사기간 비용 획기적 감축, 현장주변 교통혼잡 환경피해 최소화한다.

현장 안전관리 측면에서 현재는 안전지침에 따라 안전관리자가 현장 및 근로자를 점검하고 미래에는 장비 근로자 위치 실시간 파악, 안전 정보 즉시 제공하고 위험지역 접근 경고, 장비 근로자 충돌 경고 등 예측형 사고예방이 가능하다.

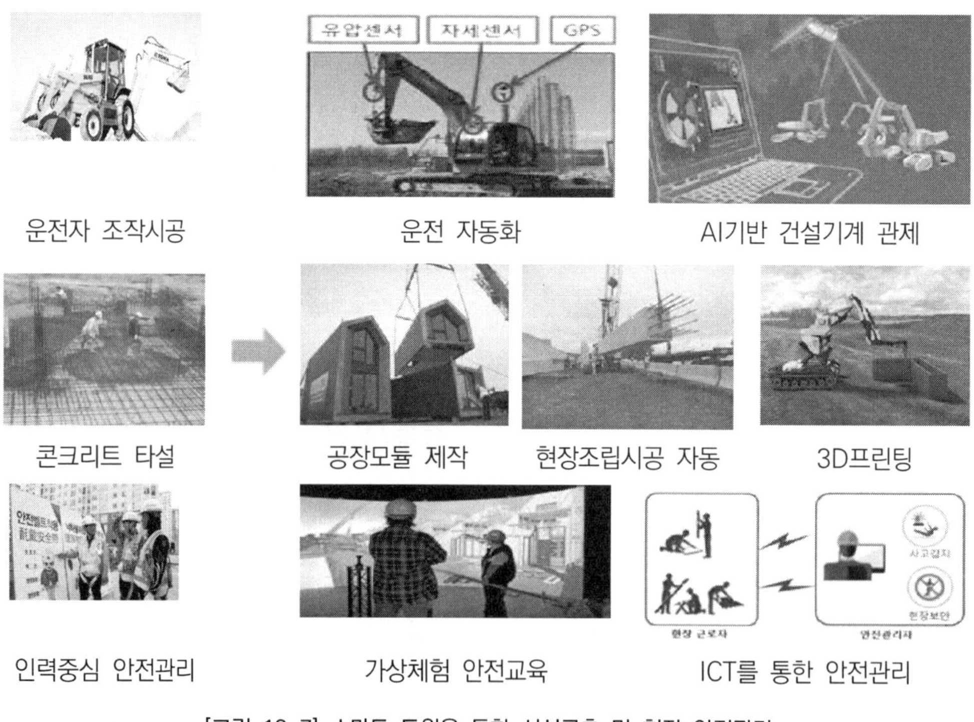

[그림 13-7] 스마트 트윈을 통한 시설구축 및 현장 안전관리

(3) 유지관리 단계

시설물 점검 및 진단단계에서 현재는 육안관측 등 인력중심 점검 진단으로 시간 인력 많이 소요되고 노후시설이 급격히 증가하고 있어 시설안전관리에 차질 발생 우려된다. 30년 이상 1, 2종 시설물 비율은 ('18.9) 15.5% → ('23) 23.1% → ('28) 38.3%이 증가되고 있다,

미래에는 IoT 센서로 실시간 모니터링, 로봇으로 자동 점검 진단을 하고 정밀 신속한 시설물 점검, 접근이 어려운 시설물 점검 진단 용이하다.

시설물 관리 정보시스템에서 현재는 관리 주체별로 기능이 제한적인 유지관리 시스템 운영하여 주로 안전점검 진단결과 및 유지관리 이력 저장 등 용도로 사용한다.

미래에서는 시설물 정보를 빅데이터에 축적, AI로 관리 최적화한다. 실제 시설물과 동일한 3차원 모델(디지털 트윈)을 구축함으로써, 다양한 재난상황을 시뮬레이션하여 시설물의 영향을 사전에 파악하고 예방적 유지관리를 통해 유지관리 비용 절감 및 시설물 수명 연장하고 시설물 단위 디지털 트윈이 모여 가상도시 국토로 시스템 확장 가능하다.

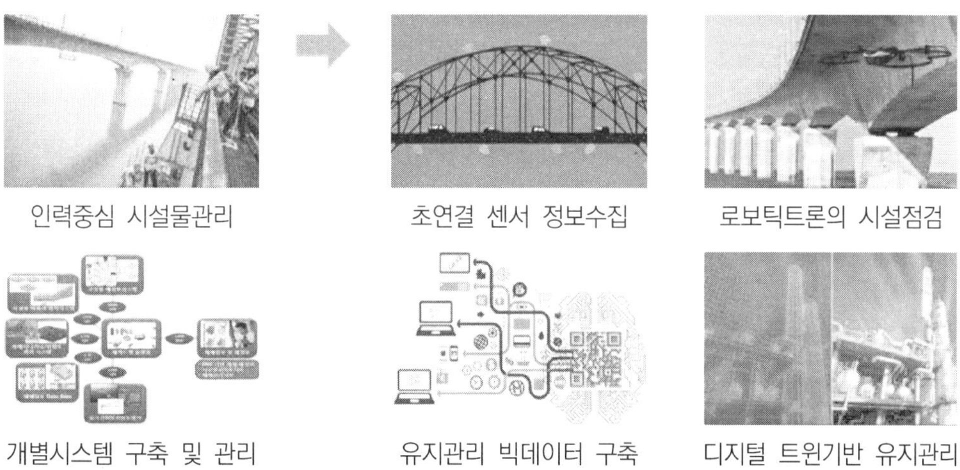

[그림 13-8] 스마트 트윈을 통한 시설물 점검,진단 및 시설물 관리 정보시스템

2) 스마트시티 분야

디지털 트윈은 가까운 미래에 스마트시티의 도시 가상화 모델을 기반으로 전국의 도시 각 분야의 현황을 모니터링하고, 예측 시뮬레이션을 통해 도시 계획

및 운영을 효과적으로 효율화될 것으로 예측된다.

다양한 글로벌 기업들과의 협업을 기반으로 스마트 도시 전체를 3D로 구현하는 디지털 트윈 플랫폼 구현하여 전기/교통 등 사회 필수 인프라, 기상정보, 인구통계, 시설물 등 건물 내부까지 데이터로 수치화, 시뮬레이션 진행하고 도시 운영을 효율화할 수 있고 시민에게는 다양한 데이터를 덧입혀 체감형 서비스 제공한 것이다.

3. 에너지/수자원분야의 미래

에너지 분야에서는 디지털 트윈이 발전 시설 계획의 최적화, 운용 및 관리의 효율화, 소비 최적화에 활용한다.

디지털 발전소를 통해 최대 전력 생산 발전 설비 및 단지 설계, 생애 주기 동안의 전력 생산 최적화, 이상 징후 파악을 통해 유지 보수 효율화, 전력 소비량 예측 및 소비 패턴 분석을 통한 에너지 사용량 절감 방안 도출한다.

1.5% 발전 효율성 향상, 예상치 못한 가동 중단 시간 5% 감소, 운용 및 관리 비용 최대 25% 감소, 이산화탄소 배출량 3% 절감 효과가 있었다.

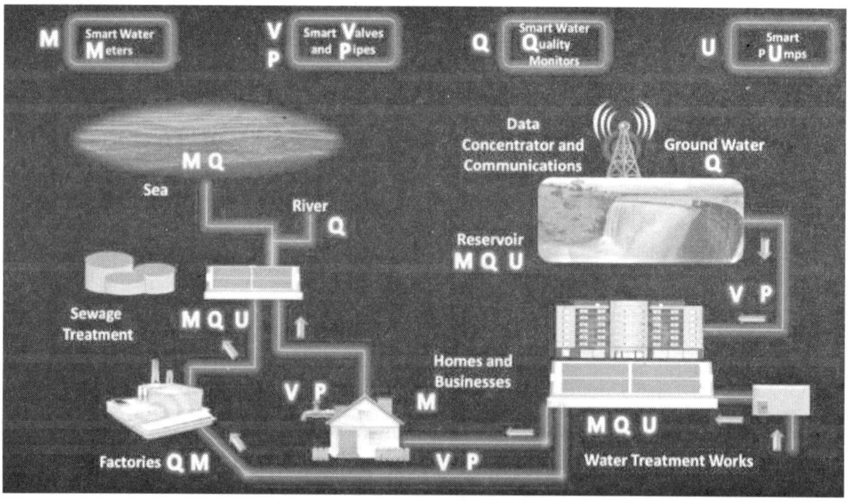

[그림 13-9] 수자원 관리

4. 헬스케어/건강관리/의료분야의 미래

헬스케어, 건강관리 및 의료 분야에서도 디지털 트윈 기술 확산, 반창고 크기의 부착 센서로 취득한 건강 데이터를 디지털 트윈으로 보내 현재의 건강 상태를 파악하거나 앞으로의 상태 변화를 예측 가능하다.

신체 내에 센서를 삽입하여 데이터의 정확도를 높이려는 기술 또한 연구되고 있다.

그 외에도, 환자의 데이터를 활용한 시뮬레이션을 통해 가상 수술 등의 가상 실습 등도 가능하다. 즉 디지털 트윈으로 미리 수술 시뮬레이션을 해보니 대동맥을 주의해야 함을 알았다. 덕분에 의사는 대동맥에 특히 주의하며 수술했고, 환자는 훨씬 안전하게 수술 받았다.

디지털 트윈으로 여러 번의 인공장기 임상실험을 해보니 면역거부반응 등의 테스트를 안전하게 통과했음을 알았다. 덕분에 동물실험으로 희생되는 개체도 획기적으로 줄었고, 임상 기간도 크게 줄였으며, 임상에 대한 신뢰도도 크게 향상했다.

합병증이 많아 고생이었던 환자에게 디지털 트윈으로 최적의 인공장기를 제작했다. 재수술을 할 필요도 없어졌으며, 장기가 환자 몸에 빠르게 적응했다.

디지털 트윈을 인공장기에 적용하였을 때 기대효과는 다음과 같다.

직접적인 임상실험 없이 인공장기의 유효성 및 안정성 확보할 수 있고 어떤 인공장기가 개인에게 적합할지 파악한다. 예를 들면 생체재료 선택, 이종장기 개체 선택 등이다.

면역거부반응 극복을 위한 면역 시스템 시뮬레이션 하면 어떠한 약물을 사용해야 할지 시뮬레이션이 가능하다.

그리고 이식 후 인공장기와 신체 사이 상호작용 분석이 가능하다. 예를 들면 발생 가능한 질병을 예측할 수 있다.

미래의 생명과학과 의료발전을 디지털 트윈을 통하여 가까운 미래에 다음과 같이 규명할 수 있다.

1) 조직과 기관의 구성 네트워크 규명

기관 내 시스템의 작동원리가 온전히 규명되더라도 인체는 기관을 비롯한 체내 많은 요소들의 상호작용으로 이루어진 생체 시스템이다. 따라서 인공장기 커스터마이징을 위해서는 그 구성 요소간의 네트워크 규명 또한 면역시스템 구현 등이 필요하다.

2) 세포와 세포간 조절 네트워크 규명

신체 기관은 수많은 다양한 종류의 세포로 이루어진 생체 네트워크 시스템이다. 시스템의 작동원리를 이해하기 위해 시스템 조절 시 세포와 세포 간 어떠한 상호작용이 이루어지는지 규명되어야 한다. 즉 세포와 세포간 상호작용이 구현되는 디지털 트윈 조직과 기관으로의 확장이 필요하다.

3) 세포 내부 분자간 복잡계 네트워크 규명

빅데이터 분석 등을 이용하여 세포단위에서 분자간 상호작용을 분석하여야한다. 현재 측정 기술의 발전으로 분자 단위의 대규모 측정까지 가능한 상태이다. 그러므로 미래에는 세포단위에서 구현되는 디지털 트윈(디지털 세포)으로 구현이 가능 할 것으로 전망한다.

4) 거시적 관점에서의 특성 파악

거시적 관점에서 기관이나 조직이 생체 내에서 어떤 역할을 하며 어떻게 동작하는지 파악해야 한다. 즉 가까운 미래에는 생명체의 외형과 기본적인 동작 특성이 구현되는 디지털 트윈이 될 것으로 전망한다.

5. 금융분야의 미래

금융회사는 유망 디지털 트윈 기술을 보유하고 있는 기업 또는 디지털 트윈 기술 활용 선도 기업에 대한 투자 및 대출 연계 등 전통적인 금융업무 외에도, 금융회사가 디지털 트윈 기술을 직접 도입하여 업무 효율성 개선, 리스크 관리, 가상화 교육 등에 적용이 가능할 것으로 예상된다.

디지털 트윈 기술은 점차 고도화, 정교화되고 있으며 현실 세계를 접하지 않고도 현재 상황과 미래를 예측할 수 있는 기술인 만큼 다양한 분야에 활용도가 높다.

유망 디지털 트윈 기술을 보유하고 있는 기업이나 디지털 트윈 기술을 활용해 최적화에 성공한 기업들에 대한 투자 및 대출 연계 등 전통적인 금융업무 외에도, 금융회사가 디지털 트윈 기술을 도입하여 업무효율성 개선, 리스크 관리, 가상화 교육 등에 적용 가능할 것으로 예상된다.

고객의 금융거래 데이터를 기반으로 고객의 '금융 디지털 트윈' 모델 개발을 통해 영업활동의 효율성 개선이 가능(잠재 수익성, 신용도 파악 및 시뮬레이션을 통한 영업 활동 효율화)하다.

영업점 가상화 및 시각화를 통한 모니터링을 통해 고객에게는 새로운 경험을 그리고 금융회사에게는 효율적으로 영업점을 관리할 수 있는 기회 제공이 가능하다.

또한, 더 나아가 고객의 행동 및 특징을 기반을 제작되는 고객의 디지털 트윈을 통해 다양한 직원 가상화 교육 또한 가능하다.

미국 AI·빅데이터 솔루션 업체인 클라우데라는 최근 브리핑을 통해 금융회사의 위험관리 분야에서 디지털 트윈 기술 활용 방안 제시하고 있다.

기업고객들에게 아파치 하둡과 아파치 스파크 기반 소프트웨어, 지원 및 서비스 그리고 트레이능을 제공하는 미국의 소프트웨어 기업으로 전 세계 300개 이상의 금융 서비스 기업이 클라우데라의 고객이다.

주로 제조업 분야에서 물리적인 생산 설비와 시설을 디지털 세상에 구현해 시뮬레이션하면서 공정을 개선하고 품질을 높이는 디지털 트윈 기술의 개념을 금융 비즈니스에 도입해 금융회사의 각종 위험을 시뮬레이션할 수 있는 플랫폼을 개발해 사용하는 방안을 제시하고 있다.

그 한 가지 예로, 클라우드 환경에서 실시간에 가까운 데이터 수집·분석이 가능한 클레우데라의 데이터 플랫폼과 각종 위험을 시뮬레이션 할 수 있는 플랫폼 시뮤딘(Simudyne)을 연계하여 활용 → 금융데이터를 활용한 시뮬레이션 진행될 것이다.

〈표 13-2〉 시뮬레이션 플랫폼 시뮤딘

모 델	적 용	실 험
사람, 비즈니스, 관리/규제 기관 및 행동을 기반으로 가상의 환경 구축	모델을 여결, 배포 및 확장	시뮬레이션 진행 (백만개 이상의 시나리오)
	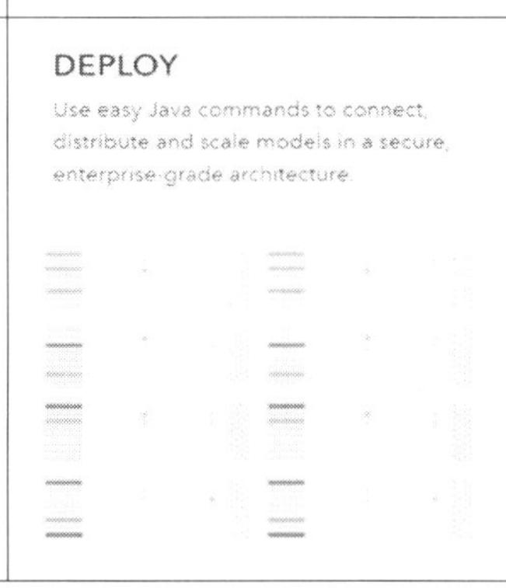	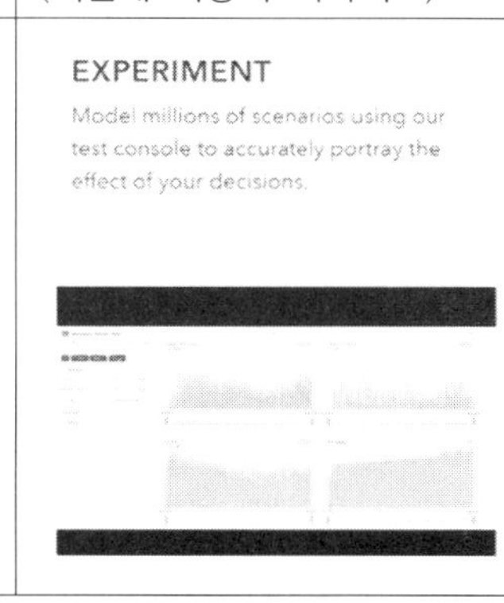

학습 13

시뮤딘은 2017년 설립한 시뮬레이션 전문 핀테크 Simudyne Ltd.에서 개발한 가상환경 구축 및 시뮬레이션 플랫폼이다.

실제 사례로 영국의 금융관련 IT 솔루션 제공 기업 Delta Capita은 부동산 대출 부문에 시뮤딘과 클라우데라의 플랫폼을 연계하여 활용하는 방식을 금융회사에 소개하고 있다.

수행 내용

재료 · 자료

- 디지털 트윈의 미래 관련 자료

기기(장비 · 공구)

- 컴퓨터, 프린터, 주변기기

안전 · 유의사항

- 컴퓨터 및 주변기기의 전원을 관리한다.

수행 순서

01 디지털 트윈 기술을 적용한 미래 지능정보사회의 특징에 대하여 분석하라.

디지털 트윈의 미래 사회는 디지털 트윈을 기반으로 한 지능형사물인터넷(IIoT)으로 한 초연결과 인공지능을 기반으로 한 초지능, 그리고 관련 기술들의 영역을 뛰어넘는 융합을 특징으로 꼽을 수 있다.

1. 초연결성

'초연결'이란 디지털 트윈을 기반으로 한 지능형 사물인터넷 기술으로 사람과 사람 간의 통신과 소통뿐만 아니라 사람 - 사물, 사물 - 사물 간의 통신과 소통이 이루어지고 그 연결과 소통 안에서 데이터가 수집 · 축적 · 분석되어 지속적으로 활용되는 것을 말한다.

미래 지능정보사회에서는 디지털 트윈의 기반으로 지능형 사물인터넷 환경과 네트워크에 연결된 기기들의 수가 늘어나면서 데이터의 양이 급증할 것이며, 그에 따라 데이터를 생산하고 소비하는 행태가 달라질 것이다.

예를 들어 자동차의 전자부품 비중이 높아지고, 그에 따라 부품과 장비의 상태를 모니

학습 13

터링하고 기능을 제어하기 위한 데이터가 더 많아지며 안전한 운행을 위한 다른 차량 및 도시 교통시스템과의 끊임없는 데이터 통신이 필요해지게 된다.

2. 초지능화

'초지능화'란 디지털 트윈 기반으로 한 초연결성으로 생성된 막대한 데이터를 분석하고 그 패턴을 파악하여 의사결정에 활용하도록 사물이 지능화되고 극단적인 자동화가 실현되는 것을 말한다. 지능형 사물이 스스로 학습하고, 생각하는 능력을 갖는 인공지능을 가지게 되고 이러한 인공지능이 디지털 트윈, 로봇기술(기계)과 융합하여 극단의 자동화, 만물의 인공지능화를 실현하게 된다.

미래 지능정보사회에서는 이런 디지털 트윈 기반의 인공지능 기술이 일반화되어 의료, 안전, 교통 등 다양한 분야에서 사람의 판단을 최소화하고 최적의 솔루션을 찾는 역할을 할 것이다. 이미 디지털 트윈 기반의 의료 분야에 도입된, 암 진단이 가능한 인공지능 왓슨이나 인공지능 변호사 로스, 대학 조교 질 왓슨 등 다양한 분야에 인공지능 기술이 활용되고 있다.

3. 초융합성

클라우스 슈밥이 주장한 바와 같이 제4차 산업혁명에서 디지털 · 물리적 · 생물학적 영역의 경계를 허무는 기술의 융합은 획기적인 사회변화를 가져올 수 있다.

가장 대표적인 융합모델로 인정받고 있는 '디지털 트윈 기반의 사이버 물리 시스템'은 현실의 물리 시스템과 디지털 가상 시스템이 결합되어 빅데이터, 지능형사물인터넷, 인공지능, 5G 네트워크, 클라우드 컴퓨팅, AR/VR/MR, 모델링 등을 바탕으로 사물과 자원, 프로세스 등을 분석하고 자동 제어 하는 것이 가능한 시스템이다.

디지털 트윈기반의 사이버 물리시스템은 하드웨어와 소프트웨어의 결합으로 자산관리와 생산공정 등을 획기적으로 개선함으로써 향후 의료, 항공, 공장, 에너지 등 일상의 광범위한 영역에서 적극 활용될 전망이다.

4. 초실감성

그 밖에 미래 지능정보사회의 특징으로 초실감성이 논의되기도 한다. 미래의 4차 산업혁명을 이끌어갈 기술을 네트워크기술(IoT, 5G, 클라우드), 지능정보기술(인공지능, 기계학습), 실감화 기술(홀로그램, VR, AR, MR)로 구분하면서 AR,VR과 MR 등 사실감과 몰입감 있는 서비스를 통해 미래사회는 '디지털 트윈 기반의 초실감성'이 강해질 것이다.

02 디지털 트윈 기술을 적용한 미래 지능정보사회의 전망과 예시에 대하여 분석하라.

디지털 트윈 기반의 미래 지능정보기술에 의해 변화할 사회상을 〈표 13-2〉와 같이 제시 하였다. 미래 지능정보사회는 사물의 지능화, 높은 속도 및 다량의 데이터 연결성, 로보틱스 등 타 분야와의 융합으로 인해 기존에 경험하지 못했던 새로운 기술과 서비스들이 많이 등장할 것으로 전망된다.

〈표 13-3〉 미래 지능정보사회의 모습 예시

구 분	예 시
지능형 로봇	인간의 음성이나 동작을 인식해 기타 전자기기와 전기, 수도 등 각종 유틸리티를 다루는 지능형 로봇 등장
무인 차량	운전기사 없이 운행하는 무인차량이 일반화되고 고장이 발생하기 전에 차량 스스로 관리
질병진단/예방	방대한 진료 데이터 및 신체상태를 모니터링하여 의사가 찾아내기 어려운 희귀질병을 사전 파악 및 예방
정책기획/분석	다양한 분야, 다양한 지역의 민원과 정책을 분석하여 각 지여결 정책기회에 활용 및 서비스 예고
학습효과 제고	가상/증강 현실 기술로 실험 및 체험형 학습을 수행하고 학생들의 학습효과 제고
금융사기 예방	자산분석, 융자업무를 수행하는 인공지능이 금융사기 패턴 분석으로 사고 피해 예방
오염원 차단/예방	오염물질 데이터를 분석해 미세먼지, 바이러스 등 발생지를 예측하고 오염원/바이러스 차단 및 예방
범죄예방/차단	지능형 CCTV로 현장에서 움직이는 물체를 분석해 범죄 및 위험 사항 여부를 판단하고 이를 타 기관에 전달
재난/구조 로봇	재난구조, 군사작전 등 위험한 일을 수행하는 재난용 또는 군사용 로봇 등장
보험 서비스	농사, 선박, 축사 관리 자동화 및 기상예측 기반의 농촌, 어촌 및 축산산업 관련 보험 서비스 등장

미래 지능정보사회는 종전과 달리 생체 정보, 행태 정보 등 비정형 정보 등도 데이터화가 될 것이다. 이와 같은 수많은 데이터는 디지털 트윈 기반의 인공지능 학습의 기반이 된다. 이러한 데이터 환경으로 인하여 미래 지능정보사회는 데이터 자본주의의 사회, 개인맞춤형 사회가 될 것으로 전망된다.

수많은 디지털 트윈 기반의 데이터를 확보하여 인공지능이 스스로 학습하고 지식화하여 의사결정을 하게 된다면 데이터와 미래 지능정보기술은 국가나 산업의 주요 경쟁원천이 된다.즉 '데이터'는 토지·노동·자본과 함께 미래 지능정보사회의 새로운 생산요소가 될 것이며 데이터를 많이 보유한 기업이나 국가의 가치가 높아지게 될 것이다.

데이터 시대 기업의 계급체계를 데이터와 인공지능을 보유하느냐 그렇지 못하느냐에 따라 구분하고, 데이터와 인공지능기술을 모두 보유한 기업이 경쟁우위를 점할 수 있다고 전망하였다. 이 사례는 디지털 트윈 기반의 데이터와 인공지능기술을 보유하는 것이 앞으로 얼마나 중요한가를 보여주고 있다.

〈표 13-4〉 데이터 보유의 경쟁력(데이터, AI시대의 새로운 계급)

계급 서열	보유 내용
1등급	디지털 트윈 기반의 데이터와 AI기술을 모두 가진 기업
2등급	디지털 트윈 기반의 데이터를 가진 기업
3등급	AI기술을 가진 기업
4등급	디지털 트윈 기반의 데이터와 AI기술도 없는 기업

한편 미래 지능정보사회는 개인맞춤형 사회가 될 것으로 전망된다. 활용 가능한 데이터가 많아지고 데이터가 더 세밀해질수록 개개인의 수요에 맞는 서비스가 가능해진다.

감성을 인식하고 감정적 교류를 할 수 있는 감성 컴퓨팅, 웨어러블 기기, 3D 프린팅 기술, 바이오 기술, 나노 기술들의 발전으로 개인의 수요에 부합하는 '맞춤형 서비스'가 가능하다. 개인 맞춤형 헬스케어 서비스, 현금 없는 금융서비스, 건강수명 증진 서비스, 인공지능 만능 전문가 서비스, 웨어러블 에너지 공급서비스, 소셜러닝 서비스 등 전문가들이 전망하는 미래 지능정보사회 서비스의 대부분은 개인 삶의 질에 관한 서비스들이다.

03 디지털 트윈 기술을 적용한 미래 지능정보사회의 공간정보에 대하여 분석하라.

1. 공간정보의 특징과 가치

공간정보란 '지상 · 지하 · 수상 · 수중 등 공간상에 존재하는 자연적 또는 인공적인 객체에 대한 위치정보 및 이와 관련된 공간적 인지 및 의사결정에 필요한 정보'를 말한다.

도형정보와 위치정보, 속성정보를 가진 공간 데이터뿐 아니라 공간정보기술, 공간 정보서비스 등을 모두 아우르는 의미로 사용되기도 한다.

구글은 공간정보(Geospatial)를 좌표, 주소 또는 도시 우편번호와 같은 일종의 지리정보를 포함하는 데이터를 수집, 조작, 구성 및 저장하는데 사용되는 기술이라 정의하고 있다.

가장 기본적인 공간데이터는 객체(Object)를 점, 선, 면 또는 그리드(Grid) 형태로 나타낸 도형정보, 주소 및 좌표 등의 위치정보, 객체의 성질, 형태 등을 담는 속성정보로 구성된다.

객체를 표현하는 도형정보와 위치정보를 기반으로 다양한 속성정보(센서정보, 행태정보 등)를 결합할 수 있기에 공간데이터는 무한한 확장성을 갖는다.

공간정보는 그동안 국토관리 및 모니터링, 재해관리, 시설물관리, 자산관리 등에 활용되어 사회문제를 해결하고, 행정 효율성을 높이며 합리적 의사결정을 지원해왔다.

또한 LBS산업, 최근 부각되고 있는 O2O(Online to Offline), Geo(Geospatial)-IoT 서비스 등을 통해 경제발전과 개인 삶의 질 향상에 기여하고 있다.

구글 보고서에 따르면 공간정보서비스를 통해 개인소비 자, 기업, 사회에서 얻는 이익의 가치는 5억 5천만 달러에 달하고 약 4백만 개의 직접고용과 8백만의 잠재적 간접고용 효과를 창출하며, 전 세계 GDP의 약 75%에 해당하는 분야에서 수익을 개선하고 비용을 절감한다고 한다. 그밖에 공간정보는 내비게이션을 통해 효율적인 교통수단을 만듦으로써 공기 오염을 줄이는 등 사회와 환경에 대해 긍정적 기능도 한다.

2. 미래 지능정보사회의 공간정보 역할

공간정보는 어딘가에서 무언가 변화가 일어나는 것을 감지하고 증강현실과 가상현실을 생성하며, 슈퍼 네트워크, 빅데이터, 로보틱스나 인공지능 등에 공간 인지능력을 지원하는 등 미래 지능정보사회에서 많은 역할을 할 것으로 기대된다.

특히 공간정보는 다른 정보들과 기술을 융합하는 매개 역할을 할 것이다.

그리고 현실세계에 부합하는 가상의 디지털 세계를 구축하는 디지털 트윈의 기본 틀로써의 역할이 기대된다.

1) 현실공간과 가상공간 융합의 매개체

미래 지능정보사회는 하드웨어와 소프트웨어의 통합이 보편화되고, 이러한 통합·융합이 사회의 각 부문에 적용될 것으로 전망된다. 공간정보는 실세계를 컴퓨터상의 가상공간으로 구현할 수 있는 가장 유용한 수단이다. 따라서 공간정보는 현실공간과 사이버공간의 디지털 트윈 융합을 위한 매개체로써 현실공간과 가상공간의 객체, 위치, 주변상황 등을 서로 연결시켜주는 역할을 한다.

객체기반의 3차원 공간정보는 현실과 유사한 형태의 가상공간을 구현할 수 있다. 도로와 건물, 시설물 등을 시각적으로 표현하는 것뿐만 아니라 이동경로, 움직임 패턴 등 공간분석이 가능하며, 이를 통해 물리적 현실공간과 사이버 공간사이의 매끄러운 상호작용이 가능하다.

아울러, 미래 지능정보사회에서는 지능화된 사물을 상황에 맞게 제어할 수 있는 환경이 중요하며, 공간정보가 플랫폼의 역할을 할 수 있다.

이처럼 공간정보를 디지털 트윈 기반으로 한 현실과 가상공간의 연결과 융합은 이미 온/오프라인 서비스와 위치기반 서비스 등으로 가시화되고 있다.

2) 경쟁력의 원천 데이터와 정보인프라

기기가 지능화될수록 사람을 통하지 않고 직접 공간정보를 인식하고 활용하게 될 것이다. 즉 공간정보의 활용주체가 사람보다 기기가 더 많아지게 된다. 공간정보를 생산하는 주체도 사람에서 사물로 확장될 것이다.

이로 인해 생산되고 축적되는 공간정보의 양은 엄청나게 증가할 것으로 예상된다.

예를 들면, 스마트폰 사용자의 위치가 데이터로 저장되고 인스타그램에 올라오는 사진은 위치정보를 가지고 있다. 기기 자체가 정보를 생산하고 활용하는 매체가 된다. 앞으로 공간정보는 점점 정성과 정확성을 높여갈 것이어서 데이터의 양도 점차 많아질 것이다. 이러한 공간정보는 미래지능정보사회의 경쟁력의 원천과 생산요소인 데이터 인프라 역할을 할 것이다. 스마트시티의 경우에 공간정보는 스마트 시티의 핵심 기반인프라에 해당한다.

3) 캄테크 서비스 기술

언제부터인가 내비게이션은 자동차 운전의 필수품이 되었고, 지도를 기반으로 맛집과 주유소 등을 찾고 있다. 이렇듯 지도와 위치정보, 즉 공간정보는 생활 속에 깊이 내재된 필수 공공재로써 캄테크 서비스가 되었다.

캄테크(Clam Tech)란 공기나 물이 사람과 함께 공존하듯 언제 어디서나 사람을 지원하는 기기들을 통해 사람과 상호작용하는 조용한 기술을 말한다.

캄테크 기술은 무지각성, 확장성, 융합서비스의 3가지 원칙으로 이루어지며 조용히 정보를 모으고 분석하여 사용자에게 서비스한다. 즉 이용자가 자각하지 못하지만 필요한 상황에서 활용되고, 현실과 가상을 오가는 확장성을 바탕으로 제3의 서비스와의 융합이 가능한 기술이다. 공간정보는 이런 캄테크의 요소를 갖추고 있다. 최근 많이 사용하는 카카오택시나 우버택시 같은 경우, 사용자들은 공간정보의 존재를 인식하진 못하지만 공간정보는 이들 서비스의 핵심역할을 한다. 이들 서비스는 공간정보를 기반으로 고객과 기사를 연결하고 모바일 결제서비스 등과 융합한 모델이다. 이와 같이 개인 맞춤형사회인 미래 지능정보사회에서 공간정보는 캄테크 서비스로 더욱 많이 활용될 것으로 예상된다.

3. 공간 데이터의 미래 발전전망

공간데이터의 발전과정의 전망은 [그림 3-10]처럼 데이터의 수집, 저장, 가공, 전송 등과 관련된 센서기술, 정보통신 기술, 데이터 기술, 컴퓨팅 기술 등의 발전에 힘입어 공간정보는 더 정확히 하고 사용자가 편리하게 활용할 수 있는 환경으로 발전하고 있다.

센서 및 계측 기술과 이종 데이터의 융합기술로 인하여 다양한 자원을 통합적으로 활용하여 공간정보를 생산하게 될 것이다.

예를 들면, 위성영상, 항공사진, 차량, 드론, 스마트폰 등으로 수집한 빅데이터를 종합적으로 활용하여 보다 완성도 높은 공간정보를 생산하게 될 것으로 전망된다. 지금까지 지형지물의 정태적 모습을 표현하던 공간데이터는 시간요소를 포함한 다이내믹한 시공간 상황정보를 얻을 수 있는 방향으로 발전하고 있다.

그리고 자율주행차, 드론, 로봇 등 자율운행 기기의 공간정보 수요에 부응하기 위해 점차 데이터의 정확도와 정도를 높여갈 것으로 전망된다.

지금까지는 공간상의 지형지물을 2차원 또는 3차원으로 표현하였지만 앞으로는 비어 있는 공간에 대한 좌표체계를 도입하여 도심을 날아다니는 드론 등에도 대비하게 될 것이다.

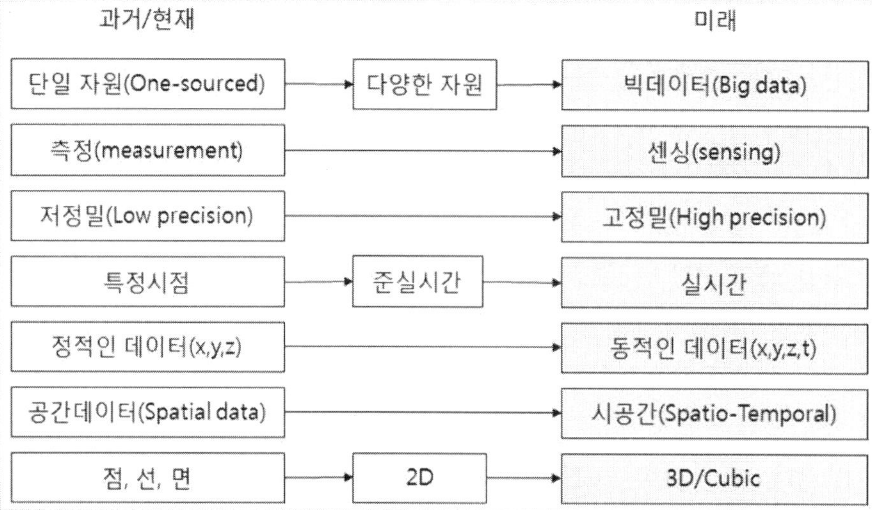

[그림 3-10] 공간데이터의 미래 발전 전망

[그림 3-11]처럼 디지털 트윈 공간정보는 3차원 공간데이터를 기반으로 현실공간과 가상공간을 융합·활용코자 하는 인간의 욕구를 충족하는 플랫폼의 역할을 할 것으로 전망되며, 공간정보는 이러한 변화와 요구에 부응하는 방향으로 발전할 것이다.

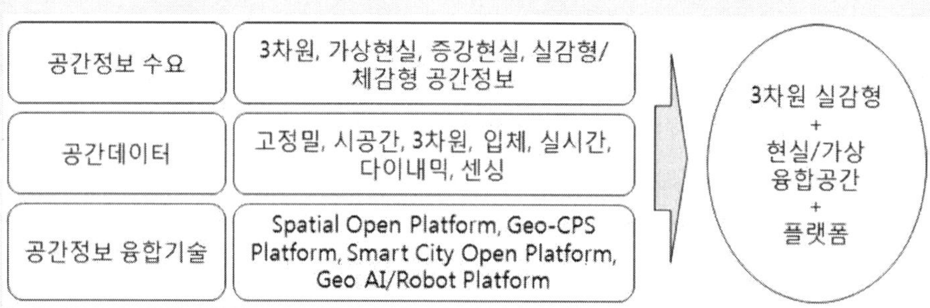

[그림 3-11] 디지털 트윈 공간의 미래 전망

04 디지털 트윈 기술을 적용한 미래의 제조업분야 사업가치에 대하여 분석하라.

디지털 트윈은 주로 제조 분야를 중심으로 적용되고 있으나 시각화와 관련된 증강현실(AR)과 가상현실(VR) 기술의 발전과 머신러닝을 포함한 인공지능 기술의 발전에 힘입어 다양한 산업으로 활용 범위가 확대되고 있다

디지털 트윈은 디지털 기반의 신기술을 적용한 지능화된 공장인 스마트 팩토리(Smart Factory) 가동에 필요한 핵심 기술 중 하나로, 디지털 트윈 기술을 통해 실제 공정을 모니터링/제어할 수 있는 가상 공장 구축 가능하다. 공장 현장에서 실제로 무엇이 일어나고 있는지를 거의 실시간으로 알려주는 디지털 공장 구현을 통해(물리적 제조공정 전반에 걸쳐 배치된 수천여 개의 센서가 다양한 차원에서 종합적으로 데이터를 포착), 실시간에 가까운 분석을 수행해 제조공정의 프로세스 최적화하고 있다. 이 외에도, 유지보수 시뮬레이션, 작업 환경 시뮬레이션, 현장 작업자 가상화 교육 등 다양한 방식의 활용을 통해 제조기업의 많은 핵심 실적 및 효율성 지표 관리에 도움 제공하고 있다.

〈표 13-5〉 제조업 분야의 사업가치

사업 가치의 범주	구체적인 잠재적 사업 가치
품 질	• 전반적 품질 향상 • 품질 경향을 예측하고 더 빨리 결함을 발견 • 품질기준 이탈을 통제하고 품질 문제의 시작 시점 파악가능
품질보증 비용 및 사후 서비스	• 현장에서의 장비 활용 방식을 이해해 보다 효율적인 서비스 제공 • 보다 정확하게 보증 및 불안 관련 문제를 사전에 파악해 전반적인 품질 보증 비용을 절감하고 고객 경험을 개선
운영비용	• 제품 설계 및 엔지니어링 변경 실행의 개선 • 제조 장비의 성능개선 • 운영 및 공정의 변동성 축소
기록보존 및 직렬화(serialization)	• 직렬화된 부품 및 원자재의 디지털 기록을 생성해 리콜 및 품질보증 • 불만제기를 더 잘 관리하고 의무화된 추적관리 요건을 충족
신제품 도입비용 및 리드타임	• 신제품의 시장 출시기간 단축 • 신제품의 전반적 제조비용 감소 • 긴 리드 타임을 가진 부품들과 공급사슬에 대한 영향을 더 잘 인식
매출성장 기회	• 업그레드 준비가 된 현장의 제품을 파악 • 서비스 제품의 효율성 및 비용 개선

학습활동.13 교수 · 학습 방법

교수 방법

- 디지털 트윈의 미래에 대한 관련 용어, 구성, 방식 이해 정도를 파악한 후 수업을 진행한다.
- 교수자의 주도로 디지털 트윈의 미래 등의 내용을 PPT 자료로 제시한 후 설명한다.
- 가능하면 사전에 개인별 학습 자료를 준비하여 모든 학생이 참여할 수 있는 문제 해결식 수업, 협력 수업이 가능하도록 한다.
- 디지털 트윈의 미래 전 과정을 작업의 순서에 따라 단계적으로 실습이 이루어질 수 있도록 지도한다.
- 교재를 통해 수업을 준비하는데 있어서 필요한 모든 정보나 팁, 힌트 등 도움이 될 만한 내용들을 확인할 수 있다.
- 학생들이 만들게 될 각 모델들은 수업시간에 중점적으로 다뤄질 부분과 어휘, 질문, 답을 포함하고 있으며 또한 탐구할만한 추가적인 아이디어들도 포함하고 있다.

학습 방법

- 디지털 트윈의 미래에 대한 관련 용어를 숙지하고, 디지털 트윈의 미래에 대해 이해한다.
- 디지털 트윈의 미래의 각 단계별 중점 사항을 체계적으로 학습한다.
- 디지털 트윈의 미래의 수행순서의 전 과정을 실습한다.
- 디지털 트윈의 미래의 내용을 이해한다.
- 디지털 트윈의 미래를 이해하고 숙달이 될 때까지 학습한다.

학습활동.13 평가 및 피드백

평가 준거

- 평가자는 피평가자가 수행 준거 및 평가 내용에 제시되어 있는 내용을 성공적으로 수행할 수 있는 지를 평가해야 한다.

학습내용	평가항목	성취수준		
		상	중	하
디지털 트윈의 미래	디지털 트윈의 미래를 이해할 수 있다.			

평가 방법

• 작업 포트폴리오

학습내용	평가항목	성취수준		
		상	중	하
디지털 트윈의 미래	디지털 트윈의 미래를 이해할 수 있다.			

• 필기시험

학습내용	평가항목	성취수준		
		상	중	하
디지털 트윈의 미래	디지털 트윈의 미래를 이해할 수 있다.			

• 체크리스트를 통한 관찰

학습내용	평가항목	성취수준		
		상	중	하
디지털 트윈의 미래	디지털 트윈의 미래를 이해할 수 있다.			

• 피드백

1. 작업 포트폴리오
   - 제출한 보고서를 평가한 후 주요 사항에 대하여 표시하여 돌려준다.
2. 필기시험
   - 평가 결과 성적이 저조한 학생은 보고서 제출 기회를 부여한다.
3. 체크리스트를 통한 관찰
   - 실습 과정에서 평가한 후 개선해야 할 사항 등을 정리하여 돌려둔다.

학습 13

참 | 고 | 문 | 헌

1. https://post.naver.com/가상건물의 디지털 트윈
2. 4차산업혁명위원회, "데이터 산업 활성화 젹략", 2018
3. 김영훈. 2016. "전통 제조업 부활의 Key, 스마트 유연생산", 포스코경영연구원
4. 딜로이트. 2017. "인더스트리 4.0과 디지털 트윈: 제조업, 좋은 동료를 만나다"
5. 미래에셋대우. 2017. "자율주행 ADAS의 시대, 투자는 센서 시장에"
6. 박형근. 2014. "인더스트리 4.0이 가져오는 제조업 현장의 변화", 코오링 베니트 발표
7. 박형근. 2014. "인더스트리 4.0, 독일의 미래 제조업 청사진", 포스코경영연구원
8. 항국정보화진흥원. 2018. "일본, Society 5.0 실현을 위한 데이터 활용 추진 전략"
9. GE 헬스케어. http://www.GElifesciences.com
10. F3 팩토리. http://www.f3factory.com
11. Gartner. http://www.gartner.com
12. IoTONE. http://www.iotone.com
13. Primetals Technologies. http://www.primetals.com
14. 독일 인공지능연구소. http://www.dfki.de
15. 삼성전자뉴스룸. https://newsroom.samsung.com/kr/
16. 사공호상 외. 2017. 지능정보사회에 대응한 차세대 국가공간정보 전략연구, 국토연구원

저자약력

남 상 엽
- 공학박사
- 삼성종합기술원 정보시스템연구소 근무
- 모토로라반도체통신 기술연구소 근무
- 국제대학교 교수(현재)

강 민 구
- 공학박사(연세대학교 전자공학과)(1994)
- 삼성전자연구원(1985~1987)
- 한신대학교 교수(2000~현재)

김 낙 일
- 공학박사
- 와이즈프라임 대표
- 방송통신기술산업 인적자원개발위원회 NCS개발 전문위원
- 정보통신기술진흥센터, 정보통신산업진흥원 정보기술 전문위원

임 익 수
- 공학박사
- 성균관대학교 영상학과 초빙교수
- 홍익대학교 영상 · 커뮤니케이션대학원 강사
- (전) KAIST 엔터테인먼트공학연구소 연구원

서 정 욱
- 공학박사(연세대학교 전기전자공학과)
- 전자부품연구원(KETI) 책임연구원 근무 (2001~2014)
- 남서울대학교 교수 근무
- 한신대학교 교수(현재)

디지털 트윈 기술

2023년 1월 15일 1판 3쇄 발행

저 자 남상엽·강민구·김낙일 임익수·서정욱

발행인 남 승 우

발행처 도서출판 상尙 학學 당堂

서울특별시 동작구 사당로9가길 6
TEL : 02) 595-1692~4
FAX : 02) 595-1394
E-mail : namdoo6@unitel.co.kr

신고 : 2-155호 (1968. 11. 29)

정가 30,000원

ISBN 978-89-6587-196-5 93000

※ 이 책의 저작권은 저자에게 있으며, 저자의 동의 없이 복사·인용·복제·전재를 금합니다.

〈디자인〉 편집 엄해숙 / 표지 토틀컴